KB120904

손자병법

MILITARY
CLASSIC

孫子兵法

손자 지음
김광수 해석하고 씀

손자병법

책세상

일러두기

1. 이 책에 사용된 맞춤법과 외래어 표기는 1989년 3월 1일부터 시행된 〈한글 맞춤법 규정〉과 〈문교부 편수자료〉에 따랐다.

2. 이 책의 텍스트는 송본宋本《십일가주손자十一家註孫子》를 근본으로 삼고 무경칠서武經七書본《손자孫子》, 죽간본竹簡本《손자孫子》, 《위무제주손자魏武帝註孫子》, 일본의 고문古文《손자孫子》, 두우杜佑의 《통전通典》의 손자 원문을 비교, 검토하여 결정했다. 이 책들의 성격에 관해서는 참고문헌을 참조하기 바란다.

3. 《손자병법》의 판본을 비롯 저서는《 》로, 편이나 장은 〈 〉로 표시했다.

4. 한글과 한자 표기는 각각 용법과 의미, 독자의 가독성 등을 고려해 세심히 분류해 다음의 3가지 방식을 취했다.

첫째, 일반적인 단어나 용어, 본문에서 자주 언급되는 사항들은 한글 뒤에 한자를 괄호 없이 작게 병기했다.

둘째, 인용문을 통해 한자어의 의미를 되새길 때는 한글 뒤에 한자를 괄호에 넣어 병기했고, 원문을 직접 인용하는 경우 또는 '어휘풀이'에서 한자어를 직접 해석한 경우 한자 뒤에 한글을 괄호에 넣어 병기했다. 단, 한 음절짜리 한자어를 강조할 때는 한글 없이 단독 표기했다.

셋째, 한자를 직접 인용하여 설명할 필요가 있을 때에는 한글을 병기하지 않았다.

5. 인명과 서명의 한자어, 영어 병기는 각 편의 독립성을 고려해 필요에 따라 중복 표기했다.

이 책을

자연에 대한 경외와 인간에 대한 정을 생활 속에서 보여주시고

동양고전에 대한 기본 소양을 갖게 해주신 할아버님

故 김현재님 영전에 바칩니다.

| 차례 |

| 머리말 |

《손자병법》은 2,500년 동안 동양 최고의 군사고전으로서 확고한 지위와 광범위한 명성을 누려왔다. 고전은 그 작품이 문제 삼고 있는 대상에 대한 궁극적인 질문들이 현대에도 지속적으로 의미를 가질 때 가치가 있다고 할 수 있다. 어떤 문제에 대한 시대적 해결책을 제시하는 것으로 끝난다면 그 책의 고전으로서의 가치는 상당히 감소되고 단지 한 시대의 책에 머무른다. 그러므로 한 작품이 고전으로 평가받기 위해서는 장기간의 시대 변화에도 불구하고 항상 본질적이고 근원적인 문제들을 다루고 있어야 한다. 그런데 책을 대하는 독자가 그 책이 말하는 바를 수동적으로 수용하고 과거, 현재, 미래에 대한 활발한 사고를 개척해나가는 것을 게을리한다면, 우리는 그 고전이 우리에게 줄 수 있는 풍부한 가치의 일부분만을 어루만지고 있는 셈이 된다. 이렇듯 고전의 가치는 그 책을 통해 사상의 배후에 자리잡고 있는 가치나 원리를 현대의 문제에 비추어 재삼 숙고하는 데서 완전히 발현된다고 할 수 있다. 《손자병법》은 그러한 고전의 하나이다.

이 책에 대한 새로운 해석을 시도해보고자 결심한 데는 여러 가지 동기가 복합적으로 작용했다. 첫째는, 이제까지 우리나라에서 출간된 《손자병법》의 주석서들의 많은 수가 용병이론에 대한 깊은 연구 없이 그저 문구 해석에 치우친 것이 많다고 느껴 제대로 된 해석을 해보고자 한 것이다. 해방 이후 우리나라에서는 적지 않은 수의 《손자병법》 주석서들이 나왔다. 그 중 대부분이 대만과 일본에서 출간된 주석본을 중역한 것에 가까운 것들이 많은데 이 책들은 해석상의 논란이 많은 부분에도 특별한 설명 없이 일방적인 한 견해만을 제시하고 있다. 이것은 원문에 대한 심각한 고려가 부족한 탓이고 또 기존의 여러 해석들을 참고하지 않았기 때문이다. 《손자병법》은 문장이 함축적이고 간결하며 또 생략이 많은 책이어서 어떤 부분에서는 해석하는 사람에 따라 차이가 날 수 있고, 깊이 연구하지 않으면 정확한 어의를 포착하기가 어려운 책인데도 많은 주석자들이 그러한 노력을 게을리하였다. 물론 군사이론에 대한 깊은 식견과 한문에 대한 소양을 갖추고 있다면 기존 주석서들보다 뛰어난 해석에 도달할 수도 있지만 고금의 주석서들을 보지 않고 해설하면 독단에 빠질 우려가 있다. 나는 이 책을 해석하고 쓰면서 우선 원문을 전체 맥락 속에서 되풀이해 숙고하고 가능한 한 역대 중국, 일본, 서구의 중요한 해석자들을 참조하여 그들의 견해를 고구考究했으며, 타당한 해석은 수용하되 미진한 곳에서는 나의 해석을 제시하고자 했다. 물론 역대의 손자 해석자만도 수백 명이 넘기 때문에 이 책에서 이들의 견해를 모두 비교하고 논의할 수는 없었으나, 의미상 크게 차이가 나는 중요한 부분에서는 정확한 해석을 하려고 노력했다.

둘째는, 《손자병법》은 본래 용병서로 출발하였는데도, 기존의 번역서들은 대부분 그러한 용병상의 논지를 정확히 밝히기보다는 기업경영에 어떻게 활용할 것인가에 대해서만 장황한 설명을 하는 경향이 있어 순수하게 군사과학적인 입장에서 이를 해석해보고자 했다. 《손자병법》이 리더십, 기업경영 등 여러 방면에 활용될 수 있음은 물론이다. 그러나 그러한 응용이 제대로 이루어지기 위해서는 손자가, 적과 내가 경쟁하는 용병에서 어떤 상황을 염두에 두고 논리를 전개해갔는가를 정확히 포착해야만 한다. 한편 군대 내에서는 안타깝게도 오랫동안 서양의 용병사상, 특히 클라우제비츠의 용병이론, 미국식 전술이론에만 매몰되어 손자의 용병이론을 대등한 수준에서 연구하려는 노력이 별로 없었다. 많은 군인들이 《손자병법》이 위대한 책이라고 알고 있고 유명한 구절들을 인용하기도 하지만, 과연 손자의 이론을 현대의 용병이론으로 받아들여 활용할 수 있을지에 대해서 심각하게 고려하는 사람은 적었다. 이 책에서는 손자가 사용한 중요한 개념을 당시의 용어를 사용해 설명하면서도 동시에 이것을 현재 사용하는 작전상의 개념들로 환언해 보고자 노력했다. 또한 서구 이론과의 비교를 위해 너무 깊이 들어가지는 않되 현대 전략사상에 영향을 깊게 미친 나폴레옹, 클라우제비츠, 몰트케, 리델 하트, 풀러 등 뛰어난 전쟁이론가들의 근본적인 명제들과 대비했다. 한편 손자의 용병이론을 이해하는 데 필요하다고 생각할 때는 과거의 전쟁사례를 간략히 소개했지만, 손자의 이론을 이해하는 데 도움이 될 수 있는 선에 한정하여 가능한 한 그 수를 줄였다. 기존의 중국의 주석자들은 주석서를 쓰면서 관련된 전례를 장황히 늘어놓기를 좋아했는데, 그것은 《손자병법》의 자자구구字字句句를 진리처럼 받아들이는 태도로서 손자의 용병개념을 비판적으로 보는 태도를 질식시켜버릴 염려가 있다. 《손자병법》은 읽을 때마다 무릎을 치며 그 탁월성에 대해 감탄하게 되는 책이지만, 무비판적 태도는 우리의 사고를 발전시키는 것이 아니라 가로막는다.

셋째는, 시대가 변화하면서 젊은 세대들의 대다수가 한문은 고사하고 한자도 읽지 못하는 상황에서 《손자병법》의 원문에 쉽게 접근할 수 있는 우리말로 된 해석이 필요하다고 느껴왔다. 한글 전용 세대에게 《손자병법》의 원문은 물론이고 기초적인 한자나 한문 어구조차도 생소한 외국어나 다름없는 형편이다. 이들을 위해 '어휘풀이'에서는 세세하게 한자 낱자의 음과 뜻, 어구의 뜻, 문장 전체를 해석해가는 방법을 제시했다. 문자가 장애가 되어 동양 고전의 풍부하고 깊은 지혜를 흡수하지 못한다면 안타까운 일이다. 외국의 글은 그 언어를 익혀 읽는 것이 최상이겠지만, 그렇지 못하면 우선 번역이라도 읽어야 한다. 원문의 풍부한 뉘앙스를 맛보려는 독자들은 언젠가 원문과 씨름을 해보아야 할 것인데 이 책의 '어휘풀이'는 좋은 징검다리가 될 것이다.

이러한 복합적인 동기 때문에 이 책은 오히려 여러 마리의 토끼를 쫓는 우를 범하지 않았는지 우려를 감출 수 없다. 처음 《손자병법》을 대하는 사람들에게는 매 편의 본문 해설에서 정확한 해설을 위해 전개한 장황한 논의와 현대적 해석을 시도한 매 편 마지막의 평설이 어렵게 느껴질 수도 있을 것이다. 반면에 이미 《손자병법》을 읽은 적이 있고 또 군사적 용어, 전략이론에 관해 익숙한 독자는 심도 깊은 논의의 전개 없이 《손자병법》을 다른 서양의 군사이론과 대비시킨 것에 대해 아쉬움을 느낄지도 모른다. 이것은 여러 층의 독자를 염두에 두었기 때문에 불가피했다. 다만 이 책에서 손자의 의도를 정확히 해석해보고자 하는 노력과 그의 용병개념을 현대적으로 이해해 보고자 하는 노력을 시종 견지한 것으로 위안을 삼고자 한다.

모든 영역에서 그렇듯이 학문에는 비약이란 없다. 학문은 많은 연구자들의 업적에 기반하여 성장한다. 우리나라는 일찍이 고구려가 기원후 1세기에 《손자병법》을 수용해 용병에 활용한 이래 2천년 간을 《손자병법》과 더불어 지냈는데도 아쉽게 진지한 연구는 매우 적었다. 1860년대에 조희순趙羲順이 〈손자수孫子髓〉라는 주석서를 낸 것이 조선시대 말까지 우리의 독자적 주석서로는 유일한 것이다. 그 후에도 《손자병법》을 진지하게 연구한 사람은 매우 드물었다. 앞으로 《손자병법》의 연구가 활성화되기를 기대하면서 앞으로의 연구자들을 위해 주요한 서적에 대한 참고문헌을 제시했다. 나는 우리가 창출하고자 하는 독자적 용병사상의 기초를 탐색하는 과정에서 《손자병법》의 연구에 관심을 두었는데, 이 책은 그러한 과정의 부산물로서 동학同學 제위와 독자들에게 도움이 되기를 바라 마지않는다.

끝으로 그 동안 많은 격려와 가르침을 주신 군의 여러 선배들, 생도시절과 그 후의 공부 과정에서 사학, 전쟁사학, 전략 연구의 방법을 일깨워주신 정하명, 이병주, 이충진, 온창일, 이재, 강성문, 정토웅, 정경현 은사께 감사드린다. 이 책을 준비하는 동안 가사에 무심했는데도 불평없이 여러 조언과 도움을 아끼지 않은 아내 김명선과 티없이 맑게 크고 있는 동민, 동현 두 아들에게도 미안한 마음과 함께 고마움을 표한다. 또한 이 책의 출간에 흔쾌히 동의하고 어려운 편집작업을 맡아준 책세상의 김광식 부장과 여러분께 감사드린다.

1999년 3월 27일

화랑대 전쟁사연구실에서
김광수

ㄱ
계

1. 계計

| 편명과 대의 |

이 편의 편명은 《십일가주손자十一家注孫子》 계통의 판본에서는 '계計'로 되어 있고 《무경칠서武經七書》 계통의 판본에서는 '시계始計'로 되어 있다. 《죽간본 손자竹簡本孫子》에서는 '계'로 되어 있다. 아마도 본래의 편명은 '계'였으나 어느 시기엔가 의미를 분명히 하고 매 편의 편명을 두 자로 통일시키면서 '시始' 자를 앞에 붙였을 것이다. '계'라는 편명은 전쟁에 대한 대국적인 고려와 계획이라는 뜻이며 '시계'라고 할 경우에는 전쟁을 앞두고 맨처음 고려해야 할 사항이라는 뜻이다. '계' 자에는 계산, 계획, 계책이라는 의미가 들어 있다.

역대 손자 연구가들은 이 〈계〉 편이야말로 《손자병법》의 정수가 담겨 있으며 13편 전체의 대의를 아우르는 편이라고 해석해왔다. 이 편에는 국가적 운명을 좌우하는 결과를 가져올 수 있는 전쟁의 심각성, 용병에서의 기본 고려 요소, 용병의 본질, 용병의 대원칙 등이 응축되어 담겨 있다.

손자가 이 편에서 말하는 핵심적인 주제 세 가지는 전쟁의 결정에는 신중을 기할 것, 전쟁 결정시 피아에 대한 객관적이고도 면밀한 전략 판단에 기초할 것, 그리고 전쟁 수행시 전략적 우세 요소를 기반으로 적을 속임으로써 허를 조성하고 기습하여 승리할 것이다.

이 편에서 말하는 이른바 도천지장법道天地將法의 오사五事는 오늘날로 말하면 전쟁에 영향을 미치는 국력 요소인데, 여기에 실제 군사력 즉 외형적 군대 규모와 질적 우열을 추가하여 고려한 것이 칠계七計이다.

이 '오사' 와 '칠계' 는 아직 적과 충돌하기 전에 국가가 항시 최선의 상태로 유지해야 할 상도常道이고, 전쟁에 임해 적과 지형, 상황을 고려하여 그에 적합하게 적을 속이고, 적의 힘을 분산시키고, 적의 심리를 불안하게 하고, 적을 잘못된 곳으로 이끄는 등의 방법을 써서 적을 취약하게 만들고 기습으로 그 취약점을 타격하는 것이 바로 권權이고 궤도詭道이다. 그렇게 함으로써 결정적인 시간과 장소에서 형성되는 압도적인 정신적·물리적 힘의 차이로 적을 이기는 것이 즉 세勢를 형성하여 용병하는 것이다. 그러므로 이 편의 중반부에 "피아를 비교해보아 이익이 있으면 전쟁을 결정하되 실제 용병에서는 '세' 를 형성하여 이미 우위에 있는 전략적 이점을 더욱 결정적인 것으로 만든다. '세' 라는 것은 이익되는 것을 기반으로 하여 적을 속이는(적을 속여 압도적인 힘의 차이를 만드는) 것이다"(計利而聽, 乃爲之勢, 而佐其外. 勢者, 因利而制權也)라고 한 것은 손자의 용병사상을 집약한 것이다. 특히 유의해야 할 부분이다.

손자는 이 편에서 내용상으로 적과 나를 정확히 비교하는 것이 용병의 핵심이라고 천명하고 〈모공〉 편에서 '지피지기知彼知己 백전불태百戰不殆', 즉 "적을 알고 나를 알면 백 번 싸워도 위태롭지 않다"라는 문장으로 그의 뜻을 정식화한 것에서 알 수 있듯이 손자 용병의 전제조건은 먼저 적을 아는 것에 있다. 이러한 점을 포착한 과거의 손자 연구가들은 〈계〉 편은 《손자병법》 전체의 총론이며 이 첫 〈계〉 편은 마지막의 〈용간用間〉편과 수미首尾를 이룬다고 보았다. 일본에서 손자의 최고 해석자라 불리는 강호시대의 야마가소코우山鹿素行는 자신이 쓴 손자 주석서 《손자언의孫子諺義》에서 "최초의 전략계획에서부터 최후의 완전 승리에 이르기까지 먼저 적을 알지 않을 수 없다. 〈용간〉 편을 마지막에 둔 이유이다. 이에 의거해 군대가 움직이는 것이다. 그러므로 또한 〈시계〉와 〈용간〉 두 편은 '적을 알고 나를 알며, 천지를 아는 것' 의 강령이다. 군대의 일이란 모든 것이 이것의 바깥에 있지 않다. 〈작전〉, 〈모공〉 편은 연속해 읽어야 한다. 〈형〉, 〈세〉, 〈허실〉 편은 하나로 꿴다. 〈군쟁〉, 〈구변〉, 〈행군〉 편도 하나로 꿴다. 〈지형〉, 〈구지〉 편은 한 부분을 이룬다. 〈화공〉 편도 독립된 한 부분이다. 〈시계〉와 〈용간〉 편은 수미를 이룬다. 전체가 스스로 솔연지세率然之勢를 이루고 있다. 문장의 교묘함을 추구하지 않았으나 자연스럽게 무궁한 미묘함이 녹아 있다. 전략가들이 소홀히 할 수 없는 책이다"라고 하여 〈용간〉 편을 《손자병법》이라는 집의 기초로, 첫 〈계〉 편을 대들보로, 그 외의 편들을 기둥으로 파악했다. 단지 〈행군〉 편을 〈지형〉, 〈구지〉 편과 함께 한 부분으로 보아야 한다고 이의異議를 제기하기는 하지만 《손자병법》의 전체 구조에 대한 탁월한 해석이라 아니할 수 없다. 염두에 두고 읽으면 유익할 것이다.

1-1

孫子曰. 兵者, 國之大事, 死生之地, 存亡之道, 不可不察也.

손자는 다음과 같이 말했다. 전쟁은 국가의 중대사이다. 그것은 국민의 생사가 달려 있는 곳이며 국가의 존망이 결정되는 길이니 깊이 고찰하지 않을 수 없다.

어휘풀이

▪ 孫子曰(손자왈): 손자가 말하기를. 子는 고대 중국에서 존경받는 사람의 성姓 뒤에 붙이는 '선생'이란 의미의 존칭으로, 孫子는 손무孫武에 대한 존칭이다.

▪ 兵(병): 전쟁, 용병, 군대, 병기, 병사 등 여러 가지 뜻으로 사용되는데 여기서는 전쟁을 의미한다. 兵者에서 兵 뒤에 붙은 者는 '~이라 하는 것', '~하는 사람'을 뜻하는데 兵者는 여기서 '전쟁이라는 것'이다.

▪ 國之大事(국지대사): 국가의 큰 일. 之는 동사어미, 소유격, 지시대명사로 사용된다. 여기서는 소유격으로 사용되었다.

▪ 存亡之道(존망지도): 존립과 멸망이 결정되는 길.

▪ 死生之地(사생지지): 생과 사가 나뉘는 땅. 즉 생과 사가 나뉘는 곳.

▪ 不可不察也(불가불찰야): 不可不은 ~하지 않을 수 없다. 察은 살필 찰. 也는 문장 끝에 붙어 마침을 나타내는 조사. 문장 중간에 사용될 때는 강조나 감탄을 나타낸다. 어떻게 쓰이든 뜻은 없다.

해설

'손자왈孫子曰'이라고 한 부분은 손자의 매 편마다 맨 처음에 등장하는 어구인데 이것은 앞으로 전개될 내용의 전부가 손무의 말임을 드러내주는 것이다. '자子'는 잘 알려져 있다시피 중국 고대에 존경받는 인물의 성 뒤에 붙이는 존칭이다. 흔히 춘추전국시대의 저술 중에서 대화체 문장을 인용할 때는 항상 '~왈'이라는 표현을 썼으나《손자병법》처럼 각 편의 처음에 단 한 번씩 이렇게 제시되는 것은 이례적이다. 후세 사람들이 붙인 것으로 보인다.

이 문장은 전쟁이 국민의 생사와 국가의 존망이 달려 있는 중대사이므로 그 결정에 신중하고 수행을 위해서는 깊은 숙고와 연구가 필요함을 강조하고 있다. 〈계〉 편의 이 첫 문장은 처음 읽는 사람의 경우 가볍게 대하고 넘어갈 수도 있지만 역대의 저명한 손자 연구자들이 특히 중시하는 대목이다. 문장 마지막의 '찰察'은 깊이 생각하라, 깊이 연구하라는 문맥상의 뜻을 갖고 있다. 일견 평면적인 서술인 것 같지만 〈계〉 편의 내용을 끝까지 읽고, 또《손자병법》을 끝까지 읽고 나면 이 문장에는 사전에 철저히 피아를 비교해 승산이 있으면 전쟁을 하고 승산이 없으면 전쟁에 뛰어들지 말라는 적극적 함의含義가 들어 있음을 알게 될 것이다.

역대의 저명한 손자 주석자들은 이 평범해 보이는 문장에 매우 심각한 의미를 부여했다. 그것은 손자가 다른 편 즉 〈작전〉, 〈모공〉, 〈화공〉, 〈용간〉 편에서 손자가 전쟁이 가져다 주는 피해를 말한 것과 관련이 있다고 보기 때문이다. 많은 해석자들은 통상적으로 이 편의 마지막에서 철저한 이해득실을 계산하여 이익이 있을 때만 전쟁을 수행하라고 한 것을 이미 암시하고 있다고 보는 반면, 일본 강호시대의 오규소라이荻生徂徠, 현대 일본의 사토우켄시佐藤堅司 등은 전쟁은 불가피한 경우에만 시행해야 한다는 점을 함축하고 있다고 말한다. 후자들은 이 문장이 〈화공〉 편의 말미에 "망한 국가는 다시 존재할 수 없고, 죽은 사람은 다시 살아올 수 없으니 현명한 군주는 전쟁 결정에 신중해야 하고 훌륭한 장수는 이를 경계해야 한다. 이것이 국가를 안전하게 하고 군대를 온전히 보존하는 길이다."(亡國不可以復存, 死者不可以復生. 故曰, 明主愼之, 良將

警之. 此安國全軍之道也)라고 한 문장과 조응한다고 보아, 손자가 단지 국가이익에 따라 이익이 있으면 언제나 전쟁에 뛰어들어도 좋다는 주전론자主戰論者 혹은 국가 이익론자가 아니며, 오히려 평화를 지향하는 평화론자라고 말하고 있다. 이러한 논의는 결국 손자의 전쟁관이 어떤 것이냐는 문제로 비화된다. 나는 손자가 현실주의자이면서 동시에 평화의 이상을 갖고 있었다고 보는데, 그 이유에 대해서는 〈화공〉 편에서 근거를 들어 설명하고자 한다.

1-2

故經之以五(事), 校之以計, 而索其情. 一曰道, 二曰天, 三曰地, 四曰將, 五曰法. 道者, 令民與上同意也. 故可與之死, 可與之生, 而不畏危. 天者, 陰陽, 寒暑, 時制也. 地者, 遠近, 險易, 廣狹, 死生也. 將者, 智, 信, 仁, 勇, 嚴也. 法者, 曲制, 官道, 主用也. 凡此五者, 將莫不聞, 知之者勝, 不知者不勝.

그러므로 다섯 가지 요소를 근본으로 삼고 계산으로써 이를 비교하며 그 세세한 정황을 면밀히 살펴야 하는데, 첫째는 도道 즉 바른 정치, 둘째는 천天 즉 하늘의 변화, 셋째는 지地 즉 땅의 형상, 넷째는 장將 즉 장수의 자질, 다섯째는 법法 즉 법제이다. '도' 라는 것은 백성들로 하여금 윗사람(군주)과 뜻을 같이하는 것으로, 그렇게 되면 백성들은 군주와 생사를 같이하며 위험을 두렵게 생각하지 않는다. '천' 이라는 것은 음양陰陽, 더위와 추위, 계절의 변화 등을 말한다. '지' 라는 것은 땅의 멀고 가까움, 험하고 평탄한 정도, 넓고 좁음, 위험함과 안전함 등을 말한다. '장' 이라는 것은 지혜, 신의, 인애, 용감성, 엄격함 등 장수의 자질을 말한다. '법' 이라는 것은 토지제도 및 동원체제, 행정 및 군사제도, 군수품과 재정 등 법과 제도를 말한다. 모름지기 이상 다섯 가지는 장수된 자라면 들어보지 않았을 리 없지만 그것을 진정으로 헤아려 아는 사람은 승리하고, 그것을 진정으로 헤아려 알지 못하는 사람은 승리하지 못한다.

어휘풀이

▪ 故經之以五(事), 校之以計, 而索其情(고경지이오(사) 교지이계 이색기정) : 故는 그러므로. 經은 근본, 진리의 뜻. 經之는 '근본으로 삼다'는 동사형이다. 校는 較(교)와 동의어로서 '비교'의 의미이다. 校之는 '비교한다'는 뜻이다. 計는 계산, 계책. 索은 찾다, 살피다는 뜻이 있으며 여기서는 '면밀히 살핀다'는 뜻이다. 情은 정황情況의 뜻이다. 전체의 뜻은 '그러므로 다섯 가지의 일로 근본을 삼고 계산으로써 비교하며 또 그 각각의 세세한 정황을 살펴야 한다.'

▪ 一曰道, 二曰天, 三曰地, 四曰將, 五曰法(일왈도 이왈천 삼왈지 사왈장 오왈법) : 一曰은 '그 첫 번째를 말하면'의 뜻이다. 전체는 "그 첫째는 道이고, 둘째는 天이며, 셋째는 地이고, 넷째는 將이며, 다섯째는 法이다"라고 해석된다.

▪ 道者, 令民與上同意也. (故)可與之死, 可與之生, 而不畏危(도자 영민여상동의야 고가여지사 가여지생 이불외위) : 道는 반드시 따라야 할 진리 또는 그에 따른 행동을 의미하는 것으로서 여기서는 바른 정치를 말한다. 令民與上同意也의 令은 '~로 하여금 ~하게 하다'라는 사역동사이며 與는 '~와'라는 뜻이다. 也는 문장의 마침을 나타내는 종지형 조사이다. 이 문구는 '백성들로 하여금 윗사람과 같은 마음을 갖게 한다'는 의미이다. 可與之死, 可與之生의 문장에서 與之는 '~함께하다'라는 뜻의 동사형. 문구 전체는 앞의 令民에 걸리며 전체의 뜻은 '삶과 죽음을 함께하도록 한다'는 의미이다. 而不畏危에서 而는 문장을 연결하는 병렬 접속사로서 '~과', '그리고'의 뜻으로 새긴다. 畏는 '두려워한다'는 뜻. 危는 위험의 뜻. 문구 전체의 뜻은 '위험을 두려워하지 않게 하다'는 의미이며 앞의 令民에 걸린다. 문장 전체의 뜻은 '道라는 것은 백성들로 하여금 윗사람과 뜻을 같이하는 것으로 그렇게 되면 백성들은 생사를 같이하며 위험을 두렵게 생각하지 않는다'이다.

▪ 天者, 陰陽, 寒暑, 時制也(천자 음양 한서 시제야) : 天이라고 하는 것은 음양, 한서, 시제를 말한다. 陰陽은 어두움과 밝음, 寒暑는 더위와 추위, 時制는 계절의 변화 즉 봄, 여름, 가을, 겨울의 변화를 말한다.

▪ 地者, 遠近, 險易, 廣狹, 死生也(지자 원근 험이 광협 사생야) : 地라는 것은 원근, 험이, 광협, 사생을 말한다. 遠近은 멀고 가까움. 險易은 험함과 평탄함. 廣狹은 넓음과 좁음. 死生은 삶과 죽음을 말하나 여기서는 死地와 生地의 줄임말로 '死地'는 죽음에 이를 수 있는 위태로운 땅, '生地'는 유리하고 안전한 땅을 의미

한다.

▪ 將者, 智, 信, 仁, 勇, 嚴也(장자 지 신 인 용 엄야) : 將이라고 하는 것은 지혜, 신의, 인애, 용감성, 엄격함을 말한다. 여기서 智, 信, 仁, 勇, 嚴은 장수의 자질을 말하는 것이다.

▪ 法者, 曲制, 官道, 主用也(법자 곡제 관도 주용야) : 法이라고 하는 것은 곡제, 관도, 주용을 말한다. 曲制에서 曲은 중국 고대 행정단위이며 상위 단위인 부部와 함께 부곡제部曲制를 이룬다. 전쟁시에는 곧 동원의 단위가 된다. 官道는 행정조직, 군사조직의 운영제도 및 규율을 말한다. 상벌, 보상제도 등을 말한다. 主用은 본래 군주가 쓰는 돈과 물건이라는 뜻으로 국가의 전차, 말, 각종 기물 등 재산과 재정을 총칭한다.

▪ 凡此五者, 將莫不聞, 知之者勝, 不知者不勝(범차오자 장막불문 지지자승 부지자불승) : 凡은 무릇, 모름지기의 뜻. 此는 이, 이것. 莫은 부정의 조동사. 將莫不聞은 '장수라면 듣지 않았을 리 없겠으나' 라는 뜻이다. 知之者에서 之는 앞에 말한 내용을 받는 대명사. 者는 여기서는 사람을 의미한다. 전체의 뜻은 '무릇 이 다섯 가지는 장수라면 듣지 않았을 리 없지만 그것을 아는 사람은 승리하고 알지 못하는 사람은 승리하지 못한다.'

해설

이 절에서 손자는 국가의 대사인 전쟁을 대비하고 실행하기 위해서는 우선 다섯 가지 요소, 즉 도道, 천天, 지地, 장將, 법法을 큰 줄기로 삼고 그 구체적 요소와 상황을 잘 살펴야 하며 이 다섯 가지 요소를 바탕으로 하여 적과 나를 면밀히 비교해야 한다고 주장한다. 여기서 말하는 소위 '오사五事' 는 오늘날의 용어로는 '국방의 5대 기본요소' 라 부를 수 있을 것이다.

經之(경지)의 經은 '변하지 않는 진리', '핵심적 요소' 로 새긴다. '경지' 는 동사형으로 '항상 변치 않는 핵심적 요소로 삼는다' 라는 뜻이다. 五(오)는 《십일가주손자》와 《죽간본 손자》에서는 '五' 로 되어 있고 《무경칠서》 계통의 판본과 그 밖의 대부분의 판본에서는 '五事' 라고 되어 있는데 이는 후세에 다섯 가지 일이라는 뜻으로 기억하기 편하게 용어화한 것이 굳어진 것으로 보인다. 본문에서는 원형을 존중하여 '五' 자를 쓰고 뒤에 '事'를 괄호로 처리했다. 또 計(계)는 뒤에 나오는 일곱 가지 항목의 비교를 말하는데 주석자들은 흔히 이를 七計(칠계)로 불러왔다. '五事', '七計'는 그 지칭하는 바가 뚜렷한 용어이므로 이후의 설명에서는 이 용어를 그대로 사용한다.

'도道'는 고대 중국에서 우주의 질서이자 인간 생활에서 구현해야 하는 도의道義인데 손자는 여기에서 후자, 즉 '바른 정치'를 말하고 있다. 그것은 곧 국민을 위하는 정치이며 국민을 위한 정치가 이루어지면 국민이 위정자와 국가를 위해 헌신하게 되고 전쟁에서도 위험을 두려워하지 않게 된다고 말한다. 즉 전쟁 승리의 기본은 잘된 정치에 있다는 것이다.

道者, 令民與上同意也. 可與之死, 可與之生, 而不畏危(도자, 영민여상동의야. 가여지사, 가여지생, 이불외위)라는 문장에서 마지막의 '不畏危(불외위)'의 문구는 《죽간본 손자》에서는 '民弗詭(민불궤)'로 되어 있다. 후자를 그대로 새기면 '국민이 속이지 않는다'라는 뜻이 된다. 최근 중국 본토의 주석가들은 후자를 본래적 원형이라고 간주하고 그것이 당시 농노, 노예와 귀족 지배계층과의 계급관계를 반영하는 표현이라고 해석한다. 그들은 그리하여 이 문장을 '하층민이 지배계급의 뜻을 어기거나 저항하지 못하게 한다'라는 의미로 해석하고 있는데 지나친 마르크스주의적 해석이다. 이 해석은 결국 지도층이 전쟁에 반대하는 하층민을 강제적으로라도 전쟁으로 몰아간다는 의미를 담고 있는데 〈지형〉편에 "병사를 어린아이를 다루는 것처럼 사랑하라"(視卒如嬰兒)고 한 것이나 "병사를 사랑하는 자식과 같이 생각하라"(視卒如愛子)라고 한 것, "장수로서 생각할 것은 오로지 국민을 보호하는 것과 군주에 이익되게 하는 것이다"(唯民是保 而利合於主)라고 한 것과는 어울릴 수 없는 설명이다. 설사 《죽간본 손자》의 '민불궤'가 원형이라 할지라도 그 뜻은 "국민이 속이지 않는다"라고 단순히 해석하기보다는 "국민이 지도자의 기대를 저버리는 행동을 하지 않는다"라는 뜻으로 의역하는 것이 마땅하다.

손자가 '오사'의 첫 번째로 제시한 '도'는 현대적인 용어로 말하면 '바른 정치에 의한 국민적 통합'이라 할 수 있는데, 《손자병법》 전편에서 여러 차례 강조된다. '민民'을 위한 정치의 중요성은 요순堯舜시대부터 계속되어온 중요한 정치철학인데 손자는 이 전통을 따르고 있다.

중국 고대의 병법서에서 국민 통합의 중요성을 말하지 않은 것이 없다. 《순자荀子》의 〈의병議兵〉 편에 "용병의 도는 인심을 하나로 묶는 것"(用兵攻戰之本 在乎壹民)이라고 한 것이나 《육도六韜》에 "용병의 도는 국민을 하나로 만드는 것에 지나지 않는다"(用兵之道 莫過呼一)라고 한 것이나 《관자管子》의 〈칠법七法〉 편에 "그 국민을 올바로 다스릴 수 없으면서 그 군대를 강하게 할 수 있는 경우는 아직 없었다"(不能治其民 而能彊其兵者 未之有也)라고 한 것 등은 모두 전쟁에서 국민이 일심一心을 이루는 것이 결정적으로 중요하다는 점을 강조한 것이다.

서양에서 국민전 시대를 열었던 프랑스혁명 전쟁과 나폴레옹 전쟁을 경험한 후 《전쟁론》을 쓴 클라우제비츠가 '국민정신'을 전쟁의 중요 요소로 든 것도 바로 전쟁에서의 국민적 통합의 중요성을 감지했기 때문이다. 동양의 역사에서 빈번히 나타났던 거대한 제국들의 붕괴 과정, 서양의 역사에서 멀리는 로마 멸망, 가까이는 미국의 월남전에서의 실패 등은 전쟁에서 흔히 간과되기 쉬운 평상시의 국민적·정치적 통합의 중요성을 단적으로 보여주는 예들이다.

'천'과 '지'는 손자가 그 요소를 들어 자세히 설명하듯이 용병에 영향을 주는 시·공간적인 모든 요소이다. '천'의 요소로 든 밤낮의 변화, 추위와 더위, 사계절의 변화에 따른 기후·기상의 특성을 잘 알고 '지'의 요소로 든 '원근', '험이', '광협', '사생' 등 지형·지리적 환경을 잘 파악해 이 요소들이 전략과 전술에 어떻게 영향을 미치는가를 알아야만 국방과 용병을 제대로 할 수 있다는 것이다. 물론 여기에 든 천지天地의 요소 중 대표적인 것들만 말한 것이다. 손자는 〈군쟁〉 편 이후에서는 '주변국의 전략諸侯之謀' 역시 지형, 지리와 함께 용병에 반드시 고려되어야 한다고 말하고 있는데 이 역시 크게 보아서는 '지'에 포괄될 수 있는 것이다.

'천'의 요소로 손자가 제시한 '음양陰陽'이 무엇을 의미하는가에 대해 해석이 분분했다. '음양'을 직역하면 어두움과 밝음, 즉 하루의 밤과 낮의 변화를 말한다. 그런데 일부 주석자들은 음양가들이 음양에 우주 변화의 두 요소라는 철학적 의미를 부여하고 우주의 변화에는 불가사의한 운명적 변화가 있다고 말한 것으로부터 음양의 의미를 해석하고 있다. 맹씨孟氏, 두목杜牧, 야마가소코우 등은 음양이 음양가에서 말하는 천운天運, 시일時日, 향배向背 등 하늘이 정해놓은 운명을 점쳐 승운勝運이 있는 시기, 날짜, 방향 등을 따르는 것이라고 해석하였다. 한편 당태종唐太宗, 이전李筌, 장예張預, 그리고 대부분의 현대 주석자들은 손자가 말하는 음양이 결코 음양가들이나 일부 유학자들이 말하듯이 운명론적인 하늘의 징조를 의미하는 것이 아니라고 해석하였다. 〈구지〉 편에서 병사들이 요상妖祥에 동요되지 않게 하라고 하였고, 〈용간〉 편에서 적을 판단하는 데 귀신, 즉 점占에 의존하지 말아야 함을 분명히 말하고 있는 것으로 보아 여기서 손자가 음양을 천운, 길흉 등의 판단에 의해 용병을 하는 운명론적 음양론을 의미했다고 볼 수는 없다.

손자가 '장'을 지·신·인·용·엄智信仁勇嚴이라고 한 것은 장수가 갖추어야 할 자질을 제시한 것이다. 지·신·인·용·엄에 대해서는 많은 주석자들의 다양한 해석이 있지만 송宋나라의 매요신梅堯臣이 "지는 능히 모책謀策을 안출할 수 있고, 신은 능히 상벌을 공정하게 시행하며, 인은 능히 대중의 마음을 사로잡을 수 있고, 용은 능히 과단果斷을 보일 수 있고, 엄은 능히 권위를 세울 수 있다"(智能發謀, 信能賞罰, 仁能附衆, 勇能果斷, 嚴能立威)라고 한 것은 그러한 자질의 효과에 대한 간결한 설명이다.

'법'은 행정, 군사조직뿐만 아니라 그것을 운용하는 방법 즉 규율, 상벌제도 등을 총칭하는 것이다. 곡제曲制라고 한 것이 바로 그 외형적 조직을 제시한 것이라면 관도官道라고 한 것은 바로 그 내부적 운용법을 말한 것이다. 주용主用은 국가의 조달품, 재정을 총칭하는 것이며 전쟁에 관해서 말할 때는 군수품, 전비戰費를 말한다.

지금까지 말한 오사에 관해서는 그 동안 많은 연구자들 사이에 다양한 성격 규명이 있었다. 일찍이 중국의 주석자들은 오사를 '상법常法', 즉 시간과 장소에 관계 없이 항상 따라야 할 원칙이라고 하여 뒤에 오는 '병자궤도야兵者詭道也'의 '궤도'와 대비되는 것이라고 보았다. 즉 전쟁을 대비하고 수행하는 데 있어서는 적의 성격 여하에 관계 없이 항상 정상적으로 시행해야 할 일이 있고 적에 따라 그때마다 그에 적절한 대응법을 사용해야 할 일이 있는데 '오사'는 전자에 해당한다는 것이다. 상도에 비하여 궤도는 상황에 따라 변한다는 의미에서 '응변應變'이라고 부르기도 했다.

일본 강호시대의 주석자들은 중국 주석자들의 상법-응변의 설명 틀을 따르는 가운데 오사, 칠계에 대해 좀더 뚜렷한 성격 규명을 시도했다. 강호시대 초기의 병학가 호쿠조우지나가北条氏長는 오사를 내치內治, 칠계를 지외知外, 궤도를 응변이라 부르며 이것을 그의 용병체계의 삼대 요소로 삼았는데, 여기서 오사를 내치라고 부른 것은 그것이 전쟁에 있어 국내 정치적으로 취해야 할 요소들이라고 설명한 것이다. 19세기 말 20세기 초 중국의 군사사상가인 장백리蔣百里 역시 오사가 내치를 의미하는 것이라고 보며 '평시건군원칙'이라고 하여 현대적 용어로 해석하고자 하였다.

이러한 해석들은 손자의 용병관을 이해하는 데 중요하다. 즉 손자가 말한 용병은 국가 내부적으로 튼튼한 힘을 갖춘 연후에 그것을 기반으로 해서 적을 속임으로써 이 힘을 극대화하여 승리하는 것이라는 해석이다. 이것은 타당하고 중요한 해석이다. 그러나 나는 오사를 '내치' 나 '평시건군원칙' 으로 성격짓는 것에는 의문을 갖는다. 그것은 천지天地의 고려는 명백히 국가 내부적인 범위에만 미치는 것이 아니고 적국과 주변국에까지 그 영역이 확장되는 것이기 때문이다. 손자가 제시한 '오사' 는 '국방의 기본 요소' 라고 보아야 할 것이다.

1-3

故校之以計, 而索其情. 曰, 主孰有道, 將孰有能, 天地孰得, 法令孰行, 兵衆孰强, 士卒孰練, 賞罰孰明. 吾以此知勝負矣.

그러므로 명확한 계산에 의해 비교하고 그 세세한 정황을 살펴야 하는데, 그 비교 요소들을 말하자면, 통치자는 적과 우리측 중에서 어느 편이 더욱 바른 정치를 하는가, 장수는 어느 편이 더 유능한가, 하늘의 변화와 땅의 조건에 대해서는 어느 편이 더욱 정확히 파악하고 있는가, 법령은 어느 편에서 더욱 공정하게 실행되고 있는가, 병력은 어느 편이 더욱 강한가, 장교와 병사들은 어느 편이 더 잘 훈련되어 있는가, 상벌은 어느 편이 더 공정하게 시행되고 있는가이다. 나는 이렇게 함으로써 승패의 가능성을 알 수 있다.

어휘풀이

- 故校之以計, 而索其情(고교지이계 이색기정) : 그러므로 계산하여 비교하며 그 낱낱의 정황을 세밀하게 살피는 것이다.
- 主孰有道(주숙유도) : 主는 군주. 孰은 누구, 어느 쪽의 뜻. 문장의 뜻은 '군주는 어느 쪽이 올바른 정치를 펴고 있는가?'
- 將孰有能(장숙유능) : 장수는 어느 쪽이 더 유능한가?
- 天地孰得(천지숙득) : 천지는 어느 쪽이 더 유리한가?
- 法令孰行(법령숙행) : 법령은 어느 쪽이 더 잘 시행되고 있는가?
- 兵衆孰强(병중숙강) : 兵衆은 병력의 많음을 뜻한다. 병력은 어느 쪽이 더 강한가?
- 士卒孰練(사졸숙련) : 士卒은 士 즉 장교와 卒 즉 사병을 총칭한 것이다. 練은 단련할 련. 장교와 사병은 어느 쪽이 더 훈련되어 있는가?

■ 賞罰孰明(상벌숙명) : 賞罰은 상벌제도. 明은 밝다는 의미인데 여기서는 공정함을 뜻한다. 상과 벌은 어느 쪽이 더욱 공정하게 시행되고 있는가?

■ 吾以此知勝負矣(오이차지승부의) : 吾는 나. 以는 '~으로써' 라고 새긴다. 此는 이것. 勝負는 승리와 패배. 矣는 문장의 마침을 뜻하는 조사. 전체의 뜻은 '나는 이것으로써 승리할 것인가 패배할 것인가를 안다.'

해설

이 절은 본격적인 칠계에 관한 논의이다. 여기서 계計는 계량計量의 의미이다. 그러므로 '교지이계校之以計' 란 뒤따르는 7가지의 비교 항목을 계량하여 그것을 비교하는 것을 말한다. 소위 칠계에는 유형, 무형의 요소들이 포함되어 있는데 무형적인 요소의 경우 계량이 어렵다. 그러므로 '계' 는 물질적, 정신적인 요소들을 구분하여 그것에 등급을 매기는 일이다. 예컨대 병력의 다과는 수로 계량화되고 그 외에는 상, 중, 하 등의 구분법으로 그 등급을 매길 수 있다. 칠계의 앞 네 항목은 사실상 오사에서 이미 언급한 요소이고 나머지 세 항목은 병력 규모, 군대의 훈련 정도, 상벌의 공정성 등이다. 손자는 이 7가지 항목에 대해 피아의 우열을 비교하고 그 구체적인 정황을 고려함으로써 전쟁의 승부를 사전에 대체적으로 예측할 수 있다고 말한다.

'오사' 와 '칠계' 를 함께 고려할 때 당연히 제기되는 물음 중의 하나는 '칠계에는 군대에 관한 비교가 포함되어 있는데 왜 오사에는 그것이 빠져 있느냐' 는 것이다. 그 이유를 해명하는 데에는 손자가 활동하던 시대의 전쟁 양상에 관한 이해가 필요하다고 본다. 손자시대에는 국가가 평시에 극소수의 상비군을 가지고 있다가, 전쟁이 임박해지면 국민을 동원하여 군대를 형성하는 민병제도를 갖추고 있었다. 춘추 말기 국가는 평상시에는 귀족 자제들로 구성된 '호분虎賁' 이라고 불리는 사람들이 군주의 도성을 지키거나 치안을 유지했는데, 이들의 규모는 불과 수백에서 수천 명 정도였다. 전시에는 수만 명 이상의 병력을 동원했다. 그러므로 앞의 '오사'의 5가지 항목은 춘추 말기 국가에서 전평시의 구분 없이 국방을 위한 국력의 기본 고려 요소를 제시한 셈이며, '칠계'는 전쟁을 앞둔 국가가 위에서 말한 '오사'의 요소에 군대의 규모, 훈련 정도, 규율을 포함한 군사력의 외적 규모와 질적 우열을 포함해 상대국과 비교하는 것이다. 즉 '칠계'는 오늘날의 개념으로 말한다면 전쟁을 앞두고 아측의 국력과 군사력을 적국의 그것과 비교하는 것이다.

1-4

將聽吾計用之, 必勝, 留之. 將不聽吾計用之, 必敗, 去之.

장차 나의 계책을 옳다고 여겨 군대를 쓰면 반드시 승리하니 남아 있겠소만, 만약 나의 계책을 듣지 않고 군대를 쓰면 반드시 패할 것이니 그만 물러가려고 하오.

어휘풀이

▪ 將聽吾計用之, 必勝, 留之(장청오계용지 필승 유지) : 將은 '장차'의 뜻. 聽은 따르다, 좇다의 의미이며 之는 兵 즉 군대를 의미한다. 計는 계책. 留之는 '머무르다'의 뜻. 전체의 뜻은 '장차 나의 전략을 채용하여 군대를 쓰면 반드시 승리하니 나는 남겠소.' 다른 해석은 본문 해설 참조.

▪ 將不聽吾計用之, 必敗, 去之(장불청오계용지 필패 거지) : 去之는 '떠나다'의 뜻으로 전체의 뜻은 '장차 나의 전략을 채용하지 않은 채 군대를 쓰면 반드시 패배하니 나는 떠나겠소.' 다른 해석은 본문 해설 참조.

해설

이 절은 여러 주석자들 사이에 해석이 분분하다. 손자의 용병사상을 파악하는 데 크게 중요하지는 않지만 그 의미를 정확히 할 필요는 있다. 해석상의 주된 차이는 맨 앞의 '장將' 자를 어떤 의미로 새기느냐에 따라 달라진다. '장'을 장수로 해석하는 주석자들은 '군주가 거느리고 있는 장수가 손자가 제시한 전략이론을 따르면 반드시 승리하니 그들을 그 직위에 머무르게 하고, 만약 따르지 않으면 반드시 패하니 떠나게 한다'고 해석한다. 이러할 경우 '용지用之'의 주체는 장수가 된다. 이 경우 '유지留之', '거지去之'는 타동사로서 그 주체는 오왕 합려이고 대상은 장수이다. 한편 '장'을 장차의 의미를 지닌 부사로 보는 주석자들은 '용지'의 주체는 오왕 합려이고 그 대상은 손자의 이론이며 '유지', '거지'의 주체는 손자 자신이라고 해석한다. 이때 '유지', '거지'는 모두 자동사이다. 나는 후자의 해석이 타당하다고 생각한다. 왜냐하면 손자가 활동하던 춘추 말기에 평시에 전임직으로 임명된 장수의 직책은 존재하지 않았기 때문에 '장'을 예하 장수들로 보기는 힘들기 때문이다. 춘추시대의 《춘추좌전春秋左傳》의 기록을 살펴보면 장군이라는 의미의 '장'은 평상시의 전임직이 아니었고, 귀족정치가인 경대부卿大夫가 동원 이후에 상장上將, 중장中將, 하장下將 등으로 임명되어 전쟁기간 동안에만 장군으로서의 역할을 수행했다. 물론 전시에는 '상장' 등의 직위명이 사용되었으나 정치로부터 분화된 군사관직으로 '장'이 임명된 것은 전국시대 중기 이후의 일이다. 이 편에서 손자와 합려의 대화는 명백히 전쟁 전의 대화 내용이며 따라서 이 절은 손자가 오왕 합려에게 자신을 군사軍師로 활용할 것인가의 의중을 묻고 자신의 거취에 대해 의사를 표명한 것이다.

1-5

計利以聽, 乃爲之勢, 以佐其外. 勢者, 因利而制權也.

이로움이 있다고 판단되면 이를 따르고, 또한 이에 더하여 세勢를 이룸으로써 그 계책 밖에서 그 근본적인 이로움을 더욱 이롭게 만드는 것이니, 세라는 것은 피아의 일반적인 비교에서 나타나는 이로움을 바탕으로 하여 부딪히는 상황에 따라 유리한 방법을 씀으로써 승기를 잡는 것이다.

어휘풀이

▪ 計利以聽, 乃爲之勢, 以佐其外(계리이청 내위지세 이좌기외) : 計利以聽은 '이익을 계산하여 이익이 있으면 이에 따른다'는 뜻이다. 乃爲之勢의 乃는 '또한'의 뜻이며 爲之는 '만든다', '형성한다'는 뜻이다. 이 문구의 뜻은 '또한 여기에 부가하여 세勢를 형성한다.' 以佐其外에서 佐는 돕다, 보좌한다, 보완한다는 뜻이다. 其는 '계리이청'을 지칭하는 것으로 내부적으로 수립한 유리한 전략판단과 전략을 의미하며 外는 조정 바깥의 일, 즉 전장에서의 실제 용병을 의미한다. 이 문장 전체의 뜻은 세를 형성하여 내부적으로 계산한 유리한 전략판단과 전략 즉 '계'를 보완한다는 뜻이다.

▪ 勢者, 因利而制權也(세자 인리이제권야) : 權은 권변權變의 뜻이며 속임수를 사용하는 등 정도正道에 의존하지 않는 특별한 조치를 의미한다. 因利而制權은 이익에 근거하여 변화를 만들어 내는 것을 뜻한다.

해설

이 절은 오사와 칠계에 의해 적과 나를 비교한 후에 취해야 할 행동을 설명한 것이다. 문장을 그대로 직역하면 "이利를 계산하여 이에 따르고 여기에 더하여 세勢를 형성함으로써 그 외부를 보좌한다. '세'라고 하는 것은 '이'에 근거하여 권權을 형성하는 것이다"라고 풀어 말할 수 있다. 간단하지만 이 문장은 손자 용병론의 핵심을 제시한 중요한 문장이다. 또한 이 문장은 앞에서 논의한 오사, 칠계에 대한 문장과 다음의 '병자궤도야' 이하 문장과의 연결고리이기도 하다.

역대의 주석자들은 첫 문장에 나타나는 세를 '병세兵勢' 또는 '형세形勢'라고 이해하고 '기외其外'의 '기'를 '조정 내에서의 계산'으로 보았다. 그러므로 이 해석은 내부적으로는 평소 오사와 칠계에 의해 적과 나를 저울질하여 쌍방의 강점과 약점을 고려해 전쟁 여부를 결정하고, 외부적으로는 세를 형성하여 전쟁 전에 형성된 아측의 우위를 더욱더 결정적인 것으로 만들라는 의미로 파악하는 것이다. 당唐의 두목杜牧은 "이해를 계산하는 것은 군대의 근본으로 그것은 '상법常法'이며 이 이해의 비교에 의해 이익이 있으면 따르되(즉 전쟁을 하되), 이에 허실虛實을 더하여 병세兵勢를 형성함으로써 그 일(즉 전쟁수행)을 보강한다"라고 해석하고 있다. 왕석王晳은 "나의 계산이 이미 이루어졌으면 응당 변화하는 법을 알아 전쟁 전 피아의 이해 판단에서 생긴 유리한 상황을 돕는다"라고 '인리이제권因利而制權'을 상황에 따라 변화를 주는 '응변應變'으로 압축해 표현했다.

勢者, 因利而制權也(세자, 인리이제권야)라는 문장을 이해하기 위해서는 우선 勢와 權의 개념을 명확히 하는 것이 중요하다. 세는 통속적으로는 사태의 진전이 어쩔 수 없이 그런 방향으로 나갈 수밖에 없도록 만드는 위력을 의미한다. 《손자병법》에서 말하는 '세'는 이와 유사하지만 좀더 부연해 설명할 필요가 있다. 〈세〉 편에서 다시 논의되겠지만 손자가 말하는 '세'는 '유리한 상황이 조성된 가운데 압도적 힘이 동태적으로 작용하면서 발휘되는 추동력'을 의미한다. '권'은 통상 사람을 압도하는 권력power을 의미하지만, 거기에는 도덕적으로 정당한 방법 외의 방법으로 얻어진 힘이라는 의미가 함축되어 있다. 덕화德化에 기반한 것이 정도正道이고 이것을 왕이 실현하면 왕도王道이지만 비정상적 방법에 의해 권력을 얻으면 그것은 권도權道라고 부른다. 이로부터 권은 단순히 권모술수權謀術數, 권변權變을 의미하기도 한다. 즉 상황에 따라 속임수 등을 사용하면서 상대에게 대응하는 것이다. 결국 이 문장은 위에서 말한 그러한 세라는 것은 이미 갖고 있는 이점을 기반으로 하여 상황에 따라 권모술수 등을 쓰면서 승기勝機를 잡는 것이라는 의미이다.

이 절은 그러므로 손자 용병사상의 핵심이 압축된 것이다. 여기에서 손자는 전쟁을 앞두고서는 칠계에 의해 피아의 유리점과 불리점을 정확히 그리고 자세히 저울질하여 여기서 아측에 유리하면 전쟁을 결정하되, 전쟁에 임해서는 비정상적인 방법을 포함한 권변의 능력으로 적이 꼼짝할 수 없게 하는 세를 형성하여 승리해야 함을 천명한 것이다.

1-6

兵者, 詭道也. 故, 能而示之不能, 用而示之不用, 近而示之遠, 遠而示之近, 利而誘之, 亂而取之, 實而備之, 强而避之, 怒而撓之, 卑而驕之, 佚而勞之, 親而離之, 攻其無備, 出其不意. 此兵家之勝, 不可先傳也.

병법이라는 것은 상대방을 속이는 것이다. 그러므로 능력이 있으면서도 없는 것처럼 보이고, 쓸 생각을 갖고 있으면서도 쓰지 않는 것처럼 보이고, 먼 곳에 있으면서도 가깝게 있는 것처럼 보이고, 가깝게 있으면서도 먼 곳에 있는 것처럼 보인다. 적에게 이로움을 보여주어 적을 유인하고 혼란스럽게 만듦으로써 적에게 승리하는 것이다. 적이 충실하면 단단히 지키고, 적이 강하면 피한다. 적을 격분시켜 교란하고, 비굴하게 보여서 적을 교만하게 만들고, 적이 편안하면 피로하게 만들고, 적이 결속되어 있으면 그 결속을 와해시킴으로써, 적이 준비가 되어 있지 않은 곳을 공격하고 적이 예기치 않는 곳에 나아가는 것이다.

이렇게 하는(상황에 따라 즉응하는) 것이 전쟁을 아는 사람의 승리이니 미리 어떻게 하는 것이라고 정형화하여 말할 성질의 것이 아니다.

어휘풀이

▪ 兵者, 詭道也(병자 궤도야) : 용병이라는 것은 속임수이다. 兵者에서 兵은 용병을 가리킨다. 詭는 속일 궤. 詭道는 속임수를 쓰는 것.

▪ 故能而示之不能(고능이시지불능) : 示之는 내보이다. 전체의 뜻은 '그러므로 능력이 있으면서도 능력이 없는 것처럼 내보인다.'

▪ 用而示之不用(용이시지불용) : 쓰고자 하면서도 쓰지 않을 듯이 보인다.

▪ 近而示之遠(근이시지원) : 가까이 있으면서도 멀리 있는 것처럼 보인다.

▪ 遠而示之近(원이시지근) : 멀리 있으면서도 가까이 있는 것처럼 보인다.

▪ 利而誘之(이이유지) : 이익을 보여주어 유인한다. 誘는 꾈 유.

▪ 亂而取之(난이취지) : 적을 혼란에 빠뜨려 이를 취한다. 亂은 어지러울 란.

▪ 實而備之(실이비지) : 적이 실하면 지킨다. 備는 방비할 비.

▪ 强而避之(강이피지) : 적이 강력하면 이를 피한다.

▪ 怒而撓之(노이요지) : 적을 노하게 만들어 교란한다. 撓는 흔들 요. 교란할 요.

▪ 卑而驕之(비이교지) : 나를 낮추어 적을 교만하게 만든다. 卑는 낮을 비. 낮출 비. 驕는 교만할 교.

▪ 佚而勞之(일이노지) : 적이 편안하면 수고롭게 만든다. 佚은 편할 일. 勞는 수고로울 로.

▪ 親而離之(친이이지) : 적이 친하면 이간하여 분리시킨다. 親은 가까울 친. 離는 떠돌아 다닐 리.

▪ 攻其無備(공기무비) : 대비되지 않는 곳을 공격한다. 備는 대비할 비.

▪ 出其不意(출기불의) : 出은 '나아간다'는 뜻이며 其는 여기서 적을 가리킨다. 전체의 뜻은 '적이 예상하지 않는 곳으로 나아간다.'

▪ 此兵家之勝, 不可先傳也(차병가지승 불가선전야) : 此는 이, 이것. 兵家는 용병하는 전문인을 의미한다. 兵家之勝은 '용병 전문가의 승리의 방법'을 의미한다. 不可先傳은 미리 전해줄 수 없다. 다른 해석에 대해서는 본문 해설 참조. 전체의 뜻은 '이러한 용병상의 승리의 방법은 미리 전해줄 수 없다.'

해설

손자는 여기서 용병의 본질을 '적을 속이는 것'이라고 말하고 있다. 이 문장에서 병자兵者는 이 편의 첫 문장과는 달리 용병을 의미한다. 이 절은 앞절에서 말한 '인리이제권因利而制權'에 자연스럽게 연결된다. 여기서 말하는 '궤도詭道'의 방법을 쓰는 것이 즉 '제권制權' 하는 과정이며 그 방법을 씀으로써 곧 세勢가 형성되는 것이다.

能而示之不能(능이시지불능)은 능력이 있으면서 능력이 없게 보이는 것으로 적으로 하여금 아측의 능력을 잘못 판단하게 속이는 것이다.

用而示之不用(용이시지불용)은 병, 즉 군대를 사용하고자 하면서 사용할 것 같지 않게 하는 것으로 적으로 하여금 아측의 의도를 잘못 판단하게 만드는 것이다.

近而示之遠(근이시지원)과 遠而示之近(원이시지근)은 아측의 병력 소재에 대해 적이 잘못된 판단을 하도록 하는 것이다.

이 네 가지 용병원칙은 적으로 하여금 우리의 능력, 의도, 상태에 대해 잘못된 판단을 하도록 만드는 것이다.

利而誘之(이리유지)는 이로운 점을 보여 유인하는 것이다.

亂而取之(난이취지)는 적을 혼란에 빠뜨려 그것을 노리는 것이다.

實而備之(실이비지)는 그럼에도 불구하고 적이 견실하면 아측은 대비를 철저히 하라는 것이다.

强而避之(강이피지)는 적이 강하면 그곳을 피하라는 것이다.

이 네 가지 용병원칙은 유인, 교란, 강약, 허실에 따라 용병하는 방법을 제시한 것이다. 즉 얼핏 보아 유리한 점을 적에게 보여주어 적을 유인한 다음 혼란에 빠뜨려 적을 타격하되 적이 아측의 의도대로 움직이지 않고 실하면 아측은 대비하고 오히려 적이 강하면 그것을 피하라는 것이다.

怒而撓之(노이요지)는 적을 노하게 만들어 교란하는 것이다.

卑而驕之(비이요지)는 나를 낮추어 적을 교만하게 만드는 것이다.

佚而勞之(일이노지)는 적이 편안하면 피로하게 만드는 것이다.

親而離之(친이이지)는 적의 결속력이 강하면 그 결속력을 무너뜨리라는 것이다.

이 네 가지 용병원칙은 적의 심적 · 물리적 결속력을 불안정하고 분산되게 만들라는 것이다.

攻其無備(공기무비)와 出其不意(출기불의)는 앞에서 말했듯이 다양한 방법을 써 적으로 하여금 나를 잘못 인식하게 하고, 잘못된 곳으로 유도하고, 심리적 · 물리적으로 불안정, 분산 상태에 빠뜨리는 방법에 의해 생기는 적의 허점을 노려 적이 예상치 못한 시간과 장소로 나아가 타격을 가한다는 의미이다. 즉 기습을 하라는 것이다.

그러므로 위에 말한 14개의 원칙은 그 각각으로서도 의미가 있지만, 손자가 종합적으로 뒤따르는 열두 편에 상술하는 용병법을 압축해놓은 것이다.

此兵家之勝 不可先傳也(차병가지승 불가선전야)라는 마지막 구절은 이러한 용병법에 의한 승리는 적에 따라 다른 방법을 써서 이기는 것이니 그것을 법칙화하여 가르쳐줄 수는 없다는 것이다. 어떤 주석자들은 이 문장을 이러한 용병의 비법은 적에게 노출되지 않도록 해야 한다는 의미로 보았으나 그것은 무리한 해석이다. '먼저 전해주다先傳'를 어떻게 그러한 의미로 해석할 수 있겠는가? 또한 역사상 수많은 사람들이 손자를 공부하고《손자병법》에 밝은 무장들끼리 부딪힌 경우가 많았지만 승패가 나누어지지 않은 것은 아니다. 그것은 이러한 용병법을 깊이 이해하고 적에 따라 활용할 수 있는 능력을 갖추었는가에 따라 승리하기도 하고 패배하기도 하기 때문이다.

1-7

夫, 未戰而廟算勝者, 得算多也. 未戰而廟算不勝者, 得算少也. 多算勝, 少算不勝, 而況於無算乎. 吾以此觀之, 勝負見矣.

일반적으로 아직 전쟁을 시작하기 전에 묘산廟算, 즉 조정에서의 가상전쟁 연습에서 지는 결과를 얻는 것은 승산이 적기 때문이며, 아직 전쟁을 시작하기 전에 묘산, 즉 조정에서의 가상전쟁 연습에서 이기는 결과를 얻는 것은 승산이 많기 때문이다. 개전 전에 승리할 요소를 많이 갖고 있으면 승리의 가능성이 높은 것이요, 개전 전에 승리할 요소를 적게 가지면 승리의 가능성이 낮은 것이니, 하물며 거의 전승의 가능성이 보이지 않을 경우는 말하여 무엇하겠는가? 나는 이로써 보건대 승부가 훤하게 보인다.

어휘풀이

▪ 夫, 未戰而廟算勝者, 得算多也(부 미전이묘산승자 득산다야) : 夫는 '무릇', '일반적으로' 의 뜻. 未戰은 아직 전쟁을 하지 않은 상태를 가리킨다. 廟算의 廟는 사직이 있는 묘당廟堂으로 조정朝廷의 뜻이며 算은 셈을 뜻하는데 전략요소상의 우열에 대한 평가와 거기서 얻은 피아의 점수를 의미한다. 廟算은 조정에서 행해지는 전쟁 전의 전략판단을 말한다. 得算은 전략판단에서 얻은 점수. 전체의 뜻은 '무릇 아직 전쟁을 치르기 전에 조정에서 행하는 전략요소의 우열 비교에서 이기는 것인 전략요소 판단에서 우세점이 많기 때문이다.'

▪ 未戰而廟算不勝者, 得算少也(미전이묘산불승자 득산소야) : 아직 전쟁을 치르기 전에 조정에서 행하는 전략요소의 우열 비교에서 이기지 못하는 것은 전략요소 판단에서 우세점이 적기 때문이다. 少는 오늘날에는 주로 '젊다' 는 뜻으로만 쓰이지만 여기서는 '적다' 는 뜻이다.

▪ 多算勝, 少算不勝, 而況於無算乎(다산승 소산불승 이황어무산호) : 況은 하물며 황. '況……乎'로 쓰인 문장은 '하물며……하겠는가?'로 새긴다. 전체의 뜻은 '전략요소 비교에서 얻은 점수가 많으면 승리하고 적으면 승리하지 못하는 것이니 모든 요소에서 점수를 얻지 못하는 경우에는 말해 무엇하겠는가?'

▪ 吾以此觀之, 勝負見矣(오이차관지 승부현의) : 觀은 볼 관. 此는 이것. 見은 '드러나다', '나타나다'의 뜻으로 여기서는 드러난다는 뜻이다. 전체의 뜻은 '나는 이로써 보건대, 승부가 훤하게 드러난다(보인다).'

해설

이 절에서 손자는 다시 한 번 전쟁 문제에 있어 전략적 고려의 중요성을 강조하고 있다. 전쟁의 결정은 승패의 가능성을 면밀히 검토한 후 결정해야 하며 요행에 의존해서는 안 된다는 것이다. 사실 역사상 많은 국가의 지도자들이 나름대로 전승의 가능성을 가늠하고 승산이 있다고 여겨 전쟁에 뛰어들지만 그 결과는 실패로 돌아가는 예가 많았다. 그것은 통상 교만한 마음으로 적을 경시하거나, 복수심에 불타 냉정한 판단을 하지 못하거나, 제반 전략적 정황을 자신에게 유리하게 평가하는 경향 때문에 객관적으로 자신과 상대를 평가하지 못했기 때문이다.

| 계 편 평설 |

《손자병법》의 〈계〉 편에 담긴 내용은 매우 간단하지만 여기에는 손자 용병론의 핵심적인 내용이 응축되어 있다. '오사', '칠계'의 내용은 불과 몇 줄의 문장으로 설명되고 있고 또 그 설명도 자세하지 않지만 한 국가가 평시의 국방과 전시의 용병을 위해 무엇을 근본 요소로 고려해야 할 것인가를 포괄적으로 제시하고 있다. 손자는 용병을, 평시의 국력과 군사력의 우위를 바탕으로 적을 속이고 분산시키고 교란하고 교만하게 만들며, 피로하게 만들고 유인하고 혼란에 빠뜨려, 적이 의도하지 않는 방향으로 나아가 적이 대비하지 않는 곳을 기습함으로써 승리하는 것이라는 '세勢'와 '권權'의 개념으로 설명하고 있는데, 이 또한 몇 줄의 문장으로 표현되어 있다. 아마도 그 적은 분량과 이론의 심오함에서 유사한 것을 찾는다면 불교의 《반야심경般若心經》 외에 다른 것이 별로 없을 것이다.

그러나 처음 《손자병법》을 읽을 때 〈계〉 편의 이러한 압축적인 표현들은 독자들을 잠시 당혹하게 한다. 내용이 지나치게 간결하여 무엇을 말하는지를 명확하게 포착하기 어렵기 때문이다. 이 편은 남은 12편을 다 읽고 돌아와 다시 읽어야만 그 의미가 분명해지고 뜻하는 바가 명확하게 이해된다. 그러기에 손자를 깊이 연구한 사람들은 모두 이 〈계〉 편에 대한 찬사를 아끼지 않고 있다. 일본 강호시대의 손자 해석가의 한 사람인 아라이하쿠세키新井白石가 그의 책 《손자병법택孫子兵法擇》에서 〈계〉 편에 대해 남긴 말은 이 편의 성격을 잘 말해주는 한편 왜 우리가 손자를 읽을 때 13편을 전부 읽고 다시 〈계〉 편으로 돌아와야 하는가를 보여준다.

손무의 책 한 권에서 용병을 논한 대의大意는 여기에 모두 담겨 있다. 이 편의 맨 첫 문장에서 말한 것이 이 편의 요지이다. 그 다음에서는 용병의 기본 요소와 원칙을 말했다. 마지막으로는 용병의 방법을 말했다. 이 편 뒤에 오는 12편은 모두 이 편에서 말한 바를 하나하나 밝혀나간 것에 지나지 않는다.(孫武一書 論兵大意 悉備於此. 而篇首所言乃是一篇要旨. 次言兵之大經大法. 終言所以用兵之術. 其下十二篇 亦皆不出於推明次篇之義耳.)

손자가 이 편에서 논한 중심 주제는 아라이하쿠세키가 지적한 대로 크게 세 가지로 집약할 수 있는데 그것은 전쟁에 대한 신중론, 국방 및 전략의 기초로서 오사칠계론五事七計論 그리고 용병의 본질로서의 궤도론詭道論이다. 이제 그 각각에 대해 현대적인 관점에서 손자의 중심 주제들을 음미해보고자 한다.

손자는 전쟁이 국가의 운명과 국민의 생명을 좌우하는 일이기 때문에 신중하게 생각하고 결정할 것을 제시하였는데 오늘날 이 명제의 중요성을 부인할 사람은 없을 것이다. 1, 2차대전은 국가이익만을 추구하기 위하여 국민을 희생시키는 데 거리낌없었던 유럽의 제국주의에 충분한 경종을 울렸고, 현재는 핵무기가 현실적으로 전쟁을 고려하는 국가 지도자를 신중하게 만들고 있다. 이미 본문의 해설에서 말한 바 있지만 손자가 여기서 '사생지지, 존망지도死生之地 存亡之道' 라고 한 것은 〈모공〉 편의 '부전이굴인지병不戰而屈人之兵' 의 사상과 〈화공〉 편의 '비리부동, 비득불용, 비위부전非利不動 非得不用 非危不戰' 의 명제와 관련해서 읽을 때 그 의미가 분명해진다. 즉 면밀한 준비와 전략판단에 의해 이익과 승산이 있을 때만 전쟁을 치를 것이며 단지 적개심이나 격정에 의해 결정할 일이 아니라는 점이다. 국민을 죽음으로 몰아넣을 수 있고 국가를 멸망으로 끌어갈 수도 있는 전쟁 대신 전쟁 없이 적을 굴복시키는 방법을 적극 모색하라는 것이다. 또 타국의 영토를 무단 점령하는 전쟁은 일으키지 말아야 한다는 것이다. '국가이익' 을 무시하지 않으면서도 도의를 버리지 않는 명제로서 현실주의적이면서도 평화지향적인 전쟁관을 표출한 것이다.

이 편에서 손자가 제시한 오사, 칠계론은 오늘날 용어로 표현한다면 방위를 위한 국력 요소와 전략적 요소론이라 할 수 있는데 그 포괄하는 바가 매우 넓다. 오사의 도천지장법道天地將法은 오늘날의 용어로 표현한다면 '정치적 통합', '기상, 기후에 대한 지식', '지형, 지리적 지식', '장수의 자질과 능력', '국가제도의 완비와 효율적 기능'을 말한 것이라고 볼 수 있는데 그 세세한 것을 따져보면 사실상 훨씬 많은 것이 그 안에 포함되어 있음을 알 수 있다. 손자가 '지地'라고 할 때 그것이 주변국가들의 사회구조, 경제와 그에 따른 동원력의 우열까지를 포괄하고 있다는 것은 여러 군데에서 발견된다. 〈형〉 편에서 손자는 지리적인 고려에 의해 적이 동원할 수 있는 물량과 병력 규모가 산정될 수 있다고 하였고 또 〈군쟁〉 편 이하를 살펴보면 주변국가들의 정치상황과 전략(諸侯之謀) 역시 이 '지'에 포괄된다는 것을 알게 된다. 또 1972년 은작산 한묘에서 손자의 13편 외에 같이 발견된 5편 중 〈오문五問〉 편은 손자가 말한 '지'가 매우 포괄적인 것임을 보여준다. 〈오문〉 편에서는 당시 진국晉國을 분할 통치하고 있던 범씨范氏, 중항씨中行氏, 지씨智氏, 한韓, 위魏, 조趙의 국가 상태를 낱낱이 살피고 있는데 거기에는 토지제도와 세제 및 이에 따른 정치와 국방의 강약에 대해 자세한 분석을 가하고 있다. 그러므로 그가 '지'라고 할 때 그것은 자연 지리뿐만 아니라 국가의 경제적 잠재력, 주변국의 역학관계 등을 망라하는 것이라고 말할 수 있다. 또 '법'이라 할 때에도 그것은 매우 포괄적인 것이다. 법의 요소로 든 '곡제', '관도', '주용'이 의미하듯이 그것은 국가의 제도뿐만 아니라 재정, 무기체계 등을 모두 포괄하는 것이다. 칠계에서 제시하는 바는 이러한 국력의 요소에 군사력의 외형적 규모, 내재적 질質을 추가한 것이다. 그러므로 칠계는 전략에서 전쟁 잠재력과 군사력을 함께 고려하는 것이다.

이렇게 해석하고 보면 손자의 오사, 칠계론은 오늘날의 전략가들이 고려하는 바를 대부분 포괄하고 있다고 볼 수 있는데 다만 손자가 활동할 당시의 시대적 배경 때문에 오늘날 전략가들이 중시하는 한 가지 요소가 빠져 있다는 점을 지적해야 한다. 그것은 무기체계의 우열 및 이를 가능케하는 기술technology에 관한 고려가 특별히 중시되지 않고 있는 점이다. 물론 이미 우리가 살펴본 바와 같이 주용主用이라는 항목에는 무기체계가 포괄될 수 있다고 할 수도 있지만 《손자병법》의 전편에서 무기의 중요성에 대한 강조는 발견하기 어렵다. 손자와 시대가 같은 춘추전국시대의 《관자管子》에 용병의 주요 요소로서 (1) 취재聚財 즉 재정 및 군수, (2) 논공論工 즉 공학역량, (3) 제기制器 즉 무기체계, (4) 선사選士 즉 선발제도, (5) 정교政教 즉 교육, (6) 복습服習 즉 기율과 훈련, (7) 편지천하徧知天下 즉 지리 및 국제정세, (8) 명어기수明於機數 즉 용병능력, 여덟 가지를 든 것과 비교할 때 손자의 용병 요소에 무기체계와 기술에 대한 강조가 없다는 점은 분명하다. 《손자병법》에서 무기체계와 기술이 강조되지 않은 것은 역시 급격한 무기체계 혁명을 겪지 않은 당대와 관련이 있는 것 같다.

그러나 현대에 있어서 무기체계의 위력 증대와 기술의 비약적 발전은 무기가 단순히 전략의 미미한 한 요소에 불과하다는 기존의 인식을 깨고 있다. 핵전략 이론에서 보듯이 때로는 단일 무기체계가 전쟁과 전략의 직접적 고려 요소가 되고 있다. 물론 월남전, 소련의 아프가니스탄 침공의 결과는 무기체계 만능론자에 대해 경종을 울려주고 있기는 하지만 현대 전략가들에게 《손자병법》에서 중시되지 않은 전쟁의 기술적 차원은 특별히 주목받아야 할 국방과 전략의 한 요소이다.

손자가 '용병은 속이는 것이다兵者詭道也' 라고 하고 용병이란 이미 확보한 우세점에 바탕을 두어 상대하는 적과 상황에 따라 속임수, 즉 권權을 씀으로써 세勢를 형성하여 이기는 것이라고 한 것은 용병의 본질을 정확히 표현한 것이다. 클라우제비츠도 말했듯이 전쟁은 살아 있는 생명체들 간의 의지의 싸움이며 반응이 없는 무생물에 대한 일방적 힘의 사용이 아니다. 적은 의지를 가진 존재이며 전쟁에서 적의 힘의 소재는 그의 의도와 상태에 따라 계속 변하기 마련이다. 그러므로 전쟁에서 힘의 발휘는 정해진 공식에 따르거나 방법주의에 매달려서는 안 된다. 방법주의란 기본적으로 적이 일정한 방향과 방법으로 대응할 것이라는 전제에 집착한 것이며 따라서 적이 다른 방향과 방법으로 대응해올 때는 아측에게 더욱 더 심리적 당혹감을 가져다 주고, 이것은 다시 물리적 힘의 발휘를 저점底点으로 떨어뜨리는 요소가 된다. 당연히 용병은 계획을 가지고 시작하지만 적과 상황에 따라 변화해야 한다. 또 적을 쉽게 상대하기 위해서는 적으로 하여금 나의 진정한 의도와 소재를 모르게 하고 적을 심적, 물리적으로 분리되고, 분산되고, 불안정하게 만들고 그렇게 해서 충분히 약화된 적을 예기치 않은 방향과 장소에 기습함으로써 승리한다는 궤도 12개 조와 '공기무비, 출기불의攻其無備 出其不意'는 용병의 변치 않는 진리이다. 누구도 이 진리를 부정하지 못할 것이다. 그러나 이 말은 용병에는 일반적으로 따라야 할 원칙principles이 없다는 것이 아니다. 손자는 이 편을 포함해 이하의 12편에서 많은 원칙을 제시하였다. 그가 우려하는 것은 바로 이러한 원칙을 법칙law으로 생각하여 어떤 적이나 상황에도 꼭같이 적용하려고 하는 것이다. 이에 대해서는 〈구변〉 편에서 재차 명백히 설명하고 있다.

아마도 《손자병법》의 〈계〉 편이 오늘날 그 이론의 교묘함이나 정교함 때문에 높이 평가되는 것은 아닐 것이다. 현대의 모든 국가에서 전략가들은 피아를 세밀하고 정교하게 비교하고 있다. 전쟁에서 적을 속이는 일의 중요성을 모르는 사람은 없을 것이다. 손자의 〈계〉 편이 현재까지 중요시되는 것은 전쟁과 전략의 근본적인 원칙을 제시하고 있기 때문이며, 이론으로 잘 무장된 용병가들과 지휘관들도 흔히 교만함이나 부주의 때문에 상황을 자신에 유리하게 해석하는 경향이 있고 격정으로 인해 함정에 빠질 수도 있는데 이를 끊임없이 일깨워주기 때문이다. 그 뛰어난 나폴레옹도 1812년 러시아의 천지에 대한 고려에 실패하여 러시아군의 초토화 전략에 말려들어 모스크바까지 입성하고서도 대육군이 괴멸적인 참패를 당했고, 1차대전 당시 독일은 무제한 잠수함전으로 인해 미국이 연합군에 참전할 경우 전략적 힘의 균형이 뒤바뀔 수 있음을 깊이 숙고하지 않아 패했다. 2차대전시 일본 역시 미국의 전쟁 잠재력을 고려해 미국과의 전쟁에 승산이 거의 없다는 야마모토 이소로쿠山本五十六의 전쟁불가론 건의에도 불구하고 정신주의의 자만에 빠져 태평양전쟁을 일으켜 미국에 패했고, 가까이는 미국이 베트남에서 지리와 정치의 중요성을 무시한 채 계량화된 힘의 우위만을 믿고 전쟁을 수행하다가 패했다. 그러므로 손자가 '교지이계 이색기정校之以計 而索其情'이라고 할 때 '색기정'은 가벼이 생각할 일이 아니고 '지피지기知彼知己'에서 '지기' 역시 진지하게 받아들여야 한다. 상황을 자신에게 유리하게 해석하는 경향이 있는 인간의 속성상 자신에 대해서는 관대하고 유리한 점만을 보기 쉽기 때문이다.

2

작전

2. 작전作戰

| 편명과 대의 |

이 편의 편명은 《십일가주손자》 계통의 판본에서나 《무경칠서》 계통의 판본에서 모두 '작전作戰'으로 되어 있다. 그러나 여기서 편명으로 쓰인 '작전'의 뜻은 오늘날 흔히 군사용어로 사용되는 작전operation이라는 말과는 다르다. 후자는 일반적으로 부대가 목표 달성을 위해 수행하는 기동, 전투, 숙영 등 제반 행동을 말하는 데 반해, 여기서의 작전은 보다 포괄적인 의미로 '전쟁을 일으키고 수행하는 것'을 의미한다.

이 편의 대의에 대해 조조曹操는 "전쟁을 하고자 하면 반드시 먼저 그 비용을 계산하고 적으로부터 식량을 조달하는 데 힘써야 한다"(欲戰必先算其費 務因糧於敵也)라고 하여 전비戰費 문제와 현지 조달의 보급전략을 논하고 있다고 보았다. 왕석王晳은 "계산을 해보아 승리할 것을 알고 나서 전쟁을 일으키고 군비를 갖출 것이지만 그것을 오래 끌면 안 된다"(計以知勝 然後興戰而軍費 猶不可以久)라고 하여 보급만이 아니라 손자가 지구持久를 경계하고 속승速勝, 즉 신속한 승리를 강조한 것을 대의로 파악하고 있다. 이것은 이 편의 대의를 잘 압축한 해석이다. 금나라의 유명한 손자 주석자 시자미施子美와 일본 강호시대의 야마가소코우山鹿素行는 〈작전作戰〉에서 '作'의 의미를 '사기를 올려 병사들을 분투하게 만드는 것'의 의미로 해석하고 이것을 〈작전〉 편의 대의라고 보고 있는데 그것은 이 편의 마지막 절에 "병사들이 적을 죽이는 것은 적개심을 갖기 때문이다"(故殺敵者怒也)라는 문장을 중시한 것이다. 그러나 이는 독단적인 해석이고 이 편의 대의로 볼 수는 없다.

손자가 이 편에서 다루고 있는 두 가지 중심 주제는 속승론速勝論과 점령지 활용의 보급전략이다. 이 두 가지는 긴밀한 연관을 가지고 있다. 전쟁이 장기화되면 정부의 전비 지출과 국민의 노고가 가중된다. 손자는 장기간 걸친 전쟁으로 국력이 피폐해지면 주변국이 그것을 틈타 오히려 약화된 우리를 침공할 가능성이 높다고 이를 경계하고 있다. 전쟁은 국가의 보존과 이익의 보호를 위한 것인데 지구전으로 인해 국력이 소진되고 그로 인해 주변국의 침략위협에 노출된다면 그것은 전쟁을 하는 목적을 잃는 것이 된다. 그러므로 일단 전쟁을 하면 속히 끝내도록 지도해야 한다. 훌륭한 용병가는 개전 전에는 전쟁 수행에 합당한 군비를 마련하는 일에 만전을 기해야 하고 전시에는 보급의 절대량을 차지하는 식량이나 마초馬草를 적국 내에서의 현지조달에 의해 보충함으로써 국력의 피폐를 막는 보급전략을 활용할 줄 알아야 한다. 뿐만 아니라 적국에서 잡은 포로 중에서 아군에게 동조하는 사람들은 아측에 편입시켜 활용할 줄 알아야 한다.

이렇게 빠른 승리를 추구하되 적지에서의 현지조달의 보급전략과 점령지 정책을 잘 수행하면서 전쟁을 전개하면, 적에게 이기면서 시간이 흐를수록 아측은 힘이 소진되는 것이 아니라 힘이 강화된다. 이것이 이른바 '승적이익강勝敵而益强', 즉 '적에게 승리할수록 더욱 강해지는' 전쟁 수행법이다. 이를 알고 사용하는 사람이야말로 어떻게 하면 용병이 해가 되고 어떻게 하면 용병이 이익이 되는가를 깊이 터득한 사람의 전쟁지도이다. 이것이 손자가 이 편에서 말하고자 하는 것이다.

2-1

孫子曰. 凡用兵之法, 馳車千駟, 革車千乘, 帶甲十萬, 千里饋糧, 則內外之費, 賓客之用, 膠漆之材, 車甲之奉, 日費千金. 然後十萬之師擧矣.

손자는 다음과 같이 말했다. 무릇 전쟁을 행함에 있어서는 전차 1,000대와 수송차량 1,000대, 무장한 병사 10만을 동원하고 천리의 먼 곳에 식량을 실어 나르게 되는 것이니, 정부의 안팎에서 드는 비용과 외교사절의 접대를 위한 비용, 아교와 칠 등 장비의 정비에 필요한 비용, 차량과 병력 유지에 드는 비용 등 일일 천금이 소용된다. 이러한 준비가 갖추어진 후에야 비로소 10만의 군대를 일으킬 수 있는 것이다.

어휘풀이

■ 凡用兵之法(범용병지법) : 凡은 모름지기, 무릇의 뜻. 用兵은 治兵(치병)과 대비되는 말로 통상 용병은 군대의 작전을 수행하는 것을 지칭하고 치병은 병력을 통솔하고, 교육하고, 사기를 진작하는 것 등을 말한다. 그러나 용병은 또한 위에 말한 요소들을 포함하여 군대를 운용하는 것 전반을 의미하기도 한다. 여기서는 후자의 의미이다. 전체의 뜻은 '무릇 전쟁을 위해 군대를 운용하는 데에는' 이다.

■ 馳車千駟(치차천사) : 馳車는 전투용 전차. 駟는 네 마리의 말이 끄는 전투용 전차의 수량 단위. 전체는 '전투용 전차 1,000대를 동원한다' 는 뜻.

■ 革車千乘(혁차천승) : 革은 가죽 혁. 革車는 주위에 가죽을 두른 보급용 수레. 乘은 수레의 수량 단위. 전체는 '보급용 수레 1,000대를 동원한다' 는 뜻.

■ 帶甲十萬(대갑십만) : 帶는 두를 대. 甲은 갑옷 갑. 帶甲은 갑옷을 입은 병사

를 의미하는데 여기서는 동원병력 전체를 말한다. 전체는 '갑옷 입은 병사 10만 명을 동원한다'는 뜻.

■ 千里饋糧(천리궤량) : 饋는 먹일 궤. 糧은 양식 량. 饋糧의 뜻은 먹을 양식을 보낸다. 전체는 '천리의 먼 거리에 병사들이 먹을 양식을 댄다'는 뜻.

■ 內外之費(내외지비) : 內外는 여기서 조정의 내외를 말하는 것으로 조정과 전장을 말한다. 費는 허비할 비, 비용. 조정에서 쓰는 비용과 전장에 드는 비용.

■ 賓客之用(빈객지용) : 賓은 손님 빈. 用은 물품. 해외사절 및 손님의 접대에 드는 물품과 돈.

■ 膠漆之材(교칠지재) : 膠는 아교 교. 漆은 옻나무 칠, 옻칠할 칠. 전차, 무기들을 만들고 수리하는데 드는 아교, 칠과 같은 재료.

■ 車甲之奉(차갑지봉) : 奉은 받들 봉, 드릴 봉. 전차나 갑옷을 만들어 바치는 것.

■ 日費千金(일비천금) : 일일 전쟁 비용이 천금에 달한다.

■ 然後十萬之師擧矣(연후십만지사거의) : 然後는 그러한 후. 師는 서주西周시대와 춘추시대에 2,500명 규모의 단위 부대를 말하는데 여기서는 일반적인 군대를 지칭한다. 擧는 일으킬 거. 矣는 문장의 끝에 와서 마침을 나타내는 종지형 조사. 문장 전체의 뜻은 '이러한 준비가 갖추어진 후에야 10만의 군대를 일으킬 수 있는 것이다.'

해설

〈작전〉 편의 첫 절은 전쟁 비용의 엄청난 정도를 지적하며 이에 대한 재정적 대비가 이루어져야만 대군을 동원해 전쟁을 수행할 수 있음을 말하고 있다. 첫 문장은 손자 당시 대군이라고 보는 10만의 병력을 동원하는 데 따르는 전비의 엄청난 규모와 국가경제에 미치는 심대한 영향을 서술하고 있다. 《주례周禮》에 따르면 당시의 치차馳車, 즉 전투전차의 동원은 전차 1대당 병력 100명의 동원을 의미했다. 춘추 말 전차 1대에는 전차병 3병과 보병 72명의 병사가 편제되었는데 이 전투용 전차를 지원하는 혁차革車, 즉 보급용 수레 1대와 보급병 25명의 병사가

짝을 이루어 동원되었다. 《사마법司馬法》을 인용한 두목杜牧의 설명에 의하면 보급용 차량에는 취사병 10명, 장비 엄호병 5명, 말 관리병 5명, 연료 준비병 5명, 계 25명으로 구성되었다. 이렇게 해서 전투전차 1대와 보급용 수레 1대가 한 조를 이루어 100명의 병사가 1졸卒을 구성했다. 그러므로 전투전차 1,000대와 보급용 수레 1,000대의 동원은 10만 명의 병력 동원을 의미했다. 10만 명의 병력을 동원하고 급양하며, 장비를 수리하고, 추가적 전차, 갑옷을 제작하여 유지하는 데에는 일일 전비戰費가 천금이 소요되는데, 바로 그러한 재원을 마련해야만 10만 명의 병력을 전쟁에 동원할 수 있다는 것이다.

이 절에서 손자는 10만 명의 대병력을 동원해서 전쟁을 수행하는 데 드는 비용의 막대함을 말하고 있고, 다음 절들에서 지구전의 피해와 속승速勝의 필요성, 적의 것을 이용하는 병참전략의 중요성을 말하고 있기 때문에 이 편 전체에서 독자들은 지구전의 피해에 대한 강한 인상을 받기 쉽다. 그러나 이 절을 다시 숙고해보면 그 행간에는 전쟁에 드는 비용을 준비하지 않으면 대규모 전쟁을 일으키기 어렵다는 점이 녹아 있다는 것을 알게 될 것이다. 즉 손자는 언외에 전쟁을 일으키려면 군비軍備와 전쟁비용을 철저히 갖추어야 된다는 것을 함축적으로 말하고 있는 것이다.

2-2

其用戰也, 勝久則鈍兵挫銳, 攻城則力屈, 久暴師則國用不足. 夫鈍兵挫銳, 屈力殫貨, 則諸侯乘其弊而起. 雖有智者, 不能善其後矣. 故兵聞拙速, 未睹巧之久也. 夫兵久而國利者, 未之有也.

전쟁을 지도하는 데에 있어 승리하더라도 오래 끌게 되면 군대가 무디어지고 병사들의 사기가 떨어지게 되며, 공성전을 행하면 전투력이 소모되고, 장기간 군대를 밖에 나가 있게 하면 국가의 재정이 부족해진다. 군대가 무디어지고, 병사들의 사기가 떨어지고, 전투력이 소진되며, 재정이 바닥나게 되면 주변의 제후들이 그 폐해를 이용하여 우리를 향해 전쟁을 일으키니 이렇게 되면 비록 지혜로운 자가 있다고 할지라도 그러한 사태를 수습할 수 없게 된다. 따라서 용병은 다소 미흡해 보이더라도 속전속결해야 한다는 것을 듣기는 했어도 (안전을 고려하여) 교묘하게 오래 끌어야 한다는 것은 아직 보지 못했다. 무릇 전쟁을 오래 끌어 국가에 이로운 예는 아직 없었다.

어휘풀이

■ 其用戰也(기용전야) : 其는 여기서 '그'라는 뜻이다. 用戰은 전쟁을 지도하는 것. 也는 강조나 감탄을 나타내는 조사로 특별한 뜻은 없다. 전체의 뜻은 '전쟁을 지도하는 데 있어'이다.

■ 勝久 則鈍兵挫銳(승구 즉둔병좌예) : 久는 오래 구. 여기서는 '오래 끌다'라는 뜻의 동사이다. 勝久는 '승리하되 오래 끌면'의 의미로 해석된다. 則은 앞에서 말한 내용의 결과를 의미하는 연결 조사이다. 鈍은 무딜 둔. 兵은 여기서 군대

를 말한다. 鈍兵은 군대를 무디게 하다. 挫는 꺾을 좌. 銳는 날카로울 예. 날카로운 기세 즉 사기를 말한다. 挫銳는 날카로운 기세를 꺾는다. 전체의 뜻은 '승리하더라도 오래 끌면 군대를 무디게 만들고 병사들의 날카로운 기세를 꺾는다.'

■ 攻城 則力屈(공성 즉역굴) : 屈은 다할 굴. 力屈은 힘이 고갈됨. 전체의 뜻은 '공성전을 펴면 전투력이 심하게 소모된다.'

■ 久暴師 則國用不足(구폭사 즉국용부족) : 久는 오래 구. 暴은 사나울 폭. 久暴師는 오랫동안 군대를 무리하게 부린다는 뜻. 國用은 국가의 재정. 전체의 뜻은 '군대를 무리하게 장기간 전장에 내보내어 부리면 국가의 재정이 부족하게 된다.'

■ 夫 鈍兵挫銳 屈力殫貨, 則諸侯乘其弊而起(부 둔병좌예 굴력탄화 즉제후승기폐이기) : 夫는 모름지기, 무릇. 鈍兵挫銳는 '군대를 무디게 하고 병사들의 사기를 꺾는다.' (탄)은 다할 탄. 貨는 재물 화. 屈力 貨는 '힘을 소진시키고 재화를 탕진한다.' 諸侯는 춘추전국시대에 주나라 왕을 제외한 각국의 군주를 지칭한다. 乘은 탈 승. 弊는 폐단. 起는 일어날 기. 전쟁을 일으킨다는 뜻이다. 전체의 뜻은 '전쟁으로 힘을 소진시키고 재화를 탕진하면 주변국 군주가 이러한 아국의 폐단을 틈타 전쟁을 일으킨다.'

■ 雖有智者, 不能善其後矣(수유지자 불능선기후의) : 雖는 비록 수. 不能은 ~을 할 수 없다. 善은 좋게 만들다. 其後는 위에 말했듯이 아측이 약화된 틈을 타 적이 주변국이 공격해오는 것을 말한다. 전체의 뜻은 '비록 지혜로운 사람이 있다 할지라도 그 결과를 좋게 만들 수 없다.'

■ 故兵聞拙速, 未睹巧之久也(고병문졸속 미도교지구야) : 故는 '그러므로'라는 뜻을 갖고 있는데, 손자병법에서는 의미 없는 연결어로 사용되는 경우가 많다. 문맥에 따라 해석해야 한다. 兵은 여기서는 용병의 뜻으로 사용되었다. 聞은 들을 문. 拙은 못날 졸. 速은 빠를 속. 拙速은 미비한 것 같으나 빠른 것. 未는 '아닐 미' 자로 동사 앞에서 '아직 ~하지 못하다' 의 뜻으로 쓰인다. 睹는 볼 도. 巧는 교묘할 교, 공교할 교. 巧之久는 교묘히 안전을 추구하며 오래 끄는 것. 전체의 뜻은 '용병에는 다소 미흡해 보여도 속전속결하라는 말은 들어보았으나 교묘히 진행하여 오래 끌라는 말은 보지 못했다.'

■ 夫兵久而國利者, 未之有也(부병구이국리자 미지유야) : 兵은 여기서 전쟁으로 해석해야 한다. 전체의 뜻은 '무릇 전쟁을 오래 끌어 국가에 이로운 예는 없었다.'

해설

이 절은 위에서 서술했듯이, 전쟁이 장기화할 때 생기는 폐해를 고려하여 그 논리적 귀결로서 졸속拙速의 전략원칙을 제시하면서 다시 한 번 장기전의 폐해를 강조한 것이다. 여기서 '졸속' 은 오늘날 일반적으로 사용되는 것과 같은 의미로 '무계획적으로 일을 급히 서둘러 해내는 것' 으로 해석되지 않고 졸拙하나(엉성한 것 같으나), 속速한(빠르게 수행하는) 상태를 의미하는 것으로 이해되어야 한다. 그것은 교巧하나(교묘하여 충분히 안전을 고려하나) 구久한(오래 끄는) 것과 대비된다. 여기서 손자는 속승을 최상의 전략으로 제시하고 특히 작전수행에 안전과 완벽을 기하느라고 승기勝機를 놓쳐서는 안된다는 점을 강조하고 있다.

'졸속' 과 '교지구' 는 오늘날 용어로 말하면 각각 기동전략maneuver strategy과 소모전략attrition strategy에 해당한다. 기동전략은 적의 허를 노리고 속도를 위주로 하여 신속하고 과감하게 적지 깊숙이 들어감으로써 적이 조직적으로 대응하지 못하도록 하고 이에 의해 적이 심리적 · 조직적으로 와해되도록 함으로써 승리를 추구하는 전략을 말하는데, 이 경우 상당한 정도의 모험을 동반하게 된다. 반면 소모전략은 아측의 안전을 최대한 고려하면서 적을 압박해 들어가는 전략이다. 이러한 전쟁수행법은 모험적인 작전은 피하고 매 전투마다 적을 보다 많이 살상함으로써 그 전투들의 집적적 결과에 의해 나의 손실의 총량보다 적의 손실의 총량이 많게 함으로써 승리를 얻는 것이다. 자연히 이 경우는 자신의 부대의 안전을 기할 수 있으나 시간이 오래 걸리고 적은 좀처럼 심리적 기습을 당하지 않는다. 흔히 2차대전 초의 독일의 전격전을 기동전략의 대표적인 형태로 보며 2차대전 기간 중 막대한 물량과 화력을 바탕으로 하여 서서히 적을 압박해가는 공세를 취한 미군을 비롯한 미 · 영 연합군의 전쟁수행 방법을 소모전략의 대표적 형태로 본다. 손자는 여기서 '졸속' 이라는 표현으로 기동전략을 주장하는 것이며 이것은 〈구지〉 편에 재차 강조된다.

일부의 해석자는 '졸속'이라 할 때 이를 준비가 미진하지만 기회를 놓치지 않기 위해 전쟁을 개시하는 것, 혹은 결과가 만족스럽지 못하더라도 일찍 전쟁을 종결하는 것으로 해석하기도 하는데, 이러한 해석은 그럴듯해 보이지만 앞뒤의 맥락을, 그리고 《손자병법》 전체의 맥락을 이해하지 않은 자의적인 것이다. 여기서 '졸속'은 '교지구'에 대비되는 표현인데 '교지구'는 명백히 교묘히 전쟁을 수행함으로써 전쟁을 길게 끄는 것을 말한다. 앞 절에서 '승리하되 길게 끌면'(勝久), '군대를 오랫동안 전장에서 부리면'(久暴師)이라고 한 것들은 모두 전쟁수행의 방법과 과정을 말한 것이다. '교지구巧之久'의 '교巧'는 준비가 교묘하다로 해석해서는 안 되며 전쟁수행이 교묘한 것, 즉 전쟁수행이 안전을 충분히 고려해 서서히 이루어지는 것으로 해석해야 한다. 이 편의 첫 절에서 손자가 충분하고도 면밀한 전쟁 준비를 한 연후에 10만의 병력을 동원할 수 있다고 한 점을 상기해야 할 것이다.

2-3

故不盡知用兵之害者, 則不能盡知用兵之利也. 善用兵者, 役不再籍, 糧不三載. 取用於國, 因糧於敵. 故軍食可足也.

그러므로 어떻게 용병을 하면 해가 되는가를 철저하게 알지 못하면 어떻게 용병을 하면 이익이 되는가를 명백하게 알 수 없게 된다. 용병을 잘하는 사람은 전쟁을 위해 군역軍役을 부과함에 있어 장부를 두 번 만들지 않고 전선으로 가져갈 양식을 세 번 싣지 않는다. 자국으로부터 마련한 보급품을 사용하되 적으로부터 양식을 탈취해 사용한다. 그러므로 군대의 식량이 부족하지 않고 충분하게 된다.

어휘풀이

■ 故不盡知用兵之害者, 則不能盡知用兵之利也(고부진지용병지해자 즉불능진지용병지리야) : 盡은 다할 진. 盡知는 속속들이 철저히 안다는 뜻이다. 전체의 뜻은 '용병으로 인해 해악이 되는 경우를 철저하게 알지 못하면 용병으로 인해 이익이 되는 경우를 철저하게 알지 못하게 된다.'

■ 善用兵者(선용병자) : 善은 여기서 '뛰어나다'의 뜻. 전체의 뜻은 용병을 잘하는 사람을 말한다.

■ 役不再籍(역불재적) : 役은 군역을 말한다. 籍은 여기서 동원을 위해 작성하는 동원 대상자 목록을 말한다. 전체의 뜻은 '두 차례에 걸쳐 군역 대상자의 명부를 만들지 않는다.' 즉 한 번 동원을 해 전쟁을 끝냄으로써 장기전에 말려들어 추가 동원을 하지 않는다는 말이다.

■ 糧不三載(양불삼재) : 糧은 양식. 載는 실을 재. 전체의 뜻은 '양식은 세 번 싣지 않는다.' 이 말은 즉 재차, 삼차의 보급을 하지 않고 한 번의 양곡 수송으로 전쟁을 끝낸다는 말이다.

▪ 取用於國(취용어국): 取는 취할 취. 用은 전차, 갑옷 등의 군수품. 여기서 國은 자국을 의미한다. 전체는 보급품을 자국에서 조달한다는 의미이다.

▪ 因糧於敵(인량어적): 因은 여기서 引(인)의 뜻으로 끌어쓰다, 탈취한다는 뜻이다. 전체는 '적으로부터 양식을 빼앗아 쓰는 것'을 말한다.

▪ 故軍食可足也(고군식가족야): 軍食은 군대의 식량. 可足은 넉넉해질 수 있다.

해설

故不盡知用兵之害者, 則不能盡知用兵之利也(고부진지용병지해자 즉불능진지용병지리야)라는 첫 구절은 해석에 주의를 요한다. 이 부분을 주석자들은 흔히 용병의 해가 되는 요소들을 충분히 이해해야만 용병의 이익이 되는 요소들을 충분히 안다라고 해석하는데, 이 해석은 큰 무리가 없는 것처럼 보이지만 문의文意를 정확히 포착한 것은 아니다. 나는 이 편을 여러 차례 숙독한 결과 이 문장에서 用兵之害(용병지해), 用兵之利(용병지리)를 문자 그대로 이익, 해악의 요소로 보아서는 안 되며 '해악으로 귀결되는 용병 방법', '이로움으로 귀결되는 용병 방법'을 말하는 것으로 보아야 된다는 결론에 도달했다. 이 부분은 식량을 포함한 군수품을 모두 자국에서 조달해 씀으로써 결국은 국가경제가 거덜나고 이로 인해 주변국의 침략 위협에 노출되는 용병 방법과 식량 등을 적국에서 조달하는 용병 방법을 말하는 것이다. 그러므로 일반적으로 주석자들은 이 문장을 윗절의 끝에 두었지만, 나는 다음에 전개하는 해害가 되는 용병 방법, 이利가 되는 용병 방법에 대한 총괄적인 언명으로 보아 이 절의 앞에 붙여 설명한다.

이 문장을 풀어서 말하면, 어떻게 용병을 하면 그것이 국가에 해가 되는 결과를 가져오는가를 철저하게 알아야만 어떻게 용병을 하면 그것이 국가에 이익이 되는 결과를 가져오는가를 제대로 알 수 있게 된다는 의미이다.

이렇게 말하고 나서 손자는 우선 일반적인 전쟁지도의 원칙을 제시하고 있다. 그 논리는 앞에서 말한 바 있듯이 지구전이 국가경제에 미치는 엄청난 영향에 기초하여 그것을 최소화하면서 전쟁을 수행할 수 있는 방법을 제시한 것이다. 그것은 작전 면에서는 속승을 추구함으로써 한 번의 대승리를 얻는 것이고 보급 면에서는 현지조달을 최대한 활용하는 것이다. 문장의 뜻은 용병을 잘하는 자는 전쟁을 수행함에 있어 두 번 동원령을 내리지 않고 보급품 수송을 두 번 세 번 하게 될 정도의 장기전으로 발전하지 않게 한다는 의미이다. 이 말은 전쟁에서 사전계획의 교묘함과 신속한 기동에 의해 한 번에 적을 굴복시킴으로써 재차, 삼차 추가동원과 재보급의 필요성이 제기되지 않게 해야 하며 전쟁수행에서도 적극적으로 적국의 물자를 이용하는 방법으로 수행해야 한다는 것이다. '取用於國, 因糧於敵'(취용어국 인량어적)은 손자의 보급전략을 압축한 문장이다. 용用은 식량 외의 군수품을 말하며 양糧은 식량을 말하므로 군수품은 자국에서 생산한 것에 의존하되 양식은 적국의 것을 활용하라는 의미이다. 결국 손자는 작전전략 면에서는 기동전에 의한 속승을 추구하고, 보급전략에서는 현지조달을 활용하는 전략을 채택해야 한다고 말하고 있다.

2-4

國之貧於師者, 遠輸. 遠輸, 則百姓貧. 近於師者, 貴賣. 貴賣, 則百姓財竭. 財竭, 則急於丘役, 力屈財殫. 中原內虛於家. 百姓之費, 十去其七. 公家之費, 破車罷馬, 甲胄矢弩, 戟楯矛櫓, 丘牛大車, 十去其六.

국가가 전쟁으로 가난해지는 원인은 멀리 군수품을 수송하는 데 있다. 멀리 군수품을 수송하게 되면 백성이 가난해진다. 군대가 인접해 있는 곳에서는 물가가 앙등하고 물가가 앙등하면 백성의 재산이 바닥난다. 백성의 재산이 바닥나면 정부는 급히 노력동원에 의존하게 된다. 힘이 다하고 재산이 바닥나면 중원의 민가들이 텅 비게 된다. 이렇게 되면 백성들이 지불하는 비용의 7할은 사라진다. 정부가 지불하는 비용은, 부서진 전차를 수리하고 병든 말을 교체하는 비용, 갑주甲胄, 궁시弓矢, 노弩, 극戟, 둔楯, 모矛, 로櫓 등을 마련하는 데 드는 비용, 수송에 쓰이는 소와 큰 수레를 유지하는 데 드는 비용으로 6할은 사라진다.

어휘풀이

■ 國之貧於師者, 遠輸(국지빈어사자 원수) : 貧은 가난할 빈. 於는 여기서 '~으로 인해'의 뜻. 遠輸는 멀리 수송하는 것. 전체의 뜻은 '국가가 군대로 인해 가난하게 되는 것은 전장까지 멀리 물자를 수송하기 때문이다.'

■ 遠輸, 則百姓貧(원수 즉백성빈) : 군수 물자를 멀리 수송하게 되면 백성들은 빈한해진다.

■ 近於師者, 貴賣(근어사자 귀매) : 貴賣는 사는 것을 귀하게 만든다는 뜻으로

즉 물건 값의 등귀를 말한다. 전체의 뜻은 '군대 가까이 있는 곳에서는 물건 가격이 올라간다.' 즉 군대의 물품 구매에 의해 물건의 품귀현상과 이로 인한 지역적 인플레이션을 의미한다.

▪ 貴賣, 則百姓財竭(귀매 즉백성재갈) : 竭은 마를 갈. 財竭은 재산이 소진된다는 뜻. 전체의 뜻은 '물건값이 등귀하면 백성의 재산이 바닥나게 된다.'

▪ 財竭, 則急於丘役(재갈 즉급어구역) : 丘役은 국가가 강제하는 노력동원. 전체의 뜻은 '백성들의 재산이 바닥나 세금을 낼 수 없게 되면 국가는 노력 동원을 하는 데 급급해진다.'

▪ 力屈財殫, 中原內虛於家(역굴재탄 중원내허어가) : 中原은 국토 내부의 들판. 虛於家는 '각 가정이 허해짐,' 즉 빈곤해짐을 뜻한다. 전체의 뜻은 '힘이 다하고 재산이 탕진되면 들의 민가들이 허해진다.'

▪ 百姓之費, 十去其七(백성지비 십거기칠) : 百姓之費는 백성들의 재산을 말한다. 去는 갈 거, 없어진다는 뜻. 十去其七은 열이면 그 중 일곱이 사라진다. 전체의 뜻은 '백성들의 재산은 10의 7은 사라진다.'

▪ 公家之費(공가지비) : 公家는 집정부의 집안을 말함. 전체적인 뜻은 정부와 귀족집안의 재산.

▪ 破車罷馬(파차파마) : 破는 깨뜨릴 파, 깨어질 파. 罷는 병들 파, 고달플 파. 부서진 전차와 병든 말. 전체의 뜻은 '부서진 전차와 병든 말을 수리하고 교체하는 비용.'

▪ 甲胄矢弩(갑주시노) : 甲胄는 갑옷과 투구. 矢는 화살. 弩는 기계 활. 전체의 뜻은 '갑옷, 투구, 화살, 기계 활의 제작에 드는 비용.'

▪ 戟楯矛櫓(극둔모로) : 戟은 가시달린 창. 楯은 큰 방패. 矛는 창. 櫓는 큰 방패. 전체의 뜻은 '극, 둔, 모, 로 등의 병기 제작에 들어가는 비용.'

▪ 丘牛大車(구우대차) : 丘牛는 구읍의 소로서 공공지 경작을 위한 소를 말한다. 大車는 큰 짐수레. 전체의 뜻은 '구우, 대차에 드는 비용.'

▪ 十去其六(십거기육) : 이 구절은 '공가지비'에 걸리는 말로 전체의 뜻은 '정부의 비용은 파차파마, 갑주시노, 극둔모로, 구우대차에 드는 돈으로 인해 10의 6은 사라진다'는 뜻이다.

해설

이 절은 앞에서 말한 因糧於敵(인량어적)을 채택해야 하는 이유를 장기전의 수행이 국가경제에 미치는 부정적인 폐해를 서술함으로써 보여주고자 하는 것이다. 여기서는 '取用於國, 因糧於敵'(취용어국 인량어적)의 보급전략을 제대로 이해하지 않고 전쟁을 수행할 때 나타나는 문제들을 조리 있게 연결짓고 있다. 전시의 보급품 생산과 원거리 수송은 국민의 부를 축내며 군대가 작전을 수행하는 곳에서는 일시에 대군이 주둔함으로써 보급품 징발 때문에 물자의 부족이 생기고 인플레가 발생한다. 국가는 재정이 부족하여 백성들을 노역에 동원하게 될 지경에 이른다. 그럼으로써 백성들은 전쟁비용을 대느라고 재력의 10분의 7을 소비하게 되며, 정부는 전쟁물자와 전비를 담당하느라 재력의 10분의 6을 써야 할 정도에 이른다는 것이다. 이것이 곧 앞에서 말한 "용병을 하여 해가 되는 것을 철저하게 알지 못하는 사람"(不盡知用兵之害者)의 용병법인 것이다.

2-5

故智將, 務食於敵. 食敵一鍾, 當吾二十鍾. 萁稈一石, 當吾二十石.

그러므로 지혜로운 장수는 적으로부터 식량을 탈취해 먹는 데 힘쓴다. 적의 식량 1종鍾을 먹는 것은 나의 식량 20종에 해당하고 적으로부터 탈취해 말에게 먹이는 콩깍지와 볏짚 1석石은 우리가 마련하는 콩깍지와 볏짚 20석에 해당한다.

어휘풀이

■ 故智將, 務食於敵(고지장 무식어적) : 務는 힘쓸 무. 전체의 뜻은 '그러므로 지혜로운 장수는 적으로부터 식량을 구해 먹는 데 힘쓴다.'

■ 食敵一鍾, 當吾二十鍾(식적일종 당오이십종) : 鍾은 양곡의 용량 단위. 食敵一鍾은 1종에 해당하는 양곡을 적으로부터 탈취해서 먹는 것. 當은 해당한다는 뜻. 전체의 뜻은 '적의 식량 1종을 먹는 것은 나의 식량 20종을 먹는 것에 해당한다.'

■ 萁稈一石, 當吾二十石(기간일석 당오이십석) : 萁는 콩대. 稈은 볏집. 萁稈은 말에게 먹이는 콩깍지와 볏집 등의 사료를 말한다. 石은 고대의 용량, 중량 단위. 이 구절은 '食敵萁稈一石'에서 '食敵'이 중복되므로 생략된 것이다. 전체의 뜻은 '말에게 적의 콩깍지와 볏집 등의 사료 1석을 먹이는 것은 내가 수송해온 그러한 말 사료 20석을 먹이는 것에 해당한다.'

해설

이 절에서는 이러한 전시경제의 파국적 영향을 고려하는 현명한 장수가 취할 전략은 곧 현지조달을 활용하는 전략이라는 점을 재차 강조하고 있다. 앞에서 말한 '取用於國, 因糧於敵'(취용어국 인량어적)의 보급 전략 원칙을 좀더 극적으로 표현하고 있다. 적의 식량 1종을 이용하는 것과 적의 말 사료 1석을 이용하는 것이 내가 보급 추진한 20종의 식량과 20석의 말 사료에 해당한다는 것이다.

오늘 이 문장을 읽는 사람들은 우선 손자시대의 전쟁 양상을 그 이후의 전쟁 양상의 변화와 함께 고려해야만 그의 진의를 포착할 수 있을 것이다. 우선 손자시대에 얼마나 보급이 곤란하였는가는 진시황제 때 시행한 한 군사작전으로부터 유추할 수 있다. 《사기史記》〈주부언열전主夫偃列傳〉에 의하면, 진시황이 파견한 몽염 장군이 황하를 끼고 흉노족과 대치할 때 산동반도의 고을들로부터 군량 30종種(약 190석石에 해당)을 보냈는데 작전지역에 도달한 것은 불과 1석石뿐이었다고 한다. 고대 중국에서 얼마나 장거리보급이 어려웠는가를 알게 해주는 한 사례이다. 이러한 사정은 18세기 말에 이르기까지 서양 군대의 경우에도 마찬가지다. 보급의 곤란은 원거리 원정작전에 결정적인 제약이었고 대부분의 군대는 이 문제를 해결하기 위해 적지의 약탈에 의존했다. 그러나 원정중의 모든 도정에 약탈만으로 식량 문제를 해결할 수 없었고, 특히 대군을 이끌 경우에는 아무리 약탈의 방법을 이용해도 항상 식량이 풍족한 지역을 군대가 지날 수 있다고 장담할 수 없었다. 18세기 서양의 용병가들은 이 문제를 변경지방의 곳곳에 창고magazine를 미리 건설해두고 그곳에 작전에 필요한 일정량의 식량과 물자를 보관해둠으로써 해결했다. 그러나 이 창고제도는 군의 행동반경을 이미 창고가 세워져 있는 지역 부근의 수일 간의 행군거리 내에 묶어두는 결과가 되었다. 동원할 수 있는 군대의 규모는 제한되었으며 적지 깊은 곳에서 기동하는 것은 어려웠다. 이러한 제약이 깨진 것은 바로 프랑스혁명 전쟁 때 프랑스군이 현지조달의 방법에 의존하기 시작하면서부터이다. 나폴레옹은 이 현지조달의 방법으로 적지 깊은 곳에서 과감한 기동을 행할 수 있었다. 그러나 그의 현지조달 방법도 유럽의 한촌을 지나야 했던 러시아원정 당시에는 그가 이끄는 대육군이 엄청난 파국을 자초하는 원인이 되었다. 19세기 중반에 전쟁을 수행했던 몰트케조차 군대가 '생존하기 위해서는 분산하고 작전하기 위해서는 집중한다'라는 원칙을 따라야 했다. 대군이 한 곳에 집중하여 멈춰 있으면 그 도시가 거덜나고 군대는 식량을 구할 수 없어 기아에 허덕이게 되었기 때문이다. 이러한 보급상의 제약을 극복하여 자국 군대의 식량과 장비의 보급을 기본적으로 자국으로부터 수송하여 해결할 수 있게 된 것은 도로망의 발달, 철도의 이용, 대규모 수송선박의 개발이 이루어진 19세기 말 이후의 일이다.

이같은 사정을 고려하면 손자가 제시한 대로 현지조달을 활용하는 보급전략은 전통시대의 제약 속에서 전쟁을 수행하는 대부분의 용병가가 속결전을 행하기 위해 취해야 할 거의 유일한 방법이다. 사실 역사상의 위대한 용병가들은 손자처럼 뚜렷하게 이러한 점을 언명하지는 않았으나 이러한 방법을 써왔다. 〈작전〉 편에서 손자의 탁월성은 바로 이러한 보급방법의 새로움에 있기보다는 나의 이利를 증진하고자 수행하는 전쟁이 오히려 종국에 가서 해害가 되지 않도록 속승을 추구하며 이를 가능케 하는 보급전략인 '취용어국, 인량어적'의 보급전략과 연계시킨 점에 있다.

손자가 이 편에서 강조한 '인량어적'이 식량의 보급을 대부분 적지에서 해결하는 방안에 의존하는 모험을 하라고 한 것이 아님을 아는 것은 중요하다. 이미 손자는 이 편의 첫 문장에서 '천리궤량千里饋糧'이라고 하여 기본적으로 작전에 필요한 양식을 자국에서부터 수송한다는 점을 전제로 하고 있음을 주목해야 한다. 〈군쟁〉 편에 "군대에 치중이 없으면 망하고 양식이 없으면 생존할 수 없으며 비축된 물자가 없으면 버틸 수 없다"(軍無輜重則亡, 無糧食則亡, 無委積則亡)라고 한 것 역시 그가 얼마나 식량과 보급의 유지에 중요성을 두었는가를 말해주고 있다.

즉 그가 '인량어적因糧於敵, 무식어적務食於敵' 이라고 한 진의는 당시에 가장 중요했던 보급품인 식량을 적으로부터 빼앗아 최대한 이를 활용함으로써 국가의 전시경제에 최소한의 부담을 주는 전쟁지도를 해야 한다는 의미이다. 물론 오늘날에 와서는 수송수단의 발달로 인해 군대에서 식량, 무기, 탄약 등 군수품의 조달은 과거처럼 그렇게 어렵지는 않게 되었고 대국은 대부분을 자국에서 조달할 수 있는 능력을 갖고 있다. 그러나 군사작전에 있어 식량조달이 큰 문제가 아닌 오늘날에도 점령국의 식량, 자원을 이용하는 것의 중요성은 무시할 수 없다. 2차대전 당시 독일은 프랑스와 그외 점령국의 자원을 활용하였기에 연합국과의 전쟁에서 4년간 전쟁을 지탱해낼 수 있었고 일본 역시 동남아의 자원을 확보하고 있었기에 4년간을 미국에 대해 버틸 수 있었다.

군의 보급품 중에서 식량 이상으로 유류, 탄약의 수송 비중이 높아진 오늘날의 상황에서 손자라면 '인량어적', '무식어적' 대신 어떠한 것을 말할 것인지에 대해서는 굳이 부연할 필요가 없을 것이다.

2-6

故殺敵者, 怒也. 取敵之利者, 貨也. 故車戰, 得車十乘已上, 賞其先得者, 而更其旌旗, 車雜而乘之, 卒善而養之. 是謂, 勝敵而益强.

그러므로 적을 죽이는 것은 아측 병사들이 적에 대해 적개심을 갖고 있기 때문이며 적의 재물을 취하는 것은 아측의 병사가 그 물건을 상으로 받기 때문이다. 그러므로 전차전을 치를 때 적의 전차 10량 이상을 획득한 경우는 먼저 전차를 포획한 사람에게 상을 주고, 적 전차의 깃발을 우리의 것으로 바꾸어 달아 전차는 우리의 전차들과 혼합 편성하여 이를 사용하고 포로로 잡은 적병은 선도하여 우리의 병사로 만든다. 이것을 '승적이익강勝敵而益强', 즉 적에게 승리하되 나날이 강해지는 것이라고 한다.

어휘풀이

■ 故殺敵者, 怒也(고살적자 노야) : 怒는 성낼 노. 전체의 뜻은 '병사들이 적을 죽이고자 하는 것은 적에 대한 적개심이 있기 때문이다.'

■ 取敵之利者, 貨也(취적지리자 화야) : 利는 여기서 적의 재물. 貨는 재물 화. 여기서는 포상으로 주어지는 재물을 뜻한다. 전체의 뜻은 '병사들이 적의 물건을 탈취하고자 하는 것은 재물, 즉 상으로 주는 재물에 대한 욕심이 있기 때문이다.' 이 말은 적의 물건을 탈취한 데 대한 보상이 있기 때문이라는 의미이다.

■ 故車戰, 得車十乘已上, 賞其先得者(고차전 득차십승이상 상기선득자) : '그러므로 차전을 하는 데는 적의 전차 10승 이상을 탈취하면 가장 먼저 얻는 사람에게 상을 준다.'

■ 而更其旌旗, 車雜而乘之, 卒善而養之(이갱기정기 차잡이승지 졸선이양지) : 而는 '그리고'의 뜻을 가진 연결 조사. 更은 고치다, 바꾸다. 여기서는 고쳐 단다는 뜻. 雜은 섞다. 旌旗는 부대의 깃발. 車雜而乘之는 '적 전차는 섞어서 탄다.' 善은 여기서 '선도한다'는 뜻. 養은 기를 양. 여기서는 아측의 병사로 훈련시킨다는 뜻을 담고 있다. 卒善而養之는 포로로 잡은 적 병사들은 선도하고 훈련시켜 우리의 병력으로 만든다. 전체의 뜻은 '또한 포획한 적 전차의 깃발을 우리의 것으로 바꾸어달고 전차는 아측의 전차와 섞어서 타며 포로는 선도하고 훈련시켜 우리의 부대로 편성한다.'

■ 是謂(시위) : 是는 이 시. 이것. 謂는 일컬을 위. 이것을 ~라 일컫는다.

■ 勝敵而益强(승적이익강) : 적에게 승리하고 더욱 강해지는 것. 즉 적에게 승리할수록 강해지는 것.

해설

이 절에서 손자는 적의 인적 · 물적 자원을 포획하여 사용함으로써 원정을 수행해 나갈수록 군대가 강해질 수 있는 방법을 좀더 구체적으로 제시하고 있다. 첫 문장 '殺敵者, 怒也. 取敵之利者, 貨也'(살적자 노야 취적지리자 화야)는 원정작전에서 병사들을 고무하는 방법을 제시한 것이다. 아측의 병사들에게 분심을 일으킴으로써 적을 죽이게 할 수 있고 아측의 병사들에게 적의 물건을 노획할 때 상을 약속함으로써 병사들이 적극적으로 싸울 수 있게 만든다는 뜻이다. 또 적으로부터 획득한 장비를 적극적으로 활용하여 사용하고, 적으로부터 우리측에 포로로 잡히거나 귀순해온 자들을 선도하여 우리 부대에 편입시킴으로써 더욱 유리한 형세를 조성한다. 이렇게 용병을 하면 싸워 적을 이길수록 우리의 힘이 소모되는 것이 아니고 더욱 강해진다. 이것이 곧 '승적이익강', 즉 '적에게 이기되 나날이 강해지는 것'이며 앞에서 말한 '용병을 하여 이익이 되게 하는 것을 아는 사람'(盡知用兵之利者)의 용병법이다.

이 절의 첫 문장 '故殺敵者, 怒也'(고살적야 노야)와 뒤따르는 '取敵之利

者, 貨也'(취적지리자 화야)라는 문장은 이 편의 주된 논지에서는 약간 벗어난 듯한 구절이지만 용병가들에게는 무시할 수 없는 것이다. 이 두 구절은 병사들이 싸움에 적극적으로 임하게 되는 두 가지의 기본적 동기를 제시하고 있기 때문이다. 말하자면 적에 대한 분심忿心과 물질적 보상이다. 분심은 불의를 범하는 사람들에게 보이는 적개심인데 이것은 병사들이 대의를 위해 싸우거나 혹은 국가를 위해 싸우고 있다는 사명감을 가질 때 높게 유지된다. 그러한 대의가 없으면 병사들의 전의戰意는 오래 유지되기 힘들다.

역사상의 많은 명장들은 상황에 따라 이 두 가지 요소의 하나나 둘 다를 이용하여 병사들의 전의를 고취시키는 법을 알았다. 칭기즈 칸의 군대는 정복이라는 것 외에 어떤 고상한 대의를 가지지는 않았지만 그 군대에서 이루어진 전리품의 공정한 분배는 몽골군의 왕성한 전투의지에 기여한 바가 크다. 1796년 나폴레옹이 최초로 이탈리아 방면군 사령관에 임명된 뒤 거느린 헐벗고 굶주리며 불만에 가득 차 있는 병사들을 고무시킨 것은 물질적 보상이었다. 다음은 그의 유명한 연설문이다.

장병 여러분! 귀관들은 헐벗고 굶주리고 있습니다. 정부는 귀관들에게 힘입은 은혜는 크지만 아무것도 갚아주지 못하고 있습니다. 이 험지에서 보인 귀관들의 인내와 용기는 실로 경탄할 만한 것이었으나, 그것이 귀관들에게 아무런 영광도 희망도 주지 못했습니다. 그러나 본인은 이제 귀관들을 이 지구상에서 가장 기름진 롬바르디아 평야로 인도하겠습니다. 귀관들은 부유한 여러 지방과 여러 대도시를 정복할 것이며, 거기에서 귀관들은 명예와 영광과 많은 금은보화를 얻을 것이며, 그 모든 것은 귀관들의 것입니다. 진격하는 곳에 반드시 명예와 영광과 부가 있을 것입니다. 친애하는 장병 여러분! 귀관들은 진군할 용기와 인내가 없습니까?

물론 그는 어떤 때는 물질적 보상도 약속했지만 프랑스혁명의 정신과 프랑스의 영광이라는 대의로 병사들을 고무하기도 하였다.

한편 항시 병사들에게 가까이 다가가 그들로부터 사랑과 존경을 얻었던 로멜Rommel 장군도 병사들에게 끊임없이 대의를 위해 싸우고 있다는 자각을 하도록 하는 것이 중요하다는 것을 깨닫고 있었다. 그는 1944년 독일군 장교단 교육을 위해 남긴 글에서 다음과 같이 쓰고 있다.

……대부분의 군사이론가들은 군대의 심리적인 측면을 무시하고 있다. 평상시에는 부대가 어디서나 훌륭히 임무를 수행하지만, 일단 전투에 임할 경우 병사들의 심적 태도를 파악하는 것이 무엇보다 중요하다. 국토방위의 의무를 수행하기 위해 고향과 가족을 떠나 전선에 배치된 병사들은 최악의 상황 속에서도 내일을 꿈꾸며 자기의 임무를 충실히 수행하고 있는 것이므로 지휘관은 이러한 병사들의 갸륵한 정신을 결코 욕되게 해서는 안 된다. 또한 장교들은 병사들의 이러한 이상주의를 유지하고 보존하기 위해 최선을 다해야 한다. …… 공격명령이 하달되면 병사들은 미리 확률적으로 나오게 될 사상자 수를 예상하는 버릇이 있는데 이것은 병사들의 사기를 저하시키므로 그러한 생각을 가지게 해서는 안 된다. 병사들에게는 자신감을 주기 위해서 새로운 정당성을 끊임없이 인식시켜야 하며, 그렇지 않을 경우 병사들의 자신감은 곧 사라져버린다. 병사들은 편안한 마음으로 전투에 임해야 하며 굳은 신념을 가지고 명령에 따라 싸워야 한다.

손자가 이 편의 결론처럼 제시한 '勝敵而益强'(승적이익강)의 용병은 곰곰 생각해보면 다만 '인량어적, 취용어국' 하는 병참전략만으로는 부족하다. 병사들을 고무시켜 그들이 전의를 유지하게 하기 위해서는 그들로 하여금 대의를 위해 싸우고 있다는 인식을 갖도록 해야 하며 붙잡은 포로나 귀순자를 우리 편으로 전향시켜 우리의 병사로 쓸 수 있는 것은 우리가 정의의 전쟁을 수행하고 있다고 마음에서부터 설복시킬 수 있을 때 가능하다. 이 때문에 예전부터 많은 사람들은 전쟁의 정당성을 확보하려고 노력했다. '勝敵而益强'(승적이익강)의 '强'은 물질적으로만 강해지는 것이 아니라 명분名分에서도 강해지는 것이다.

2-7

故兵貴勝, 不貴久. 故知兵之將, 生民之司命, 國家安危之主也.

용병은 승리를 귀하게 여기되 오래 끄는 것을 귀하게 여기지 않는다. 그러므로 용병을 아는 장수는 국민의 생명을 좌우하는 사람이며 국가의 안위를 책임지는 사람이다.

어휘풀이

▪ 故兵貴勝, 不貴久(고병귀승 불귀구) : 兵은 여기서 용병을 의미한다. 전체 뜻은 '용병은 승리를 귀하게 여기고 오래 끄는 것을 귀하게 여기지 않는다.'

▪ 故知兵之將, 生民之司命, 國家安危之主也(고지병지장 생민지사명 국가안위지주야) : 司命은 생명을 관장하는 사람의 의미로 여기서는 생명을 좌우하는 사람의 뜻. 安危는 안전함과 위태로움. 主는 주인공. 문장 전체의 뜻은 '그러므로 용병을 아는 장수는 국민의 생명을 좌우하는 사람이며 국가의 안전함과 위태로움을 좌우하는 주체이다.'

해설

손자는 여기서 다시 한 번 속승의 중요성을 강조함으로써 편을 맺고 있다. 장군의 용병 능력에 따라 전쟁에 승리하고도 국세가 내리막길을 걸을 수도 있고 그의 용병 능력에 따라 적에게 승리하면서도 국가가 점점 더 강해질 수도 있으니 용병을 아는 장군을 어찌 국민의 생명과 국가안위의 주체라고 하지 않겠는가.

| 작전 편 평설 |

손자는 〈계〉 편에서 용병의 대체를 논한 뒤 〈작전〉 편과 〈모공〉 편에서는 대전략의 문제를 다루고 있다. 잘 알려져 있다시피 현대에는 국가의 정치, 경제, 외교, 군사 등 모든 분야의 힘을 조정하고 통합하여 국가목표를 달성하고 전쟁에서 승리하는 방법을 '대전략Grand Strategy'이라고 하고 그 중 군사적 힘과 수단을 사용하는 방법을 군사전략Military Strategy 혹은 전략이라고 하여 전략의 수준을 구분한다. 후자가 흔히 서양에서 대략 1800년 이후 20세기 초까지 사용한 전략의 일반적인 개념이었다. 손자는 전쟁에는 군사적 힘의 사용만으로는 승리를 얻는 것은 부족하고 또 바람직하지 않다는 점을 알고 국가가 국제무대에서 타국을 상대할 때는 국가의 정치, 경제, 외교, 군사 모두를 전략계획에 포괄해야 한다고 보았으며 이 〈작전〉 편과 뒤따르는 〈모공〉 편에서 대전략의 원칙을 제시했다. 서양에서 카를 폰 클라우제비츠Carl von Clausewitz가 전략을 "전쟁에서 전투를 사용하는 술"이라고 정의한 이래 약 100년이 지난 후 리델 하트Basil Liddell Hart가 처음으로 그 상위 개념의 필요성을 인식하여 '대전략'의 개념을 설정하고 이 용어를 사용하기 시작했는데 손자는 이미 2,500년 전에 대전략을 논하고 있는 것이다. 물론 고대 그리스의 페리클레스, 알렉산더 대왕, 파비우스, 카이사르를 포함한 로마의 유수한 정치인들 역시 실제 전쟁을 앞두고는 대전략의 문제를 고려할 수밖에 없었고 근대에 들어와서도 사정은 매한가지였지만 그들은 상황에 직면하여 대전략을 행했을 뿐 손자처럼 이를 체계적인 논지로 제시한 적은 없었다.

손자의 정치, 외교, 군사에 관한 대전략의 원칙은 주로 〈모공〉 편에 제시되어 있고 이 〈작전〉 편에는 경제와 군수의 원칙을 논하고 있다. 그가 경제와 군수의 문제를 먼저 제시한 것은 시사하는 바가 매우 크다. 그것은 전쟁수행의 근본이 군수에 달려 있고 전쟁으로 인한 경제의 파탄은 승자에게나 패자에게나 실로 엄청난 파국의 결과를 초래할 수 있기 때문이다. 극단적으로 말하면 군대는 맨몸으로는 싸울 수 있지만 식량 없이는 싸울 수 없다. 국가도 군대 없이는 존재할 수 있지만 식량 없이는 유지될 수 없다. 공자孔子가 국가가 안정되려면 "식량이 풍족한 것이 우선이고 그 다음이 군대의 병력이 충분한 것이다"(足食 足兵)라 하고 '食'을 '兵' 앞에 둔 것은 그 때문이다. 그러므로 모든 전략의 기초에는 군수가 놓여 있고 군수의 기초는 경제이다.

사실 손자 이후에도 역사는 경제와 군수에 밝은 자만이 국가 대전략과 군사작전에서 대업을 성취했다는 것을 보여주었다. 고대 그리스는 기원전 480년 페르시아에 승리하고 지중해에 대한 지배권을 누렸으나, 그 이후 아테네와 스파르타를 맹주로 한 펠로폰네소스 대전쟁을 치른 후 경제적인 면에서 탈진하였고 점차 카르타고와 로마에게 지중해의 지배권을 잃어갔다. 가우가멜라Gaugamela, 이수스Issus, 히다스페스Hydaspes 등의 굵직한 결전으로 유명한 알렉산더 대왕은 사실 페르시아 원정의 행로에서 모든 문제에 앞서 군수 문제를 해결하는 데 끊임없이 신경을 썼다는 것은 최근 도널드 엥겔스Donald Engels의 연구에 의해 충분히 밝혀졌다. 로마는 전쟁에 의해 승리한 적에 대해 그들을 비교적 좋은 조건으로 동맹국으로 받아들이는 대신 세수稅收를 통해 경제적 이득을 취하고 이를 바탕으로 대제국을 수백 년간 유지할 수 있었다. 칭기즈 칸 당시 몽골은 그들 생활의 일부가 된 말을 이용해 탁월한 병참제도와 병참술을 만들었기 때문에 장거리 원정에도 끄떡없었으며, 칭기즈칸의 후예들은 피정복민들에 대해 종교의 자유는 관대하게 허용하는 대신 철저한 과세를 통해 적어도 200년간 대제국을 유지할 수 있었다. 17, 18세기에 걸쳐 영국은 자본주의 선발국답게 대륙의 동맹국들에 대해 전비를 대주며 그들이 적국과 전쟁을 치르게 함으로써 대륙에서 영국을 위협하는 세력이 크는 것을 방지하고 유럽에서의 헤게모니를 지켰다. 이들은 모두 전쟁에서 군수를 잘 이용했고 대전략에서 경제를 효과적으로 사용했다.

경제와 군수를 등한시하여 전쟁에 패한 역사적 사례 또한 이에 못지 않게 풍부하다. 우리에게 가장 친근한 예로는 수양제의 고구려 침공을 들 수 있다. 그의 113만 대군은 612년 요동과 평양을 공격하다가 장거리에 식량을 날라와야 하는 원정군의 약점을 파악하고 있던 을지문덕 장군의 유인전술에 말려들어 대패했다. 이때 평양까지 들어왔다가 요동으로 퇴각하다 궤멸한 수나라 30만 별동대는 실로 전투에 의해 패한 자들보다는 식량 부족으로 굶어죽은 자들이 더 많았다. 수양제는 그 이후에도 국력을 총동원해 고구려를 매년 침공해왔지만 이러한 무리한 전쟁수행 결과, 경제가 파탄지경에 이르고 도처에 도적이 일어나, 남북조의 350년간의 대혼란과 분열 끝에 통일을 이룬 수제국隋帝國은 몇 년이 못 가 무너졌다.

서양의 근현대사에서도 그러한 예는 흔하다. 16세기 유럽의 최강국이었던 스페인 제국이 유럽의 곳곳에서 장기전을 치르면서 재정을 소진하여 17세기 이후에는 강대국의 대열에서 이탈했다. 최근 린Lynn이 지적하였듯이 루이 14세 당시의 프랑스 역시 끊임없는 작은 전쟁을 치르면서 부채가 축적되었고 부르봉 왕조는 이 부채로 인해 그의 손자대인 루이 16세 때인 1789년 프랑스혁명을 맞게 되고 왕조는 망했다. 러시아 제국은 취약한 농촌 경제를 무시하고 1904년 러 · 일전쟁을 치르다가 1905년 내부의 소요와 혁명으로 인해 정부가 전복될 뻔했으며 1914년 이후로 4년 동안 1차대전 참전으로 인한 경제적 파탄을 경험한 뒤 1917년 제국은 붕괴되고 공산혁명의 성공으로 귀결되었다. 1차대전과 2차대전 당시 독일이, 그리고 2차대전 당시 일본이 미국의 전쟁 잠재력과 경제력을 무시하고 전쟁에 뛰어들었다가 패전한 것은 너무나 잘 알려져 있다.

위에 든 예들과 다른 역사적 전례들은 대전략과 전쟁을 고려할 때 경제를 고려하고 작전을 고려하기 전에 군수를 고려하라는 교훈을 주고 있지만 항상 손자가 역설한 속승을 추구함으로써 전략 목표를 달성한 것만은 아니라는 점에 주목해야 한다. 수양제가 고구려에 대해 속승 전략을 취해 이루지 못하고 당태종 역시 같은 전략을 사용해 성공하지 못한 바를 당고종唐高宗은 소모전식 지구전략으로 바꿈으로써 성취했다. 당은 654년 이후 고구려 배후의 신라와 동맹을 체결하는 한편 647년 이후로 고구려에 대해 끊임없이 크고 작은 공세를 취해 고구려의 국력을 점차 소진시켰고, 이러한 결과 고구려는 668년 내분이 일어나 망했다. 영국은 나폴레옹 전쟁 당시 스페인에서 소규모 군대로 스페인 게릴라들을 지원하며 해상보급으로 장기에 걸친 지구전을 펴는 한편 외교적으로는 대불동맹을 유지하여 1812년 이후 나폴레옹의 프랑스군이 결전으로 승리를 얻지 못하게 함으로써 결국 나폴레옹을 무너뜨릴 수 있었다.

손자의 〈작전〉 편을 읽으면서 심각한 독자라면 반드시 깊게 생각해 보아야 할 부분이 바로 손자의 속승론速勝論과 지구전 배격에 관한 사상을 어떻게 수용할 것인가 하는 문제이다. 손자는 장기지구전은 곧 국가경제의 피폐로 연결되므로 전략가는 속히 승리를 추구하려고 노력해야 하고 소모전식 전쟁을 피해야 한다고 역설한다. 그렇다면 과연 이것은 전략의 변치않는 원칙인가? 과연 이것은 한 국가가 처한 상황을 고려치 않고 어느 경우에나 적용할 수 있는 원칙인가?

이 문제에 관해 나는 속승은 모든 전략가가 이상으로 삼아 추구해야 할 목표지만 상황에 무관하게 적용될 수는 없는 원칙으로 생각한다. 전쟁은 아무리 숭고한 이상을 가지고 아무리 잘 수행해도 시간이 흐름에 따라 쌍방의 피해는 누적되어간다. 전쟁의 목적이 피해를 감수할 만큼 의의 있는 것일 수 있고 또 피해를 최소화하여 승리할 수 있다 할지라도 역시 희생자와 그의 가족에게 고통은 뼈아픈 것이다. 그러므로 속승은 일반적으로 말해 전략가의 이상이다.

그러나 전쟁의 목적은 숭고하지만 속승을 달성할 만한 자원이 부족할 경우는 어찌할 것인가? 또 아주 풍부한 자원을 가진 대제국이 속승을 추구하려고 하다가 의외의 일격을 당하여 그 패배의 여파가 주변의 세력을 고무하여 곳곳에서 제국에 반기를 든다면 어찌할 것인가?

이 두 가지 문제에 대해 답하기 전에 우리는 손자가 속승을 그토록 강력하게 주장하게 된 시대적 배경을 생각해볼 필요가 있다. 손자가 살았던 춘추시대에는 대국大國, 중국中國, 소국小國들이 분산해 있던 국제정치상 전형적인 다국가체제multi-polar system의 국제질서를 이루고 있었다. 이러한 상황에서는 한 국가가 장기전을 수행하다가 경제가 피폐되면 주변국가의 위협에 노출되기 쉬운 상태가 발생할 소지가 컸다. 그러므로 국가의 운명과 성쇠에 대해 긴 안목을 가진 전략가는 우선 이 점을 염려하지 않을 수 없었다. 이것은 단지 손자뿐만 아니라 손자보다 200년 정도 앞선 관중管仲과 같은 사람도 깊이 인식한 문제였다. 《관자管子》에는 손자가 〈작전〉 편에서 말한 지구전의 위험성, 속승의 필요성, 승적이익강勝敵而益强에 관한 논의들이 여러 편에 흩어져 있다. 《관자》〈참환參患〉 편에는 "그러므로 한 번 군대를 일으키면 십 년 동안 축적해놓은 재화가 탕진되고 한 번 전쟁에 들어가는 비용은 여러 대에 걸쳐 쌓아놓은 업적을 바닥나게 한다"(故一期之師 十年之蓄積殫 一戰之費 累代之功盡)라고 하여 전쟁의 경제에 대한 파국적 영향을 말하고 있다. 또 〈병법兵法〉 편에는 "수차례 전쟁을 치른즉 군사가 피로해지고 수차례 승리를 얻은즉 군주가 교만해지고, 교만해진 군주가 궁핍해진 국민을 닦달하게 되어 국가가 위태로워진다"(數戰則士疲 數勝則君驕 驕君使疲民則國危)고 하여 지구전의 폐해를 지적한 뒤, "그러므로 최고의 전략은 싸우지 않는 것이며(싸우지 않고 이기는 것이며), 그 다음은 한 번의 큰 승리로 대승을 이루어 강해지는 것이다"(至善不戰 其次一之破大勝强 一之至)라고 하고 있다. 《관자》라는 책은 기원전 7세기의 패자인 제환공齊桓公의 재상인 관중管仲의 어록을 바탕으로 하여 후학들이 전국시대에 완성한 것이라고 알려져 있어 《손자병법》과 함부로 선후관계를 말하기는 어렵지만 여기에는 손자의 〈작전〉 편의 논지가 모두 담겨 있다. 요컨대 힘이 엇비슷한 여러 국가들이 상호 경쟁하고 있던 춘추시대의 뛰어난 전략가들에게는 '속승'은 국가의 흥망성쇠를 좌우할 수 있는 중요한 전쟁지도의 원칙이었던 것이다.

그러나 속승은 시대와 상황에 무관한 만능의 전략은 아니다. 특히 하나의 대제국이 그 주변 소국들을 상대할 때 제국은 동원할 수 있는 자원이 풍부하므로 장기에 걸쳐 그 자원을 활용하여 주변국을 압박하는 것이 유리하다. 섣불리 대군을 동원해 원정을 하다가 크게 패하면 주변국들이 통제에서 벗어나 반발해올 가능성이 높으며 제국의 기반이 흔들릴 수 있다. 바로 이러한 사고에서부터 명나라의 조본학趙本學을 비롯한 몇몇 손자 연구자들은 손자의 속승에 관해 논의하면서 한漢이 통일 이후 제국을 형성한 단계에서 전략가 조충국趙忠國이 국경지역에 둔전屯田을 경영하면서 장기지구전을 수행하여 강羌족의 반발을 제압한 사실을 들어 그것이 당시의 실정으로는 현명한 전략이었다고 평가하고 있다. 《한서漢書》의 〈조충국전趙忠國傳〉을 보면 조충국은 당대의 누구보다도 손자의 병법을 많이 읽고 인용한 사람인데 그가 '속승'을 버리고 지구전을 택한 것은 의외로 보일지 모르지만 당시의 전략적 상황을 올바로 파악하고 지구전략을 선택한 것이다. 그는 손자의 '속승'이라는 문구를 맹신하지 않았다. 한편 대제국을 건설한 수양제가 고구려를 원정하여 굴복시키려 하다가 실패하자 분심을 누르지 못하고 재차 삼차 원정 전쟁을 일으키다가 제국이 몰락한 것은, 잘못 속승을 추구하다가 실패한 전형적 예이다.

조충국이 손자를 깊이 인식하였듯이 모택동 또한 손자의 논지를 깊이 이해했다. 모택동은 항일전을 치를 때 지구전략을 택했다. 그것은 그의 〈논지구전論持久戰〉에 명백히 나타나 있듯이, 당시의 중국으로서는 전력이나 자원 면에서 일본에 정면으로 부딪쳐서는 승산이 없다는 것을 잘 알았기 때문이다. 또한 일방적인 공격을 받는 중국의 입장에서는 승산이 없다고 전쟁을 포기하면 그것은 곧 일본에게 전 국토의 점령을 내맡기는 것과 마찬가지임을 잘 알고 있었다. 모택동이나 중국으로서 이것은 도저히 감수할 수 없는 일이었다. 그러므로 모택동은 희생을 감수할 각오를 하고 중국의 광대한 공간을 활용하여 유격전을 벌임으로써 적을 소모시키고 중국민들의 저항의지를 계속 고무시켜 전쟁을 길게 끌려고 노력했다. 그의 전략은 '속승'에 집착하지 않고 〈계〉 편의 '강이피지強而避之'의 원칙이나 〈모공〉 편의 '소즉능피지少則能避之'의 원칙에 주목한 것이다. 손자를 읽는 사람이 배워야 할 교훈이다. 손자는 〈작전〉 편에서 원정에 의한 공세전쟁을 염두에 두고 속승을 말하였으며 그것도 다국가 경쟁체제하의 국제질서라는 환경 속에서의 전략을 말한 것이다. 그러나 우리는 손자가 〈모공〉 편에 힘이 약한 경우에 택할 전략은 '능숙하게 결전을 회피하는 것'을 제시하고 있다는 것을 잊지 말아야 한다. 이 경우 결전을 회피하려면 시간을 필요로 할 것이고 그렇게 되면 '속승' 전략과는 논리적 모순이 된다. 사정이 이러하기 때문에 야마가소코우山鹿素行가 "〈작전〉 편과 〈모공〉 편은 통독하는 것이 옳다"(作戰謀攻可通讀)고 했을 것이다.

손자의 〈작전〉 편은 전략가들에게 아주 중요한 메시지를 전하고 있다. 전쟁을 개시하기 전에 작전에 우선하여 전비와 군수를 생각하라. 전쟁수행은 승리할수록 국가가 강해지는 것이 되어야 한다. 이 말의 이면에는 전쟁수행에 필요한 전비를 감당할 만한 준비가 되어 있지 않으면 함부로 원정공세작전을 시작하지 말며, 전쟁에 승리하더라도 그 결과 피정복민의 엄청난 저항에 직면하게 되고 이를 제압하기 위해 막대한 통치비용이 들어갈 것이 예상되면 그러한 전쟁은 시행하지 않는 것이 현명하다는 암시를 담고 있다. 이러한 사상은 〈화공〉 편에 재차 나타난다.

손자는 또 이 편에서 전쟁수행에 있어서는 속승을 추구하고 적의 자원을 적극 활용하는 병참전략을 분명하게 제시하고 있는데, 현대 전략가는 이 문제를 우선적으로 고려하되 시대상황과 주변국과의 관계에 입각하여 받아들일 것인가 말 것인가를 결정해야 할 것이다.

만약 우리가 클라우제비츠의 《전쟁론》과 비교한다면 이 편에 대해 어떤 평을 내릴 수 있을까? 마이클 하워드Michael Howard가 지적하듯이 클라우제비츠의 《전쟁론》은 전비, 군수에 대한 고려가 미흡하고 설사 그것이 고려되더라도 작전전략에 부차적인 고려사항으로 간주되고 있는 것이 흠이다. 물론 그가 이 문제를 완전히 도외시한 것은 아니다. 《전쟁론》 제8장 〈전쟁계획〉 부분에서 그는 원정작전을 수행할 때 시간을 유리하게 사용하기 위해 공세를 멈추지 말고 연속적으로 시행하는 것이 필요하며 원정작전에서 머뭇거려 시간을 잘못 사용하면 정복 과정에서 이익보다는 손실이 많아질 수 있다고 하여 손자와 매우 유사한 논지로 서술하고 있는 것을 발견할 수 있다. 뛰어난 두 천재의 사고과정의 흥미로운 일치이다. 그러나 클라우제비츠는 제3장 〈전략〉 부분에서는 이러한 점을 거의 무시하고 있다. 무엇보다도 그는 손자에 비해 전략가의 머릿속에는 전쟁에 앞서 전비와 군수에 대한 고려가 선행되어야 한다는 것에 대한 강조가 부족하다. 이에 비해 손자는 이 문제를 대전략 논의의 첫머리에서 다룸으로써 이를 강조하고 있다. 《전쟁론》에 이러한 대전략적 고려가 미흡했던 것이 1, 2차 대전의 독일 전쟁지도부가 전쟁 잠재력 및 군수능력에 대한 전략적 고려를 등한히 하고 작전전략 위주로 생각하도록 하지 않았는가 하는 생각이 든다. 현대의 전략가들이 숙고해야 할 부분이다.

3

모공

3. 모공謀攻

| 편명과 대의 |

이 편의 편명은 《십일가주손자》 계통의 판본에서나 《무경칠서》 계통의 판본에서나 동일하게 '모공謀攻'이다. 謀는 책략 혹은 교묘한 전략으로 해석할 수 있는데 여기서는 양자의 의미를 다 내포하고 있다. 攻은 공격을 의미한다. 그러므로 모공은 교묘한 전략으로 적을 공격한다는 의미이다.

명나라의 장거정張居正은 "이 편은 적을 공격하는 데 반드시 먼저 모책을 세워야 한다는 것을 말한다. 모책이 훌륭해야 적을 굴복시킬 수 있고 그러고 나서야 적을 완전 섬멸할 수 있는 것이다. 부득이하게 공세를 취할 경우에도 역시 반드시 모책을 세워야 한다. 그래야만 승리를 이끌 수 있다"(此篇言攻敵必先是謀, 謀善而後可以屈人, 而後可以全人. 至不得已而用攻, 亦必善謀而後可以制勝)고 하여 대전략의 차원에서나 군사전략의 차원에서 모두 모책, 즉 교묘한 전략이 중요하다는 것을 지적하였다. '모공'의 의미를 정확히 설명한 것이다.

이 편이 〈작전〉 편 뒤에 오게 된 데에 대하여 당나라의 두목杜牧은 "조정에서 이미 계획과 계산이 정해지고 전쟁에 필요한 무기, 장비 및 식량보급에 필요한 자금이 모두 쓸 수 있을 정도로 갖추어진 뒤에 모책을 써서 공격하는 것이 가능하기 때문에 모공이라고 했다"고 썼다. 이 말은 손자가 〈작전〉 편을 〈모공〉 편의 앞에 둔 것은, 전쟁을 수행함에 있어서 보급에 대한 고려가 교묘한 작전보다 우선적으로 고려되어야 할 것으로 생각했다는 것을 명확히 지적한 것이다.

모공이라는 편명은 '싸우지 않고 적을 굴복시키는 것'(不戰而屈人之兵)이 최상의 용병법이라고 보고 이를 달성하는 방법을 '모공지법謀攻之法'이라고 한 데서 연유했지만 이 편의 내용은 그 이상으로 포괄적인 용병의 원칙들을 담고 있다. 이 편에서는 승리론, 대전략 차원에서의 용병원칙, 전략 차원의 용병원칙, 전쟁 지도에서의 지휘·통제의 원칙이 제시되고 있다.

손자는 완전한 승리를 얻으려면 나의 피해를 최소화하는 가운데 적을 굴복시켜야 한다는 전승全勝사상을 근본으로 하여 '싸우지 않고 적을 굴복시키는 것'을 최상의 용병으로 보았다. 그러므로 대전략의 원칙으로는 적의 침략의도를 꺾는 '벌모伐謀'를 최상의 용병으로 보았고, 적을 외교적으로 고립시키는 '벌교伐交'를 차선책으로 제시했으며, 군사력을 직접 사용하여 적을 굴복시키는 '벌병伐兵'을 차차선次次善의 용병으로 보았다. 피해가 크고 성과가 나기 어려운 공성攻城에 집착하는 것을 최하위의 용병으로 보았다.

'벌병'의 방법에 있어서는 적과 나의 전력의 차이에 따라 용병 방법을 달리할 것을 강조했고 용병과 치병 면에서 군사에 무지한 군주가 간섭하는 것을 경계했다.

이러한 논의들은 하나의 궁극적인 용병원칙으로 귀결되는데 그것이 마지막 문장 "적을 알고 나를 알면 백번 싸워도 위태롭지 않다"(知彼知己 百戰不殆)라는 원칙이다.

3-1

孫子曰. 凡用兵之法, 全國爲上, 破國次之. 全軍爲上, 破軍次之. 全旅爲上, 破旅次之. 全卒爲上, 破卒次之. 全伍爲上, 破伍次之. 是故, 百戰百勝, 非善之善者也, 不戰而屈人之兵, 善之善者也.

손자는 다음과 같이 말했다. 무릇 용병하는 방법에서는 적의 국가를 온전히 놓아둔 채 이기는 것을 상책으로 여기며 적국을 깨뜨리는 것을 차선책으로 여긴다. 적의 군대를 온전히 놓아둔 채 이기는 것을 상책으로 여기며 적의 군을 깨뜨리는 것을 차선책으로 여긴다. 적의 여旅를 온전히 놓아둔 채 이기는 것을 상책으로 여기며 적의 여를 깨뜨리는 것을 차선책으로 여긴다. 적의 졸卒을 온전히 놓아둔 채 이기는 것을 상책으로 여기며 적의 졸을 깨뜨리는 것을 차선책으로 여긴다. 적의 오伍를 온전히 놓아둔 채 이기는 것을 상책으로 여기며 적의 오를 깨뜨리는 것을 차선책으로 여긴다. 그러므로 백번 부딪쳐서 백번 이기는 것이 최상의 용병법이 아니라 싸우지 않고도 적을 굴복시키는 것이 최상의 용병법이다.

어휘풀이

- 凡用兵之法(범용병지법) : 무릇 용병을 하는 방법에 있어서는.
- 全國爲上, 破國次之(전국위상 파국차지): 全國의 全은 '온전한 상태로 보존한다' 라는 뜻의 동사로 쓰였으며 이하 네 개의 문장에서도 같다. 全國의 뜻은 국가를 온전한 상태로 보존한다. 爲上은 상책으로 삼는다. 破는 깨뜨리다, 파괴하다. 破國의 뜻은 국가를 깨뜨린다. 次之는 그 다음으로 여긴다, 차선책으로 여긴다는

뜻. 전체의 뜻은 '적국을 온전하게 보존한 채 이기는 것을 상책으로 삼고 적국을 깨뜨리는 것을 차선책으로 삼는다.'

▪ 全軍爲上, 破軍次之(전군위상 파군차지) : 적의 군대를 온전하게 보존한 채 이기는 것을 상책으로 삼고 적군을 깨뜨리는 것을 차선책으로 삼는다.

▪ 全旅爲上, 破旅次之(전여위상 파려차지) : 적의 旅를 온전하게 보존한 채 이기는 것을 상책으로 삼고 적의 旅를 깨뜨리는 것을 차선책으로 삼는다. 旅는 고대 중국의 부대 단위로《주례周禮》에 의하면 500명의 부대이다.

▪ 全卒爲上, 破卒次之(전졸위상 파졸차지) : 적의 卒을 온전하게 보존한 채 이기는 것을 상책으로 삼고 적의 卒을 깨뜨리는 것을 차선책으로 삼는다. 卒은 고대 중국의 부대 단위로《주례》에 의하면 100명의 부대이다.

▪ 全伍爲上, 破伍次之(전오위상 파오차지) : 적의 伍를 온전하게 보존한 채 이기는 것을 상책으로 삼고 적의 伍를 깨뜨리는 것을 차선책으로 삼는다. 伍는 고대 중국의 부대의 기본 단위로《주례》에 의하면 5명의 부대이다.

▪ 是故, 百戰百勝, 非善之善者也(시고 백전백승 비선지선자야) : 善之善은 좋은 것 중의 좋은 것. 즉 최상을 의미한다. 전체의 뜻은 '그러므로 백번 싸워 백번 승리하는 것이 최상이 아니다.'

▪ 不戰而屈人之兵, 善之善者也(부전이굴인지병 선지선자야) : 屈은 굴복시키다. 人은 여기서 적을 말한다. 兵은 군대를 말한다. 전체의 뜻은 '싸우지 않고 적의 군대를 굴복시키는 것이 최상이다.'

해설

이 절은 손자가 그의 전승全勝사상을 가장 뚜렷하게 제시한 부분이다. 눈이 열린 독자는 이미 〈작전〉 편에서 그가 추구하는 것, 전쟁의 최종 결과가 진정으로 국가에 이익이 되는 용병이었음을 간파했을 것이다. 여기서는 좀더 직접적으로 완전한 승리가 무엇인가를 간단하고도 명쾌한 문장으로 설파하고 있다. 그것은 국가나 군이나 군의 일부를 형성하는 부대인 여旅, 졸卒, 오伍 등의 수준에서 그것을 깨뜨려 승리하는 것은 차선책이며 그것을 온전하게 보존하면서 승리하는 것이 최상의 용병이라는 것이다. 왜냐하면 적을 깨뜨림으로써 적을 굴복시키려면 당연히 적의 저항으로 인한 아측의 손실이 뒤따르기 때문이다. 따라서 용병가는 최상책을 추구해야 하며 그렇지 못한 경우에는 차선책을 따를 수밖에 없다. "백전백승 비선지선자야, 부전이굴인지병 선지선자야百戰百勝, 非善之善者也, 不戰而屈人之兵, 善之善者也"라는 손자의 말은 대전략Grand Strategy을 담당하는 사람들이 항시 염두에 두어야 할 말이다.

이 절에서 손자가 말하는 바는 크게 두 가지 수준에서 고려될 수 있다. 첫째는 대對 국가전략이다. '전국위상'은 정치적 영향력으로든 군사력의 위세로든 적이 아국의 압도적인 힘을 느끼게 하여 굴복해 들어오게 만드는 것이다. '파국차지'는 군사력으로 적을 침으로써 굴복시키는 것이다. 둘째는 군사작전의 수준에서이다. '전려', '전졸', '전오'는 실제의 작전수행에 있어서는 문자 그대로 시행하기 어려우나 그에 근접한 상황에까지는 이를 수 있다. 즉 기습에 의해 적을 포위하거나 차단하여 적으로 하여금 저항해도 소용없다는 점을 인식하게 함으로써 큰 유혈의 전투 없이 승리를 끌어내는 것이다. 이러한 작전은 적이 조직·심리 면에서 와해되어 저항의 의지를 상실하며 제대로 힘을 쓰지 못하게 만듦으로써 성취되며 그러기 위해서는 훌륭한 작전계획이 요구되는 것이다. 정면적이고 소모전식 방법에 의해 치열한 접전을 벌여 적측의 피해가 아측보다 크게 함으로써 이기는 것이 '파여', '파졸', '파오'의 용병법이다.

3-2

故上兵伐謀, 其次伐交, 其次伐兵, 其下攻城. 攻城之法, 爲不得已. 修櫓轒轀, 具器械, 三月以後成. 距闉, 又三月以後已. 將不勝其忿而蟻附之, 殺士卒三分之一, 而城不拔者, 此攻之災也. 故善用兵者, 屈人之兵而非戰也, 拔人之城而非攻也, 毁人之國而非久也, 必以全爭於天下. 故兵不鈍而利可全. 此謀攻之法也.

그러므로 최상의 용병법은 적의 전략을 꺾는 것이고, 그 차선은 적의 외교관계를 혼란에 빠뜨리는 것이며, 그 다음 차선은 적의 군대를 공격하는 것이고, 최하위의 용병은 적의 성을 공격하는 것이다. 적의 성을 공격하는 것은 부득이할 때만 취해야 할 용병법이다. 공성전을 하기 위해서는 로櫓 즉 망루차, 분온轒轀 즉 사륜차 등을 제작하고 기타 공성기구 등을 갖추는 데 3개월이 걸리고, 공성작전을 위해 토산土山을 쌓는 데에도 3개월은 걸린다. (이렇게 해서 공성작전을 행하는데도 승리하지 못하게 되면) 장수는 분에 못이겨 병사들로 하여금 성벽을 기어오르게 하여 병력의 3분의 1을 잃고도 성이 함락되지 않는 경우가 보통이니 이것은 공격작전의 재앙이다. 그러므로 용병을 잘하는 사람은 적의 군대를 굴복시키되 직접 부딪쳐 싸우지 않으며, 적의 성을 빼앗되 이를 직접 공격하지 않으며, 적국을 정복하되 지구전의 방법으로 하지 않으며, 반드시 적을 온전히 보존한 채 이기는 방법으로써 천하의 권세를 다툰다. 이리하면 군대가 무디어지지 않으면서도 그 이익은 온전하니 이것이 곧 모공謀攻, 즉 계략으로 적을 공격하는 법이다.

어휘풀이

■ 故上兵伐謀, 其次伐交, 其次伐兵, 其下攻城(고상병벌모 기차벌교 기차벌병 기하공성) : 上兵은 최상의 용병을 의미한다. 伐은 치다. 伐謀는 적의 전략을 치는 것. 伐交는 적의 외교를 치는 것. 伐兵은 적의 군대를 치는 것. 攻城은 적의 성을 공격하는 것. 其次는 차선의 용병을 뜻한다. 其下는 최하위의 용병을 뜻한다. 문장 전체의 뜻은 '그러므로 최상의 용병은 적의 전략을 치는 것이고, 차선의 용병은 적의 외교를 치는 것이며, 그 다음의 차선의 용병은 적의 군대를 치는 것이고, 최하위의 용병은 적의 성을 공격하는 것이다.'

■ 攻城之法, 爲不得已(공성지법 위부득이) : 爲는 행하다. 不得已가 뒤에 부사로 사용됨. 전체의 뜻은 '공성의 방법은 부득이한 경우에만 행한다.'

■ 修櫓轒轀, 具器械, 三月以後成(수로분온 구기계 삼월이후성) : 修는 '만들다'의 뜻. 櫓는 고대에 성을 들여다보기 위해 쓰인 망루차. 具는 갖추다. 器械는 여러 가지 공성장비를 말함. 전체의 뜻은 '망루차와 공성사륜차를 만들고 다른 공성기구를 갖추는 것은 3개월이 지난 후에야 이루어진다.'

■ 距闉, 又三月以後已(거인 우삼월이후이) : 距闉은 토산. 又는 또, 또한. 已는 '끝나다', '다 이루어지다'의 뜻. 전체의 뜻은 '토산 쌓는 것 또한 3개월이 지난 이후라야 끝이 난다.'

■ 將不勝其忿而蟻附之, 殺士卒三分之一, 而城不拔者, 此攻之災也(장불승기분이의부지 살사졸삼분지일 이성불발자 차공지재야) : 忿은 분할 분. 蟻附之는 '기어오른다'는 뜻. 拔은 뺏을 발. 災는 재앙. 전체의 뜻은 '장수가 분에 못이겨 병사들을 성벽에 기어오르게 하여 공격함으로써 병사들의 3분의 1을 잃고도 성을 함락시키지 못하는 경우가 흔하니 이것은 공격 작전의 재앙이다.'

■ 故善用兵者(고선용병자) : 그러므로 용병을 잘하는 사람은. 뒤에 나오는 어구 전체의 주어가 된다.

■ 屈人之兵而非戰也(굴인지병이비전야) : 人은 여기서 적을 말한다. 人之兵은 적의 군대. 전체의 뜻은 '적의 군대를 굴복시키되 싸우지 않고 굴복시킨다.'

■ 拔人之城而非攻也(발인지성이비공야) : 人은 여기서 적을 말한다. 拔은 뺏을 발. 전체의 뜻은 '적의 성을 빼앗되 공격하지 않고 빼앗는다.'

■ 毁人之國而非久也(훼인지국이비구야) : 人은 여기서 적을 말한다. 毁는 훼손시키다, 붕괴시키다. 전체는 '적국을 훼손하면서도 그것이 길어지지 않게 한다.'

■ 必以全爭於天下(필이전쟁어천하) : 全은 온전 전. 爭은 다툴 쟁. 以全은 '온전함으로써' 라는 뜻. 앞의 善用兵者가 주어이고 全爭於天下가 동사구로서 전체의 뜻은 '용병을 잘하는 사람은 온전하게 자기를 보존하면서 천하를(천하의 주도권을) 다툰다.'

■ 故兵不鈍而利可全(고병부둔이이가전) : 兵은 여기서 군대를 의미함. 鈍은 '무디어지다' 의 뜻. 利는 이익의 뜻. 전체의 뜻은 '군대가 전쟁으로 무디어지지 않으면서 이익은 온전해질 수 있다.'

■ 此謀攻之法也(차모공지법야) : 이것이 교묘한 전략으로 공격하는 용병법이다.

해설

이 절 처음에서 손자는 대전략의 우선순위를 말하고 있다. 그 우선순위의 최상위는 적의 침공 의도를 꺾어버리는 벌모伐謀이며, 그 다음은 적을 외교적으로 고립시키는 벌교伐交이고, 그 다음은 적의 야전군을 격파하는 벌병伐兵이며, 우선순위의 맨 아래는 희생을 무릅쓰고 적의 성곽을 공격하는 공성攻城이다. 공성은 갖가지 공성기구를 준비하는 데 수개월이 걸리고 그 공성을 수행하는 데도 희생이 막대하여 병력의 약 3분의 1이 살상당하는 것이 예사이니 공성은 부득이할 때만 해야 한다는 것이다. 이렇듯 벌모, 벌교, 벌병, 공성의 순으로 전략의 우선순위를 말한 것은 바로 전승全勝사상의 논리적 귀결이다. 손자에게 있어 최상의 용병은 최소의 희생으로 적을 굴복시키는 것이다. 벌모, 벌교는 전쟁 없이 적을 굴복시키는 것이니 전략의 상책이고 벌병, 공성은 유혈을 동반하기 때문에 승리하더라도 희생이 심하므로 가능한 한 피해야 할 용병이다.

그 다음으로 손자는 모공謀攻이 어떠한 것인가를 설명하고 있다. 모책의 사용만이 '적을 굴복시키되 전쟁을 치루지 않는 것' (屈人之兵而非戰), '적의 성을 빼앗되 공격하지 않고 빼앗는 것' (拔人之城而非攻), '적의 국가에 손상을 가하되 그것이 오래가지 않는 것'(毁人之國而非久)을 달성할 수 있는 방법이다. 여기서 우리는 적과의 교전 없이 성을 빼앗고, 적국에 침입하여 손해를 입히지만 길어지지 않게 하는 행위가 다 '모공지법'에 해당한다고 말한 것으로 보아 '모공'의 의미가 단지 전쟁 이전 단계의 '벌모'에 해당하는 것만 아니라 실제의 군사작전 단계에서도 항상 추구해야 할 용병원리임을 알게 된다. 이 절의 마지막에 '전쟁어천하全爭於天下'라고 한 것에서 손자의 모든 용병사상의 궁극적 지향점이 '전승', 즉 완전한 승리의 추구임을 보여준다. 이 절에서 손자는 〈작전〉 편에서 언급한 '속승', '승적이익강', 이 편에서 말하는 '모공'이 모두 궁극적인 목표인 '전승'을 이루기 위한 것임을 천명하고 있는 것이다.

3-3

故用兵之法, 十則圍之, 五則攻之, 倍則分之, 敵則能戰之, 少則能逃之, 不若則能避之. 故小敵之堅, 大敵之擒也.

용병의 방법은 아측의 병력이 적의 10배가 되면 포위하고, 5배가 되면 공격하고, 배가 되면 나의 병력을 나누어 적을 상대하고, 적과 병력이 대등하면 능숙하게 적과 싸우고, 적보다 병력이 열세하면 능숙하게 적과의 정면대결을 피하고, 그렇게도 되지 못할 정도로 열세하면 능숙하게 적을 회피하는 것이다. 그렇기 때문에 열세한 군대가 힘을 고려하지 않고 (유연하게 회피할 줄 모르면서) 적에게 정면으로 맞서 대응하면 대군에 의해 사로잡히게 되는 것이다.

어휘풀이

■ 故用兵之法(고용병지법) : 故는 통상 '그러므로'의 뜻이나 여기서는 문장을 다시 시작하며 연결사로 쓰이고 있기 때문에 '모름지기'의 뜻으로 해석한다. 그러나 번역을 생략해도 무방하다.

■ 十則圍之(십즉위지) : 나의 병력이 적의 열 배이면 포위한다. 圍는 에워쌀 위.

■ 五則攻之(오즉공지) : 나의 병력이 적의 다섯 배이면 공격한다.

■ 倍則分之(배즉분지) : 나의 병력이 적의 두 배이면 병력을 나누어 공격한다.

■ 敵則能戰之(적즉능전지) : 敵은 피아의 병력이 대등함을 의미한다. 能은 '능히'의 뜻으로 '능숙하게', '교묘하게'라는 의미이다. 나의 병력이 적과 대등하면 능숙하게 적과 싸운다.

■ 少則能逃之(소즉능도지) : 少는 적다는 뜻임. 나의 병력이 적보다 적으면 능숙하게 피한다. 逃는 달아날 도. 피하다, 회피하다. 맞붙어 싸우는 것을 피한다라는 의미이다.

■ 不若則能避之(불약즉능피지) : 不若은 그렇지 못하면. 즉 少보다도 더욱 열세한 것을 말한다. 나의 병력이 적에 비해 도저히 상대가 되지 않을 정도로 적으면 능숙하게 피한다. 避는 피할 피.

■ 故小敵之堅, 大敵之擒也(고소적지견 대적지금야) : 敵은 여기서는 적군을 의미하는 것이 아니라 일반적 군대를 의미한다. 堅은 굳을 견. 擒은 사로잡을 금. 전체의 뜻은 '작은 병력의 군대로 견고하게 싸운다는 태도로만 임하면 대 병력을 가진 군대에 의해 사로잡히게 된다.'

해설

이 절에서 말하는 원칙들은 '벌병伐兵'의 용병원칙에 해당하는 것이다. 손자가 '부전이굴인지병不戰而屈人之兵'을 최상의 용병법이라 하고 실제 군사력을 사용하여 적과 충돌하는 것을 차선의 용병법이라고 했는데, 여기서는 그 차선책을 시행해야 할 때 준수할 원칙을 제시한 것이다. 즉 군사전략 혹은 작전술 차원에서의 원칙에 관한 논의이다.

이 문장에서 손자가 제시한 것은 내가 적보다 10배 많은 전력이면 포위하고, 적보다 5배 많은 전력이면 정면공격이 가능하고, 적보다 2배 많은 전력이면 나의 병력을 분할하여 운용하고, 적과 대등한 전력이면 잘 전투하고, 적보다 열세한 전력이면 적과의 정면충돌을 회피하여 상대하고, 적을 상대할 만한 전력이 안 되면 이를 피하라는 것이다. 여기서 사용된 10배, 5배, 2배, 대등敵, 열세少, 극단적 열세不若 등은 손자가 병력 수의 비교를 의미하기 위해 사용한 것임에 틀림없지만 오늘날에는 같은 수의 병사들을 가진 부대라도 부대가 보유한 장비의 위력에 따라 그 전력이 현저히 다르다는 것이 널리 인정되므로 그것은 단지 병력 수로 이해할 수는 없을 것이다. 즉 '전력승수force multiplier'를 적용한 전투력으로 고려해야 한다는 말이다.

이 절에서는 해석상 두 구절에 논란이 있을 수 있다. 그 하나는 '배즉분지倍則分之'라는 구절이다. 역대의 주석자들은 이 문장을 해석하는 데

'分之' 를 나의 전력을 양분해 사용하라는 뜻으로 해석하는 사람들과 적을 분할하여 상대하라는 뜻으로 해석하는 사람들로 나누어진다. 전자의 해석을 따르면 '배즉분지' 는 나의 병력을 둘로 나누어 일부로는 적을 견제하고 일부로는 적을 우회의 방법으로 타격하라는 '협격挾擊' 의 뜻이 되며, 후자의 해석을 따르면 '배즉분지' 는 적 병력을 둘로 분할해 '각개격파各個擊破' 하라는 뜻이 된다. 전자의 방법은 적에게 기습의 효과를 발휘할 수 있고 후자의 방법은 적을 잘게 나누어 타격함으로써 이미 형성되어 있는 전력상의 우세를 더욱 결정적인 것으로 만들어갈 수 있다. 이 두 가지 해석은 나름대로 일리가 있는 해석이다. 나는 원문의 번역에서는 전자의 설명을 취하지만 그 해석에 있어서는 절충적인 입장을 취할 수밖에 없다. 즉 두 가지 방법 모두 장수는 사용할 줄 알아야 할 것이라는 말이다. 전자는 공격부대가 기병奇兵과 정병正兵, 또는 주공主攻과 조공助攻을 운용하는 작전의 통상적 원칙이며 후자는 내선작전을 의미한다. 일반적으로 내선작전은 지전략적地戰略的 위치로 인해 적과 양면전을 수행하거나 또는 병력상 열세하지만 뛰어난 기동력이 있는 병력을 갖고 있을 때, 아측의 뛰어난 기동성을 이용해 소수의 병력으로 하나의 적을 견제하는 동안 다른 하나의 적을 타격하고 다음으로 처음에 견제하고 있던 적을 상대함으로써 적에 대한 국지적 우세를 연속적으로 이용할 수 있는 방법이다. 따라서 적보다 두 배 많은 전력을 갖고 있는 장수는 내 병력의 특성과 적 병력의 특성에 대한 고려와 피아의 상황을 고려하여 이 양자의 방법 중 하나를 취할 줄 아는 것이 중요하다.

논란이 있는 두 번째 구절은 '소즉능도지少則能逃之' 라는 구절이다. 이 문장은 《십일가주손자》, 《무경칠서본 손자》, 《통전通典》, 《태평어람太平御覽》 등 당 · 송대까지의 판본에는 모두 '逃' 자로 되어 있는데, 《손자참동孫子參同》, 《손자체주孫子體注》, 《손자휘해孫子彙解》 등 명 · 청대의 책에는 '守' 자로 바뀌어 있다. 아쉽게도 《죽간본 손자》에 이 부분은 멸실된 상태이다. 이렇게 바뀐 이유는 명확치 않지만 후대에 와서 '少則能逃之'(소즉능도지)와 '不若則能避之'(불약즉능피지)의 逃와 避가 동의어이기 때문에 앞의 逃가 잘못된 것이라고 판단하여 이를 변개變改한 것이라고 생각된다. 그러나 우리는 당송대까지의 판본에서 모두 逃로 일치하는데 후세의 판본을 따를 수는 없다. 물론 '少則能逃之'에 대해 많은 주석자들이 이 구절을 '병력이 열세하면 능숙하게 수비하라'(少則能守之)의 의미로 해석하거나 원문 자체를 '少則能守之'로 고쳐 읽은 것은 충분히 이해할 만하다. 그것은 후대에 와서 逃와 避는 의미상 아무런 구별 없는 동의어가 되었기 때문이다.

손자시대에 逃와 避가 어떤 차이가 있었는지는 알기 어렵다. 그러나 손자가 이를 '少', '不若'이라고 다른 경우로 구분한 것은 逃와 避를 다른 의미로 썼다는 것을 의미한다. 나는 '能逃之'(능도지)가 적을 아예 상대하지 않는 것이 아니라 교묘한 기동으로 정면전투를 피하라는 의미로 쓰였다고 생각한다. 이것이 옳은 해석이라면 이 말은 곧 교묘한 기동으로 정면접전을 피하고 기습의 기회를 노려 적에게 타격을 주는 비정규전적 전투를 시행하거나, 적이 공격하기 어려운 방어시설로 피해 들어가 농성전籠城戰을 시행하는 것을 생각할 수 있다. 후자의 방법은 즉 '소즉능수지'의 의미와 같은 것이 된다. 이에 반해 '능도지'는 전투 자체를 회피하는 것이다. 《삼십육계三十六計》의 마지막에 '주위상走爲上'이라 하여 적을 도저히 상대할 수 없으면 도주하여 다음의 기회를 보는 것이 상책이라고 한 것이 바로 이를 의미하는 것이다.

이 절에서 손자가 말하는 대의는 적과 나의 전력戰力의 차이에 따라 다른 용병법을 쓸 줄 알아야 한다는 것이다. 좀더 구체적으로 말하면 적을 상대할 때는 압도적인 병력의 우세를 달성하여 타격하고, 적보다 열세할 경우는 직접적인 정면충돌을 피하라는 것이다. 이것을 이 편의 말미에서 다섯 가지의 승리를 알 수 있는 방법 중에 '識衆寡之用者, 勝(식중과지용자 승)'이라고 표현하고 있다. 〈계〉 편에서 이미 말한 궤도

14개조의 '강이피지强而避之'는 바로 열세한 전력으로 우세한 적을 상대할 때 따라야 할 원칙을 함축적으로 말한 것이다.

우세한 전력을 가지고 적을 상대할 때 때로는 병력을 잘못 사용해 패하는 경우도 있지만 그러나 일반적으로 그 경우 용병은 비교적 쉽다. 그러나 열세한 전력으로 적을 상대하는 것은 고도의 용병능력이 있지 않으면 이길 수 없다. 그러므로 이 절에서 제시한 병력의 많고 적음衆寡에 따라 달리하는 용병원칙 6가지 중에서 '敵則能戰之(적즉능전지)', '少則能逃之(소즉능도지)', '不若則能避之(불약즉능피지)'의 문장들에는 그 앞의 세 경우와는 달리 '能' 자가 들어 있다는 것에 주목할 필요가 있다. 특히 손자는 이러한 용병법을 모르고 열세한 병력을 가지고서 정신력에 의한 저항이나 수비의 견고함에만 의존하는 용병에 대해 경고하고 있다. 즉 "적은 병력으로 완강하게 버티는 것은 적에게 포위될 뿐이라는 것이다"(小敵之堅, 大敵之擒也). 문제는 저항정신이 아니라 용병능력 없이 저항정신에만 의존하려고 하는 것이다. 《삼국사기》에 나타나 있듯이, 고구려 초기 국력이 비교적 열세할 때인 대무신왕大武新王 11년(서기 28년)에 한나라의 요동태수가 고구려를 공격해 왔을 때 을두지乙豆智가 조정에서 이 문장을 인용하면서 궤계를 써서 한나라의 대군을 물리친 것은 〈모공〉 편의 용병원칙을 깊이 이해하고 이를 실제 전략에 적용시킨 사례이다.

3-4

夫將者, 國之輔也. 輔周則國必强, 輔隙則國必弱.

무릇 장수는 국가의 중요한 보좌역이다. 장수의 보좌가 주도면밀하면 국가는 필연적으로 강해지고, 보좌에 주밀周密하지 못하면 국가는 필연적으로 약해진다.

어휘풀이

▪ 夫將者, 國之輔也(부장자 국지보야) : 輔는 '보필'의 뜻으로, 문장 전체의 뜻은 '무릇 장수는 국가를 보필하는 사람이다.'

▪ 輔周, 則國必强(보주 즉국필강) : 周는 주도면밀함. 즉 사면에 두루 미친다는 뜻이다. 전체의 뜻은 '보필함이 주밀하면 국가가 필시 강해진다.'

▪ 輔隙, 則國必弱(보극 즉국필약) : 隙는 '틈이 있음'을 의미하는 것으로, 전체의 뜻은 '보필함에 빈 곳이 있으면 국가가 필시 약해진다.'

해설

앞 절들을 생각할 때 장수의 용병능력은 아무리 강조해도 지나침이 없다. 그러므로 국가가 이러한 용병능력을 가진 장수를 기르고, 골라내어 쓰게 되면 국가는 강해지고 그렇지 않으면 약해진다는 것이다.

3-5

故君之所以患於軍者三. 不知軍之不可以進, 而謂之進, 不知軍之不可以退, 而謂之退, 是謂縻軍. 不知三軍之事而同三軍之政, 則軍士惑矣. 不知三軍之權而同三軍之任, 則軍士疑矣. 三軍旣惑且疑, 則諸侯之亂至矣. 是謂, 亂軍引勝.

그러므로 군주가 군에 있어서 환란이 되는 세 가지 경우가 있다. 군주가 군이 진격하지 말아야 할 때를 모르고 진격하라고 명령하고, 군이 퇴각하지 말아야 할 때를 모르고 후퇴하라고 명령하는 경우인데, 이를 일컬어 미군縻軍 즉 '속박된 군대' 라고 부른다. 군주가 군정軍政의 특수성을 모르면서 전군의 일에 간섭하게 되면 장병들의 신뢰감이 흔들리게 된다. 군주가 전군의 지휘권의 특수성에 관해 모르면서 전군의 지휘권에 간섭하면 또한 장병들이 의혹을 갖게 된다. 전군이 모두 신뢰감을 갖지 못하고 또한 의혹에 빠지게 되면 주변국들의 침략을 받게 된다. 이를 일컬어 '난군인승亂軍引勝' 즉 '혼란된 군대로 승리를 구하는 것' 이라고 부른다.

어휘풀이

■ 故君之所以患於軍者三(고군지소이환어군자삼) : 所以는 '~하는 이유' 라는 뜻. 患은 곤란, 환란. 전체는 '군주가 군에 있어서 환란이 되는 이유(경우)가 세 가지 있다' 는 뜻이다.

■ 不知軍之不可以進, 而謂之進(부지군지불가이진 이위지진) : 군이 진격해서는 안 될 상황임을 모르고 진격하라고 말한다.

■ 不知軍之不可以退, 而謂之退(부지군지불가이퇴 이위지퇴) : 군이 후퇴해서

는 안 될 상황임을 모르고 후퇴하라고 말한다.

▪ 是謂縻軍(시위미군) : 是謂는 '이를 ~라 일컫는다' 는 뜻. 縻는 얽어맬 미. 縻軍은 '묶여 있는 군대' 의 뜻으로, 군사작전을 모르는 군주의 명령에 묶여 있는 군대라는 의미이다.

▪ 不知三軍之事而同三軍之政(부지삼군지사이동삼군지정) : 同은 함께하다, 관여하다. 여기서 三軍은 군 전체를 말한다. 고대 중국에서 주왕실이 제후가 상군, 중군, 하군의 세 개의 군을 갖게 규정해놓은 데서 굳어진 용어인데, 그 후로 '삼군' 이란 말은 군의 규모가 세 개 이상으로 늘어나는 경우에도 전군을 가리키는 용어가 되었다. 政은 행정, 관리. 전체의 뜻은 '(군주가) 군대의 일을 모르면서 군 전체의 행정에 관여한다.'

▪ 則軍士惑矣(즉군사혹의) : 軍士는 군대의 구성원을 말한다. 惑은 의혹과 의심을 가짐. 전체의 뜻은 '장병들이 의혹을 가지게 된다.'

▪ 不知三軍之權而同三軍之任(부지삼군지권이동삼군지임) : 權은 지휘권. 三軍之權은 군의 최고지휘권. 任은 직책의 뜻으로 三軍之任은 최고사령관직을 의미한다.

▪ 則軍士疑矣(즉군사의의) : 疑는 의심할 의. 전체의 뜻은 '군대가 의심하게 된다.'

▪ 三軍旣惑且疑(삼군기혹차의) : 군대 전체가 이미 의혹을 가지고 또 의심한다는 뜻. 旣는 이미 기. 且는 '또한' 이라는 의미.

▪ 則諸侯之亂至矣(즉제후지난지의) : 至는 도달하다, 도래하다. 전체의 뜻은 '적국의 군주로부터 침략을 받은 어려운 상황에 도달한다.'

▪ 是謂, 亂軍引勝(시위 난군인승) : 亂軍은 혼란한 군대. 引勝은 승리를 끌어낸다, 승리를 얻으려고 한다. 전체의 뜻은 '이를 일컬어 혼란한 군대로 승리를 이끌어내려 하는 것이라 부른다.'

해설

이 절은 군주가 멋대로 용병에 개입하는 것의 폐해에 관한 논의이다. 손자는 정치지도자가 군대 문제에 개입해서 용병을 위태롭게 하는 세 가지 경우를 들고 있다. 첫 번째는 군이 진격할 때와 퇴각할 때를 모르고 군주가 용병에 개입하는 것으로, 손자는 이를 총사령관이 용병에 대한 재량권이 없이 군주의 뜻에 매여 있는 군대라는 뜻으로 '미군 軍' 이라고 하였다. 즉 용병법에 관해 모르면서 군주가 용병에 개입하는 것이다. 두 번째는 군주가 군정軍政에 관하여 모르는 사람을 임명하여 군정을 잘못 처리하는 경우이다. 세 번째는 군의 최고지휘권 행사의 방법을 모르는 군주가 군령軍令의 권한을 마음대로 휘두르는 경우이다. 이 세 가지의 경우를 손자는 '혼란한 군대로 승리를 추구한다' 는 뜻으로 '난군인승亂軍引勝' 이라고 하였다.

손자가 여기서 경고한 바를 뒤집어 말하면 승리하는 군대는 전략판단, 군정, 군령의 삼박자가 갖추어져야 되며 군주가 군대의 작전, 행정, 지휘의 특수성을 알지 못하면서 개입해서는 안 된다는 것이다. 한편으로 삼군의 최고지휘관은 전략판단, 치병, 용병의 세 가지 면에서 능력을 고루 갖춘 사람이 임명되어야 한다는 것이다. 이러한 능력을 겸비한 사람을 임명하느냐, 아니면 정치적 총애에 의해 그러한 능력이 없는 사람을 임명하느냐는 군주, 즉 정치지도자의 안목에 달려 있으니 그것은 정치지도자의 책임이다. 또 설사 그러한 인물을 썼더라 할지라도 정치의 논리에 의해 군대 문제에 정치지도자가 구체적으로 개입하면 군대는 미혹에 빠진다. 이 절에서 말하는 바는 다음 절에 '將能而君不御者, 勝' (장능이군불어자승)이라는 말에 압축되어 있다.

3-6

故知勝有五. 知可以戰與不可以戰者, 勝. 識衆寡之用者, 勝. 上下同欲者, 勝. 以虞待不虞者, 勝. 將能而君不御者, 勝. 此五者, 知勝之道也.

그러므로 승리를 알 수 있는 방법에는 다섯 가지가 있다. 상대가 맞이해 싸울 수 있는 적인지 아닌지를 알면 승리한다. 적과 비교해 우세할 경우와 열세한 경우에 따라 용병을 달리할 줄 알면 승리한다. 상하가 하나의 마음이 되면 승리한다. 깊이 숙고하여 대비함으로써 대비가 없는 적을 상대하면 승리한다. 장수가 능력이 있고 군주가 장수의 지휘권에 간섭하지 않으면 승리한다. 이 다섯 가지는 승리를 예측할 수 있는 판단 근거이다.

어휘풀이

■ 故知勝有五(고지승유오) : 승리를 아는 방법에는 다섯 가지가 있다.

■ 知可以戰與不可以戰者, 勝(지가이여전불가이여전자 승) : 《조조주 손자曹操註孫子》와 《무경칠서》 계통 《손자》에는 知可以輿戰不可以輿戰者, 勝으로 되어 있는데, 양자는 모두 '적이 (함께) 싸울 만한지 (함께) 싸울 수 없는 상대인지를 안다'는 뜻임. 전체의 뜻은 '적이 나와 싸울 만한 적인지 아닌지를 알면 승리한다.'

■ 識衆寡之用者, 勝(식중과지용자 승) : 識은 알 식. 衆寡는 여기서는 적과 비교해 많은 병력과 적과 비교해 적은 병력을 의미함. 전체의 뜻은 '적과 비교하여 병력이 많을 때와 병력이 적을 때 싸우는 방법을 알면 승리한다.'

■ 上下同欲者, 勝(상하동욕자 승) : 上下는 윗사람과 아랫사람을 의미함. 전체의 뜻은 '윗사람과 아랫사람의 마음이 일치하면 승리한다.'

▪ 以虞待不虞者, 勝(이우대불우자 승) : 虞는 미리 고려함, 경계함을 의미한다. 待는 기다릴 대, 막을 대. 전체의 뜻은 '미리 경계하고 대비한 상태로 경계가 없고 미리 대비함이 없는 적을 상대하면 승리한다.'

▪ 將能而君不御者, 勝(장능이군불어자 승) : 御는 주장할 어. 전체의 뜻은 '장군이 능력이 있고 군주가 장군의 지휘를 통어하지 않으면 승리한다.'

▪ 此五者, 知勝之道也(차오자 지승지도야) : 이 다섯 가지는 승리를 미리 예견할 수 있는 방법이다.

해설

손자는 지금까지의 논의에 기초하여 거시적인 안목에서 용병에서 승리를 달성할 수 있는 다섯 가지 조건을 제시하고 있다. 그것은 첫째, 적이 상대할 만한 적인지 아닌지를 아는 전략적 판단, 둘째, 병력의 다과에 따라 용병을 달리할 줄 아는 작전술, 셋째, 상하의 마음을 일치시키는 단결, 넷째, 불의에 대비함으로써 대비하지 않는 적을 상대하는 기습, 다섯째, 장수가 능력이 있으면서 군주가 군대의 용병 문제에 개입하지 않는 용병의 재량권이다.

아마도 이 승리의 다섯 가지 조건 중에서 현대에 이르기까지 가장 논란이 되어왔던 것은 전시에 총사령관의 전쟁수행에 대한 정치지도자의 통제에 관한 문제일 것이다. 이것은 이미 고대로부터 문제가 되었던 부분이다. 로마의 공화정 역사에서 군사지휘관이 독재정치가가 되는 것을 막기 위해 그 다음해에 임명할 집정관 2명을 선출할 때 민회가 그 임지를 결정하고 원로원이 후보자를 추천하는 권한을 보유했지만, 집정관이 임지에 부임하여 그 직위에 있을 동안에는 군사에 대한 전권을 부여한 것은 군사를 모르는 자가 군사작전에 개입함으로써 생기는 폐해를 인식했기 때문이다. 그 결과 로마공화정의 군대는 전장에서 힘을 발휘했다. 조선의 세조는 《병장설兵將說》에서 수양제隋陽帝와 한무제漢武帝를 비교하며 수의 고구려 원정시 예하 지휘관들에 대해 원거리 통어統御로 실패를 자초한 수양제가 용병을 모르는 대표적인 예이며, 능력 있는 장수를 골라 사령관에 임명하고 작전에 관한 재량권을 십분 사용케한 한 무제를 용병을 아는 대표적인 예로 꼽았다. 클라우제비츠는 군사는 정치의 정책에 종속해야 하지만 전쟁에는 그 나름의 문법이 있으므로 용병을 모르는 정치지도자가 용병하는 지휘관의 순수한 군사문제까지 개입하는 것은 잘못된 것이라고 했다. 독일 통일전쟁의 영웅인 몰트케Helmuth von Moltke는 한걸음 나아가 전시에는 정치가 군사작전에 종속되어야 한다고 주장하면서 보·오전쟁, 보·불전쟁 당시 정치적 고려의 우선권을 요구하였던 수상 비스마르크Otto von Bismarck와 충돌했다. 몰트케의 추종자인 독일 장군들은 1차대전시 미국의 참전 가능성과 같은 정치적 문제를 경시한 채 무제한 잠수함전을 시행함으로써 미국의 개입을 자초하여 1차대전에서 패배했다. 역으로 2차대전 당시 히틀러는 군사작전을 이해하지 않고 군대가 달성할 수 있는 목표를 무시한 채 군지휘관들에게 그의 의견을 고집함으로써 전쟁에서 패배했다.

2차대전과 그 이후의 미국의 예 역시 이 난문제에 대한 시행착오의 역사이다. 일반적으로 말해 2차대전 당시 루즈벨트Franklin Roosevelt 대통령은 군사작전에 관한 한 주로 육군참모총장 마셜George Marshall의 군사적 조언에 의존하며 세세한 군사문제까지는 개입하지 않았다. 한국전쟁 당시 트루먼Harry Truman 대통령이 맥아더Douglas MacArthur의 확전 주장을 통제한 것은 논란이 많은 문제이긴 하지만 3차 세계대전을 막고 헌법상의 대통령의 통수권을 확립하기 위한 불가피한 조치였다는 것이 미국 내의 일반적인 평가이다. 그러나 이렇게 문민통치의 원칙을 확립한 이래 좀더 지나친 방향으로 갔다. 월남에서 존슨Andrew Johnson 대통령과 그의 민간인 보좌관들은 공군의 개별적 폭격목표, 작전방법 등 세세한 문제까지 직접 개입하여 전쟁에서 패했다. 이때의 뼈아픈 경험을 교훈삼아 걸프전쟁 당시 부시George Bush 대통령이 그 자신은 외교적인 노력에 전념하며 군사작전의 재량권을 현지의 최고사령관인 슈워츠코프Norman Schwartskopff에 대폭 위임한 것은 잘된 전쟁 지도로 평가받고 있다. 오랜 시행착오를 겪으며 다시 클라우제비츠로 돌아간 것 같다.

그렇다면 손자의 '장능이군불어자 승將能而君不御者, 勝'은 어떤 의미로 해석되는 것인가? 클라우제비츠와 같은 견해인가, 아니면 몰트케 식의 견해인가? 또 그의 주장은 현재에도 통용될 수 있는 주장인가? 이 문제에 관해 중국의 손자연구가 도한장陶漢章은 손자가 군주의 통어를 배제하라고 주장한 것은 손자이론의 부족한 점의 하나라고 지적하고 있는데 그는 손자의 논지가 문제가 있으며 현지 사령관은 어떠한 경우에도 통수부의 의사에 반하여 독단적 결정을 내려서는 안 된다고 말하고 있다.

우선 손자의 진의가 무엇인가부터 살펴보자. 손자의 문장은 짧아서 오해하기 쉽지만 나는 클라우제비츠의 생각과 궤를 같이하는 것으로 이해한다. 그 근거는 〈구지〉 편에 손자가 "군주의 명령은 받아들이지 않을 것도 있다"(君命有不所受)라고 한 것과 〈지형〉 편에 "용병상 승리가 확실한데도 군주가 싸우지 말라고 할 때에는 싸울 수 있고 용병상 승리의 가능성이 없는데도 군주가 끝까지 싸우라고 할 때에는 싸우지 않을 수 있다. 그러므로 전장에 나가되 이름을 구하지 않고, 물러나되 죄를 받는 것을 회피하지 않으며 생각하는 것은 단지 국민의 보호와 군주에게 참된 이익이 되게 하는 것이다"(故戰道必勝, 主曰無戰, 必戰可也. 戰道不勝, 主曰必戰, 無戰可也. 故進不求名, 退不避罪, 唯民是保, 而利合於主)라고 한 것에서 찾을 수 있다. 이 말들은 사령관은 기본적으로 군주의 명령을 따라야 한다는 것을 전제하고 나서 그 예외의 경우를 말한 것이다. 즉 손자는 클라우제비츠가 말한 것처럼 '군사의 정치에의 종속'이란 명제를 기본적으로 시인하면서 용병의 논리에서 도저히 허용될 수 없는 군주의 명령에 대해서는 처벌을 각오하면서까지 그 명령에 따르지 않을 수 있다는 예외적인 경우를 말하고 있는 것이다. 그러므로 '장능이군불어자승'의 진정한 의미는 '장수가 유능하고 군주가 군사작전에 대한 무지에서 나온 무모한 통제를 하지 않으면 승리한다'로 이해해야 한다.

원리적으로는 손자나 클라우제비츠가 정치와 군사의 역할 분담에 대해 올바른 견해를 제시했다 할지라도 그것을 실제에 적용하는 것이 그렇게 쉬운 문제는 아니다. 전쟁의 어떤 문제는 그것이 군사작전의 영역인지 정치적인 영역인지 구분하기 어려울 정도로 복합적일 경우가 허다하기 때문이다. 더구나 현대에는 전장과 비전장이 과거처럼 확연히 구분되지 않고 최고지휘관이 부딪히는 문제는 군사적임과 동시에 정치적인 것인 경우가 많기 때문에 정치와 군사의 문제는 복잡해진다. 이 문제는 대전략과 군사전략의 영역에서 가장 흔히 발생한다. 최소한 작전술이나 전술의 영역에서 군사문제에 무지한 정치지도자가 개입하면 작전을 그르칠 수 있고 그로 인해 군의 사기는 극도로 떨어질 수 있다. 역시 어떠한 형태로든 정치지도자에게 전문적인 군사적 조언을 할 사람이 필요하고 정치지도자가 작전술이나 전술의 차원에까지 개입하지 않는 것이 중요하다.

3-7

故曰, 知彼知己, 百戰不殆. 不知彼而知己, 一勝一負. 不知彼不知己, 每戰必殆.

그러므로 적을 알고 나를 알면 백번 싸워도 위태롭지 않으며, 적을 모르고 나를 알면 승부가 반반이며, 적도 모르고 나도 모르면 싸울 때마다 위태롭게 된다.

어휘풀이

- 故曰(고왈): 그러므로 말한다.
- 知彼知己, 百戰不殆(지피지기 백전불태): 殆는 위태로움. 전체의 뜻은 '적을 알고 나를 알면 백번 싸워도 위태롭지 않다.'
- 不知彼而知己, 一勝一負(부지피이지기 일승일부): 負는 패배. 적을 모르고 나를 알면 한 번은 이기고 한 번은 진다.
- 不知彼不知己, 每戰必殆(부지피부지기 매전필태): 적을 모르고 나를 모르면 전쟁을 할 때마다 반드시 위태로워진다.

해설

이 절은 손자 용병론의 고도로 추상화된 결론이다. 적을 알고 나를 알면 백번 싸워도 위태롭지 않고, 적을 모르고 나를 알면 승부는 반반이며, 적을 모르고 나도 모르면 싸울 때마다 반드시 위태로워진다는 것이다. 여기서 주목할 것은 적을 알고 나를 알면 백번 싸워도 위태롭지 않다고 한 문장이다. 손자는 여기서 적을 알고 나를 알아도 그 결과 '백전백승百戰百勝'이라고 하지 않았고 단지 '백전불태百戰不殆'라고만 했다.

위태롭지 않다고 한 것은 아직 온전한 승리를 이룰 정도는 되지 못한다는 것을 말한다. 그것은 손자가 전쟁은 전장이라는 환경 속에서 적과 내가 만나 이루어지는 것이기 때문에, 완전한 승리를 위해서는 적과 나를 알되 아직 환경을 모르면 안 된다고 보기 때문이다. 그러므로 이 부분에서 손자의 승리의 조건에 대한 결론은 잠정적인 것이다. 손자의 전승全勝의 조건에 대한 궁극적인 결론은 〈지형〉 편의 마지막에 나타나 있다.

| 모공 편 평설 |

손자는 〈모공〉 편에서 대전략과 군사전략의 중요 원칙들을 천명했다. 우선 전략의 궁극 목표는 '완전한 승리', 즉 '전승全勝' 임을 제시하였다. 대전략으로서는 싸우지 않고 적을 굴복시키는 '부전이굴인지병不戰而屈人之兵' 을 최상의 이상으로 상정하면서 그 우선 순위를 '벌모', '벌교', '벌병', '공성' 의 순서로 두었다. 군사전략으로서는 적과 나의 병력비에 따라 전략을 달리할 것을 제시했고 전쟁지도에 있어서는 군주의 군정, 군령권에 대한 무모한 간섭을 배제할 것을 말했다. 마지막으로 모든 용병의 전제조건이 되는 '지피지기知彼知己' 가 용병의 기본이라고 천명했다. 구구절절이 깊이 음미해야 할 원칙이다.

손자가 이 편에서 '온전히 천하의 지배권을 확보할 수 있고' (以全爭於天下), '군대가 무디어지지 않고 이익이 온전하다' (兵不鈍而利可全)고 말한 '전승' 사상은 〈형〉 편에서는 '자신을 보존하고 완전한 승리를 이룬다' (自保而全勝)라고 표현되는데, 《손자병법》 전체 13편을 일이관지一以貫之하는 용병의 궁극 목표이다. 이 전승을 달성하기 위해 〈작전〉 편에서 '속승速勝' 을 주장한 것이며 이 편의 '부전이굴인지병' 이 필요한 것이고 〈허실〉 편에 '피실격허避實擊虛' 를 주장한 것이다. 〈군쟁〉 편에 "포위된 적은 살 길을 터주어라"(圍師必闕), "패하여 고향으로 돌아가는 적은 이를 막지 말라"(歸師勿遏), "궁지에 몰린 적은 지나치게 압박하지 말라"(窮寇勿迫)라고 한 것 역시 궁지에 몰린 적을 지나치게 압박하면 적은 사력을 다해 싸우게 되며 그렇게 되면 아측에 불필요한 피해를 초래할 것이기 때문에, 이를 피하고 손실을 적게 입으면서 적을 무력화시키는 작전을 수행하기 위한 작전술의 원칙으로 제시된 것이다. 그 근본 취지는 모두 최소한의 희생으로 국민의 안전과 국가의 이익을 달성하는 것이다.

전승을 달성하기 위해서는 당연히 우선적으로 인명과 재산의 손실이 발생하는 방법 이외의 모든 방법을 동원해 적을 굴복시켜야 한다. 실제 전쟁은 아무리 잘 수행해도 피해가 따르는 법이다. 그러므로 손자의 대전략에서 우선순위는 적의 침공 의도와 전략을 그 싹에서부터 잘라버리는 벌모伐謀가 최상이고, 적을 외교적으로 고립시키는 것이 차선이며, 실제 군대를 동원해 적의 군대를 타격하는 것이 그 다음이며, 막대한 희생을 동반하는 공성이 최하위의 용병법이다.

그러나 아쉽게도 손자는 벌모, 벌교에 대해서는 단 한 마디도 그 구체적 방법을 언급하지 않았다. 그에 관해서는 간접적으로 유추할 수밖에 없다.

실상 벌모에 대해서는 손자시대보다 훨씬 이전부터 그 다양한 방법들이 고안되었다. 강태공의 사상을 기반으로 후세의 첨삭이 가해져 전국시대에 이루어진 것으로 알려진 《육도六韜》의 〈무도武韜〉, 〈문벌지법文伐之法〉 편에는 이간, 미인계, 뇌물에 의한 매수, 적의 군주와 신하 사이의 불신 조장, 적 조정에 간첩 부식 등 12가지의 음모에 의해 적을 약화시키는 방법이 나타나 있다. 뿐만 아니라 자객을 보내 아국에 대해 위험한 인물을 사전에 제거하는 것은 이미 춘추시대부터 자주 사용되던 자국안전책 중의 하나였다.

이상은 모두 음모의 방법으로 적을 약화시키고 내부적으로 와해시키며 우리에게 위험한 인물을 제거하는 방법이지만, 이 외에도 춘추전국시대에 강국은 공개적으로 적과 싸우지 않고 굴복시키는 방법을 사용하였다. 《울료자尉繚子》 〈전위戰威〉 편에는 도승道勝, 위승威勝, 역승力勝의 세 가지 승리의 방법이 제시되고 있는데, '도승'은 국제도의의 명분을 내세워 상대국을 굴복시키는 것이며, '위승'은 전비戰備의 위력으로 적을 제압하는 것을 말하고, '역승'은 무력에 의해 전쟁에서 직접 승리하는 것을 말한다. 오늘날 국제법, 국제평화의 정신에 입각하여 침략전쟁을 불의로 규정하는 것은 도승에 해당하며 오늘날 강대국들이 무력시

위, 경제제재 등의 방법으로 상대국을 굴복케 만드는 것은 위승에 해당하는 것으로서 모두 전쟁을 치르지 않고 상대를 굴복시키고자 하는 것이다. 도승, 위승은 모두 공개적인 벌모이다.

손자의 '벌모'는 바로 적이 아측을 범할 수 없도록 뇌물, 간첩, 미인계, 이간책 등 은밀한 방법과 국제도의의 호소, 위력시위 등의 공개적 방법을 통해 적의 침공의도를 꺾어버리거나 적의 국력 자체를 쇠잔하게 만들어버리는 방법이라고 추정할 수 있다. 이러한 방법들은 고도의 지능, 고도의 은밀성을 필요로 하며, 또 달성하기 쉬운 것은 아니지만 일개인의 희생이나 전쟁비용에 비할 수 없을 만큼 적은 비용으로 적의 침공의도나 저항능력을 무력화시키는 방법이다. 그러니 지혜로운 자가 취할 최상의 전략이 아니겠는가.

그렇다면 손자가 벌모의 다음에 그리고 벌병의 앞에 벌교를 둔 이유는 무엇일까? 이 의문에도 우리는 추론에 의지하여 손자의 의도를 살필 수밖에 없다. 통상 동맹이란 국가간의 약속으로 우리의 힘을 배가하여 타국를 견제하고 고립시키는 데 비용이 적게 들고 유용한 방법이다. 그러나 동맹, 특히 공수동맹攻守同盟의 경우에는 자국이 원치 않더라도 그 동맹을 유지하여 차후 우리가 위기에 처해 있을 때 도움을 받기 위해서는 불가불 내키지 않는 전쟁에도 뛰어들어야 한다. 또 한 국가를 외교적으로 고립시키기 위해 벌교를 시행하려면 그러한 외교적 동맹에 응하는 국가는 공동의 적으로부터의 급박한 위협에 직면하지 않는 한 반대급부를 원하게 된다. 그러므로 동맹은 말로써 맺어지는 것이지만 실은 그 안에 치러야 할 비용을 잠재적으로 내포하는 것이다. 무엇보다도 벌교의 방법은 벌모에 비해 상대방의 침공의도 그 자체를 싹에서부터 근절할 수 없다. 이러한 것이 손자가 벌교를 벌모와 벌병의 중간에 자리매김한 이유가 아닌가 추정한다.

군사전략의 원칙으로 손자가 제시한 원칙 6가지, '십즉위지, 오즉공지, 배즉분지, 적즉능전지, 소즉능도지, 불약즉능피지'는 적과 나의 전력의 비에서 우월할 때, 동등할 때, 열세할 때를 나누어 다른 용병법을 제시한 것으로 타 용병이론가들의 사고의 범위를 뛰어넘은 유용성이 있다. 클라우제비츠는 같은 주제에 대해 "최선의 전략은 언제나 강력한 병력을 보유하는 것이고 그 다음이 결정적인 지점에 강대한 전력을 보유하는 일이다"(《전쟁론》 제3편, 11장 〈병력의 공간적 집중〉)라고 군사전략의 대원칙을 제시했으며 조미니Antoine Henri Jomini도 같은 내용의 용병원칙을 강조했다. 19세기의 용병이론가들은 대체로 이 원칙을 군사전략의 가장 중요한 원칙으로 받아들였으며 20세기에 들어와서도 중요한 원칙으로 영향력을 발휘하였는데 이들은 이론 구성에 있어 모두 상식적인 용병의 전제를 가볍게 생각하고 있다. 그것은 전시의 최고지휘관은 당면한 상황에서 국가가 허락하는 국력과 전력의 한도 내에서 적을 상대해야만 한다는 평범한 전쟁의 상식이다. 즉 이들은 국가가 적보다 훨씬 열세한 힘을 갖고 있는 경우에 대해서는 전혀 고려하지 않고 있는 것이다. 이에 반해 손자는 바로 적과 나의 힘의 우열의 차이를 여섯 가지 경우로 나누어 다른 용병원칙을 제시하고 있다. 손자는 곧 강자의 전략뿐만 아니라 약자의 전략도 동시에 고려하고 있는 것이다. 나폴레옹 전쟁을 예로 든다면 클라우제비츠는 나폴레옹의 용병을 설명하고 있기는 하지만 스페인의 게릴라들이나 러시아의 쿠투소프Kutusov의 전략은 설명하지 않고 있는 것이다. 월남전을 예로 든다면 미국의 전략은 설명하고 있지만 월맹의 전략은 설명하고 있지 않은 것이다.

위정자와 장군의 지휘권 간의 논의에서 손자는 작전지도에 있어 지휘관의 독자적 군정, 군령권을 강조하고 있다. 그가 특히 우려했던 것은 군정, 군령의 특수성을 모르는 위정자가 군정, 지휘권, 작전에 간섭하는 것이었다. 그러나 우리는 손자가 전쟁 중에는 위정자가 장군에게 어떠한 간섭도 해서는 안 된다고 한 것이 아님을 명심해야 한다. 〈구변〉 편에서 손자는 "군주의 명령도 따르지 말아야 할 명령이 있다"(君命有所不受)고 하였는데 이 말은 군주의 명령은 따라야 하는 것이 원칙이지만 전략과 작전에 무지한 군주의 잘못된 명령은 경우에 따라 따르지 말아야 할 때가 있다는 말이다. 이 점에서 그는 전쟁은 정치의 도구에 불과하며 따라서 정치에 종속되어야 한다고 주장하면서도 "정치는 전쟁에 대하여 전쟁이 순응해줄 수 없는 요구사항을 제기하는 것은 아니다. 정치는 자신이 사용 가능한 도구가 무엇이며, 어떻다는 것을 알고 있다는 것을 전제하고 있는 것이다"라고 하며 '전쟁의 문법'이 존중되어야 한다는 것을 인정한 클라우제비츠의 논지와 궤를 같이하고 있다.

이렇게 대전략, 군사전략, 전쟁지도의 면에서 용병의 원칙을 제시한 손자는 전승의 조건 다섯 가지를 제시하고 있다.

첫째는 적이 상대할 수 있는 적인지 아닌지를 아는 것이니 이것은 대전략에 밝고 면밀한 전략판단에 의해 전쟁의 가부를 결정할 수 있어야 한다는 것이다.

둘째는 우세한 병력과 열세한 병력를 가질 때 용병을 달리할 줄 알아야 한다고 했으니 이것은 군사전략에 밝아야 한다는 것이다.

셋째는 군주와 국민, 지휘관과 병사가 한마음이 되어야 한다고 했으니 이것은 정치적 통합과 군대의 단결을 말한 것이다.

넷째는 장수가 능력이 있고 군주가 작전에 사사건건 간섭하지 말아야 한다고 했으니 이것은 지휘관이 작전술에 능하고 전쟁지도가 제대로 이루어져야 한다는 것이다.

다섯째는 대비하고 준비하는 것으로 대비하지 않는 적을 상대한다 했으니 이것은 아측의 군비 충실 및 경계와 적에 대한 기습을 말한 것이다.

대전략, 군사전략, 작전술, 전쟁지도에 능하고 정치적으로 상하가 결속되어 있으며 군비의 충실과 경계를 이룬 상태에서 적을 불의에 기습하니 이 이상의 승리 조건이 필요하겠는가?

벌모, 벌교, 벌병은 모두 적을 알고 나를 아는 것이 전제되므로 용병은 지피지기知彼知己로 귀일歸一하는 것이다.

4

▼

형

4. 형形

| 편명과 대의 |

이 편의 편명은 《십일가주손자》 계통의 판본과 《죽간본 손자》에서는 '형形'으로 되어 있고 《무경칠서》 계통의 판본에서는 '군형軍形'으로 되어 있다. 형이 더 오래된 편명이고 후에 이를 보다 분명히 하기 위해 '軍'이라는 수식어를 앞에 붙여 두 자로 된 편명으로 만들었을 것이다. '形'은 적과 내가 상호 대치하는 가운데 전력을 포치布置하는 것 혹은 그렇게 전력이 포치된 상태를 말한다. 편의 내용은 한 마디로 압축하면 공수론攻守論이라 할 수 있는데 그러므로 장예張預가 이 형을 양군의 공수의 형태(兩軍攻守之形也)라고 한 것은 편명에 대한 간결한 설명이다.

손자의 용병이론은 압도적인 형形의 형성에서부터 시작하고 세勢를 만듦으로써 승리하는 것이기 때문에 예전부터 지금까지 손자의 연구자들은 형과 뒤따르는 세에 대해 그 개념을 명확히 하려고 노력했다. 대부분의 연구자들은 '형'이 힘의 정적인 상태이며 '세'는 그 형이 움직여 동적으로 변화한 것이라고 해석했으며, '형'은 물리적인 힘의 배치 상태를 말하고 '세'는 물리적인 힘뿐만 아니라 정신적 요소가 혼융되어 운동하는 힘이라고 했다. 달리 말하면 '형'은 힘이 작용하기 전의 축적된 상태이고 '세'는 그 힘이 운동하기 시작하여 가속도가 붙으면서 전투원의 사기가 가미되어 생기는 폭발적인 힘의 작용이라고 할 수 있다. 이에 대해서는 일본 강호시대의 손자 주석가의 한 사람인 온다교가쿠恩田仰岳의 훌륭한 해석이 있다.

모든 물건에는 형이 없는 것이 없다. 형이 있으면 반드시 세가 있다. 세는 형을 기반으로 생긴다. 형은 세가 이루어지는 바탕이다. 이제 활과 화살을 예로 든다면 그 자체는 형이고 그것이 멀리 날아가 견고한 것을 꿰뚫는 것은 세다. 활과 화살이 불량하면 멀리 날아가 견고한 것을 뚫을 수 없다. 군대의 형이 나쁘면 세를 이루어 적을 격파할 수 없다. 그러므로 형에는 교묘하고 엉성함이 있고 이로 인해 세의 강약이 있게 된다. 형이라는 것은 정지해 있는 것이며 그 몸체(體)이고, 세라는 것은 움직임이며 그 작용(用)이다. 몸체와 작용의 머물러 있고 움직이는 것이 서로 의지하여 잠복해 있다. 그러므로 분리하여 둘이 될 수 없다. 그러므로 이 편에서 형을 말하면서도 세를 말하지 않을 수 없었고 뒷편에서 세를 본격적으로 논하면서도 반드시 형으로부터 근본을 삼았다.

이 편의 중심 주제는 작전을 전개하는 데 있어서는 적보다 압도적으로 우월한 형을 조성함으로써 승리의 조건을 만들어야 한다는 것이다. 그 형은 공수를 동시에 고려해야 하기 때문에 공격과 수비에 관하여 그것이 어떻게 이루어져야 하는가를 말하고 있다. 손자는 우선 방어를 완전히 하여 적의 불의의 기습에 대처할 방비를 갖추어두고, 공격함에는 고도의 행동의 자유를 확보하여 결정적인 지점에서 병력을 집중함으로써 결정적인 시간과 장소에서 아측은 적에 대해 압도적인 힘의 우위를 달성해야 한다고 말하고 있다.

4-1

孫子曰. 昔之善戰者, 先爲不可勝, 以待敵之可勝. 不可勝在己, 可勝在敵. 故善戰者, 能爲不可勝, 不能使敵之必可勝. 故曰, 勝可知而不可爲. 不可勝者守也, 可勝者攻也. 守則有餘, 攻則不足. 善守者藏於九地之下, 善攻者動於九天之上. 故能自保而全勝也.

손자는 다음과 같이 말했다. 예전에 전쟁을 잘하는 사람은 먼저 적으로 하여금 나를 이길 수 없게 만들어놓고 적이 잘못을 범하기를 기다려서 승리를 얻었다. 적이 나를 이길 수 없음은 내가 적에게 어떻게 대응하느냐에 달려 있는 것이고, 내가 적에게 승리할 수 있게 되는 것은 나에 대해 적이 어떻게 대응하느냐에 달려 있다. 그러므로 전쟁을 잘하는 사람은 능히 적으로 하여금 승리하지 못하게 할 수는 있지만 적으로 하여금 내가 반드시 이길 수 있도록 대응하게 만들 수는 없는 것이다. 때문에 승리의 가능성을 미리 예견할 수는 있지만 승리를 억지로 만들어낼 수는 없다고 말하는 것이다. 적으로 하여금 승리하지 못하게 하는 것은 바로 방어이며 적에 대하여 승리를 쟁취하는 것은 바로 공격이다. 방어를 잘하게 되면 나는 오히려 남음이 있게 되고, 공격을 잘하게 되면 적은 오히려 부족하게 되니, 방어를 잘하는 사람은 방어를 함에 있어서 마치 깊은 땅 속에 숨어 있는 것과 같이 하고, 공격을 잘하는 사람은 공격을 함에 있어서는 마치 높은 하늘에서 자유자재로 나는 것처럼 한다. 그러므로 능히 자신은 안전하게 보존하면서 완전한 승리를 달성할 수 있는 것이다.

어휘풀이

▪ 昔之善戰者(석지선전자) : 昔은 옛 석. 예전에 전쟁을 잘했던 사람은.

▪ 先爲不可勝, 以待敵之可勝(선위불가승 이대적지가승) : 不可勝은 敵不可勝에서 敵이 생략된 것으로, 적이 승리하지 못하도록 만드는 것. 待는 기다릴 대. 可勝은 我可勝에서 我가 생략된 것으로 내가 적에 승리하는 것. 敵之可勝은 적이 나로 하여금 승리할 수 있도록 허점을 보이는 것을 말한다. 전체의 뜻은 '먼저 적으로 하여금 승리하지 못하도록 만들어놓고 적이 (잘못을 범해) 나로 하여금 승리할 기회를 만드는 것을 기다린다.'

▪ 不可勝在己, 可勝在敵(불가승재기 가승재적) : 적이 승리하지 못하도록 하는 것은 나에게 달려 있고 내가 승리할 수 있게 되는 것은 적에게 달려 있다.

▪ 故善戰者, 能爲不可勝, 不能使敵之必可勝(고선전자 능위불가승 불능사적지필가승) : 使는 '~로 하여금 ~하게 하다'의 뜻. 전체의 뜻은 '그러므로 전쟁을 잘하는 사람은 적이 승리하지 못하게 만들 수는 있지만 적으로 하여금 (내가) 반드시 승리하도록 (행동하게) 만들 수는 없다.'

▪ 故曰, 勝可知而不可爲(고왈 승가지이불가위) : 그러므로 승리는 (미리부터) 알 수는(예견할 수는) 있어도 (억지로) 만들어낼 수는 없다고 말한다.

▪ 不可勝者守也, 可勝者攻也(불가승자수야 가승자공야) : 적이 승리하지 못하게 만드는 것은 수비의 역할이며 승리하는 것은 공격의 역할이다.

▪ 守則有餘, 攻則不足(수즉유여 공즉부족) : 이 문장은 守則(我)有餘, 攻則(敵)不足에서 我와 敵이 생략된 것으로 보인다. 전체의 뜻은 '수비한즉 나는 오히려 남음이 있고 공격한즉 적은 오히려 부족하게 된다.' 일부의 판본에서는 원문이 守則不足 攻則有餘라고 되어 있는데 이에 관해서는 본문 해설을 참조하라.

▪ 善守者, 藏於九地之下(선수자 장어구지지하) : 藏은 감출 장. 於는 '~에서'의 뜻. 九地는 끝을 모르는 깊은 땅. 전체의 뜻은 '수비를 잘하는 사람은 끝을 모르는 깊은 땅 아래에 숨는 것처럼 한다.' 이 말은 그 형태를 모르게 한다는 의미이다.

▪ 善攻者, 動於九天之上(선공자 동어구천지상) : 九天은 끝을 모르는 높은 하늘. 전체의 뜻은 '공격을 잘하는 사람은 높은 하늘 위에서 (자유로이) 움직이는 것과 같이 한다.' 이 말은 그 움직임이 어디를 지향할지 모르게 자유자재인 것을 말한다.

■ 故能自保而全勝也(고능자보이전승야) : 自保는 스스로 보전한다. 全勝은 완전한 승리. 전체의 뜻은 '그러므로 능히 스스로 보전한 채 완전한 승리를 거둔다.'

해설1

〈형〉 편의 첫 문장에서 손자는 중요한 용병의 원칙을 제시하고 있다. 그것은 용병은 우선 적으로 하여금 나를 이기지 못하게 하고 나서 적이 나로 하여금 이길 수 있는 약점을 보일 때를 노려야 한다는 것이다. '전승'을 추구하는 손자로서는 당연한 논리이다. 물론 항간에는 '최상의 방어는 공격이다'라는 말이 있고 어떤 경우에는 위기시에도 그 공격으로 인해 아측의 약점이 해소되기도 한다. 왜냐하면 흔히 불의의 공격을 받는 측은 우선 그 위협에 대비하는 데 급급하기 때문이다. 이렇게 위협에 쩔쩔매는 적에게 다음 공격으로 위협을 가하면 적은 다시 그에 대응하게 되는데, 적이 이렇게만 해준다면 처음에 우려했던 아측의 위험은 소멸된다. 그러나 꼭 그러한 것만은 아니다. 나의 공격에 대해 반대로 나의 약점을 찔러오는 적도 있기 때문이다. 그러므로 나의 공격이 약점을 내포한 모험적인 공격일 경우 적의 역습에 의해 사태를 완전히 그르칠 수도 있다. 이 경우 아측이 입게 되는 피해는 손자가 말하는 '전승'과는 거리가 멀다. 이렇기 때문에 용병을 잘하는 사람은 그러한 가능성에 대해 미리 대비해두는 것을 우선적으로 고려해야 한다.

손자는 기본적으로 적도 나처럼 자유의지를 가진 존재이기 때문에 항상 내가 기대하는 대로 따라와줄 것이라고 간주할 수는 없다고 본다. 따라서 나로서는 적이 이길 수 없도록 방어태세를 마련해둘 수는 있지만 적이 꼭 내가 기대하는 대로 움직이게 하여 승리를 확실하게 만들 수는 없다는 것이다. 전사에 최초의 작전계획을 그대로 시행하여 승리한 예는 거의 없다. 그러므로 손자는 승리의 가능성을 사전에 예측하는 것은 가능하지만 최초부터 적의 반응에 무관하게 100퍼센트 승리를 확신할 수는 없다고 한 것이다. 이것이 '승가지이불가위勝可知而不可爲'의 뜻이다.

용병의 이러한 성격에 관해서는 서양의 많은 군사이론가들도 같은 견해를 밝힌 바 있다. 클라우제비츠는 전쟁은 본질적으로 두 자유의지의 충돌이며 "전쟁은 반응하는 생물체를 대상으로 의지를 행사하는 것이다"라고 하여 적의 행동 여하에 따라 용병이 달라질 수밖에 없다고 말하고 있다. 현대 프랑스의 전략가인 앙드레 보프르André Beaufre도 전쟁의 이러한 성격 때문에 전략을 "두 개의 상반되는 의지가 힘을 사용하여 그들 간의 분쟁을 해소하고자 하는 변증법적 술術"이라고 정의하고 있다. 이 점은 일찍이 독일의 유명한 전략가 몰트케Helmuth von Moltke에 의해 보다 쉽게 설명되고 있다. 그는 다음과 같이 말했다.

> 작전에 있어서는 군사적 수단들을 준비된 상태로 갖추는 것과는 사뭇 다르다. 이 영역에서는 우리의 의지는 곧 적의 독립적 의지와 충돌한다. 따라서 작전은 우리 자신의 의지에 달려 있을 뿐만 아니라 적의 의지에도 달려 있다. 우리는 전자에 관해서는 알지만 후자에 관해서는 단지 추정할 뿐이다. 적측에서 보아 유리하게 보이는 방책은 적이 취할 행동의 개연성을 추측할 수 있는 하나의 단서가 될 뿐이다. 우리는 단지 우리가 주도권을 행사하기 위한 준비가 되어 있고 또 이를 실행에 옮길 때에만 적의 의지를 제한할 수 있다.

몰트케의 이 말은 마치 손자가 이 절에서 한 말에 대한 주석처럼 느껴질 정도이다. 말미에 그가 주도권initiative을 강조한 것 역시 손자가 〈허실〉 편에 "적을 내가 조종하되 내가 적에 의해서 조종되지 않아야 한다"(致人而不致於人)라고 하여 주도권을 강조한 것과 완전히 일치하고 있다.

즉 손자나 클라우제비츠, 몰트케, 보프르가 다같이 인정하는 것은 전쟁은 '나의 행동—적의 반응—새롭게 형성된 상황에서의 나의 행동—이에 대한 적의 반응'의 과정이 연속적으로 전개되는 것이라고 보는 것이다. 그러므로 전쟁과 용병의 이같은 속성을 파악한 사람들은 모두 틀에 박힌 방법주의에 따라 용병해서는 안 된다고 본다. 손자가 〈허실〉편에서 "용병은 적에 따라 승리를 만들어내는 것이다"(兵因敵而制勝也)라고 한 것은 바로 이 말이다.

이러한 용병철학에 입각한다면 손자의 이 구절은 우리에게 작전계획의 수립과 작전지도에 대한 하나의 큰 교훈을 준다. 전략과 작전계획은 지나치게 세밀하게 작성되어 예하 부대의 일거수 일투족을 규정해서는 안 된다는 것이다. 물론 최고지휘관의 머릿속에는 달성하고자 하는 목적과 최종 목표, 그리고 행동의 개괄적 방향이 정해져 있어야 한다. 그러나 예하 부대의 행동지침을 지나치게 구체적으로 규정하면 적의 반응이 예상을 빗나갈 경우 오히려 아측에 당황과 혼란을 야기한다. 이것은 예하 부대에 간명한 임무와 지침을 주고 이를 재량권 내에서 시행하게 하는 것보다 못하다. 이러한 사고 아래 독일군은 몰트케 이후 현재까지 '임무형 전술Auftragtaktik'을 작전과 지휘의 기초로 삼고 있는 것이다. 현대의 저명한 군사이론가 리처드 심킨Richard Simpkin이 '지침에 의한 통제directive control'를 말한 것도 이러한 이유에서다.

해설2

이 절의 후반부에서 손자는 본격적으로 공격과 수비에 관한 논의를 전개한다. 그런데 우리는 이 절에서 손자의 진의를 해석하는 데 하나의 커다란 난제에 부딪히게 된다. 그것은 《십일가주손자》 계통의 판본이나 《무경칠서》 계통의 판본에 모두 '守則不足, 攻則有餘(수즉부족, 공즉유여)'라고 되어 있는 부분이 현존 손자병법 중 시기적으로 가장 이른 《죽간본 손자》에는 정반대로 '守則有餘, 攻則不足(수즉유여, 공즉부족)'으로 되어 있기 때문이다. 이 외에도 한대의 기록에는 《죽간본 손자》와 같이 되어 있는 책들이 있다. 《한서漢書》〈조충국전趙忠國傳〉에는 조충국이 한 말을 직접 인용한 문장에 '臣聞兵法 攻不足者, 守有餘(신문병법 공부족자, 수유여)'라고 한 부분이 있다. 후한後漢시대 초기 왕부王符가 지은 《잠부론潛夫論》에도 "曰, 攻常不足而守恒有餘也(왈 공상부족이수항유여야)"라는 구절이 나타나는데, 글자는 다르지만 '守則有餘, 攻則不足'이라는 구절의 변형된 표현이다. 이렇듯 후한 초기까지의 기록을 볼 때 '수즉유여 공즉부족'이 오히려 원래 형태가 아니었는가 하는 의문을 갖게 된다. 어떤 문장을 취할 것인가는 잠시 보류하고 그 동안 널리 통용되었던 '수즉부족, 공즉유여'라고 한 문장에 대한 기존의 해석들을 살펴보자.

현재까지 대부분의 해석자들은 '수즉부족 공즉유여'라는 문장을 '힘이 부족하면 수비를 취하는 것이고 힘이 충분하면 공격을 취하는 것이다'라는 뜻으로 해석하고 있는데, 그것은 대부분 조조曹操의 해석에 근거를 두고 있다. 조조가 이를 "내가 방어를 취하는 것은 힘이 부족하기 때문이며, 내가 공격을 하는 것은 힘에 여유가 있기 때문이다"(所以守者力不足也, 所以攻者力有餘也)라고 주석한 이래 이전李筌, 매요신梅堯臣, 장예張預 등이 이를 따랐다. 이후 오늘날까지 대부분의 주석서들도 기본적으로 같은 해석을 하고 있다. 그러나 '則' 자 이후에 오는 문구를 조조가 했던 것처럼 앞에 오는 문구에 대한 이유로 설명할 수 있을까? 《손자병법》의 어디에서도 그런 용례는 보이지 않는다. 이 '則' 자는 《손자병법》에 수없이 사용되지만 모두 앞에 말한 내용으로 인해 발생하는 결과를 말하고 있지, 그에 대한 이유를 설명하는 형태로 쓰이지는 않았다. 그러므로 '守則不足, 攻則有餘'에서 '不足', '有餘'는 '守', '攻'의 결과 나타나는 현상으로 풀이되어야지 조조와 같은 해석은 있을 수 없다.

이 문장을 정확히 해석하기 위해서는 문장의 구조와 논리의 전개에 주의를 돌려야 한다. 즉 이 절에서 손자는 공격과 수비의 각각에 대해 그 장단점이나 성격을 논의하기보다는 양자를 겸해야 한다는 것을 염두에 두고 논의를 전개하고 있다는 사실에 주목해야 한다. 그런데 대부분의 주석자들은 이를 간과하고 있다. 대부분이 '수즉부족, 공즉유여'에 대해 조조의 해석을 따르고 있기 때문에, 첫 문장 '不可勝者守也, 可勝者攻也(불가승자 수야 가승자 공야)'에 대해 두우杜佑, 두목杜牧, 장예 등은 '적이 빈틈을 보이지 않을 경우에는 굳게 수비하고 적이 허점을 보이면 공격하라'는 의미로 해석하고 있다. 그러나 이 문장은 앞 절에 '先爲不可勝, 以待敵之可勝(선위불가승 이대적지가승)'의 '不可勝', '可勝'을 받아 말하고 있는 것으로 해석해야 한다. 즉 이 문장은 '적이 나를 이길 수 없게 만드는 것은 나의 (교묘한) 수비가 있기 때문이며, 내가 적을 이길 수 있게 되는 것은 나의 (교묘한) 공격이 있기 때문이다'의 뜻으로 해석해야 한다. 다음 문장 '守則不足, 攻則有餘'는 위에 말한 바와 같이 조조 이하 모든 주석자들이 '방어는 힘이 부족하기 때문에 하는 것이며, 공격은 힘이 남기 때문에 하는 것이다'라는 뜻으로 억지 해석을 하고 있다. 따라서 이들 주석자에 따르면 이 두 문장 사이에는 하등의 논리적 연결이 없게 된다.

그러나 이 절의 문장구조가 대구법으로 이루어져 있음을 인식하면 각각의 문장들이 하나의 논리적 연쇄를 보인다는 점을 포착하게 된다. 우선 조조가 택한 '수즉부족, 공즉유여'를 그대로 인정하면서 이 절의 몇가지 생략된 글자를 포함시켜 연결하면,

(1) (敵)不可勝 - (我)(善)守 - (敵) 不足 - 善守 - 藏於九地之下 - 自保

(2) (我)可勝 - (我)(善)攻 - (我) 有餘 - 善攻 - 動於九天之上 - 全勝

의 구조로 파악된다. 그러므로 이 문장은 크게 보아 공수의 형은 어떻게 되어야 하는가를 말하고 있다. (1)의 해석은 '적이 나를 이기지

못하게 하는 것은 내가 수비를 잘하기 때문인데 내가 잘 수비하면 적은 공격하려 해도 병력의 부족을 느끼게 된다. 그러한 나의 수비의 형은 마치 깊은 땅 속에 깜깜하게 감추어져 들여다볼 수 없는 것과 같이 되어야 한다.' (2)의 해석은 내가 적에 승리하는 것은 공격을 잘하기 때문인데 내가 공격을 잘하면 나는 오히려 힘의 여유를 갖게 된다. 그러한 나의 공격의 형은 마치 높은 하늘에서 자유로이 움직이는 것처럼 되어야 한다. 이러한 공격과 수비의 능력을 갖추면 나는 스스로 완전히 보존을 이루면서 전승을 할 수 있다는 것이다.

역대의 주석자들 중 오직 명나라의 이지李贄만이 나와 비슷한 해석을 하고 있다. 그의 해석은 이렇다. "'수즉부족守則不足', '불가승不可勝' 이라고 한 것은 바로 수비를 말하는 것으로, 말하자면 내가 만약 수비하면 이로써 적은 필연적으로 나에게 승리할 수 없게 부족하게 된다. 구지지하九地之下에 숨어 있는 것과 같으니 어떻게 그 틈을 엿볼 수 있으며 어떤 간격으로 들어올 수 있겠는가. 그의 부족이 극에 이른 것이 아니겠는가? '공즉유여攻則有餘' '가승可勝' 이라고 한 것은 공격하매 구천지상九天之上에서 움직이는 것처럼 하니 그 남음이 또한 이미 극에 달한 것이 아니겠는가? 남음이 없으면 공격하지 않는 것이다. 이것이 바로 이기되 쉽게 이기는 것이다." 이지의 이 해석은 문장의 뜻을 올바로 읽은 것이다.

그러면 다시 앞에서 미루어두었던 '수즉부족 공즉유여' 와 '수즉유여 공즉부족' 의 문제로 돌아가보자. 이 두 가지 문장 중 어느 것이 손자의 원형이었을까? 우리는 어느 것을 택해야 하는가? 만약 전자를 조조처럼 '수비하는 것은 나의 병력이 부족하기 때문이며 공격하는 것은 나의 병력이 남음이 있기 때문이다' 라는 식으로 해석한다면, 후자는 '수비하는 것은 나의 병력에 남음이 있기 때문이며 공격하는 적은 나의 병력에 부족이 있기 때문이다' 라고 해석하게 되는데, 이것은 전혀 상식 밖의 문장이다. 그런데도 《죽간본 손자》를 포함해 전한前漢시대의 《손자병법》 인용문에서 이 부분은 '守則有餘, 攻則不足' 으로 되어 있다. 그런데 흥미로운 것은 후한後漢시대에도 문장은 '守則不足 攻則有餘' 로 바뀌었지만 그 문장이 조조의 방식대로만 해석된 것이 아니라는 점이다. 《후한서後漢書》 〈황보고전皇甫嵩傳〉에 황보고가 남긴 문장은 이 점에 대한 아주 중요한 단서이다. 그 문장은 이렇다. "(皇甫)嵩曰, …… 是以先爲不可勝, 以待敵之可勝. 不可勝在我, 可勝在彼. 彼守不足, 我攻有餘. 有餘者動於九天之上, 不足者陷於九地之下 ……." 즉 이 문장은 손자를 해석적으로 읽은 것인데, 이 문장에서 '彼守不足 我攻有餘(피수부족 아공유여)' 는 '적이 수비해도 오히려 부족하고, 나는 공격해도 오히려 남음이 있다' (守則(敵)不足, 攻則(我)有餘)의 뜻으로 새긴 것이다. 뒷문장은 "공격해도 내게 유여有餘가 있는 것은 '動於九天之上(동어구천지상)' 하기 때문이며 수비해도 적이 부족不足하게 되는 것은 '陷於九地之下(함어구지지하)' 이기 때문이다"라고 새긴 것이다. 조조가 잘못 해석한 부분을 황보고는 제대로 해석했다. 그것은 생략된 적敵, 아我를 문맥 속에 제대로 넣어서 읽었기 때문이다. 만약 우리가 전한시대에 쓰인 '守則有餘, 攻則不足' 에 생략된 我, 敵을 넣어 '守則(我)有餘, 攻則(敵)不足(수즉아유여 공즉적부족)' 으로 읽는다면 그 뜻은 역시 '守則(敵)不足, 攻則(我)有餘(수즉적부족 공즉아유여)' 와 같게 된다. 전한시대에 여러 손자 인용문에서 나타나는 '수즉유여, 공즉부족' 이 어떠한 연유로 후한시대 이후 '수즉부족 공즉유여' 로 바뀌었는지는 모른다. 그러나 양자는 사실상 문맥 전체를 생각하면서 적절히 '아', '적' 을 제대로 넣어 읽는다면 바뀌어도 문제가 없는 부분이다. 나는 《죽간본 손자》가 원형이라고 보아 '守則有餘, 攻則不足' 을 따르고 '(我)守則(我)有餘, (我)攻則(敵)不足' 으로 해석한다.

그렇다면 이 절을 종합적으로 고려할 때 손자가 말하는 것은 무엇인가? 그것은 제대로 된 공수의 형이다. 그것은 어떠해야 하는가? 수비는 '적이 넘볼 틈이 없을 정도로 주밀하며' (藏於九地之下), 공격은 '자유자재로 움직여 공격할 곳을 내가 의도하는 대로 선택할 수 있도록'

(動於九天之上) 해야 한다. 이렇게 공수의 형이 제대로 되면 스스로는 보존하고 완전한 승리를 거둘 수 있다. 수비는 적이 그 틈을 들여다볼 수 없게 하는 것이니 그것은 잘 갖추어진 수비를 말하는 동시에 아측 수비의 실상을 모르게 하는 것도 의미한다. 즉 감추어져 있어야 한다. 그러기 위해서는 아측의 약점이 어디에 있는가를 적이 알지 못하도록 해야 한다. 공격은 어디를 공격할지 모르게 하는 것이니 이 역시 아측이 어디를 노리고 있는지 어디에 공격부대를 집결시키는지를 모르도록 조용하고 은밀히 이루어져야 한다. 이렇게 되면 아측은 항상 행동의 자유를 확보하게 된다. 그러므로 공수의 형은 적이 종잡을 수 없는 상태, 즉 '무형無形'이 되어야 한다. 〈허실〉 편에서 공수攻守를 재차 언급할 때 '무형無形', '무성無聲'이라고 한 것은 바로 이에 대한 구체적 설명이다.

4-2

見勝不過衆人之所知, 非善之善者也. 戰勝而天下曰善, 非善之善者也. 故擧秋毫不爲多力. 見日月, 不爲明目. 聞雷霆, 不爲聰耳. 古之所謂善戰者, 勝於易勝者也. 故善戰者之勝也, 無智名, 無勇功. 故其戰勝不忒. 不忒者, 其所措勝, 勝已敗者也. 故善戰者, 立於不敗之地, 而不失敵之敗也. 是故, 勝兵, 先勝而後求戰. 敗兵, 先戰而後求勝. 善用兵者, 修道而保法. 故能爲勝敗之政.

승리를 바라봄에 있어 보통 사람들이 통상 말하는 것과 같이 생각하는 것은 최선이 아니다. 격전을 치러 승리를 얻게 되고 뭇사람들이 이를 잘 싸웠다라고 말하는 종류의 승리는 실은 최상의 승리가 아니다. 가는 깃털을 드는 데 많은 힘이 필요치 않고, 해와 달을 보는 데 밝은 눈이 필요치 않고, 뇌성벽력을 듣는 데 있어 밝은 귀가 필요치 않은 것과 같이, 소위 전쟁을 잘한다는 것은 (미리 압도적으로 이길 수 있는 형국을 만들어놓음으로써) 승리를 취하되 쉽게 이기는 것을 말하는 것이다. 그러므로 전쟁을 잘하는 사람이 승리를 취함에 있어서는 (세상 사람들이 볼 때) 교묘한 점도 없어 보이고 대단한 용감성에 의해 얻어진 전공도 없어 보인다. 그러므로 싸워 승리하는 데 어긋남이 없다. 어긋남이 없다는 것은 반드시 이길 수 있게 미리 조치하는 것이니, 이미 패할 만한 적에 대해서 승리하기 때문이다. 그러므로 전쟁을 잘하는 사람은 먼저 패하지 않을 조치를 취하고 나서 적의 패할 만한 점을 놓치지 않은 것이다. 그러므로 승리하는 군대는 우선 승리의 조건을 다 갖추고서 전쟁을 시작하고, 패배하는 군대는 일단 전쟁을 시작한 연후에 승리를 구한다. 용병을 잘하는 사람은 정치를 잘하여 전국민을 일치하게 만드는 한편 용병의 법을 완전하게 갖추는 것이니, 이렇게 하면 능히 적을 패배시켜 승리를 얻을 수 있게 되는 것이다.

어휘풀이

▪ 見勝不過衆人之所知, 非善之善者也(견승불과중인지소지 비선지선자야) : 見勝은 승리를 내다보는 것. 過는 지날 과. 不過는 ~을 넘지 못한다. 衆人之所知는 뭇사람들이 알고 있는 바. 전체의 뜻은 '승리를 내다보는 것이 뭇사람이 알고 있는 바를 넘지 못하는 것은 최상의 용병이 되지 못한다.'

▪ 戰勝而天下曰善, 非善之善者也(전승이천하왈선 비선지선자야) : 전쟁을 해서 천하의 사람들이 잘했다고 하는 것은 최상의 용병이 되지 못한다. 여기서 戰勝은 문맥상 격렬한 접전을 벌여 승리를 얻는 것을 말한다.

▪ 故擧秋毫, 不爲多力(고거추호 불위다력) : 擧는 들 거. 秋毫는 가을철에 아주 가늘어진 동물의 깃털을 말한다. 전체의 뜻은 '가는 깃털을 드는 것은 많은 힘을 만들지 않는다.' 즉 매우 쉽기 때문에 많은 힘을 요하지 않는다는 뜻이다.

▪ 見日月, 不爲明目(견일월 불위명목) : 일월을 보는 것은 밝은 눈을 만들지 않는다. 즉 해와 달을 보는 것은 밝은 눈을 요하지 않는다, 매우 쉬운 것이다.

▪ 聞雷霆, 不爲聰耳(문뇌정 불위총이) : 雷霆은 벼락과 천둥. 聰耳는 밝은 귀. 천둥 벼락치는 소리를 듣는 것은 밝은 귀를 만들지 않는다. 즉 벼락치는 것을 듣는 것은 평범한 일이다. 위의 두 문장과 함께 모두 최상의 용병을 하는 사람은 쉽고 평이한 것 같은 승리를 한다는 것을 비유하고 있다.

▪ 古之所謂善戰者, 勝於易勝者也(고지소위선전자 승어이승자야) : 易勝은 쉬운 승리로 힘들지 않게 이기는 것을 말한다. 於는 '~에 의해.' 문장 전체의 뜻은 '예전에 소위 전쟁을 잘한다고 하는 사람은 승리하되 반드시 쉬운 승리를 이루어낸 사람들이었다.'

▪ 故善戰者之勝也, 無智名, 無勇功(고선전자지승야 무지명 무용공) : 智名은 지혜로움에 의해 얻어지는 이름. 勇功은 용감성에 의해 이루어진 공적. 전체의 뜻은 '그러므로 전쟁을 잘하는 사람의 승리라는 것은 (기묘한 계책을 써서 이겼다라

는) 지혜에 대한 칭찬도 없고 용감성에 의해 공功을 이루었다는 칭찬도 없다.'

■ 故其戰勝不忒(고기전승불특) : 忒은 빗나감, 어그러짐. 不忒은 어그러지지 않는다. 그러므로 전쟁에서 승리를 얻는 것이 틀어짐이 없다.

■ 不忒者, 其所措勝, 勝已敗者也(불특자 기소조승 승이패자야): 措는 조치하다. 其所措勝은 그 승리를 이루어내는 바. 勝已敗者는 이미 패한 상태에 있는 사람에게 승리한다. 전체의 뜻은 '승리를 얻는 것이 틀어짐이 없는 이유는 그 승리를 이루어내는 바가 이미 패한 상태에 있는 사람에 대해 승리하기 때문이다.'

■ 故善戰者, 立於不敗之地, 而不失敵之敗也(고선전자 입어불패지지 이불실적지패야) : 그러므로 전쟁을 잘하는 사람은 패하지 않을 곳에 서서 적의 패배(잘못)를 놓치지 않는다.

■ 是故, 勝兵, 先勝而後求戰(시고 승병 선승이후구전) : 그러므로 승리하는 군대는 먼저 승리해놓은 후(승리할 조건을 만들어놓은 후) 전투를 시행한다.

■ 敗兵, 先戰而後求勝(패병 선전이후구승) : 패배하는 군대는 먼저 전투를 벌여보고 나서 승리를 구한다.

■ 善用兵者, 修道而保法, 故能爲勝敗之政(선용병자 수도이보법 고능위승패지정) : 修道는 도를 돈독히 함. 保法은 법을 완전하게 함. 전체의 뜻은 '용병을 잘하는 사람은 도를 완비하고 법을 완전하게 하므로 능히 승패를 좌우하는 군정軍政을 이루어낸다.'

해설

이 절에서 손자는 직접 '형形'이라는 말을 쓰지는 않았지만 내용상으로는 전쟁에서 승패는 상당한 정도로 이미 이길 수 있는 형을 조성하는 데서 결정됨을 말하고 있다. 또한 과거에 있었던 '이승易勝'의 개념을 사용하여 주도면밀한 조치로 이길 수밖에 없는 형을 만들어가는 것이 용병을 잘하는 사람의 승리임을 설파하고 있다. 이러한 종류의 승리, 즉 이길 수밖에 없는 형을 만들어 이루어내는 승리는 전쟁을 당해 급조해내는 것이 아니다. 그것은 전쟁이 벌어지기 훨씬 이전부터 치밀한 준비 및 계획과 교묘한 기동으로 연속적인 조치에 의해 적을 패배의 상태로 몰아가는 것이기 때문에 실제 전장에서는 용감성이 발휘되고, 기지를 발휘하여 유혈의 전투에서 승리하는 것에 비해 싱겁게 끝나버릴 수 있다. 손자는 그러한 승리가 가는 터럭과 같은 가벼운 것을 드는 것처럼 별 힘을 쓰는 것이 아니고, 해와 달을 바라보는 것 혹은 벼락을 치는 소리를 듣는 것과 같이 너무나 그 결과가 명백하다는 재미있는 비유를 하고 있다. 그러므로 이러한 승리는 세상 사람들이 생각하듯이 유혈이 낭자한 전장에서 용맹성을 발휘하여 이기거나, 그럴듯한 그때그때의 대응책을 마련하여 얻어내는 승리와는 달리 그 승리의 근원은 보이지 않는 멀고 깊은 곳에 있기 때문에 그로부터 승리의 형을 만들어가는 과정은 보통의 머리로는 헤아리기 어려운 것이다. 그러므로 최상의 용병가가 승리하는 것은 이길 수밖에 없도록 사전조치를 해놓고 이미 지고 있는 적에 대해 승리를 거두는 것이다. 이기는 군대는 적이 먼저 이길 수 없는 조치를 해놓고 싸우고, 패배하는 군대는 우선 싸워보고 거기서 승리를 구한다고 말하는 것이다. 승리의 형은 전쟁 개시 전부터 이루어지는 것이고 그것은 평시에 군민일치君民一致의 정치에서 시작되어 병법을 완전히 활용하는 것으로써 승패를 이루어내는 것이다.

손자는 앞 절에서 공수를 말하다가 이 절에서 '이승易勝'을 말했는데 그것은 어떤 이유에서일까? 손자가 여기서 '이승'을 말한 것은 다름이 아니라 공세가 제대로 이루어지기 위해서는 사전에 압도적인 형이 갖추어져 있어야 하기 때문이다. 우월한 공수의 형은 전쟁에서 병력만 잘 배치하는 것으로 형성되는 것이 아니라 그에 필요한 사전조치가 이루어질 때 가능하다. 아측으로서는 무기체계와 보급이 완비되고 병사들이 훈련되고 전의가 넘쳐 있어야 하며, 반드시 방비해야 할 곳에는 튼튼한 방어시설이 갖추어져 있어야 하고, 군주와 국민, 장수와 병사들 간의 신뢰가 형성되어 있어야 한다. 한편 적에 대해서는 그의 힘이 발휘되지 못하도록 사전조치에 의해 군주와 신하 간에, 그리고 정부와 국민 간에 틈이 있게 만들고 주변국으로부터 지원받지 못하게 만들어야 한다. 이러한 사전조치로 나의 힘이 최고도로 발휘될 수 있게 만들어놓고 적의 힘은 무력화시켜두어야 '쉬운 승리'(易勝)가 가능한 것이다. 그러므로 전장의 우월한 형은 아측으로서는 평시의 정치와 군정이 제대로 시행되고 적측에 대해서는 '벌모', '벌교' 등의 방법이 제대로 가해질 때 압도적인 것이 될 수 있다. 손자가 여기서 이승을 말하고 있는 것은 바로 그러한 사전조치들을 염두에 둔 것이며 압도적인 형의 우월을 통해 이승을 이루기 위해 '수도이보법修道而保法' 해야 한다는 것은 바로 전시의 힘의 우월이 평시의 올바른 정치와 군정에 기반을 둔 것이라고 생각하기 때문이다. 따라서 손자가 말하는 형은 단지 병력의 배치 형태뿐만 아니라 그 병력의 준비태세까지 포괄하는 것이다.

손자가 이 부분에서 말한 내용은 대단히 추상적이고 그 표현은 지극히 절제된 것이기 때문에 어떤 독자들에게는 허공에 뜬 말처럼 보일 수 있다. 예컨대 "패하지 않을 곳에 서서 적의 패배(잘못)를 놓치지 않는다"(立於不敗之地, 而不失敵之敗也)는 말은 지극히 당연하고 상식적인 말truism을 써놓은 것에 지나지 않는가라고 생각할 수 있다. 그것은 손자가 아니더라도 누구나 쉽게 할 수 있는 말이 아닌가? 또 어떻게 패하지 않는 곳에 선다는 말인가? 이러한 의문을 제기한 사람이 일본 막부시대 말기의 군사사상가 사쿠마쇼잔佐久間象山이다. 그는 이러한 시각에서 《손자병법》의 많은 부분이 허공에 뜬 말이라고 비판하고 있으며, 특히 이 구절을 그 대표적인 예로 들고 있다. 손자의 역사적 명성에 짓눌리지 않은 솔직한 문제제기이다. 그러나 꼭 그러한가? 답은 그렇지 않다는 것이다. '立於不敗之地 而不失敵之敗也(입어불패지지 이불실적지패야)'에 대해서는 역사적 사례를 들어 손자의 취지를 포착해볼 수 있다.

나폴레옹의 용병법을 예로 들어보고자 한다. 나폴레옹은 작전을 시행할 때는 우선 참모장 베르티에Berthier에게 작전지역의 모든 정보 자료들을 가져오게 했다. 베르티에와 그의 비서들은 평소 유럽 전지역에 대해 물산, 도로망, 산업, 인구, 지형 등에 대한 지역별 파일들을 갖추고 있다가 나폴레옹이 요구하는 지역의 최신 정보를 가져다주면 나폴레옹은 이를 기초로 서재에서 밤을 새워 작전계획을 수립했다. 그리고 날이 밝으면 예하지휘관들에게 그의 의도를 자세히 설명하지도 않고 시행할 조치들을 하달했다. 예하 지휘관들은 명령을 수행하면 그것으로 족했다. 그런데 중요한 것은 밤새 서재에 틀어박혀 작전계획을 수립할 때 그가 무엇을 생각했느냐 하는 것이다. 이에 대해서는 나폴레옹이 남긴 군사금언을 통해 그의 서재에서의 생각을 읽을 수가 있다.

부대의 최고지휘관은 항상 하루에도 몇 번씩 '만약 적군이 정면에서, 우측에서, 혹은 좌측에서 공격해온다면, 나는 어떻게 할 것인가?' 라는 질문을 스스로에게 해야 한다. 만약 이러한 질문에 대해서, 현재의 배치 상태가 완벽하게 갖추어져 있다는 자신감이 없다면 부대배치가 잘못된 것이며, 따라서 반드시 바로잡아야 한다.

나만큼 소심한 사람도 없다. 나는 작전을 계획할 때, 지나칠 정도로 위험을 가정하고, 상황을 불리하게 관찰하며 스스로 이상한 흥분을 느낀다.

이 말들은 그가 적이 취할 수 있는 다양한 행동들에 대해 머릿속에 그 대응책을 생각해두고 있었다는 말이다. 또 최악의 상황까지를 고려해두었다. 그 중에서 그는 최선의 방책을 선택하여 하나의 작전계획을 세우고 이에 필요한 바를 명령으로 내렸지만 실은 머릿속에는 적이 취할 다른 행동들에 대한 대응책을 갖고 있었던 것이다. 그러므로 적이 가정과는 다른 행동을 취해도 즉각 필요한 조치를 취할 수 있었고 당황하여 패하는 법이 거의 없었다.

말하자면 이렇게 적이 취할 수 있는 행동들에 대한 대응책을 마련해두고, 나의 약점에 대한 대비책을 세워둔 뒤에 적의 과오에 의해 만들어지는 허점을 찔러 들어가는 것이 바로 '立於不敗之地 而不失敵之敗(입어불패지지 이불실적지패)' 의 용병이다. 손자가 〈구변〉 편에 "용병하는 법은 적이 오지 않을 것이라는 예단豫斷을 믿지 말고 적이 올 경우에 나에게 이를 상대할 대비책이 있음을 믿고, 적이 공격해오지 않을 것이라는 예단을 믿지 말고 적이 공격해와도 성공할 수 없는 방어책을 마련해 놓은 것을 믿어라"(故用兵之法, 無恃其不來, 恃吾有以待之. 無恃其不攻, 恃吾有所不可攻也)고 한 것은 바로 이것을 구체적으로 표현한 것이다.

나는 나폴레옹의 작전계획 수립의 예를 들어 '입어불패지지 이불실적지패야'의 실제 상황을 설명해보았으나, 이 절에서 이 문장과 先勝而後求戰(선승이후구전), 勝已敗者也(승이패자야) 등은 단지 작전계획에만 해당되는 것은 아니다. 그것은 벌모, 벌교에 의해 이미 약화된 적을 아측의 정치와 군정이 완비된 상태에서 상대하는 대전략 차원에서의 원칙으로도 해석할 수 있다.

이 절에서 해석상의 논란이 분분한 문장은 '修道而保法(수도이보법)'이다. 조조와 두목은 '道'를 인의仁義로 '法'을 법제法制라고 해석했고 후대의 많은 주석자들도 이렇게 해석하고 있다. 일본의 야마가소코우는 '도'와 '법'을 〈계〉 편의 도천지장법의 오사 중 도와 법을 지칭한 것이라고 구체적으로 지적하여 조조, 두목의 해석과 궤를 같이하고 있다. 왕석王晳은 도에 관해서는 같은 해석을 내리고 있지만 법에 관해서는 법제를 가리키는 것이 아니라 뒤따르는 '병법왈兵法曰' 이하의 다섯 개 조의 병법을 지칭하는 것으로 해석하였다. 어느 쪽을 따라야 하는가?

나는 왕석의 해석을 따른다. 만약 우리가 조조, 두목, 야마가소코우의 해석을 따른다면 손자의 〈형〉 편은 어떤 의미를 갖는가? 그것은 단지 평시의 정치와 평시에 마련한 행정 및 군사제도를 정교히 하는 것으로 끝나는 것인가? 앞에서 '善守者, 藏於九地之下, 善攻者, 動於九天之上(선수자, 장어구지지하, 선공자, 동어구천지상)'이라고 하여 실제 수비와 공격이 어떻게 이루어져야 하는가를 말해놓고서 다시 잘된 정치와 잘된 법제의 완비完備로 돌아간단 말인가? 왕석의 견해가 옳은 것 같다.

4-3

兵法, 一曰度, 二曰量, 三曰數, 四曰稱, 五曰勝. 地生度, 度生量, 量生數, 數生稱, 稱生勝. 故勝兵, 若以鎰稱銖. 敗兵, 若以銖稱鎰. 勝者之戰民也, 若決積水於千仞之谿者. 形也.

병법은 다섯 단계를 갖는데 그것은 도度, 량量, 수數, 칭稱, 승勝이다. 땅이 있으므로 (이에 의거해 거리와 광협廣狹을) 가늠하고, 그 가늠에 의해 (적의 동원 역량을) 산정하고, 그 추산에 의해 (동원 가능 전력戰力을) 판단하며, 적과 나의 전력을 저울질하여 아측의 강대한 힘을 적의 취약점에 집중해 엄청난 전력의 차이를 만들어 내므로써 승리를 얻는 것이다. 그러므로 승리하는 군대는 마치 무거운 일鎰의 무게로 가벼운 수銖의 무게를 상대하는 것과 같고, 패배하는 군대는 마치 가벼운 수의 무게로 무거운 일의 무게를 상대하는 것과 같이 한다. 승리하는 사람이 병사들을 싸우게 하는 전쟁 수행법은 마치 천 길의 계곡 위에 막아놓은 물을 터놓는 것과 같은 것이니 이를 형이라고 한다.

어휘풀이

■ 兵法, 一曰度, 二曰量, 三曰數, 四曰稱, 五曰勝(병법 일왈도 이왈량 삼왈수 사왈칭 오왈승) : 병법에는 다섯 단계가 있으니, 그 첫 번째는 度이고 두 번째는 量이며 세 번째는 數이고 네 번째는 稱이며 다섯 번째는 勝이다.

■ 度(도) : 잴 도, 뼘 잴 도. 거리, 너비 등을 재는 것. 여기서는 피아 국가의 전장의 거리, 광협廣狹을 헤아리는 것을 말한다.

■ 量(량) : 헤아릴 양, 생각하여 분별할 량. 분량을 헤아리는 것. 여기서는 피아

국가의 동원역량을 헤아리는 것을 말한다.

■ 數(수) : 셈 수. 헤아릴 수. 숫자를 셈하는 것. 여기서는 동원 가능 전력을 수로 헤아리는 것을 말한다.

■ 稱(칭) : 저울질할 칭. 두 물체를 저울에 다는 것. 여기서는 일정 지점에서 피아의 전력을 배치하여 그 강약을 비교하는 것을 말한다.

■ 勝(승) : 이길 승.

■ 地生度(지생도) : 땅이 있으므로 이에 기반하여 거리, 폭 등을 헤아린다.

■ 度生量(도생량) : 거리, 폭을 헤아려 주요 지역별로 여기에 투입될 수 있는 인원, 물자를 계산한다.

■ 量生數(양생수) : 어떤 지역들에 투입할 수 있는 인원, 물자를 계산함으로써 각 방면에 투입되는 전투력의 수를 결정한다.

■ 數生稱(수생칭) : 이러한 각각의 방면에 투입할 전력을 저울질한다.

■ 稱生勝(칭생승) : 저울질을 통해 (불요불급한 곳에 적은 병력을 투입하여 적을 견제하고 결정적인 지점에 병력을 집중하여) 적과 나의 병력의 압도적인 차이를 만들어내어 승리한다.

■ 故勝兵, 若以鎰稱銖(고승병 약이일칭수) : 鎰은 고대 중국의 무게의 단위로 20兩(양)에 해당한다. 1兩은 24銖에 해당한다. 銖는 고대 중국 무게 단위로 24분의 1兩에 해당한다. 그러므로 1鎰은 480銖에 해당한다. 若은 마치 ~과 같다. 전체의 뜻은 '승리하는 사람의 용병은 鎰의 힘, 즉 압도적 우위의 힘으로 銖의 힘, 즉 극미한 힘과 저울질하는 것과 같고, 패배하는 사람의 용병은 銖의 힘, 즉 극미한 힘으로 鎰의 힘, 즉 압도적인 우위의 힘과 저울질하는 것과 같다.'

■ 勝者之戰民也, 若決積水於千仞之谿者, 形也(승자지전민야 약결적수어천인지계자 형야) : 勝者之戰民也의 문장 중 戰은 '싸우게 하다' 라는 동사이고 民은 목적어인데, 여기서는 '병사' 의 뜻으로 해석된다. 也는 강조의 조사이고 뜻은 없다. 전체는 '승리하는 사람이 병사들로 하여금 싸우게 하는 방법은' 이라고 해석된다. 決은 물길을 터놓는다는 뜻이다. 積水는 가두어둔 물. 千仞之谿는 천 길이 되는 낭떠러지. 谿는 산간 계곡. 仞은 8자(약 200센티미터)의 길이 단위를 말한다. 전체의 뜻은 '승리하는 사람이 병사들을 싸우게 하는 방법은 마치 천 길 계곡 위에 막아놓은 물을 터놓는 것과 같으니, 이것이 곧 형이다.'

해설

이 절에서는 압도적인 형을 형성하는 용병의 핵심원리를 제시하고 있다. 그것은 도度, 량量, 수數, 칭稱, 승勝이다. 이 다섯 가지는 다섯 가지 요소를 지칭하는 것이 아니고 연속적인 사고의 과정이자 승리에 이르는 방법이다. 도는 거리의 산정을 말하는데 여기서는 국토와 전장이 될 곳의 거리, 광협 등을 말한다. 양은 부피의 산정을 말하는데 여기서는 인구, 곡물 생산, 산업 생산량 등을 말한다. 즉 동원역량을 말한다. 수는 동원 가능 병력, 전차, 말, 기타 무기 등의 수효를 셈하는 것을 말한다. 즉 동원 가능 전력을 말한다. 칭은 저울질을 말하는 것으로 쌍방을 계량, 비교하고 이에 따라 전력을 배비配備하는 것을 말한다. 승은 승리를 의미한다. 그 다음 문장에서 나오는 '지생도地生度'는 '땅이 있으면 자연히 국가와 전장의 거리, 광협이 계산될 수 있고'라는 뜻이 되는데 '生'은 그에 기반하여 다음의 행동이 이루어지는 것을 표현한 것이다. '도생량度生量', '양생수量生數', '수생칭數生稱', '칭생승稱生勝'도 같은 방식의 표현법이다.

그것을 현대적인 개념으로 표현하자면 적국과 아국의 국토의 크기를 고려해 생산량 등을 계산하고, 생산량을 바탕으로 해서 동원역량을 계산하고, 동원역량을 바탕으로 해서 동원 가능 전력을 병력, 전차 등의 수로 계산하고, 이를 바탕으로 적의 취약점을 골라 압도적으로 우세한 나의 전력을 열세한 적의 역량에 집중함으로써 승리에 이른다는 것이다.

이 절의 마지막 부분에서는 적의 약한 곳에 나의 병력을 집중하여 배치하는 것을 말하고 있다. 저울질을 하는 데 있어 압도적으로 무거운 일鎰과 이에 비해 극소의 무게인 수銖를 저울에 올려놓을 때 나타나는 결과에 비유하고 있다. 일은 고대 질량 단위로 20량兩이고 1량은 24수이다. 그러므로 1일은 480수가 된다. '약이일칭수若以鎰稱銖'는 물론 과장법이지만 그가 의미하는 바는 압도적인 병력상의 우세다. 이러한 압도적인 우세를 달성한 군대가 작전을 시작하는 것은 마치 천 길이나 되는 계곡 위에 가두어놓은 물을 터놓은 것과 같은데 이것이 곧 형이라는 것이다. 즉 승리하는 군대의 형이 어떠해야 하는 것인지를 말하고 있다.

이상에서 손자가 말한 용병의 첫 번째 단계를 압도적으로 우월한 형을 조성하는 것이라고 보는 데에는 해석자들간에 이견이 없지만, 그 형의 우월이 구체적으로 무엇을 말하느냐에 대해서는 해석이 달라진다. 그것은 압도적인 국력과 전력의 우세를 말하는가, 아니면 일정한 곳에서의 적보다 압도적으로 우세한 병력의 집중을 말하는가? 두목杜牧이 '지地'를 광의로 보아 국토로 해석해야 한다고 하고 '수數'를 기수機數, 즉 기회를 타는 것이라고 한 것은 그가 이 문제에 있어 손자가 말한 형을 '전쟁 수행력 전반의 우세'로 이해했다는 것을 의미한다. 최근 중국의 곽화약郭化若도 두목의 해석에 동조하며 이와 같은 해석을 하고 있다. 이러한 해석들은 전쟁 전의 전반적인 군사력의 준비를 말하고 있는 것이다. 조조는 '지'를 지리의 형세로 해석하고 '수'를 병력 수로 해석하고 '칭생승'을 어느 지점에서 투입되는 병력 수의 대비로 해석했다. 한편 왕석王晳은 '지'를 '사람(군대)이 밟는 공간人之所履'이라 하여 원정하는 공간의 의미로 해석했다. 명시대의 조본학趙本學은 '지'를 '전지戰地'라고 하여 전장이 되는 곳의 지리 및 지형을 의미한다는 것을 뚜렷이 했다. 이들은 손자가 말하는 형을 '군사전략 혹은 작전술상의 우세'를 말하는 것으로 해석한 것이며 '칭稱'을 일정한 방향, 지점에서의 적에 비해 압도적인 병력의 집중으로 해석한 것이다. 최근 대만의 왕건동王建東은 '故勝兵, 若以鎰稱銖. 敗兵, 若以銖稱鎰(고승병약이일칭주, 패병약이주칭일)'의 문장에 대해 "이것은 즉 병력집중 운용의 원칙을 말한 것이며 국부적인 절대우세를 형성하라는 것이다"라고 해석하여 손자의 논의가 일정 방향에서의 국지적 우세를 말하는 것이라고 보았다.

손자의 문장에 구체적인 설명이 없기 때문에 이 두 해석 중 어느 쪽이 옳다고 확언하기 어렵다. 그러나 나는 후자의 해석이 옳다고 본다. 우선 손자가 이미 앞에서 '善守者, 藏於九地之下, 善攻者, 動於九天之上(선수자, 장어구지지하, 선공자, 동어구천지상)' 이라 하여 실제의 용병에서 공수의 형을 말한 것 자체가 전쟁 전의 태세뿐만 아니라 전장에서의 병력의 운용을 염두에 둔 것이라는 점이 그 첫 번째 논거이다. 두 번째로 손자가 말한 수가 국력을 말한 것이라면 피아 국가의 국력 대비에서 1일, 즉 480수로 1수와 대비시킨다는 것은 현실적으로는 불가능한 것이다. '이일칭수以鎰稱銖' 의 비유가 어느 정도 과장된 것이라 하여도 적국에 대해 그에 유사한 압도적인 힘을 형성할 수 있는 국가는 현실에서 찾기가 어렵다. 그러나 소규모 병력을 사용하더라도 만약 그것이 적의 대비가 거의 없는 곳에 집중된다면 그 비유는 실제로 일어날 수 있다. 그러므로 이 절에서 지, 도, 량, 수, 칭, 승으로 용병의 원칙을 제시한 것은 일정 방향에 국지적으로 압도적인 우세를 달성할 수 있는 병력의 배치를 의미하는 것으로 보아야 할 것이다.

그러므로 나는 본문의 번역과 해설에서 조조, 왕석, 조본학, 왕건동의 견해를 따라 적의 취약점에 아측의 압도적 전력을 집중함으로써 전쟁에 승리할 수 있는 조건을 만드는 것이 형이라는 해석을 한 것이다.

| 형 편 평설 |

이 편에서 손자가 말하는 것은 오늘날의 용어로 말한다면 무엇인가? 나는 이 편에서의 손자의 명제를 두 가지로 말할 수 있다고 본다. 첫 번째 명제는 작전을 수행함에 있어서는 우선 나의 안전을 보장할 수 있는 방책을 고려해놓은 뒤 적의 취약점을 노릴 수 있도록 전력의 배치를 하라는 것이다. 달리 말하면 적이 역으로 공격해올 때 무너질 수 있는 취약점을 지닌 채 적을 공격해 들어가는 것은 무모하고 때로는 파국을 초래할 수 있다는 것이다. 그러므로 뛰어난 용병가의 사고에는 공격과 방어가 동시에 고려되어야 한다. 공세를 취할 때는 반드시 역공세에 대한 최소한의 대비책을 세워두어야 한다. 두 번째 명제는 작전의 성공을 위해서는 결정적인 지점에서 나의 전력이 적에 비해 압도적이 되도록 전력을 집중하여 배비하라는 것이다. 이것에 의해 승패의 상당 부분은 이미 결정난다는 것이다.

이 편에서 손자가 제시한 첫 번째 명제는 '立於不敗之地, 而不失敵之敗也(입어불패지지 이불실적지패야)'의 문장에서 가장 뚜렷하게 드러나는데, 이것은 손자의 전승사상의 논리적 귀결이다. 적에 대한 공격이 자신의 후방에 대한 안전을 고려하지 않은 채 이루어진다면, 잘 되면 승리에 이를 수 있으나 잘못 되면 패배를 자초하는 것이다. 말하자면 모험인 것이다. 1944년 초 독일이 서부유럽에 대한 연합군의 침공 가능성에 대해 충분히 대비하지 않은 채 소련군과의 동부전선에서 피흘려 얻은 한 치의 땅도 헛되이 소련군에 내어줄 수 없다는 히틀러의 고집스런 전략에 대해, 롬멜이 동부전선에서는 최소한의 병력으로 방어가 가능한 곳을 골라 수세를 취하고, 서부전선에 대한 방어를 강화해야 한다는 전략을 주장한 것은 바로 이러한 맥락에서 이해할 수 있다. 독일로 보면 동부전선은 팔다리이고 서유럽은 심장이라는 말이다. 결국 히틀러는 동부전선에서 힘을 소진하고 1944년 6월 노르망디 상륙작전 이후부터는 서부전선과 동부전선 양쪽에서 연합국의 양면 공격을 받아 패망했다.

또 하나의 극적인 예는 1950년 8~9월의 김일성의 무모한 전쟁지도다. 그는 8월 말 전력의 90퍼센트를 낙동강 전선에 투입하여 최종 공세를 펼치다가 후방에 발생한 허를 찌른 맥아더의 인천상륙작전에 의해 일시에 파멸의 위기를 맞았다. 또 9월 15일 인천상륙이 시행된 후에도 김일성의 예하 지휘관들은 병사들에게 인천상륙 사실을 숨기고 전선지역에 전선 사단들을 돌릴 생각을 하지 않은 채 낙동강전선에서 공세를 다그치다가 완전한 포위망에 빠졌다. 전략의 기본을 모르는 소치였다. 반면에 1951년 이후로 1953년 휴전이 체결되기까지 모택동과 팽덕회가 그다지 불리하지 않은 전황에도 불구하고 항상 전력의 일부를 후방에 두어 미군의 상륙작전에 대비한 것은 '입어불패지지立於不敗之地'의 경구를 잊지 않은 조치였다.

흔히 위험성은 많으나 대단한 성과가 보장된 군사작전을 모험이라고 부르는데, 한 작전이 모험이냐 아니냐는 그 계획이 자신의 취약성에 대한 고려가 있었느냐 없었느냐에 의해 구별될 수 있다. 그것이 없으면 단순히 모험이며 후자는 '계산된 모험calculated risk'이라고 부른다. 통상 한 측이 위협적인 행동을 일으킬 때 상대방은 그 위협을 해소하는 데 관심을 집중시키기 마련인데, 이럴 때 적은 나의 행동에 수동적으로 따라오는 것이 되어 단순한 모험조차도 성공할 가능성이 있다. 그러나 항상 그러한 적만 있는 것은 아니다. 내가 공격을 하면 역으로 그 위협을 느끼지만 그것을 무시하고 나의 약점을 노리는 적도 있다. 이것은 양자가 모두 자신의 약점을 노출한 채 적의 약점을 노리는 것인데, 이때의 승부는 누가 먼저 적의 약점에 타격을 가하는가에 달려 있다. 한편 내가 공격을 할 경우에 일단 그 위협을 감당할 수 있는 최소한의 힘으로 막으면서 역으로 나의 약점을 노려 공격해오는 적이 있을 수 있다. 이러한 적에 대해서 나의 안전을 고려하지 않은 채 공격하면 오히려 역으로 이용당한다. 따라서 공격의 계획 안에는 방어에 대한 고려가 포함되어 있어야 하고 방어계획에는 공격을 취해오는 적의 약점을 파고드는 공격에 대한 고려가 녹아 들어가 있어야 한다. 즉 공세작전을 계획할 경우에는 적의 역습에 대해 대응할 방법을 강구해두고 공세를 시행해야 한다는 것이 손자의 "패하지 않을 곳에 서서 적이 잘못을 저지르는 것을 놓치지 않는다"(立於不敗之地, 而不失敵之敗)는 구절의 참된 의미이다.

조미니는 나폴레옹의 용병에 대한 분석을 통해 그의 중요한 전략원칙 4가지를 제시했는데 그 첫 번째는 '전략적 기동을 통해 전역의 결정적 지점과 아군의 병참선을 위태롭게 하지 않는 범위 내에서 적의 병참선상에 연속적으로 대규모의 병력을 투입한다' 이다. 나폴레옹의 이 용병법은 공격하는 동안에도 수비를 염두에 두었다는 것을 알 수 있다. 나폴레옹이 손자를 읽었든 읽지 않았든 그는 명백히 손자의 '입어불패지지, 이불실적지패' 의 원리를 깊이 인식하고 있었음에 틀림없다.

손자의 두 번째 명제는 이미 오늘날 동서양의 군대에서 장교들의 입에 수없이 오르내리는 말에 그 원리가 녹아 있다. 즉 승리를 위해서는 '결정적인 시간과 장소에서 아측의 전력이 적보다 압도적으로 우월하도록 하라' 는 것이다. 서양에서 용병상의 가장 중요한 원칙으로 받아들여진 이 명제는 아마도 클라우제비츠와 조미니에서 찾아야 할 것이다. 클라우제비츠는 항상 수의 우세가 전장에서 승리를 보장한다고 말하는 것은 아니라고 단서를 붙이면서도 전략에서 가장 중요한 것으로 전반적으로 적보다 우세한 병력을 보유할 것과, 그렇지 못할 경우 결정적인 시간과 장소에서 적보다 우월해야 한다고 말했다. 조미니는 이미 위에 말한 네 가지 원칙 중의 나머지 세 가지 원칙을 모두 국지적으로 병력의 우세를 달성하는 방법에 대해 말했다. 그는 "대규모의 병력으로 소수의 적군 병력과 교전하도록 기동한다", "전장에서 결정적인 지점이나 우선적으로 격파해야 할 적의 전선에 대규모의 병력을 투입한다", "결정적인 지점뿐만 아니라, 적절한 시기에 그리고 충분한 전투력을 가지고 대규모의 병력을 투입한다"라고 말했는데, 한 마디로 요약하면 결정적인 시간과 장소에 적보다 우월한 병력을 투입하라는 것이다. 19세기 동안 서양의 용병가들이나 용병이론가들에 의해 가장 중요한 원칙으로 중시되었으며 영미권에서 20세기에 들어와 전쟁원칙이 8~10개로 정립된 후에도 결정적인 지점에 힘을 집중하라는 '집중의 원칙'은 가장 중요한 것으로 인정되고 있다. 사실상 이것은 이 절에서의 손자의 두 번째 명제와 완전히 일치하는 원리를 말하고 있는 것이다. 바로 '수數'와 '칭稱'이라는 말이 여러 방면에서 적과 내가 대치할 때 결정적인 점에서 압도적인 나의 우세가 확보되는 형을 만들라는 것을 나타내고 있다. 이 편에 나타난 손자의 문구만으로는 이러한 점이 선뜻 이해되지 않을지 모른다. 그러나 〈허실〉 편의 '그러므로 적의 형이 드러나고 나의 형은 드러나지 않으면 나는 온전하고 적은 분산된다. 나의 병력은 하나로 집중되어 있고 적의 열로 분산되는 것이니 그러므로 (결정적인 시간과 장소에서) 나는 열의 힘으로 적의 하나를 치는 것이다'라는 문장에서는 아측의 무형無形이 그러한 집중을 이루어내는 조건이라는 점을 동시에 강조하기는 하였지만 바로 승리의 형이란 적의 일점에 압도적인 힘의 집중이 이루어진 상태를 말하는 것이다.

5
▼
세

5. 세勢

| 편명과 대의 |

이 편의 편명은 《십일가주손자》 계통의 판본에서는 '세勢'로 되어 있고 《무경칠서》 계통의 판본에서는 '병세兵勢'로 되어 있다. 아마도 본래 세가 편명으로 쓰였으나 후에 의미를 분명히 하기 위해 '병兵'이라는 형용어를 앞에 붙였을 것이다. 이미 〈계〉 편에서 간단히 언급했지만 '세'는 통속적으로는 일의 진행이 거대한 힘의 흐름을 이루어 그 주변의 사소한 힘들이 저항하든 저항하지 않든 모두 한 방향으로 몰아가버리는 힘의 작용을 가리킨다. 이 '세'를 타면 그 안의 사람들은 기氣가 오른다. 이것이 기세氣勢이다. 물리학적 개념에 익숙해 있는 영미권의 손자 번역자들은 이 미묘한 '세'의 의미를 포착하는 데 어려움을 겪고 있다. 이 세를 energy나 strategic advantage로 번역하고 있는데 오히려 momentum이 적절할 것이다. 그러나 momentum 역시 완벽한 역어는 아니다. 거기에는 손자가 말한 바, '세'에 내포되어 있는 '정신적 심리적 압도'의 의미가 빠져 있기 때문이다.

손자는 본문에서 '세자 불과기정勢者, 不過奇正,' '용겁 세야勇怯, 勢也,' '격수지질 지어표석자 세야激水之疾, 至於漂石者, 勢也', '여전원석어천인지산자 세야如轉圓石於千仞之山者, 勢也' 등으로 세를 표현하고 비유했다. 첫 문장은 세가 기정奇正에 의해 형성된다는 것과, 두 번째 문장은 그 '세'가 형성되면 우리의 전투원은 용감성을 발휘하게 되고 적의 전투원은 심적으로 위축된다는 것을 말한 것이며, 세 번째 문장과 마지막 문장은 '세'를 급류를 이루어 쏟아져 내려오는 물살이 모든 것을 쓸어가버리는 형상, 천길 낭떠러지 계곡에서 굴러내려오는 둥근 바위에 비유하여 가속도가 붙은 움직이는 힘의 작용임을 말하고 있다. 야마가소코우山鹿素行는 세를 '사졸士卒을 분기奮起시켜 싸우게 하는 것'으로 말하고, 명나라의 유인劉寅은 병사들을 분발시켜 적을 치는 것이 마치 대를 쪼개는 것과 같이 하는 것이라 하였는데, 그것은 세의 정신적인 측면만을 말한 것이다. 요컨대 손자가 말하는 세는 압도적인 힘이 가속도를 받아 움직임으로써 물리적, 정신적인 면에서 모든 것을 쓸어버릴 것처럼 적에 가해지는 힘의 동적인 작용을 말한다.

많은 주석가들은 이 〈세〉 편에 대해 앞의 〈형〉 편과 뒤의 〈허실〉 편과 불가분의 밀접한 관계가 있다고 보았는데, 이는 타당한 지적이다. 일찍이 장예張預는 〈허실〉 편의 편명 해설에서 "〈형〉 편에서는 공수攻守를 말했고, 〈세〉 편에서는 기정을 말했다. 용병을 잘하는 사람은 먼저 공격과 수비 양면을 사용하는 것을 안 연후에, 그리고 기奇와 정正을 변화시켜 운용하는 방법을 안 연후에, 허虛와 실實을 안다. 무릇 기정은 공수에서 나오고 허실은 기정으로부터 드러난다. 그러므로 이 편 ──〈허실〉 편 ── 을 〈세〉 편 뒤에 둔 것이다"라고 하여, 형 ─ 세(기정) ─ 허실이 상호 연관 속에서 계기적으로 운용되는 것으로 파악한 바 있다. 야마가소코우가 이 3편을 함께 읽어야 한다고 한 것은 의미가 있다.

이 편의 중심 주제는 임세任勢이다. 즉 용병은 세를 형성해 병사들이 그것을 타도록 만드는 것이라는 주장이다. 손자는 이 편에서 우선 용병의 기본 요소가 되는 조직에 의한 군의 운용, 진형陣形 및 통제, 정병과 기병의 운용, 적의 허를 치는 허실을 설명한 후, 순환하는 고리처럼 운용되는 기정에 관해 본격적으로 논의하고, 끝으로 작전은 곧 이러한 기정의 운용에 의해 만들어지는 세에 맡기는 것이라고 하였다. 마지막으로 그는 그 세를 천길 낭떠러지에서 구르는 둥근 돌에 비유하여 압도적인 힘의 동적인 작용이라고 말하고 있다.

5-1

孫子曰. 凡治衆如治寡, 分數是也. 鬪衆如鬪寡, 形名是也. 三軍之衆, 可使必受敵而無敗者, 奇正是也. 兵之所加, 如以碫投卵者, 虛實是也.

손자는 다음과 같이 말했다. 대병력을 지휘하기를 소병력을 지휘하듯 할 수 있는 것은 분수分數, 즉 부대편성제도가 있기 때문이다. 대병력을 사용해 작전하는 것이 소병력을 사용해 작전하는 것과 같이 할 수 있는 것은 형명形名, 즉 전투대형와 통제수단이 있기 때문이다. 전군이 적을 맞아 싸우면서 패하지 않는 것은 기정奇正을 사용하기 때문이다. 군대를 투입하는 것이 마치 숫돌을 던져 계란을 깨뜨리듯 하는 것은 바로 허실虛實을 파악해 이를 활용하기 때문이다.

어휘풀이

■ 凡治衆如治寡, 分數是也(범치중여치과 분수시야) : 治衆은 많은 수의 병력을 다스리는 것. 여기서는 많은 병력을 관리하고 통솔하는 것을 의미한다. 治寡는 적은 수의 병력을 다스리는 것. 여기서는 적은 병력을 관리하고 통솔하는 것을 의미한다. 分數는 수를 나누는 것, 즉 부대를 편제와 조직으로 나누는 것을 말한다. 전체의 뜻은 '많은 수의 병력을 다스리는 것을 적은 수의 병력을 다스리는 것과 같이 할 수 있는 것은 분수, 즉 편제가 있기 때문이다.'

■ 鬪衆如鬪寡, 形名是也(투중여투과 형명시야) : 鬪衆의 鬪는 여기서 '싸우게 한다'는 뜻이다. 즉 많은 병력을 싸우게 하는 것. 鬪寡는 적은 병력을 싸우게 하는 것. 形名은 진형陣形의 명칭. 전체의 뜻은 '많은 병력을 싸우게 하는 것이 적은 병력을 싸우게 하는 것과 같이 할 수 있는 이유는 형명, 즉 전투대형과 통제수단이

정해져 있기 때문이다.'

▪ 三軍之衆, 可使必受敵而無敗者, 奇正是也(삼군지중 가사필수적이무패자 기정시야) : 이 문장에서 三軍之衆은 使의 목적어로서 도치되었음. 奇正은 奇와 正. 奇는 비상한 병력, 방법. 正은 정상적 병력, 방법. 전체의 뜻은 '전체 군으로 하여금 적을 맞아 싸우되 결코 패하지 않게 하는 것은 기정을 사용하기 때문이다.'

▪ 兵之所加, 如以碫投卵者, 虛實是也(병지소가 여이단투란자 허실시야) : 兵之所加는 용병에서 병력을 투입하는 것. 碫은 숫돌 단. 卵은 알, 계란. 以碫投卵은 숫돌을 계란에 던지는 것. 虛實은 虛와 實. 전체의 뜻은 '병력을 투입하는 것이 숫돌을 계란에 던지는 것과 같은 것은 허실虛實을 활용하기 때문이다.'

해설

이 절에서 손자는 작전술의 기본요소를 설명하고 있다. 그것은 분수分數, 형명形名, 기정奇正, 허실虛實이다. '분수'는 대병력을 소병력 다루듯 할 수 있는 것이니 오늘날의 용어로 말하면 조직, 편제이며 군을 분대, 소대, 중대, 대대, 연대, 사단, 군단, 군 등 계서적 편제로 나누는 것이다. '형명'은 대병력을 상대하여 싸우는 것이 소병력을 상대하여 싸우는 것과 같이 하는 것이니 오늘날의 용어로 말하면 전투대형과 이를 약정된 신호에 의해 움직이게 하는 지휘 · 통제 계통이다. 일반적으로 '형명'을 기旗, 휘麾, 금金, 고鼓 등의 지휘 · 통제수단으로 국한하여 해석하는 주석자가 많은데 그것은 피상적인 해석이다. '형명'은 두목杜牧이 해석한 것과 같이 진형陣形, 즉 전투대형과 이를 지휘 · 통제하는 수단인 '기', '휘', '금', '고'를 포괄적으로 말한 것이라고 보아야 한다. '기, 휘, 금, 고'는 고대의 진법에서 부대와 병력의 통제를 위해 사용된 깃발류, 징, 북 등을 말하는 것이다. '기정'은 전군이 적을 상대하여 패하지 않게 하는 것이라고 했는데, 이 말만으로는 무슨 의미인지를 설명하기 어렵다. 이 기정은 세를 형성하는 술術로서 뒤따르는 문장에서 다시 설명되니 그곳에서 설명하고자 한다. '허실'은 병력을 투입하는 것이 마치 숫돌로 달걀을 깨뜨리는 것과 같은 것이라 했는데, 그것은 말 그대로 적의 허虛, 즉 약점에 아측의 실實, 즉 강한 힘을 가해 타격을 하는 것이다.

이 '분수', '형명', '기정', '허실'은 손자가 보는 작전술의 기본 요소이다. 〈세〉, 〈허실〉 양편에서는 기정, 허실에 관해 집중해 논의하는데 기정과 허실이 발휘되기 위해서는 분수와 형명, 즉 편제와 전투대형 및 지휘 · 통신체계가 기본적으로 잘 갖추어지고 잘 기능해야만 한다. 손자는 〈세〉 편에서는 작전술의 요소로 간략히 설명하고 지나가지만 작전술의 기초가 되는 것이니 그 중요성을 무시할 수 없다. 즉 작전술에 있어 각 부대는 편성이 잘 갖추어져 있어 상하간의 명령과 이의 시행이 이 편성제도를 통해 일사분란하게 이루어져야 하고, 각 부대는 각종의 진법, 즉 전투대형을 발휘하는 데 정확하게 훈련되고 숙달되어 있어야 한다는 것이다. 이러한 기본적인 것들이 갖추어져 있지 않으면 용병가가 기정으로써 적을 잘못된 방향으로 이끌어 허를 만들어내려는 계획을 입안하고 이를 위한 조치들을 내려도 예하 부대에서는 제대로 시행되지 못하고 작전은 엉뚱한 방향으로 발전된다. 후세 사람들은 이렇게 지휘관의 의도대로 움직일 수 있도록 통제된 군대를 '절제지병節制之兵'이라 하였는데 그것은 분수, 형명이 잘 갖추어질 때 가능한 것이다. 제갈량諸葛亮은 이러한 '절제지병'의 중요성에 관해 "통제된 군대와 무능한 지휘관을 가지고 있는 경우는 패하지는 않지만 통제가 되지 않은 군대로는 설사 유능한 지휘관을 가지고 있더라도 승리할 수 없다"(有制之兵 無能之將 不可以敗, 無制之兵 有能之將 不可以勝)라고 하였다. 물론 이 말은 훈련과 통제의 중요성을 의도적으로 강조한 것이지만 결코 경시되어서는 안 될 부분이다. 사실 2차대전 초 전격전Blitzkrieg으로 명성을 날린 독일군들이 전차를 집중 운용하고 항공기를 밀접하게 지상작전에 연결한 신전술에 대해서는 일반인들조차 찬사를 보내고 있다. 그러나 그러한 전술이 제대로 시행될 수 있었던 배경에는 기갑, 항공을 포함한 전 병과에서의 훈련을 철저하게 강조한 한스 폰 젝트Hans von Seeckt(1920~26년의 독일군 참모총장) 시절부터 계속된 군의 조직적인 훈련이 있었다는 점을 간과해서는 안 된다. 참신한 작전술, 전술의 이론은 그것을 제대로 시행할 수 있을 정도로 훈련되고 통제된 군대만이 이를 사용하여 실제 작전에서의 성공으로 연결시킬 수 있는 것이다.

5-2

凡戰者, 以正合, 以奇勝. 故善出奇者, 無窮如天地, 不竭如江河. 終而復始, 日月是也. 死而復生, 四時是也. 聲不過五, 五聲之變, 不可勝聽也. 色不過五, 五色之變, 不可勝觀也. 味不過五, 五味之變, 不可勝嘗也. 戰勢, 不過奇正, 奇正之變, 不可勝窮也. 奇正相生, 如循環之無端, 孰能窮之哉.

무릇 전쟁의 수행은 정병正兵으로 적과 대치하고 기병奇兵으로 승리를 얻는 것이다. 그러므로 (정병과 함께) 기병을 잘 쓰는 것은 그 방법이 천지의 변화처럼 무궁하고 강과 바다처럼 마르지 않는다. 끝나는 것 같으면서도 다시 시작되니 바로 해와 달이 교대로 나타나는 것과 같다. 지나갔는가 하고 생각하면 다시 돌아오니 바로 춘하추동의 변화와 같다. 그것은 소리가 불과 다섯 가지 요소, 즉 궁宮, 상商, 각角, 치徵, 우羽로 구성되어 있지만 그 요소들이 결합하여 생기는 다양한 소리를 사람이 다 구분하여 들을 수 없는 것과 같다. 색이 불과 다섯 가지 요소, 즉 청靑, 황黃, 적赤, 흑黑, 백白으로 구성되어 있지만 그 요소들의 결합에 의해 생기는 다양한 색을 사람이 다 식별해 볼 수 없는 것과 같다. 맛이 다섯 가지 요소, 즉 단맛, 쓴맛, 신맛, 짠맛, 매운맛으로 구성되어 있지만 그 요소들이 결합하여 생기는 다양한 맛을 다 구별할 수 없는 것과 같다. 싸움의 세라는 것은 기奇와 정正 두 가지 요소에 불과하나 기정의 다양한 변화는 다함이 있을 수 없다. 정이 기를 낳고 기가 정을 낳는 것이 마치 둥근 고리가 끝이 없는 것 같으니 어떻게 끝이 있을 수 있겠는가.

어휘풀이

▪ 凡戰者, 以正合, 以奇勝(범전자 이정합 이기승) : 무릇 전투라는 것은 正으로 맞서고 奇로 승리하는 것이다.

▪ 故善出奇者, 無窮如天地, 不竭如江河(고선출기자 무궁여천지 불갈여강하) : 出奇는 기병奇兵을 내는 것, 기책奇策을 쓰는 것. 無窮은 다함이 없음. 竭은 마를 갈. 전체의 뜻은 '그러므로 기병을 잘 내는 사람은 그 변화가 천지와 같이 다함이 없고 강과 하천과 같이 마르는 법이 없다.'

▪ 終而復始, 日月是也(종이복시 일월시야) : 終은 마칠 종. 復은 다시 복. 終而復始는 끝난 것 같으면서도 다시 시작된다는 뜻이다. 전체의 뜻은 '끝난 것 같으면서도 다시 시작되니 이것은 낮과 밤의 변화와 같다.'

▪ 死而復生, 四時是也(사이복생 사시시야) : 四時는 사계절. 지나가버린 것 같으면서도 다시 돌아오니 춘하추동 사계절의 변화와 같다.

▪ 聲不過五, 五聲之變, 不可勝聽也(성불과오 오성지변 불가승청야) : 五聲은 궁宮, 상商, 각角, 치徵, 우羽의 오성. 聲不過五는 소리는 다섯 가지에 지나지 않는다. 勝은 '남김없이'의 뜻. 五聲之變, 不可勝聽은 오성의 변화, 즉 오성의 배합이 만들어내는 다양한 소리를 (사람이) 남김없이 다 들을 수 없다는 의미이다.

▪ 色不過五, 五色之變, 不可勝觀也(색불과오 오색지변 불가승관야) : 五色은 청靑, 황黃, 적赤, 흑黑, 백白의 오색. 五色之變, 不可勝觀은 오색의 배합이 만들어내는 다양한 변화는 (사람이) 남김없이 다 식별할 수 없다는 의미이다.

▪ 味不過五, 五味之變, 不可勝嘗也(미불과오 오미지변 불가승상야) : 五味는 단맛, 쓴맛, 신맛, 짠맛, 매운맛의 오미. 嘗은 맛볼 상. 五味之變, 不可勝嘗는 오미의 배합이 만들어내는 다양한 변화는 (사람이) 남김없이 다 맛볼 수 없다는 의미이다.

▪ 戰勢, 不過奇正, 奇正之變, 不可勝窮也(전세 불과기정 기정지변 불가승궁야) : 戰勢는 싸움의 세. 窮은 다하다, 극한에 다다르게 하다. 奇正之變 不可勝窮은 기정의 변화는 그 극한이 있을 수 없다는 의미이다. 전체 문장의 뜻은 '싸움의 세라는 것은 기정의 두 가지 요소에 불과하지만 그 기정을 결합하여 운용하는 변화는 무한하다.'

▪ 奇正相生, 如循環之無端, 孰能窮之哉(기정상생 여순환지무단 숙능궁지재) : 相生은 사로 다른 것을 만들어내는 것. 循環은 원을 이루는 고리. 循環之無端은 둥

근 고리가 끝나는 곳이 없는 것. 孰은 누구 숙. 窮之는 막다른 곳에 닿게 하는 것. 哉는 감탄의 어조사. 전체 문장의 뜻은 '기가 정으로 되고 정이 기로 되는 기정의 변화는 마치 둥근 고리에 그 끝이 없는 것 같으니 누가 능히 다하게 만들 수 있겠는가.'

해설

손자는 앞에서 용병의 네 기본요소를 분수, 형명, 기정, 허실이라고 조망한 후 여기서는 기정의 문제로 논의의 초점을 좁히고 있다. 문장의 순서에 구애되지 않고 이 단락을 읽는다면 그 핵심은 다음과 같다. 용병이라는 것은 정상적인 병력이나 방법, 즉 정正으로 적을 상대하며 견제하고 특별히 기습을 위해 준비된 병력이나 방법, 즉 기奇에 의해 승리를 얻는 것이고, 전쟁에서 세를 형성하는 것은 '기정奇正'을 자유자재로 활용하는 것에 지나지 않는다. 이 두 가지에 의해 만들어지는 변화는 마치 천지, 강하, 일월, 사시와 같이 끝이 없으며 오성, 오색, 오미의 조합이 무한한 것과 같이 무한하다는 것이다.

여기서 나는 기정에 관해 좀더 알기 쉽게 설명해볼까 한다. 정正은 정규병력, 정규전적 공격방법을 의미하는 것으로 적에게 드러나게 운용되는 병력과 방법이다. 기奇는 이에 반해 비정규병력, 비정규전적 공격방법 등을 의미한다. 최초에 그러한 목적으로 정병正兵을 적과 대치하는데 사용하고 기병奇兵을 복병이나 숨겨둔 타격부대로 사용한다면 전자는 정正이고 후자는 기奇가 된다. 그런데 만약 아측이 기병을 운용할 것이라고 적이 판단하여 아측의 기奇를 대비하면 그 기병은 적을 견제하는 정正의 역할을 하고 이때 적이 소홀히 대비하는 곳에 아측의 정병을 이용하여 적을 공격할 수 있으므로 아측의 정병은 곧 기奇의 역할을 하게 된다. 그러므로 기병, 정병은 본래 고정적 역할이 있는 것이 아니라 적의 행동에 따라 그 역할이 뒤바뀔 수 있게 된다. 만약 적측이 아측에서 이러한 상황을 일부러 노린다고 생각하여 아측의 정병에 대해 대비하면 이때 또다시 정병은 본래의 정正의 역할을 하며 기병은 본래의 기奇의 역할을 할 수 있다. 명나라의 유명한 군사사상가이자 장군이었던 유대헌兪大猷이 이를 가리켜 "정正이라는 것은 기奇의 기奇이고, 기奇라는 것은 정正의 정正이다"(正者 奇之奇, 奇者 正之正也)라고 한 것은 바로 이러한 경우를 말하는 것이다. 그러므로 기정의 관계는 끝과 시작이 물려 있는 둥그런 고리가 끝이 없는 것에 비유될 수 있다. 이 상호작용은 그 변화가 다함이 있을 수 없고 기정의 역할 변화는 끊임없이 계속될 수 있다는 말이다. 그러므로 용병은 아측과 적측의 두 사령관이 상호 적에 대한 인식으로부터 대응하고 이에 따라 반응하는 변증법적인 과정이다.

이러한 설명은 역사적 사례를 통해 좀더 쉽게 이해될 수 있을 것이다. 저 유명한 제갈량과 조조간의 화용도華容道 전투를 들어보자. 제갈량은 적벽대전에서 조조가 패전할 것을 예견하고 조조가 퇴각한다면 그는 필연적으로 허창을 통과할 것이라고 생각하고 여기에 복병을 배치하였다가 조조의 병력을 공격하려고 했다. 허창으로 통하는 길에는 두 가지 길이 있었다. 한 통로는 멀지만 평탄한 대로大路였고 한 통로는 수풀이 우거진 소로小路였지만 가까운 길이었다. 제갈량은 복병을 소로에 배치해두고 병사들에게 연기를 피우라고 했다. 조조는 적벽대전에서 패한 후 이 갈림길에 이르렀을 때 어느 길을 택할까를 고민하다가 소로 쪽에서 연기가 피어나는 것을 보았다. 조조는 이때 "제갈량은 꾀가 많아 일부러 연기를 피워 우리로 하여금 소로에 접근하는 것을 막고 있다. 소로를 택해야만 그의 계략에 속지 않을 것이다"라고 부하들에게 말하고 소로에 접어들었다가 제갈량이 배치해놓은 복병을 만나 혼비백산하여 부하들을 잃고 간신히 그의 몸을 빼쳐 달아날 수 있었다. 여기서 조조는 제갈량은 계략이 있으므로 복병에 적합한 곳, 즉 '정正'을 피하고 대로, 즉 '기奇'가 되는 곳에 복병을 배치할 것이라고 생각했다.

그러나 제갈량은 그러한 조조의 판단능력을 감안하여 통상적으로 복병을 숨기는 곳인 소로 즉 정을 택해 그곳에 병력을 배치했다. 즉 제갈량이 택한 소로는 매복작전에서 보면 본래 정인데 조조가 제갈량이 기를 사용하여 대로를 매복작전에 사용할 것이라고 생각하여 이를 피하고 소로를 택함으로써 기가 된 것이다.

이것은 또한 서양의 전례에서도 찾을 수 있다. 바로 1차대전 중인 1916년에 시행된 브루실로프Brusilov 공세이다. 1916년 여름 당시 러시아 서남전선 사령관인 브루실로프는 상대방인 오스트리아군에 대한 공세를 취하면서 전술상 가장 평범한 공격형태를 선택해 오히려 적에게 기습을 달성할 수 있었고 공세에 성공할 수 있었다.

전술이나 작전술상에서 공격의 형태를 통상 셋으로 나눈다는 것은 잘 알려져 있다. 첫 번째는 정면공격으로 부대가 힘을 균등하게 배치한 상태로 적을 압박하며 밀어붙이는 것이다. 이것은 그리스, 로마 시대의 방진대형으로 적을 상대할 때 자신의 전열은 흐트리지 않은 가운데 적의 전열을 무너뜨리는 방법에서 나왔다. 그러나 이 방법은 전술상으로는 가장 원초적인 방법이며 가장 평범한 '정공법' 즉 손자의 '정'에 해당한다. 두 번째의 공격 형태는 우회기동에 의해 열려 있는 적의 측면이나 후방을 공격함으로써 포위하는 것이다. 이 방법은 적의 취약점을 타격하며 배후차단이라는 심리적 효과를 동반하므로 후세에 많은 사람들이 작전의 가장 효과적인 방법으로 보았다. 즉 손자의 '기'에 해당한다. 그러나 만약 적의 전열이나 전선이 견고하고 그 양 측방이 바다나 산악으로 접근 불가능하다면 포위작전은 어렵게 된다. 이때에는 아측의 병력을 적의 전열이나 전선의 한 곳에 집중하여 이를 돌파한다. 이 돌파의 방법은 포위보다는 기습의 효과가 떨어질지 모르지만 정공법인 정면공격에 비한다면 일종의 '기'다. 왜냐하면 전력의 집중이 가능하기 때문이다. 특히 공격개시 시간을 적이 포착하지 못하게 하면서 기습적 돌파를 시행하면 적은 예비대를 그곳에 투입할 수 없게 된다. 그러므로 아측은 전력의 우위를 바탕으로 적의 전열이나 전선을 붕괴시키면서 적의 후방에 진출할 수 있다. 1차대전 중인 1916년에 서부전선에서나 동부전선에서 참호, 철조망, 기관총으로 강화된 전선은 국경의 끝에서 끝까지 연결되어 지상작전에서 공세의 방법으로는 정면공격을 하거나 돌파하는 방법을 쓸 수밖에 없었다. 당시의 영국, 프랑스, 러시아, 독일, 오스트리아 군의 지휘관들은 모두 바보가 아니었기에 정면공격은 피하고 돌파의 방법을 모색했다. 1916년까지 공세를 계획할 때 양측은 모두 통상 전선에 폭 1킬로미터 혹은 수 킬로미터에 해당하는 지점을 돌파지점으로 선정하고 이곳에 다른 정면으로부터 병력과 화포를 끌어모으고 수일간에 걸친 준비포격으로 적의 참호선을 무력화시킨 후에 보병이 공격하는 방법을 시도했다. 왜냐하면 적의 참호선 전방은 철조망, 기관총 진지 등으로 무장되어 있어 이를 파괴시키지 않고서는 보병이 적 참호선을 유린하고 통과할 수 없었기 때문이다. 공세를 위해서는 수백, 수천 문의 화포가 동원되었고 병력은 수십만이 집결되었다. 그러나 방어하는 측은 이런 적의 대규모 준비를 대규모 공세의 징후라고 눈치챌 수 있었고, 적 보병의 공격 이전에 준비 포격이 수일간 지속되기 때문에 조만간 적의 주공主攻이 어느 지점을 지향할 것이라고 예측할 수 있었다. 이러한 예측을 바탕으로 방어측은 철도망을 통해 그곳에 병력을 집결하고 화포를 끌어모아 반격할 준비를 했다. 이렇게 되어 1915년과 1916년에 양측의 공세는 베르됭Verdun, 솜Somme 전투에서와 같이 수십만의 손실을 내고 불과 수 킬로미터 진격한 후에 다시 전선이 교착되는 양상을 낳게 했다.

1916년 봄 동부전선에서 오스트리아 제4군, 제1군, 제2군, 남부군, 제7군과 대치하고 있던 브루실로프 장군 휘하의 러시아 서남전선은 오스트리아군에 대한 공세를 계획하면서 지금까지의 이러한 공세방법이 기습적 돌파를 불가능하게 했다고 판단했다. 그리하여 브루실로프는 기존의 통상적인 집중에 의한 공격방법 대신에 정면공격과 같은 방법으로 공세를 실시함으로써 기습을 달성하고자 하였다. 그는 수개 정면에서 동시에 공격하기로 하고 예전과 같이 공격을 위해 한 지점에 화포를 집중하는 것을 피했다. 또 공격의 정면도 기존의 1~2킬로미터 대신 약 30킬로미터로 넓게 잡았다. 그는 예하 부대에 적의 방어시설에 대한 모형을 만들어 철저한 예행연습을 실시하도록 하고 공격준비사격은 며칠 대신 하루 동안만 실시하되 보병의 공격이 이루어지면 즉시 그들의 진출 속도에 맞추어 포병이 전진하며 보병의 공격을 지원하도록 했다.

1916년 6월 4일부터 시작된 러시아군의 공세는 대성공이었다. 왜냐하면 참호에 있던 오스트리아군 병사들은 러시아군이 통상 공세를 취하면 수일간 준비포격을 한 다음에 보병이 진출해왔던 전례에 비추어 이번에도 그럴 것이라고 믿고, 공세 첫날 러시아군의 준비포격이 진행될 동안 아예 벙커 속 깊은 곳에 들어가 밖은 내다보지도 않았기 때문이다. 러시아군 병사들은 그 동안 적의 강력한 벙커를 우회하며 후방 깊숙이 전진할 수 있었다. 곳곳에서 참호선이 붕괴되자 오스트리아군 수뇌부에서도 혼란에 빠졌다. 왜냐하면 러시아군이 종전처럼 일정한 한 지점에서 공격해오는 것이 아니라 광정면에 걸쳐 공격해오기 때문에 어디가 진정한 러시아군의 주공主攻방향인지를 몰랐기 때문이다. 따라서 후방에 보유하고 있던 예비대를 어디에 투입할지를 몰랐다. 이렇게 오스트리아군 수뇌부가 조치를 취하지 못하고 있을 동안에 러시아군 공격 일선 부대들은 병력이 거의 없는 후방으로 쇄도해 들어갔다. 혼란 속에서 후퇴하며 러시아군의 진격을 막아보고자 몸부림치던 오스트리아군은 독일군 총사령부에 호소하여 서부전선에 있던 독일군을 동부전선으로 전환함으로써 1916년 9월에 가서야 가까스로 전선의 안정을 되찾았으나 그때까지 러시아군은 최대 70킬로미터의 깊이까지 진격할 수 있었다. 이것은 당시까지 연합군의 작전 중에서 가장 성공적인 것이었다. 본래 오스트리아군은 러시아군이 통상적인 돌파방법을 택하리라 생각하고 그에 대비했는데 브루실로프 장군은 정면공격에 유사한 돌파

방법을 사용함으로써 기습에 성공하고 큰 성과를 거둘 수 있었던 것이다. 전술상으로는 힘의 집중이 사용되지 않는 가장 평범한 정공법이라고 생각하여 당시의 지휘관들이 활용하려고 생각하지 않던 정면공격법을 사용함으로써 기습에 성공하고 적을 혼란에 빠뜨린 대표적인 기책奇策이다. 당시의 시점에서 보면 한 지점에 병력과 화력을 집중하여 돌파하는 것이 정공법이라 할 수 있고 브루실로프의 공세는 기책奇策이라 할 수 있다. 한편 전술상의 공격방법의 차원에서 보면 '정正'의 방법인 브루실로프의 '정면공격'이 '기奇'에 해당한다고 할 수 있는 '집중에 의한 돌파'에 오스트리아군이 대비함으로써 그 '기奇'의 '기奇'가 된 것이다.

5-3

激水之疾，至於漂石者，勢也．鷙鳥之疾，至於毁折者，節也．是故善戰者，其勢險，其節短．勢如彍弩 節如發機．紛紛 紜紜，鬪亂而不可亂也．渾渾沌沌，形圓而不可敗也．亂生於治，怯生於勇，弱生於强．治亂，數也．勇怯，勢也．强弱，形也．

거세게 흘러내리는 물이 암석을 떠내려가게 만드는 것과 같은 것이 세勢다. 빠른 매가 내리꽂듯이 날아들어 새의 목을 부수고 날개를 꺾는 것과 같은 것이 절節, 즉 절도이다. 그러므로 전쟁을 잘하는 사람의 용병법은 그 세는 맹렬하고 그 절도는 짧다. 세는 노를 잡아당긴 것과 같으며 그 절도는 발사기를 놓는 동작과 같다. 싸움이 적과 어지럽게 섞여 혼란스러운 것 같지만 실은 아군이 혼란에 빠진 것은 아니며, 전투대형이 혼돈스럽게 변하여 원래의 사각형에서 원형圓形으로 변하여도 적이 아측을 패배시킬 수 없다. 혼란스럽게 보이지만 그 외적인 혼란은 실은 다스려진 것에서부터 나온 고의적인 혼란이고, 비겁한 것처럼 보이지만 그 외적인 비겁은 실은 용기에서 나온 고의적인 비겁이며, 약한 것처럼 보이지만 그 외적인 약함은 실은 강함으로부터 나온 고의적인 약함이기 때문이다. 질서와 혼란은 군의 편성에 기인하는 것이고, 용감이나 비겁은 세에 기인하는 것이며, 강함과 약함은 형으로부터 기인하는 것이다.

어휘풀이

- 激水之疾 至於漂石者，勢也(격수지질 지어표석자 세야) : 激은 물결 부딪혀

흐를 격. 疾은 급할 질, 빠를 질. 漂石은 물결에 휩쓸려 부유하는 돌. 전체의 뜻은 '류의 빠른 흐름이 떠있는 돌에 부딪히는 것과 같은 것이 바로 勢다.'

▪ 鷙鳥之疾, 至於毁折者, 節也(지조지질 지어훼절자 절야) : 鷙鳥는 빠른 매. 毁는 헐 훼. 折은 꺾을 절. 毁折은 나꾸어 채면서 먹이를 꺾는다는 뜻이다. 節은 절제할 절. 전체의 뜻은 '빠른 매가 (사냥물을) 덮쳐서 그것을 부스러뜨리는 것과 같은 것 이 바로 절節, 즉 절도이다.'

▪ 是故善戰者, 其勢險, 其節短(시고선전자 기세험 기절단) : 그러므로 전쟁을 잘하는 사람은 그 勢는 험하고 그 절은 짧다. 險은 엄청난 에너지를 담고 있음을 나타내고, 短은 타격행동이 짧은 시간에 일어남을 의미한다.

▪ 勢如彍弩, 節如發機(세여확노 절여발기) : 發機는 노기弩機를 발사하는 짧은 순간에 비유한 것이다. 機는 노弩의 발사장치. 彍弩는 노의 활줄을 당겨놓은 형상을 말한다. 전체의 뜻은 '세는 한껏 당겨놓은 노처럼 엄청난 에너지를 담고 있으며 타격의 절도는 노기가 발사될 때의 동작과 같이 아주 짧은 시간에 이루어진다.'

▪ 紛紛紜紜, 鬪亂而不可亂也(분분운운 투란이불가란야) : 紛은 어지러울 분. 紜은 얼크러질 운, 어지러울 운. 紛紛紜紜은 복잡하게 얼크러져 어지러운 모양. 亂은 혼란, 혼란되다. 鬪亂은 싸움이 진행되어 어지러워지는 모양. 전체의 뜻은 '얼크러지고 어지럽게 싸움이 진행되어 혼란스러워 보여도 적이 (그 진형을) 혼란에 빠뜨릴 수 없다.'

▪ 渾渾沌沌, 形圓而不可敗也(혼혼돈돈 형원이불가패야) : 渾은 섞일 혼. 沌은 돌 돈. 渾渾沌沌은 매우 복잡하게 섞이고 혼란스러워진 모양. 形은 여기서는 진형陣形을 말한다. 전체의 뜻은 '매우 복잡하게 혼전이 이루어져 진형이 (본래 방진方陣의 사각형에서 붕괴되어) 원형圓形이 될 정도가 되어도 그 군을 패배시키지 못하게 된다.'

▪ 亂生於治, 怯生於勇, 弱生於强(난생어치 겁생어용 약생어강) : 혼란함(혼란하게 보이는 것)은 (사실은) 다스려짐에서 나오는 것이고 비겁함(비겁한 듯이 보이는 것)은 (사실은) 용감함에서 나오는 것이고 약함(약하게 보이는 것)은 (사실은) 강함에서 나오는 것이다. 즉 혼란됨, 비겁함, 약함은 모두 실제로는 그러하지 않은데 용병가가 의도적으로 그렇게 보이도록 만든 것임을 함축하고 있다.

▪ 治亂, 數也(치란 수야) : 다스려지고 혼란한 것은 수의 작용이다. 다스려져 있으면서도 혼란하게 보이게 하는 것은 數, 즉 조직을 이용하여 그렇게 한 것이다.

▪ 勇怯, 勢也(용겁 세야): 용감함과 비겁함은 세의 작용이다. 즉 용감하면서도 비겁하게 보이게 하는 것은 勢를 이루기 위해 그렇게 한 것이다. 怯은 비겁할 겁.

▪ 强弱, 形也(강약 형야) : 강함과 약함은 형의 작용이다. 즉 강하면서도 약하게 보이게 하는 것은 형形을 이용하여 그렇게 한 것이다.

해설

손자는 앞절에서 "전세는 기정奇正의 운용에 불과하다"라고 말한 바 있는데 여기서는 기정의 운용에 의해 적을 칠 수 있는 상태에 이르는 것을 '세'라고 말하고 있다. 이 세는 격렬하게 흐르는 물이 부유하는 돌에 부딪히는 순간으로 비유되고 있다. 한편 그 타격의 양상은 절節이라고 표현되고 있는데 그것은 짧게 끊어 치는 것을 의미하여 맹조가 먹이를 발톱으로 나꾸어챌 때 보이는 행동으로 비유되고 있다. 또 그 세는 당겨진 노가 탱탱하게 압력을 싣고 있는 것과 같이 되어야 하고 그 절도는 아주 짧은 순간에 노기가 격발할 때와 같은 양상에 비유되고 있다. 이러한 비유를 통해 손자는 용병에 뛰어난 자의 용병법은 그 세가 격렬해야 하고 그 타격의 절도가 짧아야 한다고 말한다.

기정을 사용한 용병은 모든 행동이 적으로 하여금 나를 오인하도록 하기 때문에 모든 것은 의도된 것이다. 전투의 실상에서 아측의 병사들은 어지럽게 적과 얽혀 싸우고 있는 것 같지만 혼란에 빠진 것처럼 보이기 위해 그렇게 한 것이지 실제 혼란에 빠진 것은 아니며, 진형陣形의 행렬이 질서 정연하지 않으며 진형이 원래의 형태인 방형方形에서 원형圓形으로 바뀌는 것 같으면서도 패하지 않게 된다. 왜냐하면 아군의 부대가 일견 혼란스럽게 보이는 것은 사실은 잘 다스려진 상태에서 의도적으로 그런 척한 것뿐이고, 비겁하게 후퇴하는 것도 사실은 용감한데 의도적으로 적을 유인하기 위해 그런 척한 것뿐이며, 약하게 보이는 것은 실은 강한 힘을 숨겨놓고 적으로 하여금 아측이 약한 것으로 오인하게 하기 위한 것일 뿐이기 때문이다.

혼란스러운 것 같으면서도 실은 통제가 이루어진 것은 '수', 즉 편제의 작용이고, 비겁한 듯 보이면서 용감을 감추어둔 것은 세를 발휘하기 위한 것이며, 강하면서 약한 것을 내보이는 것은 승리할 수 있는 형을 조성하기 위한 것이다. 이 말은 편제부대를 이용하여 그 일부로 하여금 혼란에 빠진 것처럼 행동하게 하는 것이며, 일부 부대를 의도적으로 비겁한 척하면서 후퇴시켜 적을 유인함으로써 실제 타격하는 부대가 타격할 때는 용감성을 보인다는 의미이며, 이러한 과정에서 아측 진형의 약점을 적에게 넌지시 보임으로써 실제의 숨겨진 강함을 다 내보이지 않는 것을 말한다.

이 부분에 대해 치란은 수의 작용이고, 용겁은 세의 작용이며, 강약은 형의 작용이라고 해석하는 사람들도 있는데 문장 그 자체의 해석에는 무리가 없는 것이나 앞 문장과의 맥락을 염두에 두지 않은 지나치게 평면적인 해석이다.

이같은 비유를 종합하여 세와 허실을 오늘날의 용어로 형상화해보자. 그것은 타격부대의 전력이 빠른 기동에 의해 가속도가 붙어 놀라운 추동력momentum이 형성되고 거기에 모든 것을 쓸어가버릴 정신적 기세氣勢와 전의戰意가 실린 상태를 말한다. 타격의 양상은 재빠르고 그것은 짧은 시간에 이루어진다. 타격이 길어지면 그 예기銳氣는 무디어지고 추동력은 약화된다. 이러한 것이 가능한 것은 기정에 의해 이미 형성된 적의 약점에 아측의 강한 힘이 지향되기 때문이다. 그러므로 사실상 기정으로 형성된 세와 허실은 맞물려 있는 것이다. 기정의 운용으로 적의 허가 생기며 적의 허에 아측의 실이 지향되므로 압도적인 세가 형성되는 것이다. 또한 세는 내가 주타격 목표로 삼은 어느 일점에서 적은 약하고 나는 강하게 되는 형을 조성해놓은 형이 있기 때문에 그로부터 형성될 수 있는 것이다. 그러므로 압도적 형은 세에 이르기 위한 전제조건이다.

5-4

故善動敵者, 形之, 敵必從之. 予之, 敵必取之. 以利動之, 以卒待之.

그러므로 적을 아측의 의도대로 움직이게 만드는 사람은 짐짓 아측의 불리한 형을 적에게 보여주니 적이 이에 따라 움직이게 되고, 일견 유리하게 보이는 점을 적에게 내어주니 적은 이를 취하게 된다. 이같이 이익되는 점을 보여줌으로써 적을 움직여, 미리 준비된 병력으로 기습할 기회를 기다리는 것이다.

어휘풀이

▪ 故善動敵者(고선동적자) : 그러므로 적을 자기 의도대로 잘 움직이는 사람은.

▪ 形之, 敵必從之(형지 적필종지) : 形之는 형을 짓는다는 뜻. 從은 따를 종. 敵必從之는 적은 반드시 이에 따르게 된다는 뜻으로, 앞의 形之와 연관하여 생각하면 적은 틀림없이 내가 짐짓 보여주는 형에 약점이 있는 것을 알고 이를 이용하고자 행동할 것이라는 의미이다.

▪ 予之, 敵必取之(여지 적필취지) : 予之는 적에게 준다는 뜻. 敵必取之는 적은 틀림없이 이를 취하게 된다.

▪ 以利動之, 以卒待之(이리동지 이졸대지) : 以利動之는 이로움을 가지고 적을 움직이게 한다는 뜻으로 이익을 보여주어 움직이게 한다는 것이다. 以卒待之는 감추어놓은 부대로 유인된 적이 들어오기를 기다린다는 뜻이다. 卒은 여기서 부대의 의미로 쓰였다.

해설

이 절에서는 기정과 이로 인해 형성되는 세를 이용한 용병의 양상을 보이면서 용병법을 제시하고 있다. 그것은 짐짓 적에게 유리해 보이는 형을 보여주어 적이 그 점을 이용하고자 달려들게 하고, 적에게 솔깃한 약간의 유리점을 적에게 내주어 그곳을 적이 취하도록 하여, 적을 내가 원하는 곳으로 유인한 다음 미리 감추어둔 병력으로 허가 생긴 적을 치는 것이다.

마지막 '以卒待之'의 문장 중 '卒(졸)' 자는 《십일가주손자》 계통의 판본에는 '卒'로 되어 있고 《무경칠서》 계통의 판본에는 '本(본)'이라고 되어 있다. 일본의 《고문손자》에서는 '率(솔)'로 되어 있다. 이것은 전승 과정에서 와전된 결과라고 판단된다. 문장의 전후맥락에서 보면 '卒'이 원형이었을 것이라고 판단된다. '卒'은 100명의 병사로 부대를 지칭하는데 여기서의 졸은 단지 100명의 부대 하나만을 의미하는 것이 아니라 여러 졸을 가지고 적을 칠 것을 기다리는 의미로 썼을 것이다.

이 절에서 우리는 손자의 특징적인 용병법을 뚜렷하게 포착할 수 있다. 짐짓 작은 이익을 적에게 보여 적을 유인하고 내가 의도하는 곳으로 끌어들여 타격하는 것이 그것이다. 이것은 우세한 힘으로 적의 중심을 결전으로 파쇄하는 클라우제비츠 식의 용병과는 다르다. 클라우제비츠에게는 '유인誘引'의 개념이 잘 나타나지 않는다. 그는 먼저 수세로 임하다가 적의 공격력이 소진하면 공격으로 전환하는 선수후공先守後攻 defensive-offensive을 말하기는 했지만 그것은 방어의 이점을 충분히 이용하기 위해 적이 공격해오기를 수동적으로 기다리는 것이다. 의도적으로 적을 끌어당기는 것은 아니다. 손자는 전장에서 지휘관의 일반적 경향은 적의 약점을 찾아 공격하는 것이고 유리한 지점을 점령하고자 하는 것이 일반적인데, 그러한 적의 경향을 능동적으로 이용해야 한다는 것이다. 이利를 보여주어 적을 내가 원하는 곳으로 움직이게 한다는 것은 〈계〉, 〈군쟁〉, 〈구변〉, 〈구지〉 편에서 거듭 나타나는 손자의 중요한 용병 개념이다. '형', 즉 전투력 배치로 적의 주력이 잘못된 곳에 지향하게 하면서 나의 강점을 은밀히 적의 약한 곳에 지향시키고, '이', 즉 미끼가 되는 부대나 중요지점을 보여주어 적을 유인하고, 기병으로 적에게 불시의 공격을 가하는 것이다. 이렇게 기정을 교묘히 운용함으로써 적이 아측의 의도대로 끌려들어와 '허'를 노출하고 아측은 결정적인 시간과 장소에서 불의의 타격을 가할 수 있는 승리의 기운이 무르익은 것이 곧 '세'인 것이다. 이것이 '戰勢不過奇正'(전세불과기정)이라고 한 뜻이다.

전사를 얼마간 읽은 사람은 이 절을 보면 금방 나폴레옹의 최고 걸작 중의 하나라고 하는 아우스터리츠Austerlitz 전투를 상기할 것이다. 1805년 모라비아의 올뮈츠Olmütz 근처에서 골트바흐Goldbach 강을 사이에 두고 나폴레옹군은 서측에, 러시아군은 동측에 대치한 상황에서, 나폴레옹은 양군의 중앙에 있는 중요한 감제고지인 프라첸Pratzen 고지를 정찰했으나 그는 적을 유인하기 위해 그곳을 러시아군이 점령하도록 방치했다. 그곳은 골트바흐 강 서측에 있는 나폴레옹군이 잘 보이는 곳이었다. 나폴레옹은 러시아군이 이곳을 장악하면 저지대에 있는 프랑스군의 약한 곳을 향해 쇄도하리라고 생각했다. 그리하여 그는 일부러 프라첸 고지에서 관측하게 될 러시아군 지휘부가 프랑스군의 약점으로 인식하도록 우익을 약한 상태로 놓아두었다. 그리고는 프라첸 고지에서 바라볼 수 없는 프랑스군 진형의 중앙 후방에 24시간 이내에 집결할 수 있는 상태로 1개 군단을 이동하도록 했다. 아니나 다를까, 러시아군은 프라첸 고지에 올라 프랑스군 진형을 관측한 뒤 좌익과 중앙부대 일부를 프랑스군의 약한 우익을 향해 내리막길을 이용해 쇄도해 공격했다. 그러나 나폴레옹은 이때 중앙에 있던 1개 군단과 때맞추어 후방에서 막 도착한 1개 군단의 예비병력을 증원하여 프라첸 고지를 점령함으로써 러시아군을 양분한 뒤 중앙군이 프라첸 고지로부터 러시아군의 좌익 후방을 공격하고 그의 우익으로 전면에서 협공하여 러시아군을 얼어붙은 사찬Satschen 연못으로 몰아붙여 섬멸하였다. 이 전례는 이 절에서 손자가 말한 내용과 너무나도 흡사하여 나폴레옹이 혹시 《손자병법》을 읽지 않았을까 하는 의문이 들 정도이다. 이 전투의 진행 과정과 나폴레옹의 조치는 명확하게 '형지形之,' '여지予之,' '동지動之,' '대지待之'가 무엇을 말하는 것인지를 예시해준다.

5-5

故善戰者, 求之於勢, 不責於人. 故能擇人而任勢. 任勢者, 其戰人也, 如轉木石. 木石之性, 安則靜, 危則動, 方則止, 圓則行. 故善戰人之勢, 如轉圓石於千仞之山者, 勢也.

그러므로 전쟁을 잘하는 사람은 이길 수 있는 세勢를 구하지 사람을 탓하지 않는다. 그리하여 사람을 선택해 적재적소에 배치하고 나머지는 세에 맡긴다. 세에 맡긴다 함은 사람들을 싸우게 하되 나무와 돌을 굴리는 것과 같이 하는 것이다. 나무와 돌의 성질은 안정된 곳에 있으면 정지하고 위태한 곳에 있으면 움직이고 모가 나면 정지하고 둥글면 굴러간다. 그러므로 전쟁을 잘하는 사람이 장병들을 싸우게 만드는 세는 마치 둥근 돌을 천 길이 되는 급경사의 산에서 굴려 내려가게 하는 것과 같으니 이것이 곧 세다.

어휘풀이

▪ 故善戰者, 求之於勢, 不責於人(고선전자 구지어세 불책어인) : 於는 '~에서'의 뜻. 문장의 뜻은 '싸움을 잘하는 사람은 勢에서 승리를 구하지, 사람들에게 책임을 돌리지 않는다.' 責은 책망하다. 여기서 人은 적이 아니라 일반적인 사람을 뜻한다. 이 문장은 승리는 세를 형성함으로써 얻어지는 것으로 그러한 세를 형성하지 못하는 지휘관은 일단 싸워 패한 후 예하 장병들에게 패배의 책임을 추궁한다는 언외의 뜻을 담고 있다.

▪ 故能擇人而任勢(고능택인이임세) : 擇은 고를 택. 任은 맡길 임. 전체의 뜻은 '그러므로 능히 적재적소에 사람을 택하여 쓰고 (나머지는) 세에 맡긴다.'

▪ 任勢者, 其戰人也, 如轉木石(임세자 기전인야 여전목석) : 세에 맡겨 작전을

하는 사람이 장병들을 적과 싸우게 하는 것은 마치 나무와 돌을 굴리는 것과 같다. 也는 뜻이 없는 강조의 어조사.

▪ 木石之性, 安則靜, 危則動, 方則止, 圓則行(목석지성 안즉정 위즉동 방즉지 원즉행) : 安은 안정됨. 危는 위태로움. 方은 모가 남. 나무와 돌과 같은 물체는 안정되면 조용히 정지해 있고, 불안정하면 움직이고, 모가 나면 정지하고, 둥글면 굴러 간다.

▪ 故善戰人之勢, 如轉圓石於千仞之山者, 勢也(고선전인지세 여전원석어천인지산자 세야) : 훌륭하게 용병하여 적과 싸우는 사람의 싸움의 세는 마치 둥근 돌을 천 길 낭떠러지의 산에서 굴리는 것과 같으니, 이러한 것을 이름하여 세勢라고 한다. 轉은 '굴린다.' 仞은 여덟 자의 길이 단위. 대략 2미터의 길이이다.

해설

이 절의 핵심적인 생각은 임세任勢이다. 즉 용병은 세勢를 조성하는 것이고 전투는 조성된 세에 맡긴다는 것이다. 그러므로 용병가에게 있어서는 그러한 세를 형성하기 위해 사전에 승리할 수 있는 계획을 마련하는 것이 중요하며, 그 계획은 아측이 노리는 결정적 지점에서 적이 예기치 못한 시간에 압도적인 힘의 차이를 나타내어 적은 어쩔 수 없이 아측에 당할 수밖에 없게 만드는 것이어야 한다. 그리고 그러한 상황으로 적을 이끄는 조치들을 연속적으로 취해 가야만 하는 것이다. 이러한 세가 형성되면 평소 비겁한 병사라도 그 기운을 타서 용감하게 변하는 것이다. 그러므로 적과의 접전에서 병사들이 비겁한 행동을 했다든가, 장교가 무능해 전투에 실패해 승리를 이루지 못했다고 나무라는 것은 뛰어난 용병가가 할 일은 아니다. 오히려 그가 구상한 계획을 잘 이해하고 견제, 유인, 타격 등 각자의 역할을 가장 잘 수행할 수 있는 예하 지휘관과 병력을 골라 적재적소에 배치하고 그 이후는 세에 맡기는 것이다.

따라서 세에 맡겨 용병을 하는 자가 적과 싸우는 방법은 순리대로 승리를 이끌어내는 것이다. 그것은 나무와 돌이 안정되게 만들면 정지하고 위태롭게 만들면 움직이고 네모나게 만들면 멈추고 마찰이 없이 둥글게 만들면 굴러가서 가속도를 일으키는 자연의 원리와 같다. 즉 용병가는 적과 적장을 이해하여 그들의 성향을 이용하고, 아측의 지휘관과 병사들을 이해하고, 그들이 그가 구상하는 계획에 끌려들어가도록 조치할 줄 알아야 한다. 이렇게 적을 상대하는 용병가의 세는 천 길이 되는 산 위에서 둥근 돌을 굴리는 것과 같다. 이것이 곧 '세'다.

| 세 편 평설 |

손자가 이 편에서 말하는 핵심적 명제는 용병은 세를 형성해서 승리에 이르는 것이고 그 세는 기정에 의해 형성된다는 것이다. 오늘날의 용어로 바꾼다면, 작전의 성공은 적에게 드러난 병력과 방법, 적으로부터 감추어진 병력과 방법을 교묘히 결합하여 적으로 하여금 중요하지 않거나 잘못된 곳에 힘을 기울이게 함으로써 내가 노리는 곳에서는 물리적, 정신적 힘의 압도적인 우세가 작용하게 하는 데 달려 있다는 것이다. 이미 〈형〉 편에서 손자는 결정적 시간과 장소에서 아측 병력의 집중에 의해 승리의 기반이 조성된다고 말했다. 여기서는 그 기초 위에서 적을 잘못된 곳으로 기울임으로써 우리의 힘은 적이 거의 대비하지 않는 곳에 쇄도해 들어가고 그 힘은 동적으로 변하면서 시간이 갈수록 더욱 현격한 힘과 전의의 격차가 벌어지게 되는 것을 서술하고 있다. 그러므로 작전의 승리는 기정을 잘 활용하여 적을 기울이는 데 있다.

이 기정의 개념에 비견되는 것으로는 서양의 군사이론에서 널리 자리잡은 주공primary attack과 조공secondary attack, holding attack의 개념이 있다. 잘 알려져 있다시피 조공은 적을 기만하여 나의 주공의 방향을 잘못 판단하게 함으로써 주공의 성공을 돕는 역할을 한다. 주공에는 통상 많은 전력과 물자가 배당된다. 일정한 작전기간 동안 이 양자는 예외적인 경우를 제외하고는 그 역할이 고정된다. 그 역할 면에서 본다면 일단 손자의 '정正'은 곧 조공에 해당하며 손자의 '기奇'는 즉 주공에 해당한다고 할 수 있다. 그러나 손자는 어떤 부대의 기병으로서의 역할, 정병으로서의 역할은 고정되는 것이 아니라 말했다. 즉 우리가 견제의 역할을 부여하여 처음 배치한 병력, 즉 정병正兵이 있고, 타격을 위해 감추어둔 병력, 즉 기병奇兵이 있을 때 이를 정확히 감지하는 적에게는 곧바로 정병과 기병으로 인식된다. 그러나 만약 적이 타격을 위해 감추어둔 아측의 병력에 위협을 느껴 거기에 대비하면 그것은 그 시점에서는 견제하는 병력, 즉 정병이 되고 나는 이런 적의 심리를 감지한 후 최초 견제하는 역할을 부여했던 정병을 타격부대 즉 기병으로 사용할 수 있다. 즉 적의 대응에 따라 기정은 뒤바뀌 사용될 수 있다. 따라서 적이 나의 의도에 대하여 강한 의심을 갖게 만들면 극소수의 병력에 의한 기만책이나 때로는 무방비조차 적의 대병력을 견제하는 역할을 담당하게 할 수 있다. 1944년 초 노르망디 상륙작전을 준비하는 단계에서 연합군은 독일군으로 하여금 칼레Calais가 주상륙 지점이라고 믿도록 위장, 전파 기만 등의 기만책을 씀으로써 독일군의 기갑 예비대를 상륙지점이 아닌 칼레에 상당기간 붙잡아둘 수 있었다. 1944년 6월 5일 연합군의 노르망디 상륙이 이루어진 후에도 히틀러와 독일군 수뇌부는 장차 있을 것이라고 예상하고 있던 연합군의 칼레 상륙에 대응하기 위해 기갑 예비대를 노르망디 방면으로 보내지 않고 칼레 후방에 6주 동안이나 대기시키고 있었다. 단순한 위장부대나 기만방책이 독일군을 견제했고 이 때문에 노르망디 상륙군은 큰 방해를 받지 않고 내륙으로 진격할 수 있었다.

손자는 이 기정에 대해 그것을 우선적으로 기병과 정병의 사용을 염두에 둔 것이 틀림없지만 꼭 병력으로만 국한시켜 생각할 필요는 없다. 기정은 특정한 임무를 지닌 병력을 배분하여 적을 상대하는 것에만 머무르지 않는다. '기奇'는 적의 예상을 뛰어넘는 시간의 선택이 될 수도 있고 적의 예상을 뛰어넘는 공격방법을 쓰는 것이 될 수도 있다. 다양하고 복잡한 무기체계가 사용되고 있는 현대에는 병력의 지역적 배분뿐만 아니라 아측의 전투력을 조합하여 운용하는 방법에 의해서도 적의 대응을 잘못된 곳으로 유도할 수 있다.

6

허실

6. 허실虛實

| 편명과 대의 |

이 편의 편명은 모든 판본에서 '허실虛實' 로 되어 있다. 다만《죽간본 손자》의 편명이 나타나 있는 목판에 '실허實虛' 라는 편명이 나타나는데 초기에 虛와 實 자의 순서를 바꾸어 사용된 적이 있음을 보여준다. 그러나 이미 〈세〉 편 및 〈허실〉 편의 본문에 '허실' 이라는 용어가 뚜렷하게 나타나므로 '실허' 를 편명으로 취할 이유는 없다. 허실이란 취약점과 강점을 말한다.

많은 연구자들은 이 편이 손자 용병이론의 핵심을 담고 있다고 말해왔다. 당태종唐太宗은 "손자 13편은 허실을 말하는 것 외에 다른 것이 아니다"(孫子十三篇 無出虛實)라고 갈파한 바 있다. 일본의 손자병법의 권위적 해석자인 사토우켄시佐藤堅司는 형 · 세 · 허실을 손자용병이론의 삼위일체라 불렀다. 각 편의 상호관계는 서로 독립된 것이 아니라 피륙의 날줄과 씨줄을 이루듯이 뗄 수 없이 결합해 있다. 특히 이 〈허실〉 편에서는 이미 〈형〉, 〈세〉 편에서 설명한 '수', '형', '세', '기정' 의 개념과 '허실' 의 개념을 동시에 사용하여 그 상호관계를 종합적으로 논하고 있다. 그러므로 이 편은 손자의 추상적 작전술 이론의 결정체라 할 수 있다.

이 편의 궁극적인 주제는 '적의 실한 곳을 피하고 적의 허를 타격한다' 는 '피실격허避實擊虛' 의 한 구절이지만 적의 허를 조장하고 그곳에 나의 실을 집중하는 데 필수적인 개념들에 대해 언급하고 있다. '치인이불치어인致人而不致於人' 이라고 하여 적의 의도대로 끌려가지 않고 나의 의도대로 적을 끌어간다는 '주동主動 initiative' 의 중요성을 논하고 있으며, 동시에 '형인이아무형形人而我無形' 이라고 하여 적의 기도, 능력, 상태를 드러내는 것과 나의 그것을 감추는 정보intelligence와 기도비닉企圖秘匿 security의 중요성을 논하고 있다. 또한 '인적이변因敵而變' 이라고 하여 적에 따라서 그 적의 특성에 맞는 승리의 방법을 구해내는 창의적 사고와 임기응변 능력의 중요성을 논하고 있으며, 마지막으로 '병피실격허兵避實擊虛' 라고 하여 용병의 핵심은 이러한 방법을 통해 형성된 적의 허를 나의 실로 타격을 가하는 것이라고 결론짓고 있다.

6-1

孫子曰. 凡先處戰地而待敵者, 佚. 後處戰地而趨戰者, 勞. 故善戰者, 致人而不致於人. 能使敵人自至者, 利之也. 能使敵人不得至者, 害之也. 故敵佚能勞之, 飽能饑之, 安能動之.

손자는 다음과 같이 말했다. 먼저 전장에 임하여 적을 기다리면 여유가 있고 뒤늦게 전장에 임하여 적을 좇는 입장에 서게 되면 피로하게 된다. 그러므로 전쟁을 잘하는 사람은 적을 나의 의도대로 이끌되 적의 의도에 내가 이끌려 가지 않는다. 적으로 하여금 내가 원하는 곳으로 스스로 오게 하는 것은 적에게 이로움이 있는 것처럼 내가 행동하는 것이고, 내가 원하지 않는 곳에 적이 오지 못하게 하는 것은 적으로 하여금 해로움이 있을 것이라고 생각하게끔 내가 행동하는 것이다. 이렇게 하여 적이 편안하면 피로하게 만들고, 적의 식량사정이 좋으면 기아에 허덕이게 만들며, 적이 안정되어 있으면 움직이게 하는 것이다.

어휘풀이

■ 凡先處戰地而待敵者, 佚(범선처전지이대적자 일) : 먼저 전장에 임해서 적을 기다리는 사람은 편안하다. 處는 정하다, 임하다. 佚은 '편안하다'는 뜻으로 육체와 마음의 여유가 있는 것을 말한다.

■ 後處戰地而趨戰者, 勞(후처전지이추전자 노) : 뒤늦게 전장에 임하여 급히 싸움에 임하는 사람은 피곤하다. 趨는 '자주 걸을 추' 자로 趨戰은 황급하게 전투에 임한다는 의미이다. 勞는 '피로하다'는 뜻으로 육체가 피로하고 마음은 분주하고 불안함을 말한다.

■ 故善戰者, 致人而不致於人(고선전자 치인이불치어인) : 致人의 人은 적을 의미하고 致는 '조종하다' 는 뜻이다. 於는 '~에 의하여' 로 새겨지고 致於人은 적에 의하여 조종된다는 수동태의 어구이다. 전체의 뜻은 '적을 내 마음대로 조종하지 적에 의해 조종당하지 않는다.'

■ 能使敵人自至者, 利之也(능사적인자지자 이지야) : 능히 적으로 하여금 스스로 (나에게) 다가오게 만드는 것은 이익을 보여주기 때문이다. 使는 '~로 하여금 ~을 하게 한다' 는 사역조동사. 敵人은 여기서는 두 글자로 적을 말함. 自至者의 自는 스스로라는 뜻의 부사이고 至는 '이르다' 는 뜻으로, 문구 전체는 적이 스스로 내가 원하는 곳으로 오게 만드는 것. 利之는 '이익되는 점을 내보인다' 는 뜻이다.

■ 能使敵人不得至者, 害之也(능사적인부득지자 해지야) : 능히 적으로 하여금 (나에게) 다가오지 못하도록 하는 것은 해를 보여주기 때문이다. 문장 구조는 앞 문장과 같으며, 不得至는 직역하면 '도달함을 얻지 못한다' 의 뜻으로 다가오지 못하는 것을 의미한다. 害之는 앞 문장의 利之의 대구對句로 '해로움이 있음을 보여준다' 는 뜻이다.

■ 故敵佚能勞之(고적일능노지) : 적이 편안하면 능히 고단하게 만든다.

■ 飽能饑之(포능기지) : 이 문장은 敵飽能饑之에서 敵이 앞 문장에 나왔으므로 생략된 것이다. 문장의 뜻은 적이 배부르면 능히 기아에 허덕이게 만든다. 즉 적의 병참이 충분하면 이를 빼앗거나 병참선을 신장시켜 부족하게 만든다는 의미이다. 飽는 배부를 포. 饑는 굶주릴 기.

■ 安能動之(안능동지) : 이 문장 역시 敵安能動之에서 敵이 중복되므로 생략된 것이다. 문장의 뜻은 적이 안정되어 있으면 능히 적을 움직여 피로하게 만들고 그의 계획대로 일을 진행시킬 수 없게 한다는 것이다.

해설

손자는 〈허실〉 편의 첫머리를 주동主動, 선제先制의 중요성을 언급함으로써 시작하고 있다. '치인이불치어인致人而不致於人' 이 바로 그것인데, 먼저 전장에 임해 준비된 상태에서 준비되지 않은 적을 상대함으로써 내가 적을 조종하되 적에 의해 내가 조종되지 않는 상태에 이른다는 것이다. 오늘날 널리 쓰이는 군사용어로 '주동의 위치에 선다', 혹은 '주도권을 잡는다'는 의미이다. 주동의 위치에서 적을 조종하는 방법은 바로 이利와 해害를 통해서다. 이 '이해'의 사용은 앞의 〈세〉 편뿐만 아니라 〈군쟁〉, 〈구변〉, 〈구지〉 편에 여러 번 언급되고 있는데, 이로운 점을 보여 적을 내가 원하는 곳으로 끌어들이고 해로운 점을 보여 적을 내가 원치 않는 곳에 이르지 못하게 하는 것으로서 바로 적을 나의 뜻대로 움직이는 손자 용병술의 중요 원리이다. 아측의 주도권을 유지하는 방법은 적이 편안한 상태면 분주하고 피로하게 만들고, 적이 보급상 어려움이 없으면 어렵게 만들며, 적이 안정되어 있으면 움직이게 만드는 것이다. 즉 육체적 힘, 보급, 심리상태 면에서 끊임없이 적을 괴롭힘으로써 불안정하게 만들고 적이 자신의 계획을 능동적으로 시행하지 못하도록 하는 것이다.

나폴레옹 역시 이러한 원리에 대해 말한 적이 있다. 그는 "전쟁에 관해 그 가치가 확고하게 입증된 하나의 금언은 적이 원하는 것은 어떤 것이든 그것을 시행하지 말라――그것이 적이 원하는 것이라는 단 한 가지 이유만으로도 그것을 하지 말라――는 것이다"라고 말한 바 있는데, 이것은 바로 손자가 말하는 '치인이불치어인致人而不致於人'의 취지와 동일한 것이다. 나폴레옹은 적이 원하는 바를 따르지 말라고 하는데 반해 손자는 한 걸음 나아가 안정된 적을 불안정하게 만드는 능동적인 행동을 계속 취함으로써 그가 나의 뜻에 따르도록 하라는 것을 말하고 있다. 오늘날 작전술 차원에서 말하는 적극 방어Active Defence나 전술적 차원에서 적이 공격준비하는 것을 미리 깨뜨리려는 목적에서 시행하는 파쇄공격破碎攻擊, 적의 공격준비를 흐트릴 목적에서 시행하는 포격인 공격준비파괴사격攻擊準備破壞射擊 등은 모두 방어상태에 있으면서도 적의 계획과 준비를 교란함으로써 그의 주도권에 말려들지 않도록 하기 위한 것이다.

이 절의 취지는 선제 행동으로 연속적으로 적이 그의 계획을 시행할 여유를 갖지 못하게 만들고, 나의 행동에 반응하지 않을 수 없게 만들고, 그럼으로써 나의 계획대로 전투를 이끌고 나갈 수 있게 만들라는 것이다. 2차대전 당시 영국의 명장 몽고메리Bernard Law Montgomery 원수는 오랜 지휘 경험에서 이 주도권의 중요성에 대해 뼈저리게 느꼈다. 그는 이렇게 쓰고 있다. "일단 기선을 제압하면 절대 빼앗기지 말아야 한다. 그런 식으로 해야만 적이 여러분의 장단에 춤추게 될 것이다. 훌륭한 적에게 주도권을 잃기라도 한다면 여러분은 순식간에 적의 공격에 휘말리게 될 것이다. 일단 그렇게 되면 그 전투는 이기기 어렵다. 대규모 작전에서는 기선을 제압당하기 십상이다. 그런 일이 벌어지지 않기 위해서는 전투 양상을 확실히 파악하는 것이 필수적이며, 전개되는 전술적 상황에 대처하기 위해 어떤 계획이든 상황에 따라 기꺼이 재조정할 필요가 있다. 하나의 작전에서 지휘관은 앞으로의 두 전투, 즉 지금 벌이려고 계획하고 있는 전투와 다음번의 전투를 동시에 생각해야 한다. 그러면 그는 첫 번째 전투에서의 성공을 다음번 전투의 도약대로 사용할 수 있다."

6-2

出其所必趨, 趨其所不意. 行千里而不勞者, 行於無人之地也. 攻而必取者, 攻其所不守也. 守而必固者, 守其所不攻也. 故善攻者, 敵不知其所守. 善守者, 敵不知其所攻. 微乎微乎, 至於無形. 神乎神乎, 至於無聲. 故能爲敵之司命. 進而不可禦者, 衝其虛也. 退而不可追者, 速而不可及也. 故我欲戰, 敵雖高壘深溝, 不得不與我戰者, 攻其所必救也. 我不欲戰, 雖劃地而守之, 敵不得與我戰者, 乖其所之也.

적이 반드시 대응할 곳으로 나가고, 적이 예측하지 못한 곳으로 신속히 달려감으로써, 천리를 행군해도 적의 저항을 받지 않아 피로해지지 않는 것은 용병을 하되 적이 대응하지 못하는 상태를 만들어 놓고 행동하기 때문이다. 공격을 하면 반드시 취하는 것은 적이 지키지 않는 곳을 공격하기 때문이다. 수비를 하면 반드시 끝까지 지켜내는 것은 적이 공격할 수 없을 만한 곳에서 수비하기 때문이다. 그러므로 공격을 잘하는 사람에게는 적이 어디를 수비할지 모르게 되고, 수비를 잘하는 사람에게는 적이 어디를 공격할지를 모르게 된다. 그 미묘함이 지극하니 아무 형태도 없는 것처럼 형의 변화가 종잡을 수 없으며, 신기함이 극치에 이르니 아무 소리도 들리지 않는 것처럼 은밀하다. 그렇기 때문에 적의 운명을 좌우할 수 있는 것이다. 아군이 진격해도 적이 수비하지 못하는 것은 바로 그 허점을 치기 때문이요, 아군이 후퇴하여도 적이 추격하지 못하는 것은 바로 그 행동이 신속하여 적이 이를 따라잡을 수 없기 때문이다. 그러므로 내가 싸움을 하고자 하면 적이 비록 높은 성루를 쌓고 해자를 깊게 판다 해도 불가피하게 나와 싸움을 할 수밖에 없으니 그것은 내가 적이 중요시하여 꼭 지키고자 하는 곳을 공격하기 때문이다. 내가 접전을 하고자 하지 않으면 비록 땅에 선을 그어놓고 이를 지켜도 적은 나와 더불어 싸움을 할 수 없으니 그것은 적을 잘못된 곳으로 움직여놓았기 때문이다.

어휘풀이

■ 出其所必趨, 趨其所不意, 行千里而不勞者, 行於無人之地也(출기소필추 추기소불의 행천리이불노자 행어무인지지야) : 出은 '나아가다'의 뜻. 趨는 '빠르게 달리다, 빠르게 달려나가다, 빠르게 달려나오다'의 뜻. 出其所必趨, 趨其所不意는 적이 반드시 막으려고 달려나올 곳으로 나아가고 적이 기대하지 않는 곳으로 달려나간다는 뜻. 行千里而不勞者는 '천리를 가되 피로하지 않게 되는 것'의 의미로 앞의 구절과 연속된 상황을 말한다. 行於無人之地也는 앞 구절까지의 문장에 대한 이유를 말하는 부분으로 뜻은 '적이 아무도 없는 땅을 가기 때문이다.'

■ 攻而必取者, 攻其所不守也(공이필취자 공기소불수야) : 공격하면 반드시 (목표를) 탈취하는 것은 적이 수비하지 않는 곳을 공격하기 때문이다.

■ 守而必固者, 守其所不攻也(수이필고자 수기소불공야) : 수비하면 반드시 (그 지역을) 굳게 지켜내니 적이 공격하지 못할 만한(공격하기 어려운) 곳을 지키기 때문이다. 固는 '굳을 고' 자로 '견고하게 지켜냄'을 뜻한다.

■ 故善攻者, 敵不知其所守(고선공자 적부지기소수) : 그러므로 공격을 잘하는 사람에게는 적이 어디를 지켜야 할지를 모른다.

■ 善守者, 敵不知其所攻(선수자 적부지기소공) : 방어를 잘하는 사람에게는 적이 어디를 공격해야 할지를 모르게 된다.

■ 微乎微乎, 至於無形(미호미호 지어무형) : 미묘하고 정말 미묘하도다. 그 형태가 없는데 이르는도다. 乎는 감탄의 조사. 至於無形은 '형이 없는 상태에 도달한다'로 직역되지만 실은 '형태를 종잡을 수 없는 상태에 도달한다'는 뜻이다.

■ 神乎神乎, 至於無聲(신호신호, 지어무성) : 신과 같도다, 정말 신과 같도다. 至於無聲은 '소리 없는 것에 도달한다.' 無聲은 행동이 감쪽 같고 은밀함을 의미한다.

■ 故能爲敵之司命(고능위적지사명) : 그러므로 능히 적의 운명을 마음대로 할 수 있게 된다. 司命은 목숨을 주관하는 것, 혹은 그러한 사람을 의미한다. 爲는 여기서 '~이 되다' 는 뜻으로 쓰였다.

■ 進而不可禦者, 衝其虛也(진이불가어자 충기허야) : (내가) 진격하면 (적은) 이를 막을 수 없게 되는 것은 그 허를 찌르기 때문이다. 禦는 막다. 衝은 찌르다, 충격을 주다.

■ 退而不可追者, 速而不可及也(퇴이불가추자 속이불가급야) : (내가) 퇴각하면 (적은) 추격할 수 없으니, (나의) 퇴각이 급속하여 (적이) (나에게) 미치지 못하기 때문이다.

■ 故我欲戰, 敵雖高壘深溝, 不得不與我戰者, 攻其所必救也(고아욕전 적수고루심구 부득불여아전자 공기소필구야) : 그러므로 내가 적과 전투를 치르고자 하면 (적이) 비록 해자를 깊게 파고 보루를 높여도 (적은) 나와 더불어 전투를 치를 수밖에 없게 되는 것은 (내가) (적이) 반드시 구하고자(지키고자) 하는 곳을 공격하기 때문이다. 欲은 하고자 할 욕. 雖는 비록. 高壘深溝에서 高는 높게 하는 것. 壘는 보루. 深은 깊게 하는 것. 溝는 성곽 주위에 물을 담아놓아 적이 접근하지 못하게 하는 해자. 高壘深溝는 요새나 성곽의 방어시설을 강화하는 것을 의미하며 고대문헌에서는 자주 쓰였던 深溝高壘(심구고루)와 동의어이다. 不得不은 '~을 하지 않을 수 없다' 는 뜻. 救는 구할 구.

■ 我不欲戰, 雖劃地而守之, 敵不得與我戰者, 乖其所之也(아불욕전 수획지이수지 적부득여아전자 괴기소지야) : 내가 전투를 원하지 않으면 비록 (내가) 땅에 금을 긋고 지켜도 나와 전투를 할 수 없게 되는 것은 적이 있는 곳을 어그러지게 만들기 때문이다. 劃地而守之는 '땅에 금을 긋고 이를 지킨다' 로 직역되며, 아주 소수의 병력으로 어떤 지역을 지켜내는 것을 의미한다. 乖其所之의 乖는 '어긋나게 한다' 는 뜻으로 '이미 내가 적이 엉뚱한 곳에 있도록 만들었기 때문' 이라는 의미다.

해설

이 절의 해설에 들어가기 전에 우리는 원문에 관한 하나의 커다란 논쟁거리를 짚고 넘어가야 한다. 그것은 바로 '出其所必趨, 趨其所不意'

(출기소필추 추기소불의)에 관한 부분이다. 이 부분은 《십일가주손자》 계통의 판본이나 《무경칠서》 계통의 판본에서 동일하게 '出其所不趨, 趨其所不意'로 되어 있으나 《대남각총서본손자십가주岱南閣叢書本孫子十家註》, 《통전通典》, 《태평어람太平御覽》과 일본의 《고문손자古文孫子》에는 '出其所必趨, 趨其所不意'로 전한다. 《죽간본 손자》에서는 이 부분이 완전한 상태로 남아 있지 않지만 '出於所必'까지의 글자가 나타나 있는 것으로 보아 이 부분은 '出於所必(趨)'로 되어 있던 것으로 추정할 수 있다. 이렇게 차이가 나는 것은 아마도 이른 시기에 전승과정에서 어느 쪽인가가 잘못 전사轉寫한 결과일 것이다.

비교적 시대가 이른 주석자들의 주석서에는 이 부분의 원문이 '出其所不趨'로 되어 있다. 일본에 보존되어 있는 《조조주손자曹操註孫子》에 이 부분의 원문은 '出其所不趨, 趨其所不意'로 되어 있고 그 밑에 '使敵不得相往而救之也'(사적부득상왕이구지야)라는 주석이 붙어 있다. 조조는 아측의 기습에 대응하여 그곳에 가서 서로 구원하지 못하게 해야 한다고 이해한 것이다. 조조의 주석은 적의 주력이 도달하여 구원하지 못할 곳으로 나아간다는 것으로 말하고 있는데 이것은 내용상으로는 '出其所必趨, 趨其所不意'와 가깝다.

그러면 어느 쪽을 택해야 하는가? 우리가 '出其所不趨, 趨其所不意'를 택하면 이 부분은 '적이 쫓아올(반응할) 수 없는 곳으로 나아가 적이 예상하지 못한 곳으로 기동해 들어간다'라는 뜻이 된다. 한편 우리가 '出其所必趨, 趨其所不意'를 택하면 이 부분은 '적이 반드시 쫓아올(반응할) 곳으로 나아갔다가 (적이 그곳에 반응하면 갑자기 방향을 바꾸어) 적이 예상하지 않는 곳으로 기동해 나간다'라는 전혀 다른 뜻이 된다. 다시 말하면 전자의 해석은 처음부터 끝까지 적이 대비하지 못하는 기습을 달성한다는 의미이고, 후자의 해석은 처음에는 적이 반드시 대응할 만한 곳으로 나아가 나의 진의가 아닌 곳으로 적을 이끌어 놓고 적이 그곳으로 대응하는 동안 아측은 방향을 돌려 적이 예상치 않은 지점으로 기동해 들어간다는 의미가 된다.

현대 중국의 권위 있는 손자 연구가인 곽화약郭化若은 그의 《손자역주孫子譯注》에서 이 부분에 대해 바로 뒤따르는 문장이 '천리에 기동하여도 피로하지 않는 것은 무인지경의 상태에서 기동하기 때문이다'(行千里而不勞者, 行於無人之地也)라고 했기 때문에 글의 맥락에 있어 '出其所不趨'라고 하는 것이 타당하다고 보았다. 그러나 나는 견해를 달리한다. 바로 앞 절에서 손자는 "이利를 보여주어 적을 엉뚱한 곳으로 끌어놓고 해害를 보여주어 어떤 지점에는 적이 이르지 못하게 한다"고 했는데 이것은 분명히 기습하기 전에 적을 잘못된 곳으로 움직이게 하는 조치를 말하는 것이다. 따라서 이 절의 앞부분은 부차적인 중요성을 가진 곳으로 나아가 적을 유인함으로써 그곳을 지키게 하는 것을 말하는 것이고, 뒷부분은 그렇게 해서 적에 허가 생기면 그곳으로 급속히 진격해 들어간다는 의미가 되어야 할 것이다. 따라서 나는 '出其所必趨, 趨其所不意'를 따른다. 가장 이른 시대의 손자 원문인 《죽간본 손자》에 '必'자가 나타나는 것을 보면 손자의 원문은 글자는 약간 다르더라도 '出其所必趨, 趨其所不意'의 의미를 담고 있지 않았는가 생각된다.

이 절에서 손자는 계속 주도권을 장악하고 적을 흔들어 불안정하게 함으로써 생기는 적의 허를 이용하여 행하는 작전방법에 대해 말하고 있다. 그것은 우선 적이 반응하지 않을 수 없는 곳으로 나아갔다가 적이 예측하지 않는 곳으로 진군해 가는 것이다. 곧 적의 허에 대한 기습적 기동을 말하는 것이다. 이렇게 하면 천리를 행군하여 적국의 깊은 곳으로 들어가도 군대의 힘이 약화되지 않는데 그것은 적이 없는 곳에서 움직이기 때문이다. 그러므로 공격하면 반드시 빼앗고, 수비하면 반드시 지키니 적이 지키지 않는 곳을 공격하고 적이 공격하기 어려운 곳을 지키기 때문이다. '攻其所不守', '守其所不攻'의 '不守', '不攻'은 '수비하지 않는 곳', '공격하지 않는 곳'이라고 직역할 수 있지만 '不

(能)守', '不(能)攻' 으로 보아 '수비하기 어려운 곳', '공격하기 어려운 곳' 으로 의역함이 타당하다. 이렇게 하려면 당연히 나의 공격은 이에 대해 적이 어디를 지킬지를 모르게 하는 것이 중요하며 나의 방어는 이에 대해 적이 어디를 공격해야 할지, 어떻게 공격할지를 모르게 하는 것이 중요하다(故善攻者, 敵不知其所守. 善守者, 敵不知其所攻). 이것은 〈형〉 편에서 공방에 대해 '善守者藏於九地之下, 善攻者動於九天之上'(선수자장어구지지하 선공자동어구천지상)이라 한 것과 같은 말이다. 이러한 용병법의 극치는 적이 나의 계획이나 배치나 강약점을 모르게 하거나 알더라도 잘못 알게 될 때이며, 나의 움직임이 은밀하여 전혀 소리나지 않게 함으로써 적은 내가 어디로 접근해가는지를 모를 때이다. 손자가 무형無形, 무성無聲이라고 한 것이 바로 이러한 상태이다. 그러므로 적은 나의 손에 놀아나고 나는 적의 생명을 좌지우지할 수 있는 것이다.

손자는 공격과 방어에 있어 적이 대응할 수 없게 만드는 것은 적의 허를 노리는 것과 신속한 기동에 있음을 말하고 있다. '進而不可禦者, 衝其虛也. 退而不可追者, 速而不可及也(진이불가어자 충기허야. 퇴이불가추자 속이불가급야)' 라는 문장은 진격에서는 허를 노리고 퇴각에서는 신속하여 적이 미치지 못하게 한다는 것을 말하고 있는데, 이 문장은 속도와 적의 허를 이용하는 신출귀몰하는 용병을 이야기하고 있는 것이다. 이렇게 용병을 하면 내가 전투를 원할 때는 적은 성루를 높게 쌓고 해자를 깊게 하여 방어태세를 갖추어도 나와 전투를 벌일 수밖에 없으니, 그것은 적이 반드시 확보해야 할 목표를 공격해가기 때문이다. 내가 전투를 원하지 않으면 단지 땅에 금을 긋고 방어해도 적이 나와 전투를 벌이려 하여도 할 수 없으니, 그것은 적이 그 이전의 내 행동으로 말미암아 나의 약한 점에 도달하지 못하게 만들어놓았기 때문이다. 즉 적의 허를 노려 공격하고 신속히 퇴각하고 적이 방어에 전념하려고 하면 적이 중시하는 목표를 공격하여 전투에 끌어내고, 적이 나와 전투를 원하면 나는 신속한 기동으로 이탈해버림으로써 적은 헛된 곳을 공격하였다는 것을 뒤늦게야 알게 만드는 것이다.

지금까지 손자가 말한 바는 무엇인가? 그것은 단지 出(출), 趨(추), 攻(공), 守(수), 進(진), 退(퇴)의 면에서 따라야 할 원칙을 각각 병렬한 것인가? 아니면 더 궁극적인 어떤 원리를 말한 것인가? 이러한 각각의 행동에 담긴 기본원리는 무엇이라고 말할 수 있는가? 나는 그것이 적을 향한 것일 때는 '乘虛(승허)'와 '作虛(작허)'라고 압축한다. 한편 그것이 우리측에 관계될 때는 '守實(수실)', '作實(작실)'이라고 하겠다. 쉽게 표현하면 적이 허를 갖고 있으면 그것을 이용하고 적이 허를 보이지 않으면 적을 움직여 허를 만들어라, 나는 실한 곳을 골라 그 실을 지키고 만약 허가 있으면 그것을 실로 전환시키라는 것이다.

이러한 상황을 만들어가는 데는 실로 용병의 다양한 능력이 요구된다. 첫째는 군사적 목표와 그 가치를 알아보는 판단력이다. 즉 우선 최초의 목표로는 적이 그 가치를 생각하여 반응하지 않을 수 없는 곳으로 기동하고 그러한 곳을 공격하는 것이다. 한편 아측으로서는 적의 공격이 성공하기 어려운 곳을 수비할 지점으로 고르는 것이 여기에 해당한다.

둘째는 이利, 해害를 이용하여 적을 잘못된 방향으로 기울이는 능력이다. 여기에는 부대의 빠른 기동성과 적을 기만하는 능력이 요구된다. 즉 적보다 빠르게 기동하여 적이 뒤쫓을 수 없게 하고 한편 아측이 허를 가지고 있을 때는 적의 의심을 야기시켜 그 허를 실로 여기게 하는 등의 능력을 말한다.

셋째는 이러한 방법을 이용하여 적이 무방비 상태나 약한 상태로 남겨둔 나의 진정한 목표에 아측의 힘을 집중시키는 능력이다.

넷째는 그 약점을 포착하여 그곳을 강하게 타격하는 능력이다. '攻其所不守'(공기소불수), '衝其虛'(충기허)가 이에 해당한다.

이러한 능력은 뛰어난 용병가에 있어서는 하나로 혼융된 것이다. 그것은 허실의 원리를 이해하고 상황에 따라 적을 기울이는 것이다. 일찍이 명나라의 조본학趙本學이 "이 편의 말들은 복잡하게 뒤섞여 나타나지만 압축하여 말하면 사람들에게 적의 실實을 변화시켜 허虛를 만들고 나의 허를 변화시켜 실로 만드는 것을 가르치는 것에 지나지 않는다"라고 말한 것은 특히 이 부분에 대한 설명에서 정곡을 찌른 것이다.

6-3

故形人而我無形, 則我專而敵分. 我專爲一, 敵分爲十, 是以十攻其一也. 則, 我衆而敵寡. 能以衆擊寡. 則, 吾之所與戰者, 約矣. 吾所與戰之地, 不可知. 不可知, 則敵所備者多. 敵所備者多, 則吾所與戰者寡矣. 故備前, 則後寡. 備後, 則前寡. 備左, 則右寡. 備右, 則左寡. 無所不備, 則無所不寡. 寡者, 備人者也. 衆者, 使人備己者也. 故知戰之地, 知戰之日, 則可千里而會戰. 不知戰地, 不知戰日, 則左不能救右, 右不能救左. 前不能救後, 後不能救前, 而況遠者數十里, 近者數里乎. 以吾度之, 越人之兵雖多, 亦奚益於勝敗哉. 故曰, 勝可爲也. 敵雖衆, 可使無鬪.

적의 형形을 드러나게 하고 나의 형은 무엇인지 알 수 없게 만드니, 나는 온전하되 적은 분산되는 것이다. 나는 온전하여 하나이고 적은 분산하여 열이 되니, 이는 바로 열의 힘으로 하나의 힘을 공격하는 것이다. 나는 집중되어 다수가 되고 적은 분산되어 소수가 되어 바로 다수로 소수를 공격하는 셈이 되니 내가 상대하는 적의 부분은 정해져 있다. 적은 나와 어디서 싸우게 될지 모르니 적의 수비할 곳은 많아지고, 적이 수비할 곳이 많아지면 나와 싸움할 적은 적어지게 된다. 그러므로 적은 앞을 수비하고자 하면 뒤가 약하다는 것을 염려하게 되고, 뒤를 강화하여 수비하고자 하면 앞이 약하다는 것을 염려하게 되고, 왼쪽을 강화하여 수비하고자 하면 오른쪽이 약하다는 것을 염려하게 되고, 오른쪽을 강화하여 수비하고자 하면 왼쪽이 약하다는 것을 염려하게 되어 수비하지 않을 수 없는 곳이 없게 되니 약해지지 않는 곳이 없다. 적의 병력이 적어지는 것은 수비하기 때문이고 아측의 병력이 많은 것은 적으로 하여금 수비하게 하는 것이다. 그러므로 싸움할 시간과 장소를 알면 천리를 행군하여 작전을 할 수 있다. 언제 어디서 싸울지를 모르면 왼쪽의 부대는 오른쪽의 부대를 구원할 수 없고 오른쪽의 부대는 왼쪽의 부대를 구원할 수 없게 되며, 전방의 부대는 후방의 부대를 구원할 수 없고 후방의 부대는 전방의 부대를 구원할 수 없게 되는데 하물며 이 부대들 간의 상호 거리가 멀리 떨어져 있을 때는 수십 리, 가까이 있을 때는 수 리에 이르게 되면 말해 무엇하겠는가? 이로 미루어 보건대 월나라 군대가 비록 수가 많다고 하나 승패에 어떤 도움이 되겠는가? 그러므로 승리를 우리의 것으로 만들 수 있다. 적이 비록 수가 많다 하나 싸울 수 없게 만들 수 있다.

어휘풀이

■ 故形人而我無形, 則我專而敵分(고형인이아무형 즉아전이적분) : 그러므로 (내가) 적의 배치상태를 드러나게 하고 적이 나의 형태를 종잡을 수 없게 하니 나는 온전하고 적은 분산된다. 形人이란 적의 형을 드러내는 것을 말한다. 專은 온전한 것, 힘이 집중되어 있는 것을 뜻하고 分은 나누어지는 것, 힘이 분산된 것을 뜻한다.

■ 我專爲一, 敵分爲十, 是以十攻其一也(아전위일 적분위십 시이십공기일야) : 나는 온전하여 힘이 하나로 뭉쳐 있고 적은 분산되어 힘이 열로 나뉘게 되니, 이것은 열의 힘으로 적의 하나의 힘을 공격하는 것이 된다. 是以十攻其一은 '이것은 곧 (나는) (적의) 열 배의 힘으로 (나의) 10분의 1에 해당하는 적을 공격하는 셈이 된다' 는 뜻이다.

■ 則, 我衆而敵寡, 能以衆擊寡(즉 아중이적과 능이중격과) : 則은 앞의 문장 내용 전체를 받아 그 논리적 귀결을 제시하는 연결어. 我衆而敵寡는 (내가 공격하는 지점에서는) 나는 병력이 많고 적은 병력이 적어진다는 의미이다. 能以衆擊寡는 (설령 적과 내가 동일한 수의 병력을 갖고 있다 할지라도) 능히 (국지적으로

는) 많은 병력으로 적은 병력에 타격을 가할 수 있다는 의미이다. 전체의 뜻은 '그러한즉 나는 병력이 많게 되고 적은 병력이 적어지니 내가 공격하는 지점에서는 능히 많은 병력으로 적은 병력을 칠 수 있다.'

■ 則, 吾之所與戰者 約矣(즉 오지소여전자 약의) : 則은 앞의 문장 내용 전체를 받는다. 吾之所與戰者는 내가 상대하여 싸우는 적의 부분. 與戰은 함께 맞붙어 싸우는 것을 의미한다. 여기서 約은 '정해져 있다' 는 뜻. 몇몇 주석자들은 문장 전체의 맥락을 고려하여 '적다' 로 해석하고 있다. 矣는 감탄의 느낌을 주면서 문장의 마침을 나타내는 조사.

■ 吾所與戰之地, 不可知. 不可知, 則敵所備者多(오소여전지지 불가지 불가지 즉적소비자다) : 나와 더불어 싸울 곳이 어디가 될지를 (적은) 모르게 된다. 어디서 싸울지를 모르니 적은 지켜야 할 곳은 많아진다. 이 문장은 앞에 나온 形人而我無形(형인이아무형)의 논리적 결과를 설명한 부분이다. 즉 적은 형을 드러내게 되고 나의 형은 모르니 적이 나와 싸울 곳을 모르게 된다는 뜻이다. 不可知, 則敵所備者多는 不可知의 목적어 '吾所與戰地' 가 생략된 문장으로 '(적이 나와 더불어 싸울 곳을) 모르게 되니 적은 대비해야 할 곳이 많아진다' 는 뜻이다. 備는 대비하다, 수비하다.

■ 敵所備者多, 則吾所與戰者寡矣(적소비자다 즉오소여전자과의) : 이 문장은 앞문장의 논리적 결과를 말하는 것으로, '적이 지킬 곳이 많아지므로 내가 (노리는 일정 지점에서) 상대하는 병력은 적어지게 된다' 는 뜻이다. 寡는 적을 과.

■ 故備前, 則後寡. 備後, 則前寡. 備左, 則右寡. 備右, 則左寡(고비전 즉후과 비후 즉전과 비좌 즉우과 비우 즉좌과) : 이 문장 이후로는 앞에까지 말한 내용의 부연 설명이다. 문장의 뜻은 '그러므로 (적은) 앞을 대비하고자 하여 앞에 병력을 강화하면 뒤가 약화된다. 뒤를 대비하기 위해 그곳에 병력을 강화하면 앞이 약화된다. 왼쪽을 대비하기 위해 그곳에 병력을 강화하면 오른쪽이 약화된다. 오른쪽을 대비하기 위해 그곳에 병력을 강화하면 왼쪽이 약화된다.'

■ 無所不備, 則無所不寡(무소불비 즉무소불과) : 지키지 않는 곳이 없으니(대비하지 않을 수 없는 곳이 없으니) 그렇게 되면 (배치된 병력이) 부족하게 되지 않은 곳이 없게 된다.

■ 寡者, 備人者也(과자 비인자야) : (적이) 병력이 적어지는 것은 상대를 대비하기 때문이다. 人은 상대편을 뜻하며 여기서는 적의 입장에서 보는 상대편, 즉 나를 말한다.

■ 衆者, 使人備己者也(중자 사인비기자야) : 使는 사역의 조동사. 人은 여기서 상대편을 뜻하며 여기서는 나의 상대편, 즉 적을 의미한다. 己는 나 자신. 전체의 뜻은 '(내가) 병력이 많게 되는 것은 적으로 하여금 나를 대비하게 만들기 때문이다.'

■ 故知戰之地, 知戰之日, 則可千里而會戰(고지전지지 지전지일 즉가천리이회전) : 知戰之地, 知戰之日은 각각 '싸우게 될 곳을 알고 싸우게 될 때를 안다'의 뜻. 可는 뒤에 오는 千里而會戰이 가능하다는 서술어. 千里而會戰은 '천리를 기동하여 적과 싸울 수 있다'는 뜻. 전체의 뜻은 '그러므로 미리 싸울 곳을 알고 싸우게 될 날짜를 알게 되면 천리의 원거리를 행군하여 싸울 수 있다.'

■ 不知戰地, 不知戰日, 則左不能救右, 右不能救左, 前不能救後 ,後不能救前(부지전지 부지전일 즉좌불능구우 우불능구좌 전불능구후 후불능구전) : 그러므로 미리 싸울 곳을 모르고 싸우게 될 날짜를 모르면, 좌측에 배치된 부대는 우측에 배치된 부대를 구할 수 없게 되고 우측에 배치된 부대는 좌측에 배치된 부대를 구할 수 없게 되며, 전방에 배치된 부대는 후방에 배치된 부대를 구할 수 없게 되고 후방에 배치된 부대는 전방에 배치된 부대를 구할 수 없게 된다. 이 말은 부대가 상대의 공격을 대비하느라고 곳곳에 분산되어 있다는 것을 말한다. 救는 구하다, 구원하다.

■ 而況遠者數十里, 近者數里乎(이황원자수십리 근자수리호) : 況은 '하물며'의 뜻. 遠者數十里는 적의 부대가 전후좌우로 멀게는 수십 리의 거리에 분산해서 나의 공격을 대비하는 상황을 말한다. 近者數里는 적의 부대들이 가깝게는 수 리에 걸쳐 분산되어 나의 공격을 대비하는 상황을 말한다. 乎는 감탄, 강조의 어조사. '況……乎'는 '하물며……어떠하겠는가'라는 뜻이다. 전체의 뜻은 '하물며 적이 멀게는 수십 리에 걸쳐 분산되어 있고 가깝게는 수 리에 걸쳐 분산되어 있을 경우에는 말해 무엇하겠는가!'

■ 以吾度之(이오탁지) : 以는 이로써. 度之는 헤아린다, 판단한다는 뜻. 전체의 뜻은 '이로써 내가 판단하건대.'

■ 越人之兵雖多, 亦奚益於勝敗哉(월인지병수다 역해익어승패재) : 越人은 월나라 사람들의 뜻. 당시 합려 왕의 오나라는 월나라와 대립 상태에 있었다. 亦은 역시. 奚은 어찌 해. 益은 이익이 되다, 도움이 되다. 益於勝敗는 승패를 결정하는데 도움이 된다는 뜻. 哉는 영탄의 어조사로서 '奚……哉'의 형태로 쓰일 때는 '어찌……하겠는가'라는 반어법 문장이 된다. 전체의 뜻은 '월나라의 병력이 비

록 많다 한들 어찌 승패를 결정짓는 데 도움이 되겠는가.' 이 문장 중의 亦은 '역시' 라는 뜻으로 오나라가 월나라에 대해 '形人而我無形' 하고 있다는 것을 암시하고 있다.

■ 故曰, 勝可爲也(고왈 승가위야) : 그러므로 승리를 이루어낼 수 있다고 말하는 것이다. 이 말은 적 즉 월나라의 군대가 나(오나라)의 기도를 모르는 채 분산되어 있는 상황을 손자가 내다보고 있는 상황에서 한 말이다.

■ 敵雖衆, 可使無鬪(적수중 가사무투) : '적은 비록 병력이 많지만 적으로 하여금 싸우지 못하게 만들 수 있다' 는 뜻.

해설

이 절에서는 무형無形을 통해 작전함으로써 동등한 전력을 가지고도 적을 분산시키면서 내가 노리는 지점에서 압도적인 집중을 할 수 있는가를 원리적인 차원에서 설명하고 있다. 그것은 적이 분산되고 나는 공격지점에 온전한 집중을 할 수 있기 때문이다. 나는 적의 배치 상태를 드러나게 하여 알고 나의 기도와 배치 상태를 숨김으로써 적은 아측의 위협을 곳곳에서 느끼게 된다. 적은 이를 막기 위해 병력을 분산 배치하고 나는 적에게 드러나지 않은 채 한 곳으로 병력을 집중한다. 가령 피아가 동일한 전력을 갖고 있고 적이 10곳에서 위협을 느낀다면 나의 공격이 어디로 올지를 모르기 때문에 같은 1의 전력을 갖고 있으면 적은 병력을 10분의 1씩 나누어 배치할 것이다. 한편 나는 은밀히 적에 10분의 1의 병력이 있는 한 곳에 힘을 집중시켜 공격할 수 있게 되므로 그곳에서 나와 적의 전력비는 10 대 1이 된다. 이 모든 것은 적은 드러나고 나는 드러나지 않게 움직이기 때문이다. 그 결과 적은 분산되어 방어하게 되고 나는 전력을 집중해 쓸 수 있으며, 결정적인 지점에서 나는 적에 비해 병력의 우월을 달성한다. 적의 지휘관은 나의 공격 방향을 모르기 때문에 전후좌우에 병력을 분산 배치할 수밖에 없게 된다. 이렇게 병력을 분산 배치하면 지키지 않는 곳이 없지만 그 각각의 지점에서는 병력 부족이 일어날 수밖에 없다. 적측에서 병력이 부족하게 되는 것은 예상되는 나의 공격방향 곳곳에 대비하기 때문이요, 아측에서 병력이 많게 되는 것은 적으로 하여금 곳곳에서 대비하지 않을 수 없게끔 만들기 때문이다. 〈형〉 편에서 '守則有餘, 攻則不足' 이라고 한 부분을 '(敵)守則(我)有餘, (我)攻則(敵)不足' 이라고 해석한 내용을 좀더 자세하게 설명한 것이다.

이 절에서 손자가 설명한 바는 작전술의 영구불변의 원칙이다. 동서양의 작전술 이론이 모두 이러한 원리에 기초해 있다. 서양의 용병에서 결정적인 시간과 장소에 우세한 병력을 집중하라는 것, 소규모의 조공으로 견제하여 내가 공격할 지점에 적의 방어를 약화시켜 집중된 힘으로 적을 타격한다는 주공 · 조공의 이론, 공격은 공격 지점을 선택할 자유를 갖는 장점이 있고, 방어는 적의 공격에 수동적으로 움직일 수밖에 없는 단점이 있다는 공방의 장단점에 관한 이론 등의 원리 모두 위에서 손자가 말한 것과 다르지 않다. 다만 손자는 공방의 원리를 말하면서 동시에 공격을 취함에 있어 적으로 하여금 나의 기도와 공격 방향이 어딘지를 모르게 하고, 아측으로서는 적의 강약점이 어딘지를 파악하는 것이 성공의 전제조건임을 강조하고 있는 것이다. 즉 아측의 기도를 적에게 숨기며 아측은 적에 대한 정보를 갖는 것은 아측이 병력을 집중하여 적의 분산된 힘의 일점에 대해 공격할 수 있게 하는 데 지극히 중요하다는 말이다.

그러므로 집중이라는 것은 단순히 힘을 모아놓는 것만으로는 충분치 않다. 만약 적이 아측의 힘의 집중에 대해 병력을 끌어모아 집중하여 대비하게 되면 아측의 집중 효과는 심각하게 감소된다. 그러므로 집중이란 먼저 적의 힘을 분산된 상태로 만들어야 하고 아측은 신속하고 그리고 은밀하게 우리가 결전을 벌이려는 곳으로 힘을 집중함으로써, 실제 우리의 타격이 이루어질 때는 적의 분산된 병력이 그곳에 집결하지 못하게 하는 것이 중요하다. 손자가 〈구지〉 편에서 "용병이란 속도에 달려 있다"(兵之情主速)라고 한 것은 바로 이 때문이다.

리델 하트Liddell Hart가 그의 《전략론Strategy : An Indirect Strategy》의 말미에서 "진정한 집중은 분산 이후의 집중이다"라고 한 것은 이러한 사정을 말한 것이고, 동양 고대 용병론에서 분산과 집중, 즉 '分合(분합)'을 자유자재로 해야 한다는 말도 바로 이러한 사정을 말하는 것이다. 리델 하트는 이렇게 썼다.

> 한 가지로 된 원칙을 포함해서 전쟁의 원칙들은 모두 하나의 원칙, '집중concentration'으로 집약할 수 있다. 그러나 실상을 말하자면 이것은 '약점에 대한 집중'이라고 부연 설명되어야 한다. 또 이것이 실제적인 가치를 갖기 위해서는 약점에 대한 집중은 적의 힘이 분산되느냐에 달려 있는데, 이것은 당신의 힘이 분산된 것처럼 보이는 것에 의해 이루어지는 것이며, 분산의 부분적 효과이다. 당신의 분산, 적의 분산, 당신의 집중, 이것은 순차적으로 일어나는 것이며 그 각각은 앞 행위의 결과이다. 진정한 집중이란 계산된 분산의 결과물이다.

이 절의 후반부에서는 피아의 진격 속도를 알아 어느 시점에 어느 지점에서 결정적인 전투를 벌일 것인가를 아는 것의 중요성에 대해 말하고 있다. 이렇게 결전을 벌일 시간과 장소를 알기 위해서는 첫째, 일정 시점에서의 적의 배치 상태와 적의 진격 속도를 예측하는 것이 필요하다. 말하자면 며칠 후면 적이 어디에 도달할 것인가를 예측해야만 한다는 것이다. 둘째, 현재의 적의 진출 상황과 차후 진출 지점에 대한 예상에 입각하여 어디에서 아측의 병력을 집중하여 적의 약점에 타격을 가할 것인가에 대한 염두의 계획이 있어야만 한다. 이와 동시에 나는 적에 대해서 타격할 시간과 장소를 알고, 적은 그러한 시간과 장소를 모르게 하기 위해서 나는 현재의 적의 병력배치 상황과 진격 추세에 대해서 알고 있고, 적은 현재의 나의 병력배치 상황과 진격 추세에 대해 모르고 있어야만 한다. 따라서 적으로 하여금 '不知戰地, 不知戰日'(부지전지 부지전일)하도록 만들기 위해서는 적이 나의 병력배치에 대해서 그 실체를 모르도록 '무형無形'의 상태가 되게 하고, 아측의 이동상황은 '무성無聲'의 상태에 이르러야 한다. 이것은 아측의 병력배치에 대해서 적은 그 전모를 알 수 없게 만들어야 하며 적을 타격하기 위한 목표지역으로의 기동은 은밀히 이루어져야 한다는 말이다. 이것이 '知戰之地, 知戰之日', '不知戰地, 不知戰日'의 의미이다.

이렇게 적은 나에 대해 오리무중의 상태로 동분서주하고 나는 적의 배치상황과 이동하는 것을 손바닥 들여다보는 것처럼 하고 있으니 적은 당연히 나를 찾기 위해 이리저리 병력을 분산하여 분주할 것이며 나는 분산된 적의 취약한 곳에 병력을 집중하여 타격할 수 있다. 손자가 여기서 말하는 용병은 모두 '나는 적에 대한 정보를 가질 것과, 적은 나에 대한 정보를 갖지 못한 채 움직이도록 하는 것'을 전제로 하고 있다. 따라서 정보는 작전의 불가결한 전제조건이다. 역사적으로 이러한 실례는 풍부하다. 지면이 부족하므로 작전의 구체적 경과는 생략하고 몇 가지 전투만 예로 든다. 기원전 342년에 손빈孫臏이 방연龐涓을 마릉馬陵에서 사로잡은 저 유명한 마릉 전투, 1914년 8월 말~9월 초 힌덴부르크Hindenburg, 루덴도르프Ludendorff, 호프만Hoffmann이 이끄는 독일군 제8군이 삼소노프Samsonov 장군 지휘하의 러시아 제2군을 섬멸한 탄넨베르크Tannenberg 전투는 바로 이러한 손자의 용병 원리가 구현되어 있는 대표적인 전투들이다.

이 절의 마지막 부분은 손자가 용병원리를 설명하면서 오吳왕 합려에게 당면한 월나라와의 대치상황을 예로 들어 용병의 자신감을 피력한 부분이다. 시점이 분명하지는 않지만 오나라는 월나라와 줄곧 서로 적대국으로 장기간 대치상황에 있었는데 그 어느 시점에서 월나라에 대한 원정을 염두에 두고 손자가 원정의 성공 가능성을 이야기한 것이다. 손자는 이 절에서 월나라가 비록 병력이 많다고 해도 월나라의 군대를 싸우지 못하게 만들어 승리할 수 있다고 자신하고 있다.

여기서 손자가 '勝可爲'(승가위)라고 하고 앞서 〈형〉 편에서 '勝可知而不可爲'(승가지이불가위)라고 한 것에 대해 옛부터 손자를 공부하던 많은 사람들이 논리적 모순이 있다고 생각하여 의문을 제기한 것 같다. 그리하여 손자의 연구자들은 일찍이 이 문제에 대한 해명을 시도했다. 명나라의 조본학趙本學은, 〈형〉 편에서 '勝可知而不可爲'라고 한 것은 공수를 말한 것인데 적이 만약 수비를 잘하면 억지로 그의 수비에 허점이 있도록 만들 수는 없으며 이곳 〈허실〉 편에서는 이미 실로써 허를 치기 때문에 '勝可爲'라고 하였다고 해석하고 있다. 〈허실〉 편에서 '勝可爲'라고 말한 것은 손자가 당시의 월나라의 정황과 약점을 알고 있기 때문에 그렇게 말한 것이라고 설명하는 것이다. 명나라의 이지李贄는 같은 문제에 대해 유사한 해석을 하고 있다. 두 사람 다 손자는 당시 월나라의 사정과 허점에 대해 다 알고 있기 때문에 자신있게 승리를 이루어낼 수 있다고 장담했다고 보고 있는 것이다. 옳은 해석이다.

손자의 말은 적과 대치한 상황에서 적이 좀처럼 허를 드러내지 않고 대응이 적절하여 수비가 견고하면 우리측의 의도대로 상대에 대해 승리할 수 있다고 장담할 수는 없으나 일단 스스로 허를 드러내고 있거나 나의 '佚能勞之, 飽能饑之, 安能動之'(일능노지 포능기지 안능동지)하는 조치, 나의 유인책 등에 넘어가 일단 허를 드러내면 그때는 승리를 장담할 수 있다는 것이다. 손자는 당시의 월나라의 정황에서 허점을 발견하고 있었던 것이다. 이에 반해 삼국시대의 탁월한 전략가인 제갈량諸葛亮조차 234년 사곡을 넘어 오장원을 점령하고 위수로 진격할 때, 위수의 남안에서 제갈량의 책략에 말려들지 않으면서 결전을 회피하는 사마의司馬懿 장군의 군대와 대치하다가 오장원에서 병사하기까지 결정적인 승리를 이루지 못한 것을 상기하면 〈형〉 편에 '勝可知而不可爲'라고 한 뜻을 알 수 있을 것이다.

6-4

故策之而知得失之計，作之而知動靜之理，形之而知死生之地，角之而知有餘不足之處．故形兵之極 至於無形．無形，則深間不能窺，智者不能謀．因形而措勝於衆，衆不能知，人皆知我所以勝之形，而莫知吾所以制勝之形．故其戰勝不復，而應形於無窮．

그러므로 취할 수 있는 계책들을 판단해 이해득실을 살피고, 짐짓 어떤 행동을 취할 것처럼 해보아 적의 반응을 살피며, 적의 형形을 판단하여 과연 승리할 위치에 있는지 패배할 위치에 있는지를 살피고, 적에게 소규모의 공격을 가해보아 어느 곳이 강하고 어느 곳이 약한가를 살핀다. 그러므로 최상으로 용병하는 군대의 형은 변화무쌍하여 어떤 일정한 형태가 없는 것처럼 되니, 이렇게 되면 깊이 잠입한 간첩도 이를 헤아릴 수 없고 지혜로운 자라도 계책을 세울 수 없다. 적의 형에 따라 대중의 눈앞에서 승리를 이루어내지만 대중은 이를 모른다. 사람들은 모두 마지막으로 승리를 얻어낼 때의 아군의 형을 알지만 그러나 내가 승리할 수 있게 미리 만들어온 일련의 형의 변화에 대해서는 모르기 때문이다. 그러므로 특정한 적을 상대로 써서 승리한 방법은 다른 경우에도 상황에 무관하게 되풀이해 쓰는 것이 아니며 적의 형에 따라 대응하는 것이 무궁무진하다.

어휘풀이

■ 故策之而知得失之計(고책지이지득실지계) : 策之는 '계책을 쓰다'의 뜻으로 직

역되나 여기서는 '여러 가지 계책을 비교하다' 는 의미로 해석된다. 전체의 뜻은 '그러므로 (용병을 하는 데는) 여러 계책을 비교하여 각 계책의 득실을 저울질해 안다.'

■ 作之而知動靜之理(작지이지동정지리) : 作之는 '행동을 일으키다' 의 뜻으로 직역되나 여기서는 '짐짓 행동을 일으켜본다' 로 해석된다. 動靜之理의 理는 이치를 말하나 여기서는 그저 그 양태樣態를 말하는 것으로 보인다. 전체의 뜻은 '짐짓 행동을 일으켜보아 적이 이에 따라 움직일 것인지 움직이지 않을 것인지를 살핀다.'

■ 形之而知死生之地(형지이지사생지지) : 形之는 '형을 만든다' 는 뜻으로 직역되나 여기서는 '적의 배치 상태를 판단한다' 는 의미로 해석된다. 전체의 뜻은 '적의 배치 상태를 가늠해보아 어디가 강점이고 어디가 취약점이 될 것인가를 파악한다.'

■ 角之而知有餘不足之處(각지이지유여부족지처) : 角之는 '찔러본다' 는 뜻. 여기서는 '소규모의 병력으로 찌르는 공격을 해본다' 는 뜻이다. 전체의 뜻은 '소규모 병력으로 찌르는 공격을 해보아 어느 곳이 남음이 있고(병력이 많고) 어느 곳이 부족한지(병력이 적은지)를 안다.'

■ 故形兵之極, 至於無形(고형병지극 지어무형) : 形兵은 군대를 나누고 기동시키며 배치하는 것을 뜻한다. 極은 극한을 말하며 여기서는 최고의 상태를 의미한다. 至는 이르다, 도달하다. 於는 '~에까지' 의 뜻. 無形은 '형이 없는 것' 으로 직역되지만 형이 종잡을 수 없어 무정형無定形인 경우도 말한다. 우리가 '무수하다' 고 할 때 이것은 셀 수 없을 정도로 많다는 것을 의미하는 것과 같다.

■ 無形, 則深間不能窺, 智者不能謀(무형 즉심간불능규 지자불능모) : 深間은 깊고 은밀하게 침투한 간첩. 窺는 들여다보다. 謀는 '계책을 쓴다' 는 뜻. 전체의 뜻은 '무형의 상태에 이르면 비록 적의 은밀한 간첩이 침투해 있더라도 아측의 진정한 실상을 들여다볼 수 없고 적측에 지혜로운 자가 있다 할지라도 계책을 쓸 수 없게 된다.'

■ 因形而措勝於衆, 衆不能知(인형이조승어중 중불능지) : 因形은 '형에 따라' 의 뜻으로 '적군의 배치상태에 따라' 라는 의미이다. 措勝於衆에서 措勝은 '승리를 이루어내다' 의 뜻이며 衆은 무리를 이룬 장병들을 말하는데 於衆은 '장병들 속에서' 라고 직역할 수 있다. 그러나 여기서는 '장병들이 빤히 보는 앞에서' 로 해석된다. 전체는 '형에 의거해서 장병들이 빤히 보는 앞에서 승리를 이루어내니 장병들은 그 승리를 보기는 하지만 승리하게 된 이치를 모른다.'

■ 人皆知我所以勝之形, 而莫知吾所以制勝之形(인개지아소이승지형 이막지오소이제승지형) : 人은 여기서 '일반적 사람들' . 皆는 모두. 我所以勝之形은 내가 어떤 방법을 써서 승리를 이루어낼 때의 바로 그 형. 莫은 부정의 조사. 吾所以制勝之形은 내가

어떤 방법을 써서 승리를 얻는 데 있어 여러 조치를 통해 도달해간 형, 즉 승리에 이르는 과정. 전체는 '사람들은 모두 내가 승리를 이룬 그 마지막 순간의 형(작전 형태)은 알아차리지만 내가 승리를 만들어간 형, 즉 승리를 이루기까지 취해간 일련의 조치는 모른다'는 뜻이다.

■ 故其戰勝不復, 而應形於無窮(고기전승불복 이응형어무궁) : 復은 반복. 其戰勝不復은 그 승리를 얻은 방법은 반복하지 않는다. 窮은 다하다, 막바지에 다다르다. 無窮은 무한하다. 於無窮은 무한하게. 應形於無窮은 '무한한 방법으로 형에 즉응한다'는 뜻이다. 전체는 '승리를 이루어가는 방법은 반복되는 법이 없으며 적의 형에 따라 무한히 다양한 방법으로 바꾸어 대응한다'는 의미이다.

해설

손자는 앞에서 공격작전에서 '我專而敵分'(아전이적분) 상태가 되게 하려면 '形人而我無形'(형인이아무형)을 전제로 해야 한다고 하였다. 그러면 적은 어떻게 파악해야 하는가? 즉 '형인形人'은 어떻게 해야 하는가? 이 절의 첫 부분에서 다루는 것은 바로 이 문제에 관해서이다. 손자는 '책지策之', '작지作之', '형지形之', '각지角之'라는 네 가지 방법을 제시했다.

이 부분을 해석하기 전에 원문에 다른 글자가 쓰인 판본이 있어 우선 그 문제에 대해 언급하고 넘어갈 필요가 있다. 《통전通典》, 《태평어람太平御覽》, 《무경총요武經總要》 등에 '作之'가 '候之'로 되어 있다. '候之而知動靜之理'(후지이지동정지리)라고 할 때 그 뜻은 '적을 살펴 적의 동정을 안다'라는 뜻이 되는데 이 또한 무리가 없는 문장이다. '作之而知動靜之理'는 '행동을 일으켜보아 적이 어떻게 반응하는지를 안다'라는 뜻이 되는데 이 또한 어색함이 없는 문장이다. 일단 시기적으로 앞선 판본인 《조조주손자》에도 '作之'로 되어 있기 때문에 전통적으로 통용된 원문인 '作之而知動靜之理'(작지이지동정지리)를 취한다.

책지는 '계획을 살핀다'는 뜻으로 일반적으로 작전에 있어서 염두로 생각할 수 있는 계책, 계획 등을 판단한다는 의미이다. 적과 내가 취할 수 있는 여러 행동과 대응책들의 장단점을 대비해보는 것이다. '策之而知得失之計'(책지이지득실지계)는 적이 취할 수 있는 여러 대안들을 염두에 두고 검토하여 그 각각에 대해 이득과 손실을 저울질해보는 것이다. 중국의 역사를 읽다 보면 조정에서 신하들이 적이 취할 수 있는 방책을 '상책上策', '중책中策', '하책下策' 등으로 예측하며 그 득실을 논의하는 경우를 자주 발견하는데 바로 그러한 방법을 말한다.

작지는 '행동을 일으켜본다'는 뜻으로, 그 행동이란 적에게 어떤 제안을 해보는 것이 될 수도 있고 어떤 의도를 민간인들에게 흘리거나 널리 선전하는 것도 될 수 있으며, 적을 격동시킬 목적으로 적에게 선전을 하는 것도 포함될 수 있다. 또는 공격을 가장한 '거짓기동'(陽動)도 될 수 있다. '作之而知動靜之理'는 이렇듯 짐짓 어떤 행동을 취해봄으로써 적의 반응을 떠보는 것이다.

형지는 '형을 파악한다'라는 의미로 피아의 병력배치를 보는 것이다. 여기에는 물론 양군이 배치된 지리 및 지형의 상대적 유리함과 불리함이 동시에 고려되어야 한다. 그러므로 '형지이지사생지지形之而知死生之地'라는 것은 바로 공격이나 수비를 했을 경우 어느 곳에서 궁지에 몰릴 가능성이 있나 어느 곳이 유리한가, 행동의 자유가 있는가를 판단하는 것이다.

각지의 '角'에 대해서 조조는 간단히 '각량角量'이라고만 주석하고, 이전李筌이 이를 '그 힘의 정예함과 용감함을 양으로 판단하는 것이다角量也量其力精勇'라고 하여 조조의 주석을 따르면서 이를 부연해 해석한 이래 대부분의 해석자들이 이를 따르고 있다. 명의 조본학趙本學, 청의 주용朱墉, 일본의 도쿠다 유코德田邕興 등은 모두 《춘추좌전春秋左傳》 선공宣公 20년 조에 있는 '左右角之謂張兩角從傍攻之也'(좌우각지위장량각종방공지야)라는 구절을 인용하면서 각지를 '적을 찔러본다觸'는 의미로 보아 소규모의 병력으로 적을 공격해보는 것이라고 해석했다. 조조나 이전의 주석도 결국은 마찬가지 말이지만 후자의 주석이 의미가 분명하다. 그러므로 '角之而知有餘不足之處'는 소규모의 공격으로 적의 배치의 강점과 약점을 파악해내는 것이다. 오늘날의 용병개념으로는 '위력수색 reconnaissance by force'이나 '전투정찰combat reconnaissance'에 해당한다고 하겠다.

이렇게 알게 되면 적의 허는 발견되고 나는 적의 허에 힘을 집중할 수 있다. 물론 '책지, 작지, 형지, 각지'는 적에 대한 확실한 정보를 획득하기 어려울 때 취하는 방법이다. 손자가 여기서는 언급하지 않고 〈용간〉 편에 따로 언급했지만 보다 근본적인 방법은 간첩을 운용하는 것이다. 이 외에도 오늘날처럼 위성에 의해 적을 정찰하거나, 적의 암호교신을 해독하거나, 통신을 도청하거나, 특수정찰대를 잠입시켜 적의 의도와 배치의 정확한 정보를 입수하는 방법을 사용할 수 있을 것이다. '책지, 작지, 형지, 각지'는 이러한 정보와 결합되어 사용할 때 적을 드러내는 '형인'의 최상의 방법이 될 수 있다.

손자는 '형인'의 방법을 제시하고 나서 다시 한 번 '무형無形'에 대해 논하고 있다. 용병에서 형을 운용하는 방법의 극치는 아측의 형을 '무형'으로 하는 것, 즉 아측의 형을 종잡을 수 없게 하는 것이다. '무형'에 있어 중요한 것은 나의 존재를 완전히 숨기는 것이 아니라 적과 상황에 따라 나의 형을 바꾸어 적이 나의 진정한 형을 모르도록 하는 것이다. 아측의 형이 종잡을 수 없게 바뀌면 적은 간첩을 운용해도 아측의 진정한 형을 알 수 없고 지혜로운 적의 장수라 할지라도 우리를 이길 수 있는 모책謀策을 생각해낼 수 없다. 그것은 적의 형에 따라 아측이 형을 바꾸어가며 다른 용병법으로 상대함으로써 승리를 얻어내기 때문이다. 이렇게 적에 따라 다른 용병법을 사용하는 것을 〈구지〉 편에서는 "일을 다른 것으로 바꾸고 계획을 변경한다"(易其事 革其謀)고 표현했다.

장수가 적과 상황에 따라 기도를 바꾸어가는 것은 단지 적에게 아측의 진정한 형이 무엇인지를 모르게 하려고 하는 것만은 아니다. 아측의 병사들에게도 장수의 기도는 숨겨져야 한다. 그것은 작전계획에 대해 많은 사람이 알면 알수록 그것이 적에게 노출될 위험이 크기 때문이다. 이렇게 작전을 하면 병사들이나 사람들은 승리를 거둘 때 마지막에 내가 사용한 형을 알지만 그 이전까지 연속적으로 형을 바꾸어가며 승리를 얻을 수 있는 형으로 몰아간 사실을 알지 못한다. 그러므로 그렇게 적을 상대하는 형은 고정적이지 않으며 적에 따라 무궁하게 달라진다. '故其戰勝不復, 而應形於無窮'(고기전승불복 이응형어무궁)이란 말은 '한 가지 용병법에 집착하지 않고 적과 상황에 따라 무궁한 형을 전개해가며 승리를 쟁취한다'는 뜻이다.

6-5

夫兵形象水. 水之形, 避高而趨下. 兵之形, 避實而擊虛. 水因地而制流. 兵因敵而制勝. 故兵無常勢, 水無常形. 能因敵變化而取勝者, 謂之神. 故五行無常勝, 四時無常位, 日有短長, 月有死生.

무릇 용병의 형形은 물의 형상을 띠어야 한다. 물의 형은 높은 것을 피하여 낮은 곳으로 흘러 내려간다. 용병은 강점을 피하고 약점을 친다. 물은 땅의 형태에 따라 자연스러운 흐름을 만든다. 용병은 적에 따라 이에 적합한 방법으로 승리를 만든다. 그러므로 용병에 고정된 세가 있지 않으며 물은 고정된 형상을 갖지 않는다. 적의 변화에 맞추어 능숙하게 승리를 만들어내는 사람을 신이라 부른다. 이것은 마치 오행의 각 요소들이 다른 요소들에 대해 항상 우세하지 않으며 사계절의 변화가 되풀이되고 날이 여름에는 길다가 겨울에는 짧아지며 달이 그믐에는 기울었다가 보름에는 차는 것과 같은 것이다.

어휘풀이

■ 夫兵形象水(부병형상수) : 兵形은 용병의 형상. 象은 '~의 형상을 띠다.' 전체의 뜻은 '무릇 용병이란 물의 형상을 띤다.'

■ 水之形, 避高而趨下(수지형 피고이추하) : 물은 (속성상) 높은 곳을 피하고 아래로 흘러 내려간다.

■ 兵之形, 避實而擊虛(병지형 피실이격허) : 용병의 형상은 실한 곳을 피해서 허한 곳을 치는 것이다.

■ 水因地而制流(수인지이제류) : 물은 땅의 형상에 따라 흐름을 만들어간다.

■ 兵因敵而制勝(병인적이제승) : 용병은 적에 따라 승리를 이루어가는 것이다.

■ 故兵無常勢, 水無常形(고병무상세 수무상형) : 常은 항상 상. 常勢는 항상 일관된 세. 常形은 항상 일정한 형.

■ 能因敵變化而取勝者, 謂之神(능인적변화이취승자 위지신) : 謂之는 일컫는다. 전체의 뜻은 '능히 적의 동향에 따라 변화하여 승리를 취하는 사람을 신神이라고 일컫는다.'

■ 故五行無常勝(고오행무상승) : 전체는 '우주 변화의 구성요소인 금金, 수水, 화火, 목木, 토土의 오행五行은 그 중 어느 한 요소가 항상 우세를 유지하지 않고 항상 이기는 것이 있고 지는 것이 있다' 는 뜻이다.

■ 四時無常位(사시무상위) : 位는 한 곳의 위치. 전체는 '춘하추동의 네 계절은 항상 한 계절에 머무르지 않고 계속 반복한다.'

■ 日有短長, 月有死生(일유단장 월유사생) : 死生은 달이 그믐달에서 만월로 변화하는 것을 표현한 것이다. 전체의 뜻은 '하루의 해는 길고 짧은 것이 시간에 따라 변화하며 달은 차다가 기운다.' 오행, 사시 변화, 일월의 변화는 모두 자연 현상을 통해 적에 따라 변화해가는 용병을 비유한 것이다.

해설

〈허실〉 편의 마지막 절은 용병을 물의 성질에 비유해 지금까지의 논의를 결론짓고 있다. 손자는 물이 높은 곳을 피하고 낮은 곳을 찾아 흐르듯이 용병은 실한 것은 피하고 허를 치는 것이라고 말한다. 물은 지형의 형상에 따라 그 흐름을 형성해가듯이 용병도 적에 따라 승리를 이루어낸다는 것이다. 그러므로 용병은 일정한 틀에 얽매이는 것이 아니라 적의 변화에 따라 승리를 만들어내는 것이며, 이러한 용병을 신의 경지에 이른 용병이라고 부를 수 있다는 것이다. 금수화목토의 오행五行이 서로 꼬리를 물고 일어나며, 춘하추동의 사시가 고정됨이 없이 변하고, 밤낮의 장단이 변하며 달이 차다가 기울어졌다가 하는 것처럼, 용병도 나와 적과 지형과 상황에 따라 천변만화하는 것이라는 주장이다.

| 허실 편 평설 |

〈허실〉 편에는 손자의 작전술 이론이 모두 녹아 들어가 있기 때문에 이 편에서 다양하게 전개되고 있는 그의 이론의 요체를 몇 마디로 압축하기는 어렵다. 그러나 그 중 중요한 것을 든다면, 작전에서 '주동의 위치를 유지하는 것' 과 '적의 강점을 피하여 약점에 나의 집중된 힘을 가하라' 는 것이다.

손자가 '치인이불치어인致人而不致於人' 이라고 하고 후세 사람들이 '주동主動', '주도권主導權', '기선機先', '선제先制' 등으로 이름 붙인 원리는 전쟁에 임하는 쌍방의 의지의 싸움에서 적을 내가 의도하는 방향으로 끌려오게 하는 것을 말한다. 주동의 위치에 서게 되면 적은 아측의 행동이 가하는 위협에 대응하기 급급하여 끌려다니게 된다. 만약 내가 '가' 라는 진정한 목표를 두고 '나' 와 '다' 라는 곳을 임시 목표로 삼아 '나' 를 먼저 공격하면 적은 '나' 의 위협을 느껴 '나' 를 지키기 위해 그곳으로 관심과 힘을 집중한다. 다음으로 '다' 에 타격을 가하면 적은 '다' 의 위협을 해소하기 위해 관심과 힘을 전환하게 된다. 그러므로 적은 '나' 와 '다' 에 힘을 분산한다. 이렇게 되면 적은 '나', '다' 의 위협을 의식해서 '가' 방면에는 허虛가 발생한다. 이때 나는 나의 진정한 목표인 '가' 에 힘을 집중할 수 있다. 즉 주동은 적의 허를 조장하는 전제조건이다.

이러한 중요성 때문에 일본과 중국에서는 일찍부터 '주동' 을 중요한 용병원칙으로 강조했다. 1920년대의 일본의 《통수강령統帥綱領》을 보면 수없이 '주동' 의 중요성을 되풀이해서 말하고 있으며 모택동 시절의 군사교범도 역시 '주동' 의 위치에 설 것을 되풀이해 말하고 있다. 이것은 《손자병법》으로부터 배운 이론이다. 그런데 계속 주동의 위치에 서기 위해서는 적으로 하여금 전투태세를 정비하여 아측이 가하는 새로운 위협에 여유 있게 대응하지 못하도록 하는 것이 중요하다. 위에서 든 예에서 '나'에 대한 위협을 가한 후 상당히 시간이 흐른 후에 '다'에 대한 아측의 위협이 가해지면 적은 '다'나 '가'에 대한 대비책을 마련하는 데 여유를 갖게 된다. 이런 여유를 갖게 되면 적은 아측의 차후 위협에 대한 대비책을 세우면서 역으로 아측의 허점을 공격해올 수도 있다. 이렇게 되면 주도권은 적의 손에 넘어간다. 그러므로 나의 행동은 신속하게 다음 단계로 넘어가야 적이 효과적으로 대응할 수 없게 된다. 소위 손자가 "용병은 신속함을 중시한다"(兵之情主速)고 한 말의 참뜻이다. 클라우제비츠가 전략의 주요소로서 힘, 시간, 공간을 들면서 시간의 중요성을 강조한 것도 바로 이 때문이다. 풀러J. F. C. Fuller가 "시간을 낭비해서는 안 된다. 전시에서는 시간이 인명보다 더욱 귀중하다"라고 말한 것 역시 바로 이 때문이다. 오늘날 러시아군과 중국군의 용병이론에서 작전의 템포tempo와 '연속타격連續打擊'을 중시하고 있는 것도 역시 공세에서 시간의 중요성 때문이다. 이것은 주동의 위치를 계속 유지하기 위한 방법이다.

확실히 이론적으로 볼 때 공세를 취하는 쪽은 공격할 곳을 자유롭게 선정할 수 있다는 이점에 연유하여 주동의 위치에 설 가능성이 높다. 그러나 수세를 취하는 측이 필연적으로 피동의 위치에 서라는 법은 없다. 방자가 피동에 빠지지 않는 것은 첫째, 다양한 방법으로 적의 공격계획이나 공격력을 흐트러뜨림으로써 적이 계획대로 움직이지 못하게 하는 것이다. 수세적으로 적을 기다리지 않고 기회 있을 때마다 적에게 타격을 가하는 소위 '적극방어active defence'가 하나의 예이다. 둘째, 모든 것을 다 지키려고 생각하지 말고 결정적인 곳을 지킴으로써 부차적인 중요성을 가진 곳에 대해 적의 위협에 휘둘리지 않는 것이다. 셋째, 모든 방법을 동원하여 적의 진정한 계획을 파악해냄으로써 그것을 역이용하는 것이다. 손자가 "언제 어디서 결전을 치를지를 아는 것"(知戰之地 知戰之日)이라고 한 것은 적의 진격방향 및 속도를 포함하여 적의 진정한 의도가 무엇인지를 알고 있지 않으면 이루어질 수 없는 일이다. 그러므로 정보는 주동의 위치에 서기 위한 중요한 전제조건이다. 1차대전 초인 1914년 8월, 수세에 처해 있던 독일 제8군이 러시아 제 1, 2군 간의 무선을 감청하여 탄넨베르크 섬멸전을 이루어낸 것이나, 2차대전 당시 일본군의 암호인 매직Magic을 해독한 미군이 1942년 6월 4일 미드웨이Midway에서 항모를 집결하여 대기했다가 일본의 항모 기동함대의 공세를 격파한 것 모두가 적의 정보를 파악하여 주동의 위치에 선 예이다.

손자의 '적의 실을 피하고 허를 치라' 는 작전술 이론은 그 철학에 있어 클라우제비츠가 '적 주력의 섬멸을 작전의 궁극적인 목적으로 하라' 라고 말한 이론과 정반대의 입장에 서 있다. 후에 리델 하트Liddell Hart가 '간접접근방법Indirect Approach' 을 제시하면서 클라우제비츠식 사고방식을 비판한 것은 손자의 명제를 다시 들고 나온 것이라고 말할 수 있다. 여기서는 간략히 두 이론을 비교하여 손자의 이론적 특징을 설명하고자 한다.

클라우제비츠는 전쟁에서의 승리를 설명하면서, 두 개의 힘이 결전장에서 부딪쳐 먼저 깨지는 쪽이 진다고 보았다. 그러므로 사소한 병력들의 소규모 전투에서 이룬 승리나 패배는 전쟁의 대국적 승패에는 별 영향이 없다. 단지 적 주력이 소멸되어야만 적은 더 이상의 저항을 보일 수 없고, 그렇게 되면 적은 나의 의지에 굴복하게 된다. 이것이 그의 섬멸전이론의 핵심인데 그의 용병이론은 뉴턴 물리학에서 두 개의 물체가 서로 한 점을 지향하며 운동하다가 충돌하여 질량이 작은 쪽이 깨지는 것을 연상하게 한다. 반면 손자는 어떠한 방향으로 작용하는 힘에는 그 힘을 지탱하고 있는 작용점이 있다고 보았다. 그는 그 힘 자체보다는 작용점hinge을 무너뜨리면 그 힘 전체가 무너진다고 보았다. 손자에게 있어 그 작용점은 병력 그 자체보다는 병참을 의미하는 경우가 더 많다. 물론 클라우제비츠가 적의 측후방의 병참선을 위협하는 것이 효과적인 작전이라는 것을 전연 언급하지 않았다거나, 손자가 항상 힘 그 자체에도 허가 생길 수 있다는 것을 전연 언급하지 않았다고 말하는 것은 아니다. 그러나 손자의 강조점이 적의 병력에 대한 직접 타격보다는 적의 양도糧道, 즉 병참선을 끊는 것에 놓여 있다는 것은 틀림없다. 클라우제비츠의 이론이 나의 강점으로 적의 강점을 치는 것이라면 손자의 이론은 나의 강점으로 적의 약점을 치는 차이가 있다.

마이클 하워드Michael Howard가 클라우제비츠의 이론은 작전 차원에만 중점을 둔 나머지 그의 이론에서는 인류 역사상 위대한 지휘관들에 의해 끊임없이 중시되었던 병참Logistics의 중요성이 간과되었다고 한 것은 적절한 지적이다. 손자는 이미 〈작전〉 편에서 전쟁의 전반적인 수행에 있어 군수와 전시경제의 중요성을 말한 바 있지만 작전술 차원에서도 끊임없이 적의 병참 고갈 상태를 주요한 취약점의 하나로 고려하고 있다. 이 점에서 손자는 클라우제비츠에 비해 우월하다. 이러한 이론을 깊이 이해한 고구려의 을지문덕 장군은 612년 수양제의 130만 대군을 초토화와 유인전술을 써서 스스로 무너지게 하였고, 그로부터 꼭 1,200년 후인 1812년 쿠투소프Kutusov는 유사한 방법으로 나폴레옹의 45만 러시아 원정군을 완전 괴멸 상태에 빠뜨렸다.

손자의 각 편들은 모두 주옥 같지만 이 〈허실〉 편은 정화 중의 정화이다. 중국이 낳은 가장 유능한 황제이자 용병가라고 평가되는 당태종이 "《손자병법》 13편은 허실을 이야기한 것 외에 다름이 아니다"라고 한 것은 이유 없는 것이 아니다. 나는 용간用間에 의해 적의 수뇌부가 갖고 있는 의도를 알라고 하면서도, 동시에 야전에서 다시 '책지策之', '작지作之', '형지形之', '각지角之'의 방법으로 적을 파악하라고 한 손자의 주도면밀함에는 찬탄을 금치 못한다. 추상적인 차원에서 생각할 수 있는 용병술의 제요소를 이토록 짧은 분량의 문장들로 압축해놓은 이 편을 읽고 있노라면 '영원한 손자'라고 불릴 만하다는 생각을 떨칠 수 없다.

7

▼

군쟁

7. 군쟁軍爭

| 편명과 대의 |

이 편의 편명은 《십일가주손자》 계통의 판본에서나 《무경칠서》 계통의 판본 모두에서 '군쟁軍爭' 으로 되어 있지만 단지 일본의 《고문손자古文孫子》에만 '쟁爭' 이라는 한 글자로 되어 있다. '군쟁' 의 뜻은 전쟁에서 군대가 적보다 유리한 위치를 점하기 위해 경쟁하는 것을 말한다.

이 편에서 손자는 지금까지의 편들과는 달리 "장수가 직접 군주로부터 출정 명령을 받아 군대를 동원 · 편성하고 적과 대치하기까지" (將受命於君 合軍聚衆 交和而舍)라는 문장으로 시작하여 전쟁에서의 실제 용병술에 대해 이야기한다는 것을 분명히 하고 있다. 많은 주석자들이 《손자병법》을 크게 〈계〉 편에서 〈허실〉 편까지를 한 부분으로, 〈군쟁〉 편부터 그 이후를 한 부분으로 구분지을 수 있다고 한 것은 이 점을 명확히 포착한 것이다. 그렇다면 이 두 부분의 차이는 무엇인가? 그것은 〈허실〉 편까지는 용병의 추상 이론을 다룬 것이고 〈군쟁〉 편 이후에서는 실제적 용병론을 다룬 것이다. 〈허실〉 편까지, 특히 〈형〉 · 〈세〉 · 〈허실〉 편에서는 아군과 적군이라는 두 단위가 각각 하나의 추상적 통일체로 고려되고 있지만, 〈군쟁〉 편 이하에서는 아군과 적군을 구성하고 있는 각 부분의 결속結束과 이산離散, 지형 · 지리의 이용에 따른 아군과 적군의 유리有利, 불리不利가 동시에 고려되고 있다. 그러므로 〈모공〉 편에서 '知彼知己, 百戰不殆' (지피지기 백전불태)라고 한 것은 〈허실〉 편까지의 용병이론의 성격을 잘 드러내주고 있으며, 〈지형〉 편에서 '知吾卒之可以擊, 而不知敵之不可擊, 勝之半也. 知敵之可擊, 而不知吾卒之不可以

擊, 勝之半也. 知敵之可擊, 知吾卒之可以擊, 而不知地形之不可以戰, 勝之半也. 故知兵者, 動而不迷, 擧而不窮. 故曰, 知彼知己, 勝乃不殆. 知天知地, 勝乃可全'이라 하여 적과 나의 군대의 상태, 지형의 유불리有不利를 동시에 고려하여 용병을 하면 완전한 승리, 즉 '전승'을 이룰 수 있다고 한 것은 〈군쟁〉 편 이하의 손자의 용병론이 가지는 성격을 잘 말해주고 있다.

이러한 구체적 용병술을 다루는 첫 편인 〈군쟁〉 편의 논의의 핵심은 '우직지계迂直之計'라고 이름 붙여진 '기동의 원칙'과 치기治氣, 치심治心, 치력治力, 치변治變, 즉 후세에 소위 '사치四治'라고 명명된 '지휘의 원칙'이다. 언뜻 보기에 쉬워 보이는 길을 피하여 어려운 길로 돌아감으로써, 결과적으로는 오히려 적보다 유리한 위치를 선점하는 것이 기동에서 추구할 바라는 것이 손자의 주장이다. 그러나 손자는 적보다 유리한 위치를 점한다는 일념하에 보급을 고려치 않은 채 단지 속도를 내는 데에만 전심전력하여 위험에 빠지는 것을 경계하고 있다. 항상 지휘권을 예하 지휘관에게 완전 위임하여 부대가 분리되어 위험에 빠지는 기동방법이나, 항상 예하 부대를 하나로 통합해 움직이려는 지휘로 인해 기동의 속도가 지연되는 기동방법 양자를 다 경고하고 있다. 이러한 것이 대부대의 기동에 따른 부대의 지휘·통제에 관한 논의라면, 뒤에 논의되는 '치기', '치심', '치력', '치변'은 적과 나의 병력의 사기, 심리상태, 체력, 부대의 통제상태에 따른 지휘법에 관한 것이다. 요는 이 편의 전반부는 대부대를 분산과 집중, 그리고 유연한 지휘·통솔을 통해 기동하는 법을, 후반부는 적과 나의 병력 상태를 이용하여 용병하는 법을 논하고 있다. 전쟁에서 적과의 경쟁은 물론 다양한 지형과 주변국들과의 관계 속에서 이루어지기 때문에 이에 대한 고려가 포함되어 있다. '용병用兵', '치병治兵', '지형地形'은 〈군쟁〉 편 이하에서 거듭 논의되는 삼위일체라 할 수 있는데 〈군쟁〉 편은 그 대체大體를 제시한 편이다.

7-1

孫子曰. 凡用兵之法, 將受命於君, 合軍聚衆, 交和而舍, 莫難於軍爭. 軍爭之難者, 以迂爲直, 以患爲利. 故迂其途, 而誘之以利, 後人發, 先人至. 此知迂直之計者也.

손자는 다음과 같이 말했다. 무릇 용병의 방법에 있어 장군이 군주로부터 출정명령을 받아, 군을 편성하고 병력을 동원하며, 군영을 설치하고 진陣을 편성하여 적과 대치하는 데에 이르기까지 유리한 위치를 선점하기 위해 적과 경쟁하는 것만큼 어려운 일은 없다. 군쟁軍爭의 어려움은 우회하는 것으로 종국에는 직행하는 결과를 만들고, 일견 곤란해 보이는 상황을 바꾸어 종국에는 이로움이 되는 결과를 만들어내는 데 있다. 그러므로 먼 우회로를 택하고 이로움을 보여주어 적을 잘못된 곳에 유인해냄으로써, 적보다 늦게 출발해도 적보다 먼저 유리한 위치에 도달하게 되니, 이것이 곧 우직지계迂直之計, 즉 돌아감으로써 오히려 빨리 가는 법을 진정으로 아는 것이다.

어휘풀이

▪ 將受命於君, 合軍聚衆, 交和而舍, 莫難於軍爭(장수명어군, 합군취중, 교화이사, 막난어군쟁) : 여기서 將은 장군. 受命於君은 군주로부터 명령을 받는 것. 合軍聚衆은 '군을 합하고 대중을 모은다'로 직역되는데, 여기서는 군대를 편성하고 국민을 군인으로 동원하는 것을 말한다. 交和而舍에 대해서는 두 종류의 해석이 있다. 조조曹操, 두목杜牧, 매요신梅堯臣 등은 交和의 和가 軍門 즉 진영陣營의 문을 의미한다고 하여 두 군이 서로 상대를 향하여 대치한다는 의미로 주석했으며, 舍는 숙영宿營의 의미로 해석했다. 이전李筌, 가림賈林 등은 交和를 집결된 아군 병사

들을 서로 친숙하게 하고 군의 일체감을 형성한다는 의미로 해석하였다. 1972년 중국 은작산 한묘에서 발굴된 전국시대 《손빈병법孫臏兵法》의 〈십문十問〉 편에는 交和而舍의 문구가 여러 차례 나오는데 모두 양군의 대치상황을 말하고 있다. 따라서 조조의 해석을 따르는 것이 타당하다. 莫難於軍爭에서 於는 '~보다'의 뜻. 難은 어려움. 軍爭은 '군이 서로 유리한 위치를 선점하기 위해 전장에서 벌이는 경쟁'을 의미한다. 이 구절은 '군쟁보다 어려운 것은 없다'의 뜻. 문장 전체는 '장군이 군주로부터 출정 명령을 받아 군을 편성하고 동원을 하며, 군대가 전장으로 이동하여, 진영을 편성해 적과 대치하기까지 군쟁보다 어려운 것은 없다'는 의미이다.

▪ 軍爭之難者, 以迂爲直, 以患爲利(군쟁지난자 이우위직 이환위리) : 軍爭之難者는 군쟁에 있어 어려움이라는 것. 以迂爲直에서 迂는 '돌아가다, 우회하다'의 뜻. 直은 '직행하다'의 뜻. 이 문구는 '우회하는 것으로 결국은 더욱 목표달성에 수월하고 빠른 길로 만드는 것'이라는 뜻이다. 以患爲利에서 患은 곤경, 위기, 곤란한 상황. 이 문구는 '곤경을 오히려 이로움이 되게 하는 것'으로 해석된다. 문장 전체는 '군쟁의 어려움은 우회적인 방법을 써서 오히려 목표달성에 빠른 길로 만드는 것과 곤경을 활용하여 오히려 이익이 되는 결과를 만들어내는 데 있다'로 의역된다.

▪ 故迂其途, 而誘之以利, 後人發, 先人至(고우기도 이유지이리 후인발 선인지) : 途는 길 도. 道자와 뜻이 같다. 誘之는 꾀다, 유인하다의 뜻. 전체는 '우회하는 길을 택하고 이익을 보여줌으로써 적을 유인하고'로 해석된다. 여기서 人은 두 번 다 적敵을 지칭한다. 發은 출발하다, 기동하기 시작하다의 뜻. 至는 이르다, 도달하다. 後人發은 '後(於)人發'에서 於가 생략된 것으로, '적보다 늦게 출발하여'로 새긴다. 先人至는 '先(於)人至'에서 於가 생략된 것으로 '적보다 먼저 도달한다'로 새긴다. 문장 전체는 '우회의 길을 택하고, 이익을 보여주어 유인하여, 적보다 늦게 군을 기동시키고도 적보다 먼저 싸움에 유리한 위치를 점하게 된다'는 뜻으로 해석된다.

▪ 此知迂直之計者也(차지우직지계자야) : 此는 '이것'이라는 뜻의 지시대명사. 迂直之計는 우회의 길을 택해 목표를 더욱 빠르고 수월하게 달성하는 방법, 계책. 전체는 '이렇게 하는 것이 바로 우직지계를 아는 것이다.'

해설

실제 작전을 논하기 시작하는 〈군쟁〉 편의 첫머리에서 손자는 일반적인 원정작전의 단계를 말하면서 용병에서 가장 어렵고도 중요한 것이 '군쟁軍爭'이라고 말하고 있다. '군쟁'은 현대적 용어로 말하면 기동機動인데, 적보다 유리한 위치를 점하기 위해 부대를 이동시키는 것을 말한다. 즉 장군이 군주로부터 출전명령을 받으면 국민을 동원하고 편성하여 적과 대치하기까지 가장 어려운 것이 기동이라는 것이다. 〈군쟁〉에서 손자가 중시하는 것은 언뜻 보아 우회적인 길을 택하여 그것으로써 승리할 수 있는 형세形勢를 만들어내는 것이다. 기동거리가 짧고 성과가 곧 달성될 것이라고 판단하는 정면 접근로를 선택할 경우, 적도 역시 이를 상대편이 취할 가능성이 가장 높은 접근로라고 판단하여 여기에 철저히 대비하게 된다. 이러한 접근법은 아측의 접근을 예상하고 이를 대비하고 있는 적을 상대하기 때문에 도리어 피해가 크며 시간이 많이 걸리는 결과를 초래한다. 언뜻 보아 대단히 이동이 어렵고 멀리 우회해야만 하는 접근로는 이동 중에 난관이 많고 이동시간이 많이 걸리기 때문에 적은 아측이 이러한 접근로를 택하지 않을 것이라고 판단하는 경향이 있다. 바로 이 사실 때문에 아측은 대비되지 않은 적을 상대하게 되고 실제작전은 손쉽고 피해가 적으며 그 결과는 빠르고 결정적인 것이 된다.

이렇게 하기 위해서는 우선적으로는 우회하는 길과 방법을 택해야 하지만 그것만으로는 부족하다. 적극적으로 적을 꾀어 잘못된 곳에 묶어놓아야 한다. 그것은 일견 적에게 유리한 점을 보여주어 그곳으로 적을 이끌어냄으로써 성취된다. 이것은 적의 관심을 그곳에 묶어두어 아측의 은밀한 우회기동을 눈치채지 못하게 하는 효과와 아울러, 아측이 목표한 곳에 도달했을 때 적은 그의 힘을 아측으로부터 멀리 떨어진 곳에 집중하는 결과를 초래한다. 이러한 기동은 처음에는 아측에게 어려움으로 보이지만 결과적으로 이점으로 변한다. 이렇게 우회로를 택하고 적을 유인하여 그의 힘과 관심을 결전이 벌어질 장소로부터 멀리 떨어뜨려놓으면 적보다 뒤에 군대를 기동시켜도 결과에서는 적보다 먼저 유리한 점에 도달하는 것이니, 이것이 바로 '돌아가는 것이 곧 바로 가는 것이 된다'는 의미의 '우직지계迂直之計'인 것이다.

이러한 우직지계는 역사상 유명한 명장들의 전사에 수없이 되풀이해 나타나고 있다. 기원전 218년 10월 카르타고의 한니발Hannibal 장군이 알프스 산맥을 넘어 남부 프랑스 지역에 있던 로마군의 배후로 기동한 것, 나폴레옹이 1800년 5~6월에 마렝고Marengo전역에서 알프스를 횡단하여 제노바-니스 간의 접근로에 관심을 집중하고 있던 멜라스Melas 장군 휘하의 오스트리아군 배후에 진출한 것, 또 1805년 9~10월 울름Ulm에 기지를 두고 다뉴브 강과 라인 강 상류의 흑림지대Black Forrest를 통한 나폴레옹군의 진출에 대비하고 있던 마크Mack 장군 휘하의 오스트리아군의 기대와는 달리 나폴레옹이 라인 강 중류에서 도하하여 광정면 기동으로 비엔나-울름 간의 오스트리아 병참선을 차단한 것, 2차대전 초 독일군이 프랑스 침공계획을 논의할 당시 만슈타인Manstein 장군이 독일군 총참모부의 작전계획, 즉 1차대전 전의 슐리펜Schlieffen 계획과 유사하게 네덜란드, 벨기에의 평탄한 지역을 통과하여 파리로 향하는 '황색계획Plan Yellow'에 반대하며 판처 그룹Panzer Group(기갑부대)으로 하여금 기동부대 활동에 제약이 많은 아르덴느Ardennes 삼림지역을 통과하여 뫼즈Meuse 강을 세당Sedan에서 도하함으로써 적의 의표를 찌르는 기동계획을 제시하여 프랑스를 전격전電擊戰으로 패배시킨 것, 태평양전쟁 초기 야마시타 도모유키山下奉文 장군의 일본군 제25군이 말레이 침공을 단행할 때 싱가포르를 직접 남쪽에서 해상으로 공격하는 대신 적의 의표를 찔러 말레이 반도의 북쪽에서 정글지역을 뚫고 질풍과 같은 공격을 개시한 것, 1950년 9월 한국전쟁 당시 맥아더 장군이 상륙지역으로 부적합하다고 많은 육·해·공군의 장군들이 반대하던 인천에 상륙하여 전세를 하루아침에 바꾸어버린 것, 1967년 6일전쟁(제3차 중동전쟁) 당시 이스라엘 공군이 개전 초 이집트와의 국경인 시나이 반도를 횡단하지 않고 지중해 쪽으로 비행하다가 카이로의 후방지역으로 선회하여 이집트 비행장과 항공기들을 격멸한 것 등은 전사상 수많은 예 중의 대표적인 몇 가지에 불과하다. 최근에 전략이론가 루트왁Edward N. Luttwak은 그의 책 《전략Strategy》에서 전략의 패러독스는 "좋은 길은 바로 적이 그것을 예견하고 이에 대응할 가능성이 높다는 바로 그 사실 때문에 나쁜 길이 된다"고 하였는데 이것은 바로 손자의 '우직지계'의 원리를 설명한 것이다.

7-2

故軍爭爲利, 軍爭爲危. 擧軍而爭利, 則不及. 委軍而爭利, 則輜重捐. 是故, 券甲而趨, 日夜不處, 倍道兼行, 百里而爭利, 則擒三將軍, 勁者先, 疲者後. 其法十一而至. 五十里而爭利, 則蹶上將軍. 其法半至. 三十里而爭利, 則三分之二至. 是故, 軍無輜重則亡. 無糧食則亡. 無委積則亡.

그러므로 군쟁은 잘하면 이익이 되는 반면 잘못하면 위태롭게 된다. (적을 유인할 계책이 없이 단순하게 적보다 빨리 요해처要害處에 도달한다는 일념하에) 전군을 한꺼번에 기동시켜 이로움을 얻기 위해 적과 경쟁하면 (기동속도가 느려 요해처에) 미치지 못한다. 치중輜重부대를 뒤에 남겨놓고 지휘권을 예하 전투부대 지휘관에 위임하여 전투병력만을 기동시켜 이로움을 얻기 위해 적과 경쟁하면 치중부대가 위험에 빠진다. 이렇기 때문에 갑옷을 말아 벗어붙이고 달려가, 밤낮으로 휴식도 취하지 않고, 2배속의 강행군을 하고 병사들을 독려하여 전부대가 동시에 진출함으로써, 백리의 거리에 걸쳐서 적과 이로움을 다투면 그 결과 상장군上將軍, 중장군中將軍, 하장군下將軍, 세 장군이 적에게 사로잡히게 된다. 가볍고 날랜 병사들은 먼저 가고 그렇지 못한 병사들은 뒤에 처지니, 이러한 방법을 쓰면 병력의 10분의 1만이 목적하는 곳에 도달한다. 50리의 거리를 이러한 방법으로 유리함을 얻기 위해 적과 경쟁하면 상장군을 잃고 병력의 절반만이 목적하는 곳에 이를 뿐이다. 30리의 거리를 이러한 방법으로 이로움을 다투면 병력의 3분의 2만이 목적하는 곳에 이른다. (그러므로 이러한 방법으로 기동하면) 군은 치중이 따르지 않아 망하고, 양식이 없어 망하고, 비축해둔 물자가 없어서 망한다.

어휘풀이

▪ 故軍爭爲利, 軍爭爲危(고군쟁위리 군쟁위위) : 危는 위태로움, 위기. 전체는 '군쟁은 (방법에 따라) 이롭게 될 수도 있고 위기에 빠질 수도 있다.'

▪ 擧軍而爭利, 則不及(거군이쟁리 즉불급) : 擧軍은 군을 단일 부대로 편성해 일시에 기동시키는 것. 及은 '도달하다', '미치다'의 뜻. 문장 전체는 '군을 분리하지 않고 최고지휘관의 직접 통제하에 일시에 기동시켜 싸움에 유리한 지점을 확보하고자 하면 (기동속도가 둔화되어) 요해처에 미치지 못한다.'

▪ 委軍而爭利, 則輜重捐(위군이쟁리 즉치중손) : 委軍은 군을 예하 지휘관에 지휘권을 완전히 위임하여 분산기동시키는 것. 輜重은 보급품. 捐은 손상, 손해. 문장 전체는 '군대를 분리하여 예하 지휘관에게 지휘권을 위임하여 따로따로 기동시키면 (적의 기습을 받아) 보급품에 손해를 입을 수 있다.'

▪ 是故, 券甲而趨, 日夜不處, 倍道兼行(시고 권갑이추 일야불처 배도겸행) : 券甲은 갑옷을 말아두는 것. 日夜不處는 밤낮으로 쉼없이 행군하여 어느 곳에도 쉬지 않는 것. 倍道兼行의 倍道는 행군의 속도를 두 배로 하는 것. 兼行은 '밤과 낮을 겸하여 행군하다'는 뜻으로 日夜不處와 같은 뜻이다. 전체는 '그러므로 (적보다 빨리 유리한 지점을 장악한다는 일념에서) 갑옷을 말아붙이고 달려 (행군에 간편하게 하고) 주야로 휴식 없이 평소의 두 배 속도로 강행군하여'로 해석된다.

▪ 百里而爭利, 則擒三將軍, 勁者先, 疲者後, 其法十一而至(백리이쟁리 즉금삼장군 경자선 피자후 기법십일이지) : 擒은 '사로잡다'의 뜻이나 여기서는 수동태로 '사로잡히다'로 쓰였다. 三將軍은 상군, 중군, 하군을 지휘하는 장군을 통칭하는 말. 勁者는 날랜 사람(병사)들. 疲者는 피로한 사람(병사)들. 十一而至는 '10분의 1만이 목적지에 도달한다'는 뜻. 전체의 뜻은 '(이러한 방법으로) 백리를 기동하면 삼장군이 사로잡히는 위기를 맞게 된다. 날랜 병사들은 먼저 가고 피로한 병사들은 뒤에 처져 병력의 10분의 1만이 목적지에 이르는 결과를 빚는다.'

▪ 五十里而爭利, 則蹶上將軍. 其法半至(오십리이쟁리 즉궐상장군 기법반지) : 蹶은 쓰러진다는 뜻. 半至는 '전체 병력의 절반이 이른다'는 뜻. 전체의 뜻은 '(이러한 방법으로) 50리를 기동하면 상장군이 쓰러지며 병력의 반만이 목적지에 이른다.'

▪ 三十里而爭利, 則三分之二至(삼십리이쟁리 즉삼분지이지) : 30리를 행군하면 병력의 3분의 2만이 목적지에 도달한다.

▪ 是故, 軍無輜重則亡. 無糧食則亡. 無委積則亡(시고 군무치중즉망 무량식즉망 무위적즉망) : 委積은 '맡겨놓은 군수물자'로 직역되며 예비 군수품의 뜻임. 전체는 '그러므로 군에 보급품이 없으면 망하고 양식이 없으면 망하고 예비로 확보해 놓은 군수물자가 없으면 망한다.'

해설

이 절에서 손자는 '군쟁', 즉 군의 기동은 그 방법 여하에 따라 이익이 되기도 하고 위태로움으로 변할 수도 있다고 경고하고 있다. 그 다음에 오는 문장들이 그 두 가지의 위태로움을 동반하는 기동의 예이다. '거군擧軍'이란 군 전체를 총사령관이 직접 지휘해 한 번에 기동시키는 것을 의미하고, '위군委軍'이란 군을 여럿으로 분할하여 그 지휘권을 예하 지휘관들에게 위임하여 운용하는 것을 말한다. 이 절에서 손자가 의미하는 바는 대군을 한 번에 기동시키면 기동속도가 둔화되어 원하는 시간에 목적지에 이르지 못할 가능성이 높고, 군의 지휘권을 분할하여 기동시키는 경우 보급에 문제가 일어날 수 있다고 그 양 극단을 경고하는 것이다. '거군'의 방법으로 기동하면 전투부대와 병참부대가 동시에 이동하니 위험성은 없지만 행군속도가 느려져 적보다 먼저 요해처에 이를 수가 없다. 그러므로 결전이 벌어질 곳에서는 불리한 상황에 빠진다. '是故卷甲而趨(시고권갑이추)부터 三十里而爭利, 則三分之二至(삼십리이쟁리 즉삼분지이지)'까지는 '위군'의 방법에 의해 기동할 때 생기는 폐해에 대한 경고이다. 즉 유리한 위치를 적보다 빨리 차지하기 위해 전군을 분할해 예하 지휘관들에게 지휘권을 위임하고 병사들이 갑옷을 말아서 등뒤에 매달고 급히 뛰듯이 행군하여, 밤낮으로 쉬지 않고, 보통때의 두 배 속도로 강행군하는 기동을 하게 하는 경우, (1) 만약 그 군대가 그런 방법으로 100리를 행군하면 삼장군三將軍이 사로잡히고, 빠른 자는 일찍 목적지에 도착하고 피로한 자는 뒤에 처져

전 병력의 10분의 1만 목적지에 도착하게 될 위험성이 있고, (2) 만약 그런 방법으로 50리를 행군하면 상장군을 잃고 병력의 절반만이 목적지에 도달하게 될 위험성이 있고, (3) 만약 그런 방법으로 30리를 행군하면 병력의 3분의 2만이 목적지에 이르게 될 위험이 있다. 삼장군은 주장 아래의 상장군上將軍, 중장군中將軍, 하장군下將軍을 말하며 상장군은 선봉부대를 이끄는 장군을 말한다. 이 경우들은 모두 속도에만 집착하여 병참이나 적의 상황을 고려치 않고 군을 무리하게 급행군하게 할 경우 빚을 수 있는 위험성을 보여주는 예들이다.

그 다음에 오는 문장 '軍無輜重則亡. 無糧食則亡. 無委積則亡(군무치중즉망 무량식즉망 무위적즉망)'은 '위군委軍'의 방법으로 군을 기동시킬 때 나타나는 위험성을 경고한 것이다. 대부분의 손자 주석자들이 이 문장을 군대의 행군시에 치중, 식량은 반드시 확보해야 한다는 식의 독립적인 구절로 해석했는데 이는 이 문장을 전체적인 문맥 속에서 해석하지 않은 것이다. 십가十家 중에서는 오직 진호陣皡, 장예張預만이 이 문장이 위군의 경우를 말하는 것이라고 정확히 지적하고 있다. 이미 이 절 맨 앞에서 '委軍而爭利, 則輜重捐(위군이쟁리 즉치중손)'이라 하여 병력을 분할하여 지휘권을 위임하고 주장主將은 본대와 보급수송을 맡은 치중대輜重隊를 이끌도록 할 때 치중이 손해를 볼 수 있다고 한 것으로 보아, 여기서 말하는 '無輜重', '無糧食', '無委積'은 모두 '위군'의 폐해를 말하는 것으로 해석했다. 또한 뒤따르는 절에서 '以分合爲變者(이분합위변자)'라고 상황에 따라 때로는 '거군'의 방법에 의해 때로는 '위군'의 방법으로 군을 기동시키는 것이 이상적인 군의 기동방법이라고 말한 것으로 보아 '軍無輜重則亡. 無糧食則亡. 無委積則亡'은 '위군'에만 의존하여 기동하는 군대의 위험성을 말하는 것으로 이해해야 한다. 즉 부대의 기동속도를 높일 목적으로 주장이 이끄는 본대와 치중대가 뒤에서 행군하고 병력을 분산하여 예하 부대들을 치중대 없이 기동시킬 경우, 그 부대들은 보급상의 곤란을 겪어 위기에 빠질 위험성이 높다는 점을 지적하고 있는 것이다.

이 절에서 손자는 '거군' 즉 집권적 통제방법과 '위군' 즉 분권적 통제방법의 각각에 대해 그 폐해를 말하고 있는데 그가 의도하고 있는 것은 꼭 부대의 통제방법에 관한 것만은 아니다. 그것은 뒤에 오는 절을 읽으면 명백해진다. 손자가 여기서 의미하는 바는 설사 장수에게 유리한 전략 요충지를 인식하는 능력이 있다 할지라도 이에 이르는 데 필연적으로 생각해야 하는 다른 고려요소 즉 병참, 지형, 적정 등을 경시한 채 부대 안전에만 집착하거나 속도에만 집착해서는 안 된다는 것이다. 물론 이 절에서 '거군', '위군'의 폐해를 말하는 것으로부터 우리는 집권적 지휘 · 통제방법이나 분권적 지휘 · 통제방법이 고정적으로 사용되어서는 안 된다는 것, 달리 말하면 때에 따라서는 집권적 지휘 · 통제방법을 쓰고 때에 따라서는 분권적 지휘 · 통제 방법을 상황에 맞게 써야 된다는 점을 문맥 속에서 파악할 수 있다.

이 절의 맨 첫 문장은 판본에 따라 차이가 있다. 《십일가주손자》 계통의 판본에는 이 문장이 '故軍爭爲利, 軍爭爲危(고군쟁위리 군쟁위위)'라고 되어 있는 데 반해, 《무경칠서》 계통 《손자》 판본과 《통전通典》에는 '故軍爭爲利, 衆爭爲危(고군쟁위리 중쟁위위)'라고 되어 있다. 우리가 《무경칠서》 계통 판본의 원문을 취할 경우 앞의 '군쟁'은 제대로 된 기동에 의한 적과의 경쟁으로 해석할 수 있고 뒤의 '중쟁衆爭'은 무리로써 적과 경쟁하는 것, 즉 군을 한 덩어리로 지휘하는 잘못된 기동에 의한 적과의 경쟁으로 해석할 수 있다. 이럴 경우 '중쟁'은 마치 뒤에 나오는 '거군'의 뜻과 유사해진다. 그러나 손자가 이 문장에서 말하고 있는 것은 '거군'은 당장 위태롭지는 않은 안전한 기동방법이기는 하지만 유리한 전략적 요충을 점령할 수 없는 것이며, '위군'은 속도를 내기 위해 병참을 고려치 않고 군을 분산 기동시키는 방법인데 그것은 적에게 공격받아 치명적인 손실을 입는 위험성을 갖기 때문에 그 양자에 집착하는 것을 경고하는 것이다. 그러므로 이 절 전체의 내용으로 비추어보면 《무경칠서》 계통 판본의 '중쟁' 보다는 《십일가주손자》 계통 판본의 '군쟁' 이 손자의 취지에 부합한다. 즉 이 문장에서 '군쟁' 은 일반적으로 기동법을 지칭한 것이며 문장 전체는 그것이 사용하기에 따라 이익이 될 수 있고 해악이 될 수도 있다는 것을 말하는 것으로 보아야 할 것이다. 따라서 《십일가주손자》 판본의 원문을 따른다.

7-3

故不知諸侯之謀者, 不能豫交. 不知山林險阻沮澤之形者, 不能行軍. 不用鄕導者, 不能得地利. 故兵以詐立, 以利動, 以分合爲變者也. 故其疾如風, 其徐如林, 侵掠如火, 不動如山. 難知如陰, 動如雷霆. 掠鄕分衆, 廓地分利, 懸權而動. 先知迂直之計者, 勝. 此軍爭之法也.

그러므로 주변국 군주들의 전략을 알지 못하면 미리 외교적 동맹을 맺어둘 수 없고, 전장에 이르기까지의 삼림, 험한 지형, 늪지 등 지리와 지형을 알지 못하면 군을 기동시킬 수 없고, 길을 인도하는 현지인의 도움을 받지 않으면 지리의 이점을 완전히 이용할 수 없다. 그러므로 용병은 적을 기만함으로써 성립하고, 이로움을 보여주어 적을 움직이고 병력을 집중하기도 하고 분산하기도 하여 변화를 만드는 것이다. 그러므로 병력의 기동은 빠를 때는 바람과 같이 하고, 서서히 움직일 때는 수풀의 움직임과 같이 하며, 적을 약탈하는 것은 타오르는 불과 같이 하고, 움직이지 않을 때는 마치 산과 같이 꿈쩍도 하지 않는다. 적이 나의 움직임을 알기 어려운 것은 어둠 속을 들여다보는 것과 같이 하고, 내가 움직일 때는 마치 천둥 번개가 치듯이 한다. 적의 지방을 약탈하면 그 주민을 나누고, 적국의 점령지를 확대하여 나오는 이익을 나누어주며, 위세를 보이고 나서 다음 작전지역으로 기동하는 것이다. 우선 우직지계迂直之計를 아는 사람이 승리한다. 이것이 곧 군이 기동하는 방법이다.

어휘풀이

▪ 故不知諸侯之謀者, 不能豫交(고부지제후지모자 불능예교) : 諸侯는 여기서 주변 국가의 군주를 말함. 손자 당시 초, 오, 월나라는 왕을 칭했으나 다른 국가들은 여전히 명목상 주왕실의 제후였으므로 제후는 곧 개별 국가의 군주를 의미하는 일반 용어이다. 謀는 모책, 교묘한 전략. 豫交의 豫는 '미리', '먼저' 라는 부사로서의 뜻과 '예측하다' 라는 동사로서의 뜻이 있는데 여기서는 양쪽으로 해석될 수 있다. 交는 교제, 외교의 뜻과 교전交戰의 뜻이 있다. 문장 전체는 '주변국 군주의 모책을 알지 못하면 (전쟁을 수행하는데 도움받을 수 있도록) 미리 인접국가와 동맹관계를 맺어둘 수 없다' 는 뜻. 이 문장의 다른 해석에 대해서는 본문 해설을 참조할 것.

▪ 不知山林險阻沮澤之形者, 不能行軍(부지산림험조저택지형자 불능행군) : 險阻는 험지와 장애물지대. 險은 험할 험. 阻는 막힐 조. 沮는 물이 번질 저. 澤은 못 택. 沮澤은 소택지대. 전체의 뜻은 '삼림, 험조, 저택과 같은 지형을 모르고서는 군을 기동시킬 수 없다.'

▪ 不用鄕導者, 不能得地利(불용향도자 불능득지리) : 鄕導는 길 안내자. 地利는 땅에 의해 군사작전에서 얻을 수 있는 이점. 문장 전체의 뜻은 '향도를 사용하지 않으면 지리적인 이점을 (완전히) 얻을 수 없다.'

▪ 故兵以詐立, 以利動, 以分合爲變者也(고병이사립 이리동 이분합위변자야) : 兵은 여기서 '용병' 의 뜻으로 쓰였다. 詐는 속임수. 分合의 分은 분산, 合은 집결. 爲變者는 변화를 만드는 것. 문장 전체의 뜻은 '용병은 적을 속이는 것에 의해 성립하며 이익이 되는 점을 보여주어 적을 움직이고 (상황에 따라) 군을 나누기도 하고 합치기도 하며 변화를 만들어내는 것이다.'

▪ 故其疾如風(고기질여풍) : 其는 '그' 라는 뜻의 지시사. 疾은 빠름, 신속함. 如는 '~과 같다' 는 뜻. 전체는 '(제대로 된 용병은) 빠를 때는 마치 바람과 같고.'

▪ 其徐如林(기서여림) : 徐는 천천히 서. 서서히 움직임. 전체는 '서서히 움직일 때는 (살랑살랑 움직이는) 수풀과 같으며.'

▪ 侵掠如火(침략여화) : 侵掠은 침입해 약탈하는 것. 侵은 침노할 침. 掠은 노략질할 략. 전체는 '침략해 약탈할 때는 마치 (타오르는) 불과 같고.'

▪ 不動如山(부동여산) : 움직이지 않고 멈추어 있을 때는 마치 산이 버티고 있는 것과 같다.

▪ 難知如陰(난지여음) : 陰은 어두움, 깜깜함. 전체는 '(그 움직임을) 파악하기 어려

운 것이 마치 어둠 속을 들여다보는 것과 같고.'

▪ 動如雷霆(동여뇌정) : 雷는 우레 뢰. 霆은 벼락 정. 전체는 '움직일 때는 마치 우레와 벼락치는 것과 같다.'

▪ 掠鄕分衆(약향분중) : 掠鄕은 적지의 마을들을 침략하는 것. 分衆은 점령지의 주민을 나누는 것. 전체는 '적의 마을들을 침략하여 그 주민들을 나누고' 의 뜻.

▪ 廓地分利(확지분리) : 廓은 열 확, 클 확. 전체는 '영토를 확대하고 그 이익을 나눈다' 는 뜻.

▪ 懸權而動(현권이동) : 懸은 '내걸다, 달다, 내보이다' 의 뜻. 權은 여기서 '권력, 위세' 의 뜻. 而는 '~하고' 의 연결사. 전체는 '위세를 드러내 보이고 다음 지역으로 이동한다.'

▪ 先知迂直之計者, 勝(선지우직지계자 승) : 先은 우선. 전체는 '우선 우직지계를 아는 사람이 승리한다.'

▪ 此軍爭之法也(차군쟁지법야) : 此는 '이것' 이라는 지시대명사로서 여기서는 앞에 말한 내용 전체를 받는다. 전체의 뜻은 '이것이 바로 군쟁하는 법이다.'

해설

윗절에서 '거군' 과 '위군' 의 폐해를 제시하고 나서, 손자는 이 절에서 군쟁에서 성공할 수 있는 기동방법을 제시하여 군쟁의 요체를 압축하여 표현하고 있다. 즉 적과 전장환경에 대한 심각한 고려와 대비 없이 안전한 작전에만 신경을 써서 전투부대와 치중부대 전체를 분리하지 않고 주장主將이 직접 이끄는 '거군' 의 기동방법에 의존하는 것과, 반대로 속도에 치중하여 치중대를 뒤에 남겨놓은 채 예하 지휘관들의 지휘에 맡겨 개별적으로 움직이게 하는 '위군' 의 기동방법에 의존하는 것은 다음 조건을 결하기 때문에 위험하다는 것이다. 이러한 방법들은 바로 '적 및 주변국의 전략' (諸侯之謀), '지형' (山林險阻沮澤之形)을 고려하지 않고, 향도鄕導를 사용할 줄 모르는 위험하고 무모한 기동이라는 것이다. 이 말은 잘된 기동은 적 및 주변국 군주와 장수의 전략의도를 알아 미리 싸움이 벌어질 때 도움을 받을 수 있도록 동맹을 맺어놓고, 지형적 조건에 따라 부딪힐 수 있는 장애와 이로움 등을 고려하면서, 현지의 사정에 밝은 인물의 안내를 받아가며 행해져야 한다는 것이다. 즉 여기서는 위험이 있을 경우에는 천천히 경계하며 기동하고, 위험이 없을 경우에는 빨리 기동하고, 지형이 평탄하거나 숙영에 적합하면 빨리 기동하고, 장애가 있거나 기습당할 위험이 있을 경우는 우회하는 등 상황에 맞게 기동의 완급緩急, 방향을 조정해가야 한다는 의미를 함축하고 있다. 이것은 뒤따르는 절에서 재차 강조되고 있다.

여기서 '不知諸侯之謀者, 不能豫交(부지제후지모자 불능예교)' 의 '제후諸侯' 가 누구를 의미하느냐가 하나의 의문이다. 일부의 주석자들은 이를 적의 군주를 의미하는 것으로 해석하는데, 그러면 '不能豫交' 의 '交' 는 '적과 마주치는 것' , 즉 교전의 뜻으로 새겨지고 문장 전체는 적과 마주칠 곳을 예측하지 못한다는 의미가 된다. 다른 일부의 주석자들은 제후를 주변국의 군주를 의미하는 것으로 해석하는데, 그러면 '不能豫交' 의 '交' 는 외교적 교섭의 뜻으로 새겨지고 문장 전체는 주변국의 군주에게 사절을 보내 미리 아측에 유리한 협조를 구해놓을 수 없다는 의미가 된다. 이 양자의 해석은 각각 일리가 있다. 나는 여기서 '諸侯' 는 주변국의 군주를 의미하며 '豫交' 는 주변국의 군주와 미리 협조를 약속하는 외교관계를 맺어두는 것이라는 해석을 따랐다. 왜냐하면 '故不知諸侯之謀者, 不能豫交. 不知山林險阻沮澤之形者, 不能行軍. 不用鄕導者, 不能得地利' 라는 문장은 〈구지〉 편에 동일하게 다시 한 번 나타나는데 그곳에서 이 문장과 관련하여 연속해서 서술한 문장에서는 '交' 자는 명백히 외교관계를 말하고 있기 때문이다.

그 다음의 '故兵以詐立, 以利動, 以分合爲變者也(고병이사립 이리동 이분합위변자야)' 라는 문장은 군쟁은 먼저 적을 속여 아측의 의도를 오판하게 만들고 언뜻 이로운 점을 노출시켜 적을 잘못된 곳으로 움직이게 만들고, 아측은 적의 움직임과 지형의 조건 등을 고려하여 상황에 따라 거군의 방법으로 집결하여 기동하기도 하고 위군의 방법으로 분산시켜 기동하는 방법 등을 자유자재로 변화시켜가며 운용할 수 있어야 한다는 뜻을 담고 있다. 앞절에서 말한 거군, 위군에 집착하는 군쟁법이 위태로운, 즉 '군쟁위위軍爭爲危'의 군쟁법이라면 여기서 손자가 말하는 상황에 따라 분합分合을 적절히 하여 적을 궁지에 빠뜨리는 군쟁법은 이로움이 되는, 즉 '군쟁위리軍爭爲利'의 군쟁법이다.

'分合爲變'에 관해서는 그 정확한 의미에 대해 역대의 많은 연구가들의 해석이 있다. 《이위공문대李衛公問對》에서 당태종은 '分合爲變'이라는 것은 기정에 있는 것이 아닌가라고 이정李靖에게 묻고 있는데, 이에 대해 이정은 당태종의 해석을 수긍하고 있다. 일본 강호시대의 도쿠다유쿄恩田仰岳 역시 "'分合爲變'이라는 것은 기정을 사용하고 부대를 나누기도 하고 합치기도 하는 등 기정분합奇正分合이 원활하게 서로 변화를 일으켜 이로 인해 승리를 이루는 것이다"라고 하여 분합을 〈세〉, 〈허실〉편에서 논의한 기정의 개념과 연관짓고 있다. 물론 이렇게 분합을 기정과 연결시키는 것은 옳은 해석이다. 왜냐하면 군쟁 그 자체가 이미 기동으로 승리를 얻을 수 있는 상황을 조성하는 과정이고 기동 중의 어떤 부대는 정병正兵, 어떤 부대는 기병奇兵의 역할을 할 수도 있기 때문이다.

그러므로 손자는 용병에 있어 속도를 중시하기는 하지만 속도를 내는 것에 얽매여 주변상황을 고려하지 않고 진출함으로써 군을 위기로 몰아넣어서는 안 된다고 보는 것이다. 손자는 〈구지〉편에서 "용병은 속도를 중시한다"(兵之情主速)라고 하여 빠른 기동의 중요성을 강조하고 있지만 적의 동태, 아측의 보급사정, 지형을 고려하지 않은 빠른 기동이 가져올 수 있는 위험에 대해서는 이미 위에서 경고한 바 있다. 그러므로 손자가 생각하는 용병을 잘하는 사람의 기동은 빠를 때는 바람과 같고 느릴 때는 수풀이 살랑이듯 서서히 이루어질 필요가 있고, 적국에 침입하여 약탈을 할 때는 불이 번지듯 맹렬하게 하고, 움직이지 않을 때는 산이 부동의 위치로 우뚝 서 있는 것처럼 함으로써 적이 우리측의 다음 의도를 알기 어려운 것이 마치 어둠에 싸인 것처럼 하고 움직일 때는 번개와 천둥이 치듯 하라는 것이다.

이 절에서 '掠鄕分衆, 廓地分利, 懸權而動(약향분중 확지분리 현권이동)'의 문장에 관해서는 그 의미가 명백하지 않기 때문에 여러 해석자들의 다양한 논의가 있어왔다. 우선 '掠鄕分衆'의 경우 어떤 해석자는 이를 적의 고을을 약탈하고 나서는 그 약탈물을 주민들에게 나누어준다는 의미로 해석한 사람이 있다. 이는 손자를 도덕적으로 해석하려는 시도의 하나인데 잘못된 것이다. 최근 중국의 주군朱軍이 지적하듯이 손자가 〈구지〉 편에서 "중지에서는 약탈을 하라"(重地則掠)고 하고 "풍부한 들에서 약탈을 하여 식량을 해결한다"(掠於饒野, 三軍足食)고 한 것 등은 모두 그 약탈의 목적이 군량 해결에 있다는 것을 명백히 보여주는 것이다. 또 다른 해석자들은 '掠鄕分衆'을 적의 고을을 침략하고서는 이곳을 지키기 위해 병력의 일부를 나누어 수비하게 한다는 뜻으로 해석하고 있다. '廓地分利'에 대해서도 어떤 해석자들은 이를 이익을 분배하는 대상이 원정에 참가한 병사들이라고 보는 한편 다른 해석자들은 이 대상이 아측에 동조하는 사람들에게 나누어주는 것이라고 해석하고 있다.

그런데 이 문장 전체를 정확히 이해하기 위해서는 이 문장이 '掠鄕分衆, 廓地分利' 한 다음에 '懸權而動' 하는 순차적인 행동 과정을 말하고 있는 것임에 주목해야 한다. '懸權而動'의 해석 여하에 따라 앞의 '掠鄕分衆, 廓地分利'의 의미가 보다 뚜렷해질 것이다. '懸權而動'에서 '懸'자는 '내걸다', '드러내 보이다'의 뜻을 갖고 있는데 그러므로 '懸權'의 '權'은 '위세威勢'로 새겨야 하고 '懸權'은 위세를 보여주는 것으로 이해해야 한다. 이렇게 볼 경우 '懸權而動'은 점령지민에 대해 위세를 보여주고 다음의 작전지역으로 이동한다는 의미로 해석해야 한다. 일본 강호시대의 야마가소코우山鹿素行는 '懸權'의 '權'을 저울질할 칭秤의 의미로 보고 '懸權'을 당시의 형세를 저울질하는 것으로 해석하는데 아무래도 어색하다.

그러므로 '廓地分利'는 우선적으로 아군의 공로자에게 이利를 나누어 주는 논공행상으로 이해할 수도 있지만 동시에 아측의 점령이나 점령지 정책에 호응하는 그 지방 유력자나 주민에 대한 논공행상에 대한 의미도 포괄한다고 생각된다. 이 해석은 〈작전〉 편에 적지를 점령할 경우 "적의 군기를 우리의 군기로 바꾸어 달고, 빼앗은 적의 차를 더해 아측의 본래 전차와 혼성 편성하고, 점령지의 적병을 교화하여 우리 병사로 기름으로써 승리를 하면 할수록 더욱 강해진다고 하는 것이다"(而更其旌旗, 車雜而乘之, 卒善而養之. 是謂, 勝敵而益强)는 '勝敵而益强(승적이익강)'의 취지와 맥이 닿는 것이다. 또한 이치로 보아도 그렇게 해야만 후방의 안전을 도모하면서 병력의 큰 분산 없이 다음의 작전지역으로 이동할 수 있는 것이다. 그렇다면 '掠鄕分衆' 역시 적의 고을을 점령한 뒤에는 아측에 동조하는 세력과 그렇지 않은 세력을 구분하여 세력을 재편한다는 의미로 해석해야 마땅할 것이다.

이 절의 마지막 문장에서 손자는 우선 우직지계를 아는 사람이 승리한다고 하고 이것이 군쟁의 법이라고 결론짓고 있는데, 이 문장은 앞에 말한 '약향분중, 확지분리, 현권이동', 즉 점령지 정책보다 우선시되는 것이 '우직지계' 즉 전략적 우회기동이라는 것을 말한 것이다. 점령지 정책도 원정작전에서는 중요하다. 그러나 이것은 기습적인 전략적 우회기동에 의해 압도적 승리를 얻고 나면 그리 큰 문제가 되지 않을 수 있다.

손자가 이 절에서 강조하는 것은 전체적 상황을 고려해 기동의 완급, 방향을 조절하고, 적을 속이고 유인하고 우리를 감추어 그 의도를 알기 어렵게 만들며, 때로는 병력을 분산하고 때로는 병력을 집중해 적의 허에 번개같이 쇄도해 들어가야 한다는 것이다. '그 빠를 때는 바람과 같고'(其疾如風), '움직일 때는 천둥 번개가 치듯 한다'(動如雷霆)는 것은 전격전을 말하고 있는 것이다. 전장의 요해처에 도달하는 데 이러한 변화무쌍한 용병방법이 중요하고 또 차후작전을 위해 점령지 정책도 중요하지만 이러한 것은 적의 의표를 찔러 우회기동하는 작전전략 계획이 없이는 큰 성과를 얻을 수 없다. 그러므로 "우선 우직지계를 아는 자가 승리한다"(先知迂直之計者勝)고 하여 '우직지계'를 강조한 것이다.

7-4

軍政曰, 言不相聞, 故爲金鼓. 視不相見, 故爲旌旗. 夫金鼓旌旗者, 所以一人之耳目也. 人旣專一, 則勇者不得獨進, 怯者不得獨退. 此用衆之法也. 故夜戰多火鼓, 晝戰多旌旗, 所以變人之耳目也.

그러므로 《군정》이라는 책에 쓰기를, 목소리가 서로 들리지 않기 때문에 징과 북을 만들었고, 눈으로 서로 볼 수 없기 때문에 깃발을 만들었다고 하였다. 무릇 징, 북, 깃발 등의 통제수단은 사람(병사)들의 눈과 귀를 하나와 같이 만드는 이유이다. 사람(병사)들이 모두 한 곳에 주목하여 하나같이 움직이니 용감한 사람이라 할지라도 전열을 이탈해 혼자 앞서 나아가는 일이 없고 비겁한 사람이라 할지라도 전열을 이탈해 혼자 뒤로 물러서는 법이 없다. 이것이 대부대를 지휘하는 법이다. 야간전투에는 지휘통신의 방법으로 불과 북을 많이 사용하고 주간전투에는 깃발을 많이 사용한다. 이것은 적의 눈과 귀를 혼란시키기 위한 것이다.

어휘풀이

- 軍政曰(군정왈) : 軍政은 손자 당시에 이미 존재해 있던 군사서의 명칭. 《군정》에서 말하기를'
- 言不相聞, 故爲金鼓(언불상문 고위금고) : 爲는 여기서 '만들다'의 뜻. 金은 징. 鼓는 북. 전체는 '(전장에서는 소음으로 인해) 말을 해도 서로 들리지 않으므로 징과 북을 만들었고'의 뜻.
- 視不相見, 故爲旌旗(시불상견 고위정기) : 爲之는 여기서 '만들다'의 뜻. 旌은 고

대에 군을 표시하는 맹수의 꼬리 등을 단 깃발의 일종. 旗는 깃발. 旌旗는 부대 표시와 지휘, 통신을 위해 사용되는 깃발류의 총칭. 전체는 '(전장에서는 서로 멀리 떨어져 있어 지휘하는 사람의 동작을) 보려고 해도 서로 볼 수 없으므로 각종의 깃발을 만들었다.'

▪ 夫金鼓旌旗者, 所以一人之耳目也(부금고정기자 소이일인지이목야) : 所以는 '~하는 이유이다' 혹은 '~하기 때문이다'로 해석된다. '一人之耳目'에서 一은 '통일하다', '하나로 하다'라는 뜻의 동사이며, 人之耳目은 사람(병사)들의 귀와 눈. 문장 전체의 뜻은 '무릇 징, 북, 깃발을 쓰는 것은 사람(병사)들의 귀와 눈을 통일시키기 위해서이다.'

▪ 人旣專一, 則勇者不得獨進, 怯者不得獨退(인기전일 즉용자부득독진 겁자부득독퇴) : 旣는 이미. 專一은 완전히 하나가 되는 것. 不得은 '~할 수 없다'는 뜻. 문장 전체의 뜻은 '사람들이 이미 완전히 하나처럼 움직이니 용감한 자라 하더라도 (전열에서 이탈해) 혼자 앞으로 나아갈 수 없고 비겁한 자라 할지라도 (전열에서 이탈해) 혼자 뒤로 물러날 수 없다.'

▪ 此用衆之法也(차용중지법야) : 此는 '이것'을 의미하는 지시대명사. 用衆은 여기서는 많은 병력을 다루는 것을 의미한다. 전체는 '이것이 바로 대병력을 지휘 통제하는 방법이다.'

▪ 故夜戰多火鼓(고야전다화고) : 夜는 밤 야. 夜戰은 야간전투. 전체의 뜻은 '야간전투에 불과 북을 많이 쓴다.'

▪ 晝戰多旌旗(주전다정기) : 晝는 낮 주. 晝戰은 주간전투. 전체의 뜻은 '주간전투에는 많은 깃발을 쓴다.'

▪ 所以變人之耳目也(소이변인지이목야) : 人은 여기서 적을 의미한다. 전체는 '적의 귀와 눈을 혼란스럽게 하고자 하는 것이다.'

해설

이 절에서 손자는 대병력을 통제하는 방법을 말하고 있다. 앞에서 군쟁軍爭을 말하면서 작전 면에서 기동과 지휘·통제에 관해서 말했다면 여기서는 부대의 내적 통제에 관해서 말하고 있는 것이다.

그 통제의 방법은 진법과 진법의 운용에 필수적인 징, 북, 깃발 등의 통제수단을 활용하는 것이다. 고대 중국의 진법에서는 주장主將의 명령에 의해 깃발을 세우거나, 눕히거나, 돌리거나, 한 방향으로 지향함으로써 예하 지휘관은 그 명령을 받아 진격, 퇴각, 진형 변경을 하도록 약정된다. 예하 지휘관은 이 명령에 따라 다시 말단부대에 이르기까지 징, 북, 깃발로 명령을 내리게 된다. 그럼으로써 주장의 의도대로 말단의 오伍에 이르기까지 움직일 수 있게 되는 것이다. 진법을 제대로 시행하는 데는 병사들이 충동이나 개인적 용력勇力에 의해 움직여서는 안 되고 주장의 통제에 따르는 것이 매우 중요하다. 그러므로 손자는 용감한 자라도 혼자 전열 밖으로 나아가지 않고 비겁한 자라도 혼자 뒷걸음질치지 않도록 병사들을 통제해야 한다고 말한 것이다. 물론 적의 진형이 허물어지거나 적이 퇴각할 때는 주장은 추격을 명하게 되고 이러한 경우는 병사들의 자발성과 용기가 요구된다.

여기서 손자가 말하는 바는 물론 진법을 염두에 둔 것이지만 그것을 자세히 설명하고자 하는 것은 아니다. 오히려 대부대가 일사불란하게 움직일 수 있도록 내적 통제가 이루어져 있어야 한다는 것이다.

7-5

故三軍可奪氣, 將軍可奪心. 是故, 朝氣銳, 晝氣惰, 暮氣歸. 故善用兵者, 避其銳氣, 擊其惰歸. 此治氣者也. 以治待亂, 以靜待譁, 此治心者也. 以近待遠, 以佚待勞, 以飽待饑, 此治力者也. 無邀正正之旗, 勿擊堂堂之陣, 此治變者也.

그러므로 전군은 적의 기氣를 빼앗아버릴 수 있고 장군은 적장의 마음을 흔들어놓을 수 있다. 무릇 아침에 사람이 그러하듯 일어나는 기는 예리하고, 낮에 사람이 그러하듯 시간이 흐르면 그 기는 나태해지고 저녁에 사람이 그러하듯 저무는 기는 돌아가 쉬고 싶어한다. 그러므로 용병을 잘하는 사람은 적의 사기가 왕성할 때는 공격을 피하고, 나태해지고 쉬고 싶어하는 적을 공격한다. 이것이 기를 다스리는 방법이다. 다스려진 것으로 혼란한 것을 치고, 안정된 것으로 적의 소란하고 흥분된 것을 치니 이것은 마음을 이용하는 방법이다. 나는 (전장에) 가까이 있으면서 멀리서 기동해오는 적을 상대하고, 편안한 상태에서 적의 수고로운 것을 상대하며, 충분한 식량보급을 가지고 식량이 부족한 적을 상대하니 이는 힘을 이용하는 방법이다. 통제가 잘 되어 깃발이 정연하고 진의 위세가 당당한 그러한 적은 공격하지 않으니 이는 바로 변화를 이용하는 방법이다.

어휘풀이

■ 故三軍可奪氣, 將軍可奪心(고삼군가탈기 장군가탈심) : 三軍은 군 전체, 전군을 의미한다. 奪은 빼앗다의 뜻. 氣는 기세, 기운, 사기. 心은 마음, 즉 심리적 안정성. 문장

전체는 '그리하여 전군은 적의 기를 빼앗고 장군은 적의 마음을 불안하게 만든다'로 해석됨.

▪ 是故, 朝氣銳, 晝氣惰, 暮氣歸(시고 조기예 주기타 모기귀) : 是故는 통상 '그러므로', '이렇기 때문에'로 번역되나 여기서는 별 의미가 없이 앞 문장과의 연결어로 쓰였다. 朝氣는 아침의 기운. 銳는 날카로움. 晝氣는 낮의 기운. 惰는 게으름, 태만함. 暮는 날이 저물 모, 늦을 모. 暮氣는 날 저물 때의 기운. 歸는 돌아갈 귀. 문장 전체는 '아침의 기운은 날카롭고 생동감이 있으며 낮의 기운은 나른하고 태만해지며 날이 저물면 집에 돌아가고자 하는 것(이 일반적인 사람들의 성향)이다'의 뜻으로 해석된다.

▪ 故善用兵者, 避其銳氣, 擊其惰歸(고선용병자 피기예기 격기타귀) : 避는 피할 피. 擊은 칠 격. 문장 전체의 뜻은 '용병을 잘하는 사람은 (사람들이 일반적으로 아침에 예기를 보이듯이 적이 그러한 상태에 있을 때) 적의 그러한 기운을 피하고 (사람들이 일반적으로 낮에 일에 나태해지고 저녁에 집으로 돌아가고자 할 때 해이함을 보이듯이) 적이 나태하고 해이한 그러한 상태에 있을 때 그것을 친다.'

▪ 此治氣者也(차치기자야) : 이것이 바로 기를 다스리는(이용하는) 방법이다.

▪ 以治待亂, 以靜待譁(이치대란 이정대화) : 待는 기다린다, 상대한다. 亂은 혼란스러움. 靜은 고요함, 조용함. 譁는 '지껄일 화' 자로 소란스러움, 들떠 있음을 말한다. 전체의 뜻은 '다스려진 마음으로 적의 혼란된 마음을 상대하고 조용하여 안정된 것으로 적이 시끄럽게 떠들고 들떠 있는 것을 상대한다.'

▪ 此治心者也(차치심자야) : 이것이 바로 마음을 다스리는(이용하는) 방법이다.

▪ 以近待遠, 以佚待勞, 以飽待饑(이근대원 이일대로 이포대기) : 佚은 편안함. 勞는 피로함, 고단함. 飽는 배부름. 饑는 배고픔, 기아. 전체의 뜻은 '아군은 (전장에) 가까운 곳에 위치하여 멀리에서 오는 적을 상대하고, 아군은 편안하여 힘이 축적된 상태로 고단한 적을 상대하며, 아군은 (식량이 넉넉하여) 배부른 것으로 기아 상태에 빠져 있는 적을 상대한다.'

▪ 此治力者也(차치력자야) : 이것이 바로 힘을 다스리는(이용하는) 방법이다.

▪ 無邀正正之旗, 勿擊堂堂之陣(무요정정지기, 물격당당지진) : 邀은 맞을 요. 擊은 칠 격. 正正은 모든 것이 혼란됨이 없이 정돈된 모양. 堂堂은 자신감에 넘친 힘찬 모양. 전체의 뜻은 '적의 기치가 정돈된 상태에 있을 때 이러한 적을 공격하지 않으며, 적의 진陣이 위용에 넘쳐 있을 때 이러한 적을 공격하지 않는다.'

▪ 此治變者也(차치변자야) : 이것이 바로 (용병상의) 변화를 다스리는(이용하는) 방법이다.

해설

이 절의 첫 구절은 전체적인 맥락에서 볼 때 불쑥 튀어나온 것처럼 느껴질 수도 있다. 삼군이 적의 기氣, 즉 사기를 빼앗을 수 있고, 장군이 적장의 심心, 즉 마음을 빼앗아 가버린다는 말은 무슨 말이가? 이 문장은 우선 장수가 군쟁지법을 알고 부대가 용중지법에 따라 통제된 상태로 작전을 수행할 수 있게 된 후, 다시 기氣, 심心, 력力, 변變을 완전히 이용할 줄 알게 되면 삼군, 즉 아군은 적의 사기를 완전히 위축시켜 버릴 수 있고, 장군은 적장의 마음을 완전히 혼란에 빠뜨려 불안과 의혹의 상태로 몰아갈 수 있다고 천명한 것이다. '故三軍可奪氣, 將軍可奪心(고삼군가탈기 장군가탈심)'이란 말은 이러한 행간의 취지를 담고 있다.

그 다음 문장의 '是故'는 통상 앞 문장의 이유나 결과를 설명하는 접속어이지만 여기에서는 그저 '그리고'라는 뜻의 평면적인 연결어로 사용되었다. '朝氣銳, 晝氣惰, 暮氣歸'(조기예 주기타 모가귀)는 그 자체로 어떤 용병원칙을 말하고자 하는 것이 아니라 단지 다음에 연결되는 문장에서 예로 들기 위해 일반적인 사실을 제시해둔 문장이다. 즉 사람들은 아침에는 활력과 적극성으로 기세가 오르며, 한낮에는 나른해지고, 저녁에는 어서 집으로 돌아가 쉬고자 하는 마음이 앞서는 경향이 있음을 말하는 것이다. 이 부분은 그러므로 손자가 앞에서 사시四時, 일월日月, 오색五色, 오미五味, 오음五音, 물水 등을 들어 용병을 설명하는 것과 같은 비유이다.

손자는 이렇게 사람들의 하루의 시간대별로 생기는 기의 변화를 제시해놓고 나서 잘된 용병은 적이 예기를 가질 때는 상대해서는 안 되고 한낮에 일하던 사람들이 나른해지고 지쳐 있거나 저녁에 집에 돌아갈 마음만 가득해질 때처럼 기가 위축되었을 때 상대방을 쳐야 하는 것이라고 말하고 있다. 그러므로 일부 주석자들처럼 이 문장을 아침, 낮,

저녁 중 어떤 시간에만 적을 치라고 한 것으로 이해하는 것은 넌센스이다. 그것과는 관련이 없다. 손자의 본의는 단지 적의 기세가 올라 있을 때는 그것을 피하고 적의 기세가 떨어져 있을 때를 골라 타격을 가하라는 점을 비유적으로 말하고자 한 것이다. 그러니 용병에서는 아침이라도 적의 기세가 약화되었으면 공격하고, 낮이나 저녁 시간이라도 적의 기세가 높으면 그것을 피해야 할 것임은 물론이다.

그러고 나서 손자는 적 병력과 아측 병력의 '기', '심', '력', '변'을 이용할 줄 알아야 제대로 용병을 할 수 있다고 말하고 있다. 소위 후세 사람들이 사치四治라고 부른 것이다. 기는 오늘날로 말하면 사기士氣인데, 사기가 떨어진 적을 공격해야 하고 사기가 높은 적을 정면에서 상대해서는 안 된다. 심적인 면에서 아측은 안정되고 다스려진 가운데 혼란되고 들떠 있는 적을 상대해야 한다. 육체적인 면에서 아측은 가까운 곳에서 대기하여 힘이 보존되어 있으며 피로하지 않은 상태에서 원거리를 이동하여 피로해진 적을 상대해야 한다. 군의 통제 상태에 관해서는 질서정연하게 통제된 적은 타격하지 말고 통제되지 않은 적을 상대해야 한다. '正正之旗', '堂堂之陣'은 모두 깃발의 나부낌이나 진형陣形의 모습이 엄정하고 질서 있는 상태를 말하는 것으로 통제가 잘된 부대의 모습을 일컫는 것이다.

손자가 말하는 '사치'는 용병론으로서 특히 주목받아야 할 부분이다. 서구에서 용병론은 전투력을 말할 때 일반적으로 정신적 요소와 물질적 요소의 결합이라고 보는데 물질적 요소로는 병력과 무기체계의 양, 정신적 요소로는 사기, 훈련 정도 등을 들고 있다. 여기서 정신적 요소만을 관련시켜 말한다면 손자의 '기'는 사기, '변'은 훈련 정도에 해당된다고 볼 수 있다. 손자는 여기에 '심'을 더했는데 그것은 적을 공포에 떨게 하고 불안에 휩싸이게 하는 것이 승패에 중요한 역할을 한다고 본 것이다.

전쟁 역사상 이 심적인 요소를 의도적으로 이용한 예는 그렇게 많지 않지만, 사용되었을 때 그 효과는 매우 컸다. 몽골군은 점령지 주민을 남김없이 죽여버리는 잔혹한 방법을 씀으로써 앞으로 상대할 적이 공포에 떨며 쉽게 항복해오도록 하는 효과를 노렸다. 최근의 예로는 독일이 2차대전 초 폴란드, 프랑스 전역에서 공습을 시행할 때 급강하폭격기 스투카Stuka에 요란한 금속성 소리를 내는 사이렌을 달아 물리적 타격과 함께 심리적 공포심을 유발시켰다. 또한 6 · 25 전쟁 당시 중공군은 야간에 꽹과리와 징을 치며 공격해옴으로써 미군과 유엔군 병사들을 심리적으로 위축시켰다. 당시의 전투 참전자들은 이러한 공격을 받을 때 얼마나 심한 심리적 불안감을 느끼고 위축되었는지 이구동성으로 말하고 있다.

이러한 심리력의 중요성에 비추어 현대의 대표적 전략이론가 중의 한 사람인 프랑스의 앙드레 보프르André Beaufre는 그의 《전략개론Introduction to Strategy》에서 전략을 압축한 공식에 '심리'를 한 요소로 넣고 있다. 서양에서는 일찍이 1차대전 후 영국의 군사이론가 풀러가 전쟁에서 적의 '심리적 와해'를 중시했고 최근에 레온하르트Leonhard 같은 사람은 기존의 서양 용병이론에서는 심리적 요소의 중요성을 무시했다고 비판하고 있다. 손자가 2천5백 년 전에 제시한 사치의 '심'이 이제야 제대로 주목받고 있는 것인가?

7-6

故用兵之法, 高陵勿向, 背邱勿逆, 佯北勿從, 銳卒勿攻, 餌兵勿食, 歸師勿遏, 圍師必闕, 窮寇勿迫, 此用兵之法也.

그러므로 용병의 방법은 고지의 적은 거슬러서 공격하지 말고, 언덕을 뒤에 등지고 있는 적은 거슬러 공격하지 말 것이며, 거짓 패한 척하는 적은 쫓지 말고, 사기가 높고 정예한 적 부대는 공격하지 말 것이며, 미끼로 던지는 적 부대는 잡아먹지 말고(공격하지 말고), 본국으로 철군하는 적 부대는 가로막지 말 것이며, 포위된 적에 대해서는 반드시 한 곳을 열어놓고, 궁지에 몰린 적은 지나치게 압박하지 않는다. 이것이 곧 용병하는 방법이다.

어휘풀이

- 故用兵之法(고용병지법) : 그러므로 용병의 방법은.
- 高陵勿向(고릉물향) : 陵은 구릉. 언덕. 勿은 아니 물자로 부정의 조사이다. 向은 '향하다' 의 뜻이나 여기서는 '향하여 공격하다' 는 의미이다. 전체는 '고지에 있는 적을 공격하지 않는다.'
- 背邱勿逆(배구물역) : 背는 등질 배. 邱는 언덕. 背邱는 언덕을 등지는 것. 逆은 거스를 역. 전체는 '언덕을 등지고 있는 적은 거슬러 공격하지 않는다.'
- 佯北勿從(양배물종) : 佯은 거짓 양. 佯北는 거짓으로 패한 척하는 것. 전체는 '거짓으로 패한 척하는 적은 추격하지 않는다.'
- 銳卒勿攻(예졸물공) : 銳卒은 사기가 높은 정예부대. 卒은 부대의 단위로도 쓰이지만 여기서는 일반적으로 소규모 부대를 가리킨다. 전체는 '사기가 높은 정예 부대는 공격하지 않는다.'
- 餌兵勿食(이병물식) : 餌는 미끼 이. 餌兵은 미끼로 던지는 부대. 食은 '먹다' 의 뜻

이나 여기서는 '공격하다' 라는 의미로 의역된다. 전체는 '미끼로 던지는 적 부대는 공격하지 않는다.'

- 歸師勿遏(귀사물알) : 歸는 돌아갈 귀. 歸師는 고향으로 돌아가는 부대. 師는 부대 단위로도 쓰이지만 여기서는 일반적으로 군대를 의미한다. 遏은 막다, 가로막다. 전체는 '고향으로 돌아가는 적은 가로막지 않는다.'
- 圍師必闕(위사필궐) : 圍는 에워쌀 위. 圍師는 포위된 부대. 闕은 비울 궐, 비워둘 궐. 전체는 '포위된 적 부대에게는 반드시 한쪽 출구를 비워둔다.'
- 窮寇勿迫(궁구물박) : 窮寇는 궁지에 빠진 적. 窮은 막힐 궁. 寇는 도적 구. 迫은 핍박할 박. 전체는 '궁지에 처한 적은 지나치게 몰아치지 않는다.'
- 此用兵之法也(차용병지법야) : 이것이 용병하는 법이다.

해설

이 편의 마지막 절에서 손자는 보다 구체적인 용병원칙 8가지를 제시하고 있다. '高陵勿向(고릉물향)', '背邱勿逆(배구물역)' 은 모두 치력治力에 관계된 것이다. 이 원칙들은 힘을 낭비하지 않기 위한 것이다. 銳卒勿攻은 치기治氣에 관계된 것이다. 그 의미는 이미 앞에서 설명했듯이 '예기를 갖고 있는 적은 피한다避其銳氣' 의 의미와 같다. 그러나 적이 아측을 속여 유인할 수도 있으므로 이를 주의해야 한다. 그러므로 '佯北勿從(양배물종)', '餌兵勿食(이병물식)' 의 원칙을 제시했다. 이 원칙은 적의 작전이나 통제상태에 따라 작전을 달리하는 치변治變에 관계되는 것이다. 마지막의 歸師勿遏, 圍師必闕, 窮寇勿迫(귀사물알 위사필궐 궁구물박)은 모두 치심治心에 해당하는 것이다. 손자는 인간이란 궁지에 몰리면 사력을 다해 그 위기를 벗어나고자 분투하려는 마음을 갖게 된다는 관념을 갖고 있다. 그러므로 궁지에 몰린 적을 출구 없이 압박하여 타격을 가하면 적은 죽기살기로 싸우기 때문에 아측도 상당한 피해를 입을 수밖에 없다. 그러므로 이러한 원칙은 손실을 적게 하면서 승리를 추구하는 손자의 전승사상에 비추어 보면 당연한 원칙이다. 즉 기를 쓰고 고향으로 돌아가려는 병력을 굳이 막아 아측의 손실을 내면서 죽일 필요는 없다. 그들이 고향에 돌아가면 더 이상 적의 전투력으로 작용하지 않을 것이기 때문이다. 위사圍師나 궁구窮寇는 모두 극단적인 사지에 빠진 적들인데 이들을 전혀 희망 없이 몰아붙이면 그들은 필사의 분투를 하게 되고 아측은 상당한 손실을 입을 수밖에 없다. 그러므로 포위된 적은 일루의 희망을 갖도록 퇴로를 열어주어야 하고 궁지에 빠진 적은 지나치게 몰아붙이지 않는 것이 좋다.

궁구물박窮寇勿迫은 일부의 책에는 궁구물추窮寇勿追로 되어 있다. 박迫자와 추追 자 둘 중 어느 하나가 초기의 필사 단계에서 와전된 것으로 보인다. 의미상으로는 박迫이 더욱 적합하다고 보인다.

여기에 제시된 손자의 8조의 용병원칙 중에서 '圍師必闕(위사필궐)', '窮寇勿迫(궁구물박)'은 후세의 많은 사람들로 하여금 그것이 과연 타당한 용병법이냐에 대해 의문을 갖게 했다. 나는 이미 위에서 그것이 손자의 '전승' 사상으로부터 나온 용병원칙이라는 것을 설명했지만 그렇다 해도 적을 완전히 섬멸할 수 있는 상황에서 적에게 퇴로를 열어주는 것이 과연 타당한 용병인가에 대해서는 의문이 있을 수 있다.

이에 대해 당나라의 이정李靖은 그럴듯한 해석을 하고 있다. 즉 圍師必闕이나 窮寇勿迫은 적에게 도망할 수 있는 길을 완전히 열어주거나 퇴각할 여유를 주라는 것이 아니라 일단 일루의 희망이 보이는 포위망의 출구나 궁지窮地의 혈로를 보여주어 적이 삶을 찾기 위해 그리로 몰려가 혼란스러워진 틈을 타 타격을 가하면 아측의 손실 없이 적을 괴멸시킬 수 있다는 것이다. 군사적으로 매우 타당하다. 19세기 프랑스의 군사이론가 아르당 뒤 피크Ardant du Picq도 전쟁사 분석을 통해 승자와 패자 간의 사상자의 극심한 차를 빚는 섬멸전은, 패자가 치열한 정면전투에서 패할 때가 아니라 패한 측의 병사들이 심리적인 공황상태에 빠져 전의를 잃고 삶을 도모하고자 하는 일념하에 등을 돌려 도망에 여념이 없을 때 이루어졌다고 밝혔다. 이 역시 손자가 말한 원칙의 유용성을 확인하는 것이라고 보겠다.

| 군쟁 편 말미의 착간 설에 대하여 |

이 절의 맨끝에 제시된 8가지 용병원칙에 대해 몇몇 손자 연구가들이 그것은 착간錯簡(예전에 죽간 형태의 책에서 앞뒤가 바뀐 것을 말함)에 의한 잘못이므로 다음 〈구변〉 편 첫머리에 와야 한다고 주장하고 있기 때문에 이 문제를 해명하고 넘어가고자 한다.

최초로 이 문제를 제기한 사람은 장분張賁이라는 사람이었다. 그는 〈군쟁〉 편 다음 편인 〈구변〉 편에 손자가 '구변지리九變之利'라고 해놓고서 실은 그 앞에 용병원칙으로는 '圮地無舍, 衢地合交, 絶地無留, 圍地則謀, 死地則戰'(비지무사 구지합교 절지무류 위지즉모 사지즉전) 다섯 가지밖에 제시하지 않았고 이 원칙들 중 '絶地無留'를 제외한 '圮地無舍, 衢地合交, 圍地則謀, 死地則戰'의 네 원칙은 제11편 〈구지〉 편에 재차 중복되어 나타나는 것으로 보아 착간이 분명하다고 했다. 이에 따라 그는 〈군쟁〉 편에 나타나 있는 8개의 용병원칙과 '絶地無留'의 한 원칙을 합해 이를 〈구변〉 편 첫머리에 놓아야 하며 이것이 곧 손자가 〈구변〉 편에서 말하는 '아홉 가지 변화의 이점'(九變之利)을 말하는 것이라고 하였다. 이 장분의 설은 명나라의 조본학에 의해 처음으로 소개되었는데 그는 장분의 설이 타당하다고 인정하고 그의 손자주석서인 《손자서교해인류孫子書校解引類》에서 장분과 같이 위에 언급한 8가지 원칙과 '절지물류'의 한 원칙을 모아 〈구변〉 편의 첫머리에 두었다.

한편 일본에서는 언제 만들어진 것인지는 모르지만 오랫동안 비장되어 있다가 막부幕府 말에 소위 《고문손자古文孫子》가 공개되었는데 이 《고문손자》에는 〈군쟁〉 편의 말미에 '故用兵之法, 高陵勿向, 背邱勿逆, 佯北勿從, 銳卒勿攻, 餌兵勿食, 歸師勿遏, 圍師必闕, 窮寇勿迫, 此用兵之法也'의 부분이 없고 〈구변〉 편의 첫머리가 '孫子曰, 凡用兵之法, 將受命於君, 合軍聚衆. 高陵勿向, 背邱勿逆, 佯北勿從, 銳卒勿攻, 餌兵勿食, 歸師勿遏, 圍師

必闕, 窮寇勿迫 絶地勿留' 로 되어 있으며 그 후반부는 기존 판본과 같다. 이《고문손자》는 약간의 차이는 있으나 그 원문 배열에 있어서 장분이나 조본학의 개정본과 기본적으로 같은 형태인 셈이다.

일본의 현대 손자주석가인 야마노이유山井湧와 같은 학자는 손자주석서를 내면서 이《고문손자》의 원문을 중시하여 중간에 있는 '장수명어군 합군취중' 부분을 제하고 '高陵勿向(고릉물향)' 에서 '絶地無留(절지무류)' 까지의 9가지 원칙을 〈구변〉 편의 첫머리에 넣고 있다. 국내에서는 남만성이 1972년 현암사 간刊《손자병법》에서, 노병천은 1990년 가나출판사 간刊《도해손자병법》에서 별 설명 없이 '高陵勿向' 이하 8가지 원칙에 '絶地無留' 를 추가하여 〈구변〉 편의 첫머리로 처리하고 있다.

물론 이렇게 원문을 마음대로 재단하는 것을 비판적으로 보는 사람들도 많았다. 손자가 〈구지〉 편에서 '구변지리九變之利' 라고 할 때 구九라는 숫자는 '무한히 다양한' 이라는 뜻이지 구체적으로 '아홉' 을 지칭하지 않는다고 보는 사람들은 장분이나 조본학이 쓸데없이 원문을 변개變改하여 혼란을 야기한다고 보는 것이다. '구변' 이 과연 무엇을 의미하느냐는 〈구변〉 편에서 좀더 상세히 다루기로 하고 여기서는 우선 그렇게 변개하는 것에 대한 타당성을 검토해보고자 한다.

그러한 변개가 잘못이라는 것은 두 가지 면에서 설명할 수 있다. 우선 내용 면이다. 손자가 〈구변〉 편에서 '九變之利', '九變之術' 이라고 할 때 그것은 원칙이 아닌 변칙을 의미했다는 것은 장분, 조본학 등을 포함하여 모두가 공감하는 바인데, 사실 이들이 〈군쟁〉 편 말미에서 〈구변〉 편 서두로 옮긴 8가지 원칙에 '絶地無留' 를 더한 9가지 원칙은 변칙을 기술한 것이라고 보기 어려운 것이 많기 때문이다. 예컨대 '高陵勿向', '背邱勿逆', '絶地無留' 세 원칙은 아무리 보아도 변칙이 될 수 없는 것들이다. '歸師勿遏', '圍師必闕', '窮寇勿迫' 등은 일반적으로 생각하는 것보다 의외의 전술원칙이라고 말할 수 있는 것은 사실이다. 그러나 '구변'이 '아홉 가지 변칙'을 말하는 것이라면 여기에 제시되는 아홉 가지 원칙들은 모두 최소한 '歸師勿遏', '圍師必闕', '窮寇勿迫' 처럼 일반인의 상식을 뛰어넘는 변칙적인 것들이 제시되었어야 할 것이다. 그러나 실상은 그렇지 않다. 따라서 이들의 변개는 타당하지 못하다.

또 한 가지 무시할 수 없는 사실은 《손자병법》의 현존 최고본最古本인 《죽간본 손자》에도 '高陵勿向, 背邱勿逆, 佯北勿從, 銳卒勿攻, 餌兵勿食, 歸師勿遏, 圍師必闕, 窮寇勿迫'의 8가지 원칙은 기존에 전해오던 판본들과 같이 군쟁 편 말미에 들어 있다는 점이다. 다만 문장의 맨 끝이 기존의 판본에서는 '此用兵之法也'라고 되어 있는 데 반해 '此用衆之法也'라고 되어 있다. 《죽간본 손자》가 손자에 가장 가까운 시대의 손자 원문이라는 사실을 무시하지 않는 한, 이 편의 원문을 함부로 변개하기는 어려울 것이다.

그렇다면 기존의 손자 원문대로 '高陵勿向' 이하 여덟 가지 원칙을 〈군쟁〉 편 말미에 그대로 두고 본다면 손자는 왜 이 원칙들을 제시했다고 해석할 것인가? 나는 그것을 바로 사치四治의 예가 되는 용병원칙들을 제시한 것이라고 판단한다.

| 군쟁 편 평설 |

〈군쟁〉 편은 《손자병법》의 편의 차례로 보아도 중앙에 있고 그 성격에 있어서도 〈계〉—〈허실〉 편까지의 이론적 고려와 〈군쟁〉—〈구지〉에 이르는 실제 용병론을 연결해주는 가교 역할을 하고 있는 중요한 편이다. 〈계〉 편이 〈계〉 이하 모든 편들에 대한 개론이자 요약이라면, 〈군쟁〉 편은 〈군쟁〉 이하 〈구지〉 편까지의 개론이자 요약이다. 이미 편명의 설명에서 밝힌 바와 같이 이 〈군쟁〉 편에서 손자는 용병, 치병, 지형(전장환경) 이용의 삼위일체를 논하고 있다.

이러한 손자의 용병론은 서구의 대표적인 용병론과는 약간의 차이가 있다. 대부분의 서양 용병이론가들은 전쟁과 전투에 있어 지형, 이데올로기, 병사들의 사기, 전의戰意, 훈련도 등이 중요하다고 말하면서도, 실제 전략론, 전술론에서는 흔히 병사들의 사기, 심리, 전의, 훈련도 등은 일단 배제하고 논의를 전개하고 있다. 나는 여기서 그 대표적인 책들로 지금까지도 서구의 용병이론에 큰 영향을 미치고 있는 클라우제비츠의 《전쟁론On War》과 조미니의 《전쟁술The Art of War》을 염두에 두고 있다. 실제 용병을 경험한 위대한 장군들은 체험으로부터 병사들의 사기가 매우 중요하다고 강조하고 있지만, 이러한 점이 서구의 용병이론 속에서 적극 고려된 경우는 별로 없다. 클라우제비츠의 예를 들면 그는 《전쟁론》의 제3장 〈전략〉 부분에 있어서는 국민정신, 군의 무덕으로서 인내와 대담성 등 정신적 요소를 들고 있지만 그 이후의 논의의 전개에 있어서는 대체로 힘과 지형관계만을 고찰하고 있다. 오히려 구소련이나 중국 등 전쟁을 기본적으로 정치적인 행위와 다름없다고 굳게 믿는 국가의 용병이론에서는 병사들이 끊임없이 이념에 의해 고무되어야 한다는 점을 강조하여 이데올로기 교육을 중시했고 이를 위해 정치장교제도를 유지해왔다. 이 정치장교들은 병사들로 하여금 끊임없이 상대에 대한 적개심을 갖게 하고 사회주의 군인으로서의 의무감, 희생정신을 고무하고 요구했다. 서방측에서의 일반적 비난에도 불구하고 이러한 노력이 결코 무가치하지 않았다는 것은 제2차대전 중의 소련군, 내전과 항일전쟁 시기의 중국 홍군, 한국전쟁 당시의 중공군, 월남전 당시의 월맹군 및 베트콩 등이 무기체계나 장비, 기타 물자의 부족 속에서도 놀라울 정도의 인내심, 전의를 발휘했다는 데서 찾아볼 수 있다.

손자는 바로 이 면, 즉 전쟁과 전투의 매 단계에서 외적 병력 수뿐만 아니라 내적 상태가 고려되어야 한다고 본 것이다. 그러므로 그는 병력 수뿐만 아니라 사기(氣), 심리상태(心), 체력(力), 통제상태(變)가 일정 시점에서 실제 전투력으로 고려되어야 한다고 본 것이다.

말하자면 손자는 〈군쟁〉 편 이하에서 실제 전장에서의 전투력은 같은 병원 수라 할지라도 그 통제상태와 병사들의 자발성의 정도에 따라 어떤 때는 예컨대 100퍼센트, 70퍼센트 등으로 나타날 수 있고, 어떤 때는 예컨대 30퍼센트, 50퍼센트 등으로도 떨어질 수 있다고 본 것이다. 그러므로 손자가 말하는 바를 그 맥락에서 이해하면 어느 시점에서의 전투력=병력수 ×치병의 상태(기, 심, 력, 변)로 등식화시킬 수 있을 것이다. 이것이 곧 〈행군〉 편에서 "군대는 숫자가 많다고만 좋은 것은 아니다"(兵非益多也)라고 한 진의이다.

이러한 전투력은 또한 장수의 용병능력, 지형(주변국과의 관계를 포함한) 이용 능력에 따라 승리로 귀결될 수도 있고 위기에 빠질 수도 있다. 그러므로 손자에 있어서 작전에서의 승리 조건은

전투력(병력수×치병상태)×장수의 용병능력×지형 이용 능력

으로 나타나는 것이다.

그렇다면 〈군쟁〉 편의 논의는 기동 면에서는 우리에게 어떤 명제를 던지는가? 나는 본문 해설에서 말한 바를 바탕으로 몇 가지 역사적 예를 들며 다시 한 번 요약하여 설명하고자 한다. 그것은 용병에 있어서는 유리점을 먼저 선점하는 것이 중요하지만 그 유리점을 먼저 장악하기 위해 병참에 대한 고려 없이 단지 속도만을 위주로 하는 용병은 바람직하지 않으며, 지형, 주변국의 태도들을 고려하여 적을 적극 기만하고 적 병력을 잘못된 곳으로 유인한 뒤 허를 만든 다음 은밀히 기동해 들어가라는 것이다. 특히 그 기동은 적측으로 볼 때 아측이 취하리라고 예상할 수 있는 접근로나 접근방법은 피해야 한다. 즉 우회의 방법이 목표를 달성하는 지름길이 될 수 있다는 말이다.

손자의 이 명제는 역사에서 수없이 반복되어 입증되었다. 역사상 압도적 승리는 모두 적을 기만해놓고 적의 예상을 우회할 때 일어났다. 동남아로 미국의 관심을 돌려놓고 진주만에 기습한 1941년 12월 8일의 일본의 진주만 기습, 칼레Calais에 독일군의 힘과 주의력을 돌려놓고 노르망디에 상륙하여 기습에 성공한 1944년 6월의 노르망디 상륙작전, 1800년 니스-제노바 지역에 오스트리아군의 주의를 돌려놓고 알프스를 횡단한 마렝고Marengo 전역 등은 단지 몇 가지 잘 알려진 예에 불과하다.

최초의 기만과 기습 달성이 어려운 것은 사실이지만 차후의 목표를 향한 계속적인 기동은 더욱 어렵다. 왜냐하면 주도권을 놓치지 않으려면 속도가 필요한데 그 진격속도는 바로 병참 유지의 부담과 서로 길항관계를 이루기 때문이다. 역사적으로 몇몇 현지조달에 의존하는 비교적 작은 규모의 원정군을 제외하고는 대규모 원정군은 병참 문제로 발목이 잡히는 경우가 많았다. 1941년 러시아 침공작전에 참가한 만슈타인은 "하나의 판처 군단, 아니 전체 판처 그룹이 러시아 영토 깊숙이 돌진해 들어가면 들어갈수록 위험이 더욱 커졌다는 것은 두말할 나위 없다. 이에 대해서는 적의 후방 깊숙한 곳에서 작전을 수행하는 탱크

부대의 안전은 계속 움직이는 능력에 달려 있다고 말할 수 있다. 일단 진격이 멈추어지면 그 즉시 여러 방면에서 적의 예비대에 의해 반격받을 것이다" 라고 썼는데, 이 문장은 속도에 의한 연속타격으로 계속 주도권을 유지해야 한다는 전격전의 고전적 이론이며, 동시에 히틀러가 1941년 7월 중순에 스몰렌스크Smolensk에서 중앙집단군에게 6주간 진격작전을 정지시킨 것에 대한 비판의 근거이기도 하다. 그러나 최근 탁월한 군사사가인 반 크레펠트van Creveld에 의하면 1942년 러시아 원정 당시 독일군은 이미 7월 초 스몰렌스크에서 심대한 병참 곤란에 직면했으며 그해 10월 초에 이르러 보급의 한계점에 이르렀다는 것을 구체적인 병참 관계 보고서의 분석을 통해 지적하고 있다. 그의 결론은 러시아의 빈약한 철도 도로망 때문에 병참 지속 능력이 이미 스몰렌스크에서 한계점에 도달했으며, 병참이 밑받침되지 않은 상황에서는 설사 히틀러가 스몰렌스크에서 6주간 정군을 시키지 않았더라도 만슈타인식의 진격은 모스크바에 이르기 전에 자체의 보급 부족으로 정지해버렸으리라는 것이다. 1944년 6월 노르망디에 상륙한 연합군이 파리를 점령하고 난 그해 9월 중순부터 라인 강을 향해 진격할 때 11월 말 안트웨르펜Antwerp 항을 점령하기 전까지 얼마나 보급 곤란으로 허덕였는가는 너무나 잘 알려져 있다.

이러한 진격속도와 병참요구 간의 딜레마에 대해 손자의 논의는 절충적이다. 빠른 기동을 목표로 하되 병참에 신경쓰면서, 그리고 때로는 인접 제후국으로부터 도움을 받으면서, 지형을 고려하여 빠를 때는 벼락같이, 서서히 갈 때는 수풀이 움직이듯 서서히 하라는 것이다. 그의 논지는 빠른 것의 중요성을 부정하는 것은 아니다. 그는 "용병은 속도를 중시한다"(兵之情主速)고 말했다. 그러나 그가 더욱 중시하는 것은 적을 잘못된 곳으로 유인해놓는 것에 있다. 유인과 속임수에 의해 적을 잘못된 곳으로 끌어놓아야 노리는 지점에서 속도가 가능한 것이다. '속도! 속도! 속도!' 를 외치는 어설픈 기동전 주장자들에게나 '안전! 안전! 안전!' 을 강조하는 신중론, 소모전론자들에 대한 양날 검의 경고이다.

또 한 가지 원정작전의 기동에서 어려운 것은 점령지 정책이다. 적절한 점령지 정책이야말로 진격부대의 후방 안전을 기하는 것이면서 동시에 차후 진격의 발판을 마련하는 것이기 때문이다. 또한 점령지 정책은 적국의 자원을 차후 군사작전에 이용할 수 있는 기반이 되기 때문에 중요하다. 그러나 비교적 짧은 거리의 원정 작전인 경우를 제외한다면 이 문제처럼 원정군을 고민스럽게 만드는 일도 없다. 점령지의 군정원칙으로 우선적으로 두 가지 방법을 생각할 수 있다. 첫 번째는 점령지에 대해 대단히 관대한 정책을 펴는 것과 두 번째는 아주 가혹하고 위압적인 탄압으로 아예 저항의지의 싹을 짓밟는 것이다. 그러나 전자나 후자나 모두 잘못하면 현지 주민의 저항과 사보타주를 유발할 수 있다. 몽골군은 무자비한 공포를 사용한 것으로 유명한데 그들은 탁월한 말을 병사 개인당 여러 필씩 끌고 다니고 식량 부족시에는 잡아먹기도 하면서 후방에 둔중한 병참선을 유지하는 부담을 줄일 수 있었기에 큰 문제가 없었다. 그러나 2차대전 당시 러시아에 원정한 독일군은 슬라브족에 대한 인종적 멸시에서 나온 가혹한 주민 탄압정책을 씀으로써, 1941년 12월 모스크바 전방에서 진격이 멈추어진 후에는 결국 러시아인들의 반독일 저항정신을 부추기는 꼴이 되었다. 이러한 정책은 결국 1943년 이후 동부전선의 독일군으로 하여금 끊임없이 러시아 빨치산partisan의 후방 교란 위협에 시달리게 하는 결과를 가져왔다.

그러나 만약 점령지 주민들의 재물에 손끝 하나 대지 않는다면 그 많은 병참물자는 자국으로부터 수송해와야 할 것이고 이것은 적에게 진격에 대비할 시간을 내어주는 꼴이 되어 결국 전쟁은 장기지구전이 된다. 원정군 점령정책은 이 두 가지 정책 사이의 딜레마에서 시달린다.

물론 제3의 길이 있다. 그것은 위세威勢를 보이는 것과 시혜施惠를 베푸는 것 두 가지를 병용하는 것이다. 매우 어렵고 미묘한 균형을 유지해야 하는 방법이기는 하나 최선의 해결책이라고 생각된다. 앞에서 살펴보았듯이 손자가 〈구지〉 편에서 "파격적인 상을 시행하고 특별하게 엄격한 법령을 내린다"(施無法之賞, 懸無政之令)고 한 것은 이 〈군쟁〉 편에 "적의 지방을 약탈하면 그 주민을 나누고 적국의 점령지를 확대하여 나오는 이익을 나누어주며, 위세를 보이고 나서 다음 작전지역으로 기동하는 것이다"(掠鄕分衆, 廓地分利, 懸權而動)라고 한 것과 같은 의미인데 바로 그러한 방법이다.

그러나 기본적으로 원정작전이 명분 없는 무단 침략일 경우, 이러한 시혜-위세 병용의 점령지 정책도 통하지 않을 가능성이 높다. 왜냐하면 시혜에도 불구하고 많은 주민들 사이에는 심리적, 정신적 저항의 정신이 널리 퍼져 있기 때문이다. 《관자管子》에서는 이러한 의미에서 패왕霸王은 무도無道하지 않은 국가를 벌하지 않는다고 했으며 상대 군주의 혹독한 정치는 패왕이 될 수 있는 자산이라고 했다. 그것은 원정군에 대의명분이 있기 때문이다. 이렇게 되면 원정군은 해방자로서 주민들의 환영과 자발적 협조를 받으며 기동공간의 후방은 안전하게 된다. 손자가 〈화공〉 편에서 "위태롭지 않으면 싸우지 말라"(非危不戰)고 한 말은 바로 이러한 사정을 염두에 둔 말이다. 그러나 손자는 인간의 심리는 대의명분으로만 움직이는 것은 아니라고 본 것일까? 그는 인간이 대의大義와 실리實利 양자에 의해 움직이기 때문에 그를 다루는 데 있어서도 포상(賞)과 엄한 명령(令), 물질적 이익(利)과 위세(權)를 병행해야 한다고 했다. 이것은 자신의 병사들에게도 그러해야 하지만 적의 주민에 대해서도 마찬가지이다.

8

구변

8. 구변九變

| 편명과 대의 |

이 편의 편명은 《십일가주손자》 계통의 판본에서나 《무경칠서》 계통의 판본에 모두 '구변九變'으로 되어 있다. 여기서 '變'은 용병의 변화, 즉 확립된 일반 용병원칙에서 이탈하는 융통성 있는 용병을 말한다.

'九變'에서 '九'가 무엇을 가리키느냐에 대해서는 오랫동안 손자 연구자들 사이에 논란이 거듭되어왔다. 일반적인 해석은 구변의 '구'가 특정한 '아홉 가지'를 의미하는 것이 아니라 고대 중국의 '수數의 극한極限'의 관념을 표현하는 것이며 따라서 '구변'은 '무궁무진한 변화'를 의미한다는 것이다. 송나라의 왕석王晳, 명나라의 유인劉寅, 왕양명王陽明, 일본 강호시대의 야마가소코우山鹿素行 등 많은 주석자들이 이러한 의미로 해석하고 있으며, 현대 중국의 곽화약郭化若과 주군朱軍, 대만의 왕건동王建東 역시 그러한 의미로 해석하고 있다. 그러나 일군의 해석자들은 구변을 아홉 가지의 변화로 보아 손자가 구체적으로 제시한 용병원칙 중에서 찾아보려고 하였다. 그런데 〈구변〉 편이나 그 앞의 〈행군〉 편의 내용 중 연속해서 나열한 9개의 용병원칙은 없다. 이 편의 맨 앞에 용병원칙 형태로 제시된 것은 '비지무사圮地無舍, 구지합교衢地合交, 절지무류絶地無留, 위지즉모圍地則謀, 사지즉전死地則戰'과 '도유소불유途有所不由, 군유소불격軍有所不擊, 성유소불공城有所不攻, 지유소부쟁地有所不爭, 군명유소불수君命有所不受'의 열 가지이다. 당나라의 이전李筌은 막연히 구변을 '위에 말한 구사九事'라고 했는데, 위의 10가지 원칙 중 어느 것이 그가 말하는 9가지인가는 밝히지 않았다. 송나라의 하연석何延錫은 위에 든 10가지

원칙 중 '비지무사'에서 '지유소부쟁'까지가 구변의 9가지에 해당한다고 보고, 마지막 '군명유소불수'는 그것이 땅을 말한 것이 아니므로 제외시켜야 한다고 했다. 송나라의 정우현鄭友賢은 구변을 〈구지〉 편에 나오는 구지지변九地之變에서 찾아 구지九地를 말한다고 했으며 이 편에 구지의 용병원칙 중 다섯 가지 즉 '비지무사, 구지합교, 절지무류, 위지즉모, 사지즉전'만 제시되고 나머지 산지무전散地無戰, 경지무지輕地無止, 쟁지무공爭地無攻, 교지무절交地無絶, 중지즉략重地則掠은 후세의 전사轉寫 과정 중에 실수로 빠진 것이라고 보았다. 한편 이미 앞 편에서 살펴보았듯이 명대의 조본학은 장분張賁의 설에 근거를 두어 앞의 〈행군〉 편의 말미와 〈구변〉 편의 초두에 착간錯簡이 있었다고 주장하며 본문을 재조정했다.

이러한 다양한 '구변'의 해석 중에서도 역시 '상황에 따른 무궁무진한 변화'라는 해석이 타당한 것으로 보인다. 그 이유는 첫째, 만약 '구변지리九變之利'의 '구변'을 용병의 어떤 구체적 원칙을 지칭하는 것으로 본다면 뒤에 치병治兵을 논할 때 다시 언급하는 '구변지술九變之術'에서도 역시 이에 대응하는 원칙들을 제시해야 하는데 그것은 찾기 어렵다. 둘째, 정우현의 설은 그럴듯해 보이지만 현재 모든 판본에서 〈구지〉 편의 앞머리에서 산지, 경지, 쟁지, 교지, 구지, 중지, 비지, 위지, 사지의 순서로 용병원칙이 제시되어 있는데 전사 과정에서의 실수로 보기에는 이 편의 앞에 제시된 다섯 원칙과 순서가 너무나 다르며 또한 '절지무류'는 이 편에서 처음으로 원칙의 형태로 제시되어 있는 것이어서 받아들이기 힘들다. 셋째, 조본학이 그랬던 것처럼 원문을 재배열하여 〈군쟁〉 편 말미의 8가지 용병원칙과 '절지무류'를 묶어 '구변'으로 보고 '도유소불유'에서 '군명유소불수'까지의 5가지를 뒤에 말하는 오리五利에 대응시킨 것은 일견 타당해 보이지만 실은 〈군쟁〉 편 말미의 8개의 용병원칙이 모두가 원칙을 이탈한 어떤 '변칙變則'을 말한 것으로 보기 힘들기 때문에 받아들이기 어렵다.

상황에 따라 무궁하게 변화하는 용병의 의미로 사용된 편명 '구변'이 말하고 있듯이 이 편의 중심주제는 임기응변臨機應變이다. 즉 용병가는 용병用兵, 치병治兵, 지형활용地形活用의 부분에서 모두 일반적으로 타당하다고 간주되는 원칙을 알아야 하지만 상황에 따라 변칙을 활용할 수 있어야 한다는 것이다.

8-1

孫子曰. 凡用兵之法, 將受命於君, 合軍聚衆, 圮地無舍, 衢地合交, 絶地無留, 圍地則謀, 死地則戰. 途有所不由, 軍有所不擊, 城有所不攻, 地有所不爭, 君命有所不受. 故將通於九變之利者, 知用兵矣. 將不通於九變之利者, 雖知地形, 不能得地之利矣. 治兵, 不知九變之術, 雖知五利, 不能得人之用矣.

손자는 다음과 같이 말했다. 무릇 용병을 하는 데는 장수가 군주로부터 출정명령을 받아 군을 집결시키고 병력을 동원한 연후에, 작전을 할 때에는 '비지圮地', 즉 장애물이 많은 험악한 지형에 처해서는 머물러 숙영하지 않고, '구지衢地', 즉 여러 나라의 국경이 접하는 전략적 요충지에 처해서는 주변 제후국과 동맹을 견고히 하며, '절지絶地', 즉 국경을 넘은 지 얼마 되지 않은 곳에서는 머무르지 않고 계속 진격하며, '위지圍地', 즉 삼면이 둘러싸여 포위되기 쉬운 지형에서는 계략을 써서 위기를 벗어나고, '사지死地', 즉 더 이상 빠져나갈 길이 없이 차단된 곳에서는 머뭇거리지 말고 즉시 결전을 벌여 위기를 벗어나는 것이 일반적인 용병법이다. 그러나 상황에 따라 길에는 통과하지 말아야 할 곳이 있고, 군대에는 공격하지 말아야 할 곳이 있으며, 성에는 공격하지 말아야 할 성이 있고, 땅에는 다투지 말아야 할 땅이 있으며, 군주의 명령에는 따르지 않아야 할 명령도 있다. 이렇듯이 장수가 (때로는 원칙을 따르고 때로는 예외적인 방법을 사용하는 등) 상황에 따라 무궁하게 변화하는 용병을 함으로써 이익을 얻는 방법에 통달하였으면 그런 장수는 용병을 안다고 할 수 있다. 장수로서 무궁하게 변화하는 용병을 함으로써 이익을 얻는 방법에 통달하지 못하면 비록 지형을 이용하는 원칙을 안다 할지라도 상황에 따라 지형을 적절히 이용하여 이익을 얻지 못한다. 치병에 있어서도 상황에 따라 병사들을 다루는 법을 무궁하게 바꾸는 술術을 알지 못하면 비록 (지智, 신信, 인仁, 용勇, 엄嚴이 주는) 다섯 가지 이익을 안다 할지라도 사람을 제대로 쓰는 방법을 알지 못하는 것이다.

어휘풀이

▪ 圮地無舍(비지무사) : 圮는 무너질 비. 圮地는 움푹 팬 땅. 舍는 집 사, 쉴 사. 전체의 뜻은 '움푹 팬 땅에서는 숙영하지 않는다.'

▪ 衢地合交(구지합교) : 衢는 네거리 구. 衢地는 여러 나라의 국경이 접하는 땅을 말한다. 交는 여기서 외교, 친교를 의미한다. 合交는 친교를 맺는다, 동맹을 맺는다. 전체의 뜻은 '여러 나라의 국경이 접하는 땅에서는 주변국 군주와 동맹을 견고히 한다.'

▪ 絶地無留(절지무류) : 絶은 끊을 절, 絶地는 국경을 넘는 것을 말한다. 〈구지〉편에 "나라를 떠나 국경을 넘어 군을 움직이는 경우를 절지라고 말한다"(去國越境而師者, 絶地也)라고 하였다. 전체의 뜻은 '일단 국경을 넘은 후에는 머뭇거리지 않고 계속 진격한다.'

▪ 圍地則謀(위지즉모) : 圍는 에워쌀 위, 둘레 위, 지킬 위. 圍地는 삼면이 둘러싸인 땅. 전체의 뜻은 '삼면이 둘러싸인 땅에서는 계략을 써서 위기를 벗어난다.'

▪ 死地則戰(사지즉전) : 死地는 죽음의 땅. 사면의 고지에 적이 가득 차 있는 것과 같은 상황을 말한다. 전체의 뜻은 '사지에 빠진 경우에는 즉시 결전을 벌여 위기에서 벗어난다.'

▪ 途有所不由(도유소불유) : 途는 道와 같으며 길의 뜻. 有所는 '~할 곳이 있다'의 뜻으로 새긴다. 由는 지날 유. 통과한다는 뜻. 전체의 뜻은 '길에는 통과하지 말아야 할 길이 있다.'

▪ 軍有所不擊(군유소불격) : 擊은 칠 격. 전체의 뜻은 '군대에는 치지 말아야 할 군대가 있다.'

▪ 城有所不攻(성유소불공) : 성에는 공격하지 말아야 할 성이 있다.

▪ 地有所不爭(지유소부쟁) : 爭은 다투다. 전체의 뜻은 '땅에는 다투지 말아야 할 땅이 있다.'

▪ 君命有所不受(군명유소불수) : 君命은 군주의 명령. 受는 받아들이다, 따르다의 뜻이 있다. 전체의 뜻은 '군주의 명령에도 따르지 말아야 할 명령이 있다.'

▪ 故將通於九變之利者, 知用兵矣(고장통어구변지리자 지용병의) : 九變은 해석자에 따라 아홉 가지의 변화로 보는 사람들도 있고 고대의 '九'라는 숫자가 무한을 의미한다 하여 '무한한 변화'로 보는 사람들이 있다. 여기서는 '무한한 변화'로 해석한다. 자세한 논의는 해설을 참조하라. 通於는 '~에 통달하다'는 뜻. 知用兵은 용병을 안다. 문장 전체는 '그러므로 장군으로서 구변의 이익에 통달한 사람은 곧 용병을 안다고 할 수 있다'는 뜻이며, '그러므로 장군으로서 상황에 따라 용병을 달리함으로써 이익을 얻는 용병법에 통달한 사람은 용병을 안다고 할 수 있다'로 의역한다.

▪ 將不通於九變之利者, 雖知地形, 不能得地之利矣(장불통어구변지리자 수지지형 불능득지지리의) : 雖는 비록 수. '비록 ~하더라도'의 뜻. 문장 전체의 뜻은 '장군이 구변의 이익에 통달하지 못하면 비록 지형을 안다고 해도 땅이 주는 이점을 완전히 이용하지 못한다'로 직역되는데 '장군으로서 상황에 따라 용병을 달리함으로써 이익을 얻는 용병법에 통달하지 못한 사람은 비록 지형을 이용하는 원칙을 알고 있더라도 상황에 따라 지형을 완전히 이용하는 방법을 터득하지 못한 것이다'로 의역한다.

▪ 治兵, 不知九變之術, 雖知五利, 不能得人之用矣(치병 부지구변지술 수지오리 불능득인지용의) : 治兵은 군대를 다스리는 것인데 '용병用兵'과 대치되는 말이다. '용병'은 군대를 움직이는 것을 말하고 '치병'은 군대를 싸울 수 있는 상태로 유지하고 고무하는 것을 말한다. 術은 방법, 기교를 뜻한다. 九變之術에 대해서도 역시 해석자들 사이에 무엇을 지칭하는가에 대해 설이 분분하다. 통설은 상황에 따라 무한하게 변화할 수 있는 통솔력. 五利는 '다섯 가지 이익'으로 그것이 무엇을 지칭하는가에 대해서는 해석자에 따라 역시 설이 분분하다. 조조曹操는 '도유소불유'에서 '군명유소불수'까지의 다섯 가지로 보았으며 후세의 많은 주석자들이 이 견해를 따르고 있다. 그러나 이 다섯 가지는 용병에 관계되는 것이기 때문에 적절치 못하다. 나는 이 '오리'를 다음에 나오는 '오위五危'의 반대 상황을 말하는 것으로 보아야 마땅하다고 본다. 즉 '오위'는 '필사가살必死可殺', '필생가로必生可虜', '분속가모忿速可侮', '염결가욕廉潔可辱', '애민가번愛民可煩'인데 이는 순

서는 다르지만 〈계〉 편에 말한 장수의 오덕五德인 '지, 신, 인, 용, 엄' 을 융통성 없이 맹종하는 경우를 말하는 것으로 보인다. 자세한 논의는 이 편 말미의 오위에 대한 본문 해설을 참조하라. 전체의 뜻은 '치병에 있어 구변지술을 알지 못하면 비록 다섯 가지 이익을 알아도 사람을 쓰는 완전한 방법을 체득할 수 없다' 로 직역되는데, '치병에 있어 상황에 따라 병사들을 다루는 방법을 무궁하게 바꾸는 술術을 알지 못하면 비록 (지, 신, 인, 용, 엄이 주는) 다섯 가지 이익을 안다 할지라도 사람을 제대로 쓰는 방법을 알지 못하는 것이다' 로 의역한다.

해설

이 절의 첫 문장 '범용병지법凡用兵之法, 장수명어군將受命於君, 합군취중合軍聚衆' 은 〈군쟁〉 편에서도 문장 첫머리에 온 것으로 실제 작전의 단계를 설명한 것이다. 즉 군주로부터 명령을 수령하고 군의 편성과 동원이 끝난 상태까지를 말한다. 그 이후에 오는 '비지무사圮地無舍', '구지합교衢地合交', '절지무류絶地無留', '위지즉모圍地則謀', '사지즉전死地則戰' 의 용병원칙은 〈구지〉 편에 나타나는 아홉 가지의 용병원칙 중 네 가지에 '절지무류絶地無留' 를 추가한 것이다. 이것은 전략지리에 있어 일반적으로 따라야 된다고 생각하는 용병의 일반원칙이다. '도유소불유途有所不由', '군유소불격軍有所不擊', '성유소불공城有所不攻', '지유소부쟁地有所不爭', '군명유소불수君命有所不受' 의 다섯 가지는 모두 용병의 일반원칙에서 벗어난 예외의 경우를 설명하는 것으로 용병의 변화를 예시한 것이다. 이같이 일반원칙과 예외적인 경우를 다섯 가지씩 대비시킨 것은 용병의 일반원칙을 알고 또 상황에 따라서는 변용하라는 의미에서 병렬한 손자의 의도적인 문장 배치로 생각된다.

여기서 제시된 앞의 다섯 가지 원칙들에 대한 설명은 〈구지〉 편에서 좀더 상세히 언급되기 때문에 그곳에서 자세한 설명을 하도록 하겠다.

'도유소불유' 에서부터 '지유소부쟁' 까지는 작전 일반원칙의 관점에서만 보면 유리하기 때문에 당연히 택해야 할 진격로, 당연히 공격해야 할 군대, 당연히 공격해야 할 성, 당연히 차지하려고 경쟁해야 할 요지要地지만 거시적인 안목에서 보아 싸우지 않고 획득할 대안이 있을 경우, 혹은 작전 이외의 고려사항에 의해 원칙에 따라 움직이지 않고 이를 피할 수도 있다는 말이다. 2차대전 당시 소련군이 쿠르스크Kursk전투가 끝난 1943년 후반부터 독일군에 대해 본격적인 대반격을 취하는 상황에서 독일 방향으로 진격할 당시인 1944년 8월 폴란드를 탈취할 때, 군대를 잠시 정군하면서 폴란드 내의 공산주의 세력을 움직여 내부혁명을 조장함으로써 크나큰 전투를 치르지 않고 점령한 것을 들 수 있을 것이다. 태평양전쟁시 미군의 반격단계에서 맥아더가 그러했듯이 일본군의 중남태평양의 최대 기지였던 라바울Rabaul 기지와 같은 적의 중요한 핵심기지를 직접 공격하지 않고 그 후방의 방비가 미미한 섬들을 장악함으로써 적의 강점을 스스로 고사枯死하게 만드는 방법도 불필요한 희생을 줄이면서 작전을 수행했던 전사상의 또 다른 예이다. 한신이 기원전 204년 조趙나라 군대와 벌인 정형井陘 전투에서 작전상 금기시하는 배수진背水陣을 사용했던 것 역시 훈련이 되지 않은 병력들의 필사의 의지를 이용하고자 하는 치병에 대한 고려로부터 기존 작전원칙에서 벗어나 변칙적 방법을 사용한 대표적인 예이다. 이러한 예는 무한히 들 수 있을 것이다.

'군명유소불수君命有所不受'의 경우도 취지는 동일하다. 군주의 명령은 따르지 않을 수 없는 것이나 군주의 명령이 군을 파멸로 이끄는 것이 확실한데도 진격을 명령할 때나, 적에게 결정적인 타격을 가하기 위해서는 시간을 낭비하지 말아야 하는 상황에서 군주가 부대의 진격을 저지시키는 명령을 내릴 때에는 총사령관이 자신의 판단으로 미루어보건대 진정으로 국민, 국가, 군주에 도움이 되지 않는 것이라면 이를 따르지 않을 수 있다는 것이다. 뒤따르는 문장은 곧 장수가 이렇듯 용병의 원칙과 변칙적인 방법을 상황에 따라 활용할 줄 알면 용병을 안다는 것이다. 달리 말하면 장수는 용병의 일반원칙을 알고 적용하되 상황에 따라서는 그것을 변용할 줄 알아야 한다는 것이다. 그러므로 손자는 장수가 지형에 따른 용병원칙을 안다고 해도 종합적인 상황판단에 따라 그 원칙을 이탈해 변칙을 택하는 방법을 쓸 줄 모르면 지형이 제공하는 이점을 완전히 활용하지 못하는 것이라고 말한다.

이것은 단지 용병의 영역에서만 그러한 것이 아니다. 치병의 영역에서도 마찬가지다. 비록 장수가 용병의 원칙을 알고 또 상황에 따라 변화를 구사하는 데 능통하여 그 다섯 가지 이점, 즉 변화를 통해 얻을 수 있는 이점을 활용할 줄 안다 해도 치병의 영역에서 그와 같이 원칙과 변칙을 활용할 줄 모르면 병력을 충분히 활용할 수 없다는 것이다.

요컨대 장수는 용병과 치병 양자에서 상황과 지형에 따라 원칙을 사용할 때와 변칙을 사용해야 할 때를 알아야만 완전한 용병가라고 할 수 있다는 것이다. 장수는 그러므로 용병과 치병을 겸해야 하며 단지 용병능력만 있고 사람 다루는 데 능숙하지 못한다든가 사람만 잘 다루고 용병능력이 없다든가 하면 제대로 된 장수라 할 수 없는 것이다. 오늘날에도 지휘관의 역할을 지휘와 작전 양 영역을 겸한 것으로 보는데, 뛰어난 지휘관이 되려면 작전능력과 지휘능력 양자를 겸해야 한다. 이것은 이미 〈군쟁〉 편에서 손자가 치병, 용병, 지형(전장환경)의 3대 요소를 제시한 것과 같은 맥락이다. 다만 〈군쟁〉 편에서는 원칙적인 면만을 제시한 반면 〈구변〉 편에서는 변칙을 쓸 수 있는 능력에 강조점을 둔 것이다.

8-2

是故, 智者之慮, 必雜於利害. 雜於利而務可信也. 雜於害而患可解也. 是故, 屈諸侯者以害, 役諸侯者以業, 趨諸侯者以利. 故用兵之法, 無恃其不來, 恃吾有以待之, 無恃其不攻, 恃吾有所不可攻也.

그러므로 지혜로운 사람의 사고는 반드시 이로움과 해로움에 두루 미쳐야 한다. 그 생각이 이로운 것에 미치면 (해로운 요소를 발견하여 이를 보완함으로써) 일이 더욱 믿을 만한 것이 되고 해로움에 미치면 (이에 대한 대비책을 마련해두면) 어려운 것이 풀릴 수 있다. 그러므로 적이 행동을 취하지 못하게 하는 것은 적으로 하여금 해로움을 인식하게 하기 때문이요, 적을 부려 쓸데없는 일에 힘을 소진하게 만드는 것은 (적이 솔깃해하는) 일을 만들어 그렇게 하는 것이요, 적으로 하여금 (나의 의도대로) 질주하게 만드는 것은 이익을 보여주기 때문이다. 그러므로 용병하는 법은 적이 오지 않을 것이라는 추측에 의존하지 않고 적이 올 때 대처할 방책을 갖고 있는 것을 믿는 것이다. 적이 공격하지 않을 것이라는 막연한 추측에 의존하지 않고 적이 공격할 수 없게끔 해놓는 것을 믿는 것이다.

어휘풀이

▪ 是故, 智者之慮, 必雜於利害(시고 지자지려 필잡어이해) : 是故는 그러므로. 慮는 생각, 의심, 염려. 雜은 섞을 잡, 섞일 잡. 雜於利害는 이익과 해로움에 두루 미쳐 있어야 된다. 즉 '어떤 방책의 이익이 되는 점과 해가 되는 점을 고루 알고 있어야 한다'는 뜻. 문장 전체의 뜻은 '그러므로 지혜로운 사람의 생각은 반드시

이익과 해악의 양쪽에 고루 미쳐야 한다.'

▪ 雜於利而務可信也. 雜於害而患可解也(잡어리이무가신야 잡어해이환가해야) : 務는 힘쓸 무, 일 무. 可信은 '믿다' 혹은 '믿게 하다'. 患은 어려움, 곤란의 뜻. 解는 풀다, 풀리다의 뜻. 이 문장은 일반적으로 '이로움을 잘 살펴 이것을 믿을 만한 것으로 만드는 데 힘쓰고 해로움을 잘 살피면 곤경이 해소될 수 있다'로 해석된다.

▪ 是故, 屈諸侯者以害(시고 굴제후자이해) : 諸侯는 여기서 적국의 군주君主. 屈은 굴복시키다, 뜻을 굽히다. 전체는 '적 군주의 뜻을 굴복시키는 것은 해로움을 보여줌으로써이다.'

▪ 役諸侯者以業(역제후자이업) : 役은 부릴 역, 힘써 일할 역, 골몰할 역. 業은 일 업, 위태할 업. 전체는 '적군의 군주를 부려 (이익됨이 없는 곳에) 헛되이 힘쓰게 만드는 것은 적으로 하여금 스스로 이익이 된다고 생각하는 일을 벌이게 함으로써이다'라는 뜻. 즉 적으로 하여금 쓸데없는 일을 벌이게 함으로써 힘을 소진시키는 것을 말한다.

▪ 趨諸侯者以利(추제후자이리) : 趨는 급히 달릴 추. 전체는 '적 군주를 급히 어느 곳으로 달려오게 만드는 것은 이로움을 보여줌으로써이다'로 해석된다. 즉 이익을 보여주어 유인하는 것을 말한다.

▪ 無恃其不來, 恃吾有以待之(무시기불래 시오유이대지) : 恃는 믿을 시. 待는 상대하다, 방비하다의 뜻. 전체는 '적이 오지 않을 것이라는 것을 믿고 있지 말고 (적이 오더라도) 나에게 이를 써서 적을 상대할 수단이 갖추어져 있는 것을 믿는다.'

▪ 無恃其不攻, 恃吾有所不可攻也(무시기불공 시오유소불가공야) : 所는 여기서 '~할 수단, 방법.' 전체는 '적이 공격하지 않을 것이라는 것을 믿고 있지 말고 적이 공격할 수 없도록(공격해 와도 성공할 수 없도록) 내게 수단이 갖추어져 있는 것을 믿는다.'

해설

이 절에서 손자는 고도의 지력에 의해 임기응변에 능한 용병가의 용병법을 제시하고 있다. '智者之慮, 必雜於利害(지자지려 필잡어이해)'는 바로 지혜로운 용병가는 적과 자신이 취할 수 있는 여러 가지 대안이 갖고 있는 이점과 손해를 면밀히 파악할 줄 아는 능력이 있어야 한다는 것이다. 어떤 상황은 아군에게 이익이 될 수 있는 점이 있는 것 같지만 자세히 보면 그 안에 해로움이 존재할 수 있고, 다른 상황은 아군에게 해로운 점이 있는 것 같지만 그것의 활용 여하에 따라 유리한 점으로 발전할 수 있는 요소가 있을 수 있다는 것이다. 그 다음 문장, '雜於利而務可信也. 雜於害而患可解也(잡어리이무가신야 잡어해이환가해야)'에 대해 역대의 주석자들은 일반적으로 '지혜로운 용병가의 고려가 이익되는 점에 미치면 일(務)이 믿을 만하게 되고, 지혜로운 용병가의 고려가 해로움에 미치면 어려움이 해소될 수 있다'라고 해석해왔다.

이러한 해석은 적이 오지 않고 적이 공격하지 않을 것이라는 우연적 사고에 기초하지 말고, 적이 오거나 공격할 때 이를 상대할 방법을 미리 준비해두라는 내용과 상통한다. 그러나 나는 이 부분을 읽을 때마다 떨치지 못하는 생각이 있다. 그것은 바로 이 문장의 아래에 적을 나의 생각대로 조종하는 이利, 업業, 해害를 언급하는 부분에서 적을 나의 의도대로 움직이게 하는 방법을 설명하는 부분과 잘 연결이 되지 않는다는 것이다. 나는 이 부분에 대해 수차례 거듭 고민하고 문장을 면밀히 읽으면서 새로운 해석을 해보았다. 아직까지도 나의 새로운 해석에 대해 완전한 확신을 갖지 못하기 때문에 전통적인 해석을 따르기는 했지만 여기에 나의 새로운 해석을 제시해두어 독자의 비판을 기다리고자 한다.

나는 '智者之慮 …… 雜於利而務可信, 雜於害而患可解也'의 문장에서 '雜' 자가 '섞다'라는 의미의 타동사로 쓰였으며 뒤에 목적어가 생략된 것이 아닌가 생각한다. 한편 務에 대해서도 '일'이라는 명사로 쓰였다고 생각하지 않고 '힘쓰다'라는 뜻의 동사로 쓰였다고 생각한다. 나는 이 문장은 '智者之慮 …… 雜(害)於利而務(敵)可信也, 雜(利)於害而(我)患可解也'가 본래 손자의 의도였다고 생각한다. 이를 해석하면 다음과 같다.

지혜로운 자의 고려는 이익이 되어 보이는 점에다가 약간의 해로워 보이는 점을 섞어 넣어 적으로 하여금 이를 믿도록 힘쓴다. 한편 아측에 해로운 점이 있을 경우 약간 이로워 보이는 점을 섞어 넣게 되면 우리의 곤란함은 그 이익 때문에 적이 함부로 넘보지 않음으로써 자연히 해소된다.

이러한 해석이 타당하다고 느끼는 것은 그 다음 문장 때문이다. '是故, 屈諸侯者以害, 役諸侯者以業, 趨諸侯者以利(시고 굴제후자이해 역제후자이업 추제후자이리)'를 직역하면 제후를 굴복시켜 아측을 넘보지 못하게 하는 것은 해를 보여주기 때문이고, 내가 원하는 방향으로 적을 부리는 것은 그 스스로 잘못된 판단에 의해 쓸데없는 일을 벌이게 만들어놓기 때문이며, 적이 어떤 곳으로 달려오게 만드는 것은 아측이 이익이 되는 점을 보여주기 때문이라는 뜻이 된다. 만약 위의 '雜於利而務可信也. 雜於害而患可解也'라는 문장을 단지 '아측에 이익이 있으면 이를 확실히 지키고 아측에 해로움이 있을 경우 이를 보완하여 대비하면 어려움은 자연히 해소될 수 있다'라는 식으로 해석한다면 어떻게 적이 아측이 원하는 대로 움직이겠는가? 어떤 적이라도 아측이 '이利'를 확실히 지키면 그것을 '실實'로 보고 두려워하고 공격하지 않으려 하고, 아측이 '해害'를 대비하면 그것 역시 '실實'로 보아 또한 공격하려 들지 않을 것이다. 즉 이로움 속에 해로운 점을 섞어 넣어 자연스럽게 보여야 적은 아측의 해로움을 보고 달려들며, 아측의 해로운 점에 이로운 점을 섞어넣어 자연스럽게 보여 그것이 적으로 하여금 아측에 이로운 점이 있음을 알고 의심하여 아측의 어려움을 공격하지 않는다. 이렇게 되어야만 적은 아측의 의도대로 움직이는 것이다.

나는 손자가 여기에 제시한 용병법은 〈허실〉 편에 '能使敵人自至者, 利之也. 能使敵人不得至者, 害之也(능사적인자지자 이지야 능사적인부득지자 해지야)'라고 하여 이利와 해害를 이용해 적을 움직이게 한다는 용병의 원리를 좀더 교묘하게 적용시킨 것이라고 생각한다. 같은 〈허실〉 편에 '我不欲戰, 雖劃地而守之, 敵不得與我戰者, 乖其所之也(아불욕전 수획지이수지 적부득여아전자 괴기소지야)' 라고 한 것도 바로 아측의 허虛에 마치 실實이 있는 것처럼 이利와 해害를 교묘히 섞어서 용병할 때 거둘 수 있는 결과이다.

그러므로 손자는 용병하는 법에 있어서는 적이 아측의 희망대로 움직여주리라고 생각해서는 안 되며 막연한 기대에 맡겨서도 안 된다고 말한다. 적이 어느 곳으로는 오지 않을 것이라고 확신해서는 안 되고, 적이 만약 어느 곳으로 올 경우 어떻게 대응할 것인가를 생각해두고 준비해두지 않으면 안 된다. 적이 어느 곳을 공격해오지는 않을 것이라고 확신해서는 안 되고, 적이 만약 어느 곳을 공격한다면 어떻게 그것을 막을 것인가에 대한 대응책을 생각해두고 준비해두지 않으면 안된다. 나폴레옹은 "사람들은 나를 천재라고 말하지만 나는 결코 천재가 아니다. 내가 이렇게 신속히 결단을 내릴 수 있었던 것은 평소에 여러 가지 상황을 구상해두었다가 필요에 따라 적용한 것에 불과하다"라고 말한 바 있는데 이것은 손자가 말하는 용병법과 같은 맥락의 말이다.

8-3

故將有五危. 必死可殺, 必生可虜, 忿速可侮, 廉潔可辱, 愛民可煩. 凡此五危, 將之過也, 用兵之災也. 覆軍殺將, 必以五危, 不可不察也.

장수에게는 다섯 가지 위험한 일이 있으니 (지모를 써야 할 때) 지나치게 용기만 내세워 (죽는 것을 두려워하지 않으면) 죽음을 당할 수 있고, (죽기를 각오해야 할 때) 반드시 살고자 하면 적에게 사로잡히게 되고, (차분히 정세를 판단하고서 행동해야 할 때) 분을 이기지 못하여 급하게 행동하면 수모를 당할 수 있고, 지나치게 성품이 깨끗하여 (적을 속일 줄을 모르면) 치욕을 당할 수 있고, 병사들에 대한 사랑이 지나쳐 (아군 병력의 희생을 지나치게 우려하게 되면) 번민이 많아져 (필요한 때에 과감한 행동을 못한다). 무릇 이러한 것은 장수의 잘못이요 용병의 재앙이 된다. 군이 적에 의해 파멸에 이르고 장수가 죽음을 겪게 되는 것은 반드시 이러한 다섯 가지 장수의 위태로운 자질 때문이니 심각하게 숙고하지 않을 수 없다.

어휘풀이

▪ 故將有五危(고장유오위) : 故는 여기서는 해석할 필요 없는 연결조사. 危는 위태로움. 전체의 뜻은 '장수에게는 다섯 가지 위태로운 자질이 있다.'

▪ 必死可殺(필사가살) : 殺은 죽일 살. 여기서는 피동의 의미로 '죽음을 겪을 수 있다'로 해석된다. 전체는 '반드시 죽고자 하면 죽음을 겪을 수 있다'의 뜻. 지나친 엄격함이나 만용에 대한 경고이다.

▪ 必生可虜(필생가로) : 虜는 사로잡다의 뜻이나 여기서는 피동의 의미로 '사

로잡힐 수 있다'는 뜻으로 해석된다. 전체는 '반드시 살고자 하면 사로잡힐 수 있다'의 뜻. 위기에서 일전불사의 용기가 필요할 때 보이는 비겁함에 대한 경고이다.

▪ 忿速可侮(분속가모) : 忿은 성낼 분. 速은 빠를 속. 侮는 업신여길 모. 전체는 '성내어 급히 일을 처리하면 업신여김을 당할 수 있다'의 뜻. 신중치 못한 다혈질적인 행동에 대한 경고이다.

▪ 廉潔可辱(염결가욕) : 廉은 맑을 렴, 청렴할 렴. 潔은 맑을 결. 辱은 치욕. 전체는 '지나치게 맑고 청렴한 것만 알면 욕을 당할 수 있다'는 뜻. 성정이 곧기만 해서 속임수를 쓸 수 없게 되면 적에게 속아넘어가 치욕을 당할 수 있게 되는 위험에 대한 경고이다.

▪ 愛民可煩(애민가번) : 煩은 번거로울 번, 괴로울 번, 민망할 번. 民은 백성이지만 여기서는 휘하의 병사들을 지칭한다. 전체는 '지나치게 병사들을 사랑하면 괴로운 상황을 맞을 수 있다'는 뜻. 병사들을 지나치게 아껴 실상 어느 정도의 희생을 감수해야 할 때 그렇게 하지 못해 더 많은 희생이나 피해를 초래하게 되는 경우에 대한 경고이다.

▪ 凡此五危, 將之過也, 用兵之災也(범차오위 장지과야 용병지재야) : 凡은 무릇. 過는 과실, 잘못. 災은 재난, 재앙. 문장 전체의 뜻은 '무릇 이 다섯 가지는 장수의 과실이며 용병의 재앙이다.'

▪ 覆軍殺將, 必以五危, 不可不察也(복군살장 필이오위 불가불찰야) : 覆은 엎을 복. 覆軍殺將은 군을 엎고 장군을 죽인다는 뜻으로 군대가 파멸적 패배를 당하는 것을 말한다. 문장 전체의 뜻은 '군대를 파멸에 이르게 하고 장군을 죽음에 이르게 하는 것은 반드시 위에 말한 다섯 가지 장수의 위태로운 자질의 결과로 이루어지니 깊이 살피지 않으면 안 된다.'

해설

지금까지 손자는 작전에 있어 변화의 중요성을 말했는데 이 절에서는 지휘법의 변화에 대해 말하고 있다. 그는 부대 지휘에서 원칙만을 고집하여 부정적 결과를 초래하는 다섯 가지 경우를 지적함으로써 지휘에 있어서도 일반원칙을 중시하되 상황에 따라서는 변칙적 지휘법을 운용하는 능력이 있어야 함을 보여주고자 한 것이다. 이미 앞에서 언급했듯이 이 오위五危는 〈계〉 편에 장수가 갖추어야 할 자질로 든 지智, 신信, 인仁, 용勇, 엄嚴에 대비되는 것이다.

'필사가살必死可殺'은 죽기를 각오하고 물러서지 말라는 식으로 엄격함만을 내세워 지휘할 때는 부대가 전멸상태에 이를 수도 있다는 것이니 '엄'에만 집착하는 지휘에 대한 경고이다. 물론 이 구절은 어떤 의미에서는 '용'에 대비된다고 할 수도 있다. 독 · 소 전역에서 히틀러가 스탈린그라드 전투를 포함하여 여러 번에 걸쳐 "이미 확보한 땅은 1인치라도 내어줄 수 없다"고 엄명을 내려 많은 희생을 자초했고, 특히 1942년 말 스탈린그라드 전투에서는 전혀 그곳을 지탱해낼 희망이 없는데도 불구하고 파울루스Paulus 장군의 제6군에게 스탈린그라드 사수를 명함으로써 독일 제6군은 포위망에 갇혀 전체 28만을 헤아리던 병력 중 십만여 명이 기아와 추위로 인해 죽고, 10만여 명이 포로가 되는 결과를 빚은 것은 전쟁사상 가장 유명한 예이다.

'필생가로必生可虜'는 용전勇戰이 필요할 때 반드시 살아나려고만 하면 적의 포로가 될 수도 있다는 뜻이다. 그것은 지나치게 지략智略에만 의존하려 하고 필요할 때 용감성을 발휘하지 않을 경우이니 이는 '지智'에만 집착하는 지휘에 대한 경고이다. 클라우제비츠가 사려 깊은 사람들은 지나치게 과단성이 부족해 때로는 지휘관의 자질로 적합하지 않다고 보고, 나폴레옹을 비롯한 역사상 많은 장군들이 지휘관에게는 지력 못지않게 의지력과 과단성 있는 '성격'이 필요하다고 한 이유이다.

'분속가모忿速可侮'는 분함을 이기지 못해 적의 어떤 행동에 대해 되튀듯이 용감하고 저돌적으로 행동하면 치욕을 당할 수 있다는 것이니 이는 '용勇'에만 지나치게 집착하는 경우에 대한 경고이다. 삼국지의 장비의 성격이 이러한 경우이다.

'염결가욕廉潔可辱'은 장수가 지나치게 인격적 고결함과 변치 않는 도덕심에만 의존할 경우 욕을 당할 수 있다고 한 것이니 이것은 지나치게

'신信' 에만 집착하는 경우에 대한 경고이다. 기원전 204년 정형井陘 전투에서 한신韓信과 대적한 바 있던 조나라측의 성안군成安君 진여陳余가 적에게도 속임수를 쓰지 않고 정정당당히 싸워야 한다고 주장하다가 결국 한신에게 대패한 예는 유명하다. 요컨대 장수가 지나치게 도의심에만 사로잡혀 있거나 고지식하여 적조차도 속일 수 없는 경우를 말하는 것이다.

'애민가번愛民可煩' 은 장수가 지나치게 부하의 생명을 아끼는 경향이 있어 그들이 일부 희생되는 것을 걱정하면 과감한 행동을 못하여 번민하다가 결국 작전에 실패할 경우가 있다는 것을 암시하는 말이니 그것은 '인仁' 에만 집착하는 경우에 대한 경고이다.

손자는 이렇듯 부대와 부하를 다루고 지휘하는 데 있어 지휘법의 원칙만을 알고 그에 집착하는 것은 장수의 잘못이고, 이로 인하여 군대가 파멸 상태에 이를 수도 있고 장수가 죽는 경우도 있으니 이렇게 원칙에만 집착하는 지휘에 대해 잘 숙고해야 한다고 하였다. 이는 곧 지휘에 있어서도 일반원칙을 알되 상황에 따라 변칙을 사용할 줄 알아야 한다는 것이다. 결국 장수는 치병에 있어 '구변지술九變之術' 을 발휘하지 못할 때는 위기에 빠질 수 있으니 그것은 용병상의 재난을 초래하게 된다.

| 구변 편 평설 |

〈구변〉 편은 《손자병법》 중에서 가장 짧은 편이다. 그러나 손자는 여기서 매우 중요한 하나의 명제를 제시하고 있다. 그것은 용병은 원칙에만 집착해서는 안 된다는 것이다. 적과 나, 그리고 전쟁이 벌어지는 환경은 매전쟁마다 각양각색으로 다르게 나타난다. 그 안에는 무수한 요인들이 개입해서 복잡한 양상으로 상호작용하며 상황은 급변한다. 어떤 전쟁과 전투는 다른 전쟁과 전투와 매우 유사성이 있어 보이지만 자세히 뜯어보면 일반화가 어려울 정도로 다른 여건에서 진행되고 있음을 알게 된다. 그러나 이런 역사적 사건의 일회성에도 불구하고 인간은 미래를 위해 유사성을 찾고 일반화를 시도한다. 그렇게 해서 이루어지는 것이 전쟁에서의 원칙이다. 이 원칙은 따라서 언제 어디서나 그대로 적용되어 100퍼센트의 효과를 얻을 수는 없다. 생명 없는 물체를 대상으로 하는 물리학의 법칙과는 달리 원래부터 완벽성을 갖고 있지 않기 때문에 그러하다. 따라서 전쟁에 있어 널리 인정되는 원칙이라는 것은 모두 예외를 전제하고 있다. 손자가 이 편에서 말하는 바는 바로 이것이다.

그러므로 손자는 이미 〈계〉 편에서 용병가의 승리는 미리 전해줄 수 없다고 했고 이 편에서 다시 한 번 이 사실에 대해 주의를 환기시키고 있다. 용병가는 원칙을 이해하되 상황에 따라 변칙을 쓸 줄 알아야 한다. 그 변칙이야말로 용병가가 처한 상황에 따라 달라질 수 있기 때문에 더더욱 어떤 것이라고 말하기 힘들다. 손자를 읽는 많은 사람들이 '途有所不由, 軍有所不擊, 城有所不攻, 地有所不爭, 君命有所不受(도유소불유 군유소불격 성유소불공 지유소분쟁 군명유소불수)'라고 할 때 '途', '軍', '城', '地', '君命'이 어떤 것인가에 대해 궁금증을 가질 수 있으며, 그 구체적 경우를 유추해서 생각할 수 있지만 원래부터 손자는 어떤 특정한 상황을 지칭한 것이 아니기 때문에 그것이 정확히 어떤 경우를 말하는가를 알기는 어렵다. 굳이 말한다면 아마도 그것은 한 용병가가 어느 일정 순간에 무수한 고려 요소들의 비중을 복합적으로 저울질하여 내리는 판단의 결과라 할 수 있을 것이다.

손자가 이 〈구변〉 편에서 말한 바는 클라우제비츠가 전쟁에 있어 '군사적 천재military genius'가 중요 요소라고 한 것과 매우 흡사하여 흥미롭다. 클라우제비츠는 그 천재가 가진 능력을 열거해 말하지 않고 다만 상황에 따라 가장 적합한 결심을 하고 이를 실행에 옮기는 능력이라고 했는데 이는 다분히 그가 '전쟁의 신'이라고 불렸던 나폴레옹을 염두에 두고 있었음에 틀림없다. 그런데도 이미 언급하였듯이 정작 나폴레옹 자신은 "사람들은 나를 천재라고 말하지만 나는 결코 천재가 아니다. 내가 이렇게 신속히 결단을 내릴 수 있었던 것은 평소에 여러 가지 상황을 구상해두었다가 필요에 따라 적용한 데 불과하다"고 말했다. 그런데 손자는 무어라 말했는가? "그러므로 용병은 적이 오지 않을 것을 믿지 말고 나에게 적이 왔을 때 그에 대비할 수단을 갖추고 있음을 믿고, 적이 공격해오지 않을 것이라고 기대하지 말고 적이 공격해와도 성공할 수 없게 하는 수단을 갖추고 있다는 것을 믿어라"라고 하지 않았는가? 참으로 놀라운 두 천재적 용병가의 사고의 일치다.

군사적 천재, 즉 한눈에 전체적인 상황을 포착해내고 지형의 유불리有不利를 파악하며 사태의 핵심을 알아내고 그에 따라 필요한 조치를 생각하고 결단을 내리며 이를 추진해가는 능력을 가진 사람들은 흔히들 타고난 재질을 가진 것이라는 말이 있어왔다. 확실히 사물의 본질을 직관적으로 파악해내는 능력이 다른 사람보다 선천적으로 빠른 사람이 있을 수 있다. 그러나 일정한 지적 능력을 가진 사람이라면 그것은 군사문제에 대한 부단한 숙고와 훈련으로 획득할 수 있다. 나폴레옹은 그러한 대표적인 예이다. 그가 브리엔느Brienne 군사학교와 파리의 사관학교 시절, 그리고 포병중위 시절에 '얼마나 많은 군사서적을 독파했는가를 아는 사람은 그가 군의 사령관이 되어서 발휘한 용병의 능력이 하루아침에 얻은 것이 아니라는 것을 알 것이다. 그러므로 손자가 말하는 '지병지장知兵之將' 은 군사문제에 대한 끊임없는 숙고와 전쟁사와 인간 행동에 대한 광범한 독서를 통한 융통성 있는 사고능력의 함양을 통해, 직면하는 사태에서 핵심적인 요소를 파악해내고 이를 실행으로 옮길 수 있도록 사람들을 움직여 쓰는 훈련을 거치면 만들어질 수 있는 것이다.

9

▼

행군

9. 행군行軍

| 편명과 대의 |

이 편의 편명은 《십일가주손자》 계통의 판본에서나 《무경칠서》 계통의 판본에서 모두 '행군行軍'이다. 내용을 읽어보면 바로 알 수 있듯이 여기서 행군은 현대 군사용어의 행군march의 의미로 쓰인 것이 아니다. 그것은 오늘날의 의미로는 기동, 전투, 행군, 숙영 등 제반 작전행동을 총괄하는 것이다.

이 편은 대체로 세 부분으로 구성되어 있다. 그 첫 번째 부분은 산지, 하천, 소택, 평지의 네 가지 주요 작전환경에 따른 군의 운용과 그 외의 각종 특수지형에서의 군의 운용법을 논했다. 이 편의 두 번째 부분은 적이 외부로 드러내는 행동을 통해 적의 의도와 상태를 파악하는 방법 33가지를 제시하고 있다. 마지막 부분에서는 아군 내부의 통합을 달성하기 위한 병력지휘법의 요체를 제시하고 있다.

아마도 면밀한 독자는 이 편의 구성이 〈군쟁〉 편 이하의 손자 용병론의 기본체계인 용병, 치병, 지형의 삼위일체의 체계를 벗어나지 않고 있다는 것을 어렵지 않게 포착할 수 있을 것이다. 이 편의 대의는 그러므로 지형과 적정을 고려치 않고 무작정 진격하는 무모한 용병을 피하며 적정을 제대로 파악하고 감화와 위엄을 겸한 지휘법을 통해 군의 결합을 견고히 함으로써 부대의 힘을 모아 승리하면 그뿐이라는 '惟無武進, 足以併力料敵, 取人而已'(유무무진 족이병력료적 취인이기)의 문장에 담겨 있다고 하겠다.

9-1

孫子曰. 凡處軍相敵, 絶山依谷, 視生處高, 戰隆無登. 此處山之軍也. 絶水必遠水. 客絶水而來, 勿迎之於水內, 令半濟而擊之, 利. 欲戰者, 無附於水而迎客, 視生處高, 無迎水流. 此處水上之軍也. 絶斥澤, 惟亟去無留. 若交軍於斥澤之中, 必依水草, 而背衆樹. 此處斥澤之軍也. 平陸處易, 右背高, 前死後生. 此處平陸之軍也. 凡此四軍之利, 黃帝之所以勝四帝也.

손자는 다음과 같이 말했다. 무릇 군이 기동하여 적과 대치할 때, 산악을 횡단하여 계곡을 의지해 진영陣營을 편성하는 경우, 유리한 곳을 살펴서 가능하면 높은 곳에 머무른다. 고지를 장악한 적을 상대해야 할 때는 산을 거슬러 올라가며 싸워서는 안 된다. 이것이 산악지역에서 작전을 수행할 때의 군의 운용방법이다. 하천을 도하한 후에는 반드시 물에서 멀어져야 한다. 적이 도하해올 때는 물 속에서 적을 맞아서는 안 되고 적이 강을 반쯤 건넜을 때 이를 공격하면 이롭다. 적을 맞아 전투를 수행하고자 할 때는 하천에 근접하여 적을 맞지 말고 높은 지역의 이점을 살펴 상류 쪽을 향하면서 적을 상대해서는 안 된다. 이것이 하천지역에서 작전을 수행할 때의 군의 운용방법이다. 호수가 많은 늪 지대를 통과해야 할 경우에는 극력으로 행군하여 그 지역을 벗어날 것이며 그곳에 머물러서는 안 된다. 만약 수풀이 많은 늪지에서 적과 조우하게 되면 반드시 수초에 의지하고 배후에 나무가 빽빽이 들어서 있는 곳을 등지도록 해야 한다. 이것이 늪과 호수가 많은 지역에서 작전을 수행할 때의 군의 운용방법이다. 평탄한 지역에서는 군이 움직이기 쉬운 곳에 위치해야 하며 서쪽은 높은 지형을 등지고 전면에는 적의 공격이 불리한 지점을,

배후에는 높은 지형을 두도록 군을 배치해야 한다. 이것이 평탄한 지역에서 작전을 수행할 때의 군의 운용방법이다. 이 네 가지의 지형에 따라 적절히 지형의 이점을 사용하는 군의 운용법은 옛날 황제가 사방의 적들에게 승리할 때 썼던 방법이다.

어휘풀이

■ 凡處軍相敵(범처군상적) : 處는 처할 처. 相은 서로 상. 相敵은 적과 바라보고 대치한다는 뜻이다. 전체의 뜻은 '무릇 군대를 배치하고 적과 서로 대치할 때.'

■ 絶山依谷(절산의곡) : 絶은 지날 절, 끊을 절. 谷는 계곡 곡. 依는 의지할 의. 전체의 뜻은 '산악을 횡단하여 계곡에 의지할 때는.'

■ 視生處高(시생처고) : 視는 볼 시. 生은 '살 생' 자로 여기서는 군사적으로 유리함을 의미한다. 전체의 뜻은 '유리함을 보고 높은 곳에 위치한다.'

■ 戰隆無登(전륭무등) : 隆은 높을 륭. 登은 오를 등. 급경사지가 있는 높은 지형에서는 그러한 지역을 향해 올라가며 싸우지 않는다.

■ 此處山之軍也(차처산지군야) : 此는 이것. 이것이 산에 처한(임하여 작전하는) 군대이다(군대가 따라야 할 원칙이다).

■ 絶水必遠水(절수필원수) : 絶水는 물을 가로지르다, 즉 횡단해 도하하다는 뜻이다. 遠은 '멀 원' 자로 여기서는 '멀리한다' 는 동사로 쓰였다. 강을 도하했으면 반드시 강에서 멀리 떨어져야 한다.

■ 客絶水而來, 勿迎之於水內, 令半濟而擊之, 利(객절수이래 물영지어수내 영반제이격지 리) : 客은 여기서 공격해오는 측의 군대, 즉 적을 말한다. 迎은 맞이할 영. 濟는 건널 제. 전체의 뜻은 '적이 하천을 횡단하여 도하해오면 적을 하천 중간에서 맞아 싸우지 말고 적이 반쯤 건넜을 때 타격하면 이롭다.'

■ 欲戰者, 無附於水而迎客, 視生處高, 無迎水流(욕전자 무부어수이영객 시생처고 무영수류) : 欲은 바랄 욕. 附는 붙을 부. 附於水는 '물가에 붙어서' 란 의미이다. 水流는 물의 흐름. 전체의 뜻은 '전투를 원하면 물에 근접하여 적을 맞아 상대하지 말며, 고지의 유리함을 고려하여 높은 곳에 자리잡을 것이며, 물을 거슬러

올라가며 적을 상대하지 말라.'

■ 此處水上之軍也(차처수상지군야) : 이것이 물에 처하는(임하여 작전하는) 군대이다(군대가 따라야 할 원칙이다).

■ 絶斥澤, 惟亟去無留(절척택 유극거무류) : 斥는 염분많은 땅 척. 澤은 진펄 택, 못 택. 斥澤은 소택지대. 惟는 오직 유. 亟은 빠를 극. 留는 머무를 류. 전체의 뜻은 '소택지대를 통과할 때는 오직 신속하게 지나갈 것이며 머물지 말라.'

■ 若交軍於斥澤之中, 必依水草, 而背衆樹(약교군어척택지중 필의수초 이배중수) : 若은 여기서는 만약. 交軍은 적과 맞닥뜨리는 것. 背는 '등 배' 자로 여기서는 '등뒤에 ~을 두다'는 동사로 사용되었다. 樹는 나무 수. 전체의 뜻은 '만약 적과 소택지대의 중간에서 조우하여 전투를 벌이게 되면 반드시 수초에 의지하고 숲을 등져라.'

■ 此處斥澤之軍也(차척택지군야) : 이것이 소택지대에 처한(임하여 작전하는) 군대이다(군대가 따라야 할 원칙이다).

■ 平陸處易(평륙처이) : 平은 평탄할 평. 陸은 땅 륙. 易는 편할 이. 평지에서는 이동이 용이한 곳에 위치하라.

■ 右背高(우배고) : 서쪽은 높은 곳이 되게 등져라.

■ 前死後生(전사후생) : 앞에는 사지死地가 있게 하고 뒤에는 생지生地가 있게 하라(등뒤에 유리한 지형을 의지하라).

■ 此處平陸之軍也(차처평륙지군야) : 이것이 평탄한 땅에 처한(임해 작전하는) 군대이다(군대가 따라야 할 원칙이다).

■ 凡此四軍之利, 黃帝之所以勝四帝也(범차사군지리 황제지소이승사제야) : 黃帝는 중국 최초의 국가를 이룩했다는 전설상의 군주로서 사방四方의 이민족을 정복한 사람. 所以는 '~한 이유, ~한 바.' 四帝는 중국 고대 황제 당시의 주변국 군주들. 전체의 뜻은 '이 네 가지 상황에 따른 용병법은 바로 황제가 이를 써서 주변 사제와의 전쟁에서 싸워 이긴 바(방법)이다.'

해설

이 절에서 손자는 군이 기동과 작전을 행하는 환경을 대체로 네 가지로 나누고 그에 따라 취해야 할 군 운용상의 원칙을 제시하고 있다. 우선 첫머리에 '처군상적處軍相敵' 이라고 했는데 이 말은 적과 직접적으로 대치하거나 교전을 한다는 의미를 담고 있다. 즉 접적을 앞두고 고려해야 할 내용임을 암시한다. 이어 제시하는 네 가지 작전환경은 산지山地, 수상水上, 척택斥澤, 평륙平陸으로 오늘날 일반적으로 통용되는 표현으로 바꾼다면 산악지역, 하천지역, 호수 및 늪지대, 평탄지역으로 부를 수 있다.

산악지역에서 손자가 강조하는 것은 고지를 선점하는 것과 적이 고지를 먼저 선점할 경우 "고지에 있는 적을 향해 거슬러 공격하는 것을 피하라"(戰隆無登)는 것이다. 물론 1차대전이나 2차대전 당시처럼 전장에 공간에 대하여 동원된 병력의 밀도가 높아져 국토의 끝에서부터 끝까지 병력을 조밀하게 배치하여 전선이 연결될 수 있는 상태가 되는 경우, 적이 고지를 점하고 있으면 이를 피하면서 적을 우회할 수단이 없을 수도 있다. 그러나 군대의 규모에 비해 넓은 기동공간이 존재하는 상황에서 높은 곳의 적을 향해 공격하는 것은 우매한 일이 아닐 수 없다. 손자와 나폴레옹, 몰트케의 시대까지만 해도 전장에는 제한된 공간에서만 전선이 형성되어 공격에 있어 아측에 불리한 지형을 피할 수 있는 여지는 많았다. 손자의 이 구절을 해석하는 데 있어서는 이점을 염두에 두어야 한다. 즉 오늘날의 지휘관에게는 불가피한 경우에 적이 점유한 고지를 장악하기 위해 불리를 무릅쓰고 공격해야 할 상황이 더욱 빈번히 나타난다는 것이다. 그러나 오늘날에도 고지의 이점을 선점하는 것은 중요한 원칙으로 남아 있다. 또 가능하다면 고지를 선점한 적을 우회할 수 있는 방도가 있는가를 우선적으로 고려해야만 한다.

하천지역에서 손자가 제시한 작전원칙은 "공격시에는 하천을 도하한 후 그곳을 벗어나라"(絶水必遠水)는 것이다. 왜냐하면 부대가 하천을 끼고 머물러 있을 경우 적은 하천 쪽으로 아군을 압박할 수 있기 때문이다. 예나 지금이나 물은 인간의 활동에 심대한 제약을 주는 장애물이다. 그러므로 작전을 하는 사람에게는 적이 그러한 곳에 머물러 있을 경우 하천 쪽으로 적군을 밀어붙여 공격하는 것이 최상의 방법인 것이다. 오늘날에도 도하나 상륙작전을 할 때 신속히 교두보를 확장해야 작전에 성공할 수 있다는 원칙이 거듭 강조되고 있는 것은 바로 이러한 위험을 피하기 위한 것이다. 만약 "적이 하천을 도하해 공격해올 경우에는 물 속에서 적을 상대하지 말고 적이 반쯤 도하했을 때 공략하라"(客絶水而來, 勿迎之於水內, 令半濟而擊之)는 원칙은, 적의 일부 부대는 물 속에 있어 행동이 부자유하고 일부 부대는 대안에서 도하준비에 여념이 없을 것이기 때문에 제시된 것이다. 이러한 상태에 빠진 적은 공격을 받을 경우 도하하는 부대를 구출하기 위해 쉽게 싸움을 포기할 수도 없다. 그러므로 이 말은 도하 전, 도하 중, 도하 후 세 경우에서 도하 중에 있는 적을 공격하는 것이 최상의 방법이라는 것이다. 적과 "하천선에서 교전할 경우는 하천을 등지지 말라"(無附於水而迎客)는 원칙은 배수진背水陣으로 적과 대적하지 말라는 것이다. 그러나 한신이 정형구井陘口 전투에서 그러한 것처럼 이러한 원칙에 반하는 변칙을 써서 배수진을 침으로써 병사들의 필사의 전의를 불러일으키고 동시에 이러한 상황을 이용하기에 골몰하는 적을 그곳에서 견제하면서 그 동안 그 배후의 근거지인 조나라 군영을 탈취하여 승리로 이끈 것은 이 원칙에 반하는 변칙을 이용해 작전에 성공한 유명한 예이다. 그리고 "만약 강상에서 전투를 할 경우는 상류지역을 먼저 선점하는 것이 유리하기 때문에 하류로부터 상류로 거슬러 공격하지 않도록 하라"(視生處高, 無迎水流)는 이 원칙 역시 고지대로 올라가면서 공격하면 힘을 소진할 수 있기 때문에 제시된 것이다.

"호수와 늪지역에서는 그곳을 신속하게 통과해야지 머물러서는 안 된다"(絶斥澤, 惟亟去無留)는 것은 그 주변의 적은 기동이 쉬운 상태에서 기동이 어려운 아군을 상대하기 때문이다. "만약 양군이 이러한 지역에서 교전하지 않을 수 없을 경우에는 가능한 한 수초와 배후의 수림에 의지하여 적을 상대하라"(若交軍於斥澤之中, 必依水草, 而背衆樹)라고 말한 것은 적의 관측과 전진을 방해하는 데 수초와 수림을 이용할 수 있기 때문이며 아측은 반대로 은폐되고 엄폐된 상태에서 적을 상대할 수 있기 때문이다.

"평지에서는 기동이 쉬운 곳에 위치하여 오른쪽은 높고 앞에는 기동이 어려운 곳이 되게 하고 뒤에는 기동이 용이한 곳이 되게 하라"(平陸處易, 右背高, 前死後生). 그것은 적을 기동이 어려운 곳에 몰아넣어 상대할 수 있으며 아군이 불리한 경우에도 퇴각할 수 있기 때문이다. 여기서 해석상 논란을 불러일으키는 것은 '右背高' 즉 오른쪽을 높은 곳에 의지하도록 하라는 문장이다. 이에 대한 일반적인 해석은 손자 당시 전차대를 진陣의 오른쪽에 두는 것이 통례였기 때문에 경사지를 이용해서 공격하기 쉽도록 하기 위한 것이라는 것이다. 그러나 이 해석은 근거가 미약하다. 만약 항상 전차대, 혹은 주력을 우측에 두는 진형을 사용한다면 그것은 손자가 거듭 강조하는 무형無形이 아니라 고정된 유형有形이 되기 때문이다. 1973년 은작산 한묘에서 《죽간본 손자》 원문 13편과 함께 출토된 〈지형地刑〉 편에서는 '地刑(=形) 東方爲左, 西方爲……' 라는 문장이 나타나는데 이 문장으로 미루어 보면 '右'는 곧 서쪽을 의미한다. 이 편이 손자 자신의 저작인지 그의 제자들이 후에 첨가한 글인지는 명확하지 않지만 당시의 '右'의 관념을 나타내는 것이라고 할 수 있다. 우리가 이를 인정한다면 '右背高'는 서쪽이 높은 경사를 이루도록 포진하라는 의미가 된다. 이는 군이 주둔하는 데 해가 뜨는 동쪽을 향하면 양지陽地를 마련해주어 유리하기 때문이다. 이러한 해석이 옳다는 것은 바로 다음 '凡軍好高而惡下, 貴陽而賤陰, 養生而處實, 軍無百疾, 是謂必勝'이라는 문장에서 군의 포진과 숙영에 있어 위생을 고려해 양지를 선택하라는 의미가 한층 명백하게 표현되어 있기 때문이다.

마지막에 이 네 가지 경우의 작전환경에서 제시한 용병원칙은 중국 최초의 왕이라고 하는 황제가 사제四帝, 즉 주변 이민족의 네 왕들을 맞아 승리를 거둘 때 쓴 방법들이라는 것을 제시하는 구절이다.

9-2

凡軍好高而惡下, 貴陽而賤陰. 養生而處實, 軍無百疾, 是謂必勝. 丘陵隄防, 必處其陽, 而右背之. 此兵之利, 地之助也. 上雨水沫至, 欲涉者, 待其定也. 凡地有絶澗, 天井, 天牢, 天羅, 天陷, 天隙, 必亟去之, 勿近也. 吾遠之, 敵近之, 吾迎之, 敵背之. 軍旁有, 險阻, 潢井, 蒹葭, 林木, 翳薈者, 必謹覆索之. 此伏姦之所也.

무릇 군은 높은 곳을 중시하고 낮은 곳을 기피하며 양지를 귀하게 여기고 음지를 천하게 여겨, 병력의 건강상태를 보존하고 실한 곳에 처하면 군에 백 가지의 질병이 없으니 이렇게 군을 움직이면 반드시 승리할 군대라고 일컫는다. 구릉과 제방이 있는 지역에서는 군이 반드시 그 양지에 머물러야 하며 서쪽을 등져야 한다. 이렇게 하는 것이 용병에 이익이 되고 지형의 이점을 누리는 것이다. 비가 상류지역에서 내려 그 물살이 아래로 내려오면 일단 군을 정지시킨 연후에 불었던 물이 정상 상태에 돌아오기를 기다려 도하해야 한다. 무릇 땅에는 절간絶澗 즉 높은 절벽 사이의 골짜기, 천정天井 즉 사방이 높고 가운데는 낮아 물이 괴는 분지, 천뢰天牢 즉 험준한 산으로 둘러싸이고 좁은 길이 있는 감옥 같은 곳, 천라天羅 즉 초목이 무성하게 펼쳐져 있는 지형, 천함天陷 즉 움푹하게 함몰된 지형, 천극天隙 즉 두 개의 산 사이에 좁고 장애가 많은 지형과 같은 특수지형이 있는데 이런 곳에서는 빨리 통과하고 근접해서는 안 된다. 아측은 이를 피하고 적은 이에 근접하게 만들고, 아측은 이런 지역을 향하고 적은 이런 지역을 등지게 만들어야 한다. 또한 군이 활동하는 지역에 험난한 장애물로 이루어진 지형(險阻), 물이 질펀한 소택지(潢井), 갈대

밭으로 된 지형(蒹葭), 우거진 삼림지대(林木), 수풀이 우거진 곳(翳薈)이 있을 경우에는 반드시 정밀하게 수색해야 하니 이러한 지역은 복병과 적의 첩자가 숨어 있기 좋은 곳이기 때문이다.

어휘풀이

▪ 凡軍好高而惡下 貴陽而賤陰(범군호고이오하 귀양이천음) : 貴는 귀하게 여길 귀, 귀할 귀. 賤은 비속하게 여길 천, 낮을 천. 전체의 뜻은 '무릇 군대는 높은 곳을 좋아하고 낮은 곳을 싫어한다. 양지바른 곳을 귀하게 여기고 음지를 천시한다(기피한다).'

▪ 養生而處實, 軍無百疾, 是謂必勝(양생이처실 군무백질 시위필승) : 養은 기를 양. 實은 찰 실. 疾은 병 질. 생명에 유리함을 유의하고 실한 곳에 머무르게 하면 군대는 백 가지 질병이 없게 되는데 이를 일컬어 필승(필승의 군대)이라고 한다.

▪ 丘陵隄防, 必處其陽, 而右背之(구릉제방 필처기양 이우배지) : 丘은 언덕 구. 陵은 언덕 릉. 隄는 둑 제. 防은 막을 방. 구릉과 제방의 지형에서는 반드시 양지바른 쪽에 진을 치도록 하는데 서쪽이 높은 지대가 되도록 등진다.

▪ 此兵之利, 地之助也(차병지리 지지조야) : 助는 도울 조. 이렇게 하는 것이 용병에 이익이 되고 지형의 이점을 누리는 것이다.

▪ 上雨水沫至, 欲涉者, 待其定也(상우수말지 욕섭자 대기정야) : 上은 상류. 雨는 비 우. 沫은 거품 말. 涉은 건널 섭. 待는 기다릴 대. 상류에서 비가 와서 물거품이 내려올 경우 물을 건너고자 하는 자는 그 물 흐름이 안정되기를 기다려야 한다.

▪ 凡地有(범지유) : 땅에는 ~이 있다.

▪ 絶澗(절간) : 絶은 끊을 절. 澗은 산골물 간. 높은 절벽사이의 골짜기.

▪ 天井(천정) : 天은 '하늘이 내린'의 뜻이며 이하 지형에서도 마찬가지의 뜻. 井은 샘 정. 사방이 높고 가운데는 낮은 분지.

▪ 天牢(천뢰) : 牢는 감옥 뢰. 사방이 둘러싸여 있는 감옥 같은 지형.

▪ 天羅(천라) : 羅는 새그물 라. 초목이 무성하게 펼쳐져 있는 지형.

▪ 天陷(천함) : 陷은 빠질 함. 움푹하게 함몰된 지형.

▪ 天隙(천극) : 隙은 틈 극, 틈날 극. 두 개의 산 사이에 좁고 장애가 많은 지형.

▪ 必亟去之, 勿近也(필극거지 물근야) : 亟은 빠를 극. 반드시 신속히 벗어나고 가까이하지 말라.

▪ 吾遠之, 敵近之(오원지 적근지) : 우리측은 이러한 지형을 멀리하고 적은 이러한 지형에 근접하게 한다.

▪ 吾迎之, 敵背之(오영지 적배지) : 우리측은 이러한 지형을 향하고 적은 이러한 지형을 등지게 하도록 한다.

▪ 軍旁有(군방유) : 旁은 곁 방. 군대는 (행군중) 주변에 ~이 있을 수 있다.

▪ 險阻(험조) : 阻는 막힐 조. 험한 장애물로 이루어진 지형

▪ 潢井(황정) : 潢은 웅덩이 황. 물이 질펀한 소택지.

▪ 蒹葭(겸가) : 蒹은 갈대 겸. 葭는 갈대 가. 갈대밭으로 된 지형.

▪ 林木(임목) : 우거진 삼림지대.

▪ 翳薈者(예회자) : 翳는 우거질 예. 薈는 우거질 회. 수풀이 우거진 지형.

▪ 必謹覆索之(필근복색지) : 謹은 삼갈 근. 覆은 뒤집을 복. 索은 찾을 색. 반드시 세심하게 뒤엎어 (적의 첩자나 복병이 있는지) 수색한다.

▪ 此伏姦之所也(차복간지소야) : 伏은 '엎드릴 복' 자로 매복하는 병사를 뜻한다. 姦은 '도적 간' 자로 간첩을 뜻한다. 이러한 곳은 (적의) 복병이나 간첩이 있을 만한 곳이다.

해설

이 절에서 손자는 각종의 일반적 혹은 특수한 작전환경에서 용병 및 숙영상의 원칙을 제시하고 있다. 그의 주장은 군을 포진하거나 주둔시킬 때는 높은 곳과 양지바른 곳을 선택하라는 것이다. 그것은 고지가 주는 용병상의 이점과 양지가 주는 군대 위생상의 이점 때문이다. 고지는 적을 조망할 수 있으며 적과 교전할 때는 힘을 비축한 상태에서 피로한 적을 상대할 수 있기 때문이며 음지를 피하는 것은 음습한 곳에 군대가 장기 주둔할 경우 각종 질병에 걸릴 가능성이 높기 때문이다. 포진에 유리하고 숙영에 있어 비전투 손실을 피할 수 있는 곳을 선택하

라는 의미이다.

군이 작전을 수행하는 곳에는 '절간絶澗', '천정天井', '천뢰天牢', '천라天羅', '천함天陷', '천극天隙'과 같은 특수하게 기동에 불편하고 또한 그로 인하여 적으로부터 심대한 타격을 받을 위험이 있는 곳이 있으니 아측은 이러한 곳을 피하고 가능하면 적이 그러한 곳에 가깝게 되도록 용병하라는 것이다. 또한 군이 머무르는 곳 주위에 '험조險阻', '황정潢井', '겸가蒹葭', '임목林木', '예회翳薈' 등 관측과 시계가 불량한 곳이 있을 때는 적의 간첩이 접근하기 좋은 장소이니 철저히 수색하라는 것이다.

9-3

敵近而靜者, 恃其險也. 遠而挑戰者, 欲人之進也. 其所居易者, 利也. 衆樹動者, 來也. 衆草多障者, 疑也. 鳥起者, 伏也. 獸駭者, 覆也. 塵高而銳者, 車來也. 卑而廣者, 徒來也. 散而條達者, 樵採也. 少而往來者, 營軍也. 辭卑而益備者, 進也. 辭强而進驅者, 退也. 輕車先出居其側者, 陳也. 無約而請和者, 謀也. 奔走而陳兵車者, 期也. 半進半退者, 誘也. 杖而立者, 飢也. 汲而先飮者, 渴也. 見利而不進者, 勞也. 鳥集者, 虛也. 夜呼者, 恐也. 軍擾者, 將不重也. 旌旗動者, 亂也. 吏怒者, 倦也. 殺馬食肉者, 軍無糧也. 懸缻不返其舍者, 窮寇也. 諄諄翕翕, 徐與人言者, 失衆也. 數賞者, 窘也. 數罰者, 困也. 先暴而後畏其衆者, 不精之至也. 來委謝者, 欲休息也. 兵怒而相迎, 久而不合, 又不相去, 必謹察之.

적이 가까이 있으면서도 (공격하지 않고) 조용히 있는 것은 험한 곳을 믿고 있기 때문이다. 멀리 있으면서 도전해오는 것은 상대가 진출하기를 바라는 것이다. (높은 곳이 아니라) 평탄한 곳에 머무르는 것은 그곳에 이점이 있기 때문이다. 많은 나무들이 움직이는 것은 적이 오고 있다는 징후이다. 많은 풀들로 여러 가지 장애물을 만들어놓은 것은 의심을 불러일으키고자 하는 것이다. 새들이 날아오르는 것은 그곳에 복병이 있다는 징후이다. 짐승들이 놀라 달아나는 것은 수색하고 있는 징후이다. 흙먼지가 높고 날카롭게 오르는 것은 전차가 접근하고 있다는 징후이다. 흙먼지가 낮고 넓게 퍼지는 것은 보병(徒)이 오고 있는 것이다. 흙먼지가 띄엄띄엄 줄기를 이루듯이 피어오르는 것은 땔나무를 하고 있다는 징후이다. 병사들이 작은 집단을 이루어 왔다갔다하는 것은 군영을 짓고 있는 것이다. 자기를 낮추어 말하면서도 방비를 더욱 굳게 하는 것은 곧 진격할 의사를 갖고 있는 것이다. 언사가 완고하면서 앞으로 달려나오는 것은 퇴각할 의사를 갖고 있는 것이다. 날랜 전차가 먼저 도착해 그 측면에 서 있는 것은 진을 치고자 하는 것이다. 약속이 없었는데도 강화를 청하는 것은 우리를 속일 모책을 꾸미고 있는 것이다. 병사들이 바쁘게 달리면서 전차를 정렬하고 있는 것은 공격 시기를 기다리고 있는 것이다. 절반쯤 진출했다가 절반쯤 퇴각하는 것은 우리를 유인하고자 하는 것이다. 적의 병사들이 지팡이를 짚고 있는 것은 기아에 허덕이고 있는 것이다. 물을 길어 서로 먼저 마시려고 하는 것은 매우 목말라 있다는 징후이다. 이익이 있는데도 진격하지 않는 것은 피로해 있다는 증거이다. 새들이 모여드는 것은 그곳에 적 병력이 없다는 증거이다. 밤에 서로 부르는 것은 두려움에 가득 차 있다는 징후이다. 부대가 동요하는 것은 장수가 진중하지 못하기 때문이다. 정기旌旗가 질서 없이 움직이는 것은 부대가 혼란스럽다는 징후이다. 간부가 화를 내는 것은 병사들이 게으르기 때문이다. 말을 죽여 그 고기를 먹는 것은 군에 양식이 없다는 증거이다. 질장군을 내걸고 그 숙영지에 들어가지 않는 것은 궁지에 처해 있는 적이다. 거듭해서 타이르고 천천히 병사들과 대화를 나누는 것은 병사들의 신망을 잃었기 때문이다. 여러 번 상을 주는 것은 지휘에 군색해진 것이다. 여러 차례 벌을 내리는 것은 지휘하는 데 곤경에 처해 있는 징후이다. 처음에는 난폭하게 지휘하다가 나중에는 그 병사들을 두려워하는 것은 군대의 군기가 완전히 무너진 것이다. 우리에게 다가와 감사를 표시하는 것은 휴식을 얻고자 하는 것이다. 적이 적개심을 갖고 진군해와 아군과 서로 마주하였는데도 오랫동안 교전하지 않고 퇴각하지도 않는 것은 반드시 세심하게 (그 의도가 무엇인가를) 살펴 경계해야 한다.

어휘풀이

▪ 敵近而靜者, 恃其險也(적근이정자 시기험야) : 靜은 고요할 정. 恃는 믿을 시. 적이 가까이 있는데도 조용히 있는 것은 험준한 지형을 믿고 있기 때문이다.

▪ 遠而挑戰者, 欲人之進也(원이도전자 욕인지진야) : 挑는 돋울 도. 人은 적측에서 볼 때 상대방 즉 우리를 의미함. 欲은 바랄 욕. 멀리에서 도전해오는 것은 상대방이 진출하기를 바라고 있는 것이다.

▪ 其所居易者, 利也(기소거이자 리야) : 居는 있을 거, 머무를 거. 易는 편할 이. 머무는 곳이 평탄한 곳에 있는 것은 (양곡조달 등의) 이점이 있기 때문이다.

▪ 衆樹動者, 來也(중수동자 래야) : 衆은 무리 중. 樹는 나무 수. 많은 나무가 움직이는 것은 적이 오고 있는 것이다.

▪ 衆草多障者, 疑也(중초다장자 의야) : 草는 풀 초. 障은 가리울 장. 많은 풀들로 여러 장애물을 만들어놓는 것은 (아군으로 하여금) 의심을 불러일으키려고 하는 것이다.

▪ 鳥起者, 伏也(조기자 복야) : 起는 일어날 기. 새들이 날아오르는 것은 복병이 있기 때문이다.

▪ 獸駭者, 覆也(수해자 복야) : 獸는 짐승. 駭는 놀랄 해. 覆은 '엎을 복' 자로 수색을 의미한다. 짐승이 놀라 (도망가는 것은) 수색하고 있는 것이다.

▪ 塵高而銳者, 車來也(진고이예자 차래야) : 塵은 티끌 진. 銳는 날카로울 예. 먼지가 일어나되 높고 날카로운 것은 적 전차대가 오고 있는 것이다.

▪ 卑而廣者, 徒來也(비이광자 도래야) : 卑는 낮을 비. 廣은 넓을 광. 徒는 걸어다닐 도. 보병을 말한다. (먼지가) 낮고 넓게 일어나는 것은 보병이 오고 있는 것이다.

▪ 散而條達者, 樵採也(산이조달자 초채야) : 散은 흩어질 산. 條는 가닥 조. 達은 달할 달. 樵는 나무할 초. 採는 캘 채. 먼지가 넓게 퍼져 있고 여러 가닥을 이루어 도달하는 것은 땔나무를 하고 있는 것이다.

▪ 少而往來者, 營軍也(소이왕래자 영군야) : 營은 진영 영. 營軍은 영채營砦를 준비하는 것으로 새겨진다. (병사들이) 작은 그룹을 지어 왔다갔다 하는 것은 영채를 준비하는 것이다.

▪ 辭卑而益備者, 進也(사비이익비자 진야) : 辭는 말씀 사. 卑는 낮을 비, 낮출 비. 益은 더할 익. 말은 낮추면서도 방비를 더욱 엄하게 하는 것은 진격하고자 하

는 것이다.

■ 辭强而進驅者, 退也(사강이진구자 퇴야) : 驅는 몰 구. 말은 완강하게 하면서 앞으로 몰아부치는 것은 퇴각하고자 하는 것이다.

■ 輕車先出居其側者, 陳也(경차선출거기측자 진야) : 輕은 가벼울 경. 側은 옆 측. 陳은 병진 진, 진칠 진. 가벼운 전차가 먼저 나와 (본대의) 측방에 머무르는 것은 진을 치고자 하는 것이다.

■ 無約而請和者, 謀也(무약이청화자 모야) : 約은 기약할 약. 請은 청할 청. 和는 '합할 화' 자로 화평和平을 의미한다. 미리 약속된 것이 아닌데 화평을 맺기를 청하는 것은 계략을 꾸미는 것이다.

■ 奔走而陳兵車者, 期也(분주이진병차자 기야) : 奔은 분주할 분. 走는 달릴 주. 陳은 펼칠 진. 期는 기약할 기. 병사들이 분주하게 달리면서 전차대를 펼쳐 배치하는 것은 공격할 시기를 보는 것이다.

■ 半進半退者, 誘也(반진반퇴자 유야) : 誘는 꾈 유. 반쯤 나왔다가 반쯤 퇴각하는 것은 유인하고자 하는 것이다.

■ 杖而立者, 飢也(장이립자 기야) : 杖은 지팡이 장. 飢는 굶주릴 기. 병사들이 지팡이를 집고 서 있는 것은 굶주렸기 때문이다.

■ 汲而先飮者, 渴也(급이선음자 갈야) : 汲은 물 길을 급. 飮은 마실 음. 渴은 목마를 갈. 물을 길어서 먼저 마시는 것은(마시고자 다투는 것은) 목말라 있기 때문이다.

■ 見利而不進者, 勞也(견리이부진자 로야) : 勞는 피로할 로. 이로움을 보고도 진격하지 않는 것은 피로해 있기 때문이다.

■ 鳥集者, 虛也(조집자 허야) : 集은 모을 집, 모일 집. 새가 모여드는 것은 그곳이 비어 있기 때문이다.

■ 夜呼者, 恐也(야호자 공야) : 呼는 부를 호. 恐은 두려워할 공. 야간에 외쳐 부르는 것은 무서워하기 때문이다.

■ 軍擾者, 將不重也(군요자 장부중야) : 擾는 소란할 요. 군대가 소란스러운 것은 장군이 무겁지 않기(위엄이 없기) 때문이다.

■ 旌旗動者, 亂也(정기동자 난야) : 旌旗는 군의 식별과 호령에 쓰이는 깃발. 亂은 어지러울 난. 군의 깃발이 (함부로) 움직이는 것은 (병사들의 군기가) 문란하기 때문이다.

■ 吏怒者, 倦也(이노자 권야) : 吏는 관원 리. 춘추시대 중국의 군대에서 吏는

장교를 의미했다. 怒는 노할 노. 倦은 게으를 권, 싫증날 권. 장교들이 성을 내는 것은 (병사들이) 게으르기 때문이다.

▪ 殺馬食肉者, 軍無糧也(살마식육자 군무량야) : 殺은 죽일 살, 糧은 양식 량. 말을 죽여 그 고기를 먹는 것은 군에 양식이 없기 때문이다.

▪ 懸缻不返其舍者, 窮寇也(현부불반기사자 궁구야) : 懸은 매달 현. 缻는 '질장군 부' 자로 물을 담아두는 동이를 말함. 返은 돌아갈 반. 舍는 집 사. 취사용 물동이를 내어걸고 숙영지에 돌아가지 않는 것은 막다른 지경에 처한 군대이다.

▪ 諄諄翕翕, 徐與人言者, 失衆也(순순흡흡 서여인언자 실중야) : 諄은 거듭 이를 순. 翕은 합할 흡. 諄諄翕翕은 되풀이해 타이르듯이 말하는 모양. 徐는 천천이서. 人은 여기서 '사람들' 의 의미로 사용되었다. 失은 잃을 실. 失衆은 대중을 지휘하는 위엄을 잃는 것. 장수가 타이르듯이 천천히 병사들에게 말하는 것은 병사들에 대한 위엄을 잃었기 때문이다.

▪ 數賞者, 窘也(삭상자 군야) : 數는 여러 차례의 의미로 쓸 때는 '삭' 으로 읽는다. 窘은 궁색할 군, 급할 군. 여러 차례 상을 내리는 것은 (지휘에) 궁색해졌기 때문이다.

▪ 數罰者, 困也(삭벌자 곤야) : 罰은 벌줄 벌. 困은 곤할 곤. 여러 차례 벌을 내리는 것은 통솔이 곤란해졌기 때문이다.

▪ 先暴而後畏其衆者, 不精之至也(선포이후외기중자 부정지지야) : 暴는 사나울 포. 畏는 두려워할 외. 精은 전일할 정. 至는 지극할 지. 처음에는 사납게 다루다가 나중에는 병사들을 두려워하는 것은 (지휘가) 전일하지 못한 것의 극치이다.

▪ 來委謝者, 欲休息也(래위사자 욕휴식야) : 委는 벼이삭 고개 숙일 위. 謝는 사례할 사. 休는 쉴 휴. 息은 쉴 식. 찾아와서 고개 숙여 사례하는 것은 휴식을 원하기 때문이다.

▪ 兵怒而相迎, 久而不合, 又不相去, 必謹察之(병노이상영 구이불합 우불상거 필근찰지) : 迎은 맞을 영. 又는 또 우. 久는 오래 구. 적의 군대가 화내며 (접근하여) (아군과) 쌍방이 대치하다가 오래 되어도 교전하려 하지 않고 또 떠나가려고도 하지 않을 때에는 (무언가 계략이 있는 것이니) 이를 자세히 살펴야 한다.

해설

이 절에서 제시한 33조의 용병원칙은 적의 외적인 행동을 관찰하여 적의 정황과 의도를 판단하는 법과 이에 대한 대응책을 제시한 것이다. 이 각각에 대해서는 어휘풀이에서 제시한 해석을 참조하면 될 것이다.

이상의 33개조는 적과 대치한 상황에서 적의 정황을 판단하는 일종의 전술적 징후판단법이라고 할 수 있는데 〈허실〉 편에 제시한 '책지策之', '작지作之', '형지形之', '각지角之'가 전략적, 작전술적 차원의 적정판단법이라면 이 33개조는 전술적 적정판단법에 가깝다.

9-4

兵非益多也. 惟無武進, 足以併力料敵, 取人而已. 夫惟無慮而易敵者, 必擒於人.

군대라는 것은 병력이 많다고만 좋은 것이 아니다. 단지 무작정 진격하지 않고 나의 힘을 온전하게 발휘하게 하며 적정을 살핌으로써 적을 이길 수 있으면 족한 것이다. 무릇 단지 생각 없이 적을 쉽게 여기면 반드시 적에게 사로잡히게 된다.

어휘풀이

▪ 兵非益多也(병비익다야) : 군대는 숫자만 많다고 유리한 것은 아니다.

▪ 惟無武進(유무무진) : 惟는 오로지 유, 오직 유. 武進은 용기만을 믿고 진격하는 것. 뜻은 '오직 용기만을 믿고 저돌적으로 진격하는 것을 피하고.'

▪ 足以併力料敵 取人而已(족이병력료적 취인이이) : 足은 넉넉할 족. 併은 아우를 병. 併力은 힘을 합치는 것. 料는 헤아릴 료. 人은 여기서는 적을 의미한다. 已는 따름 이. 족히 병사들의 힘을 하나로 모으고 적을 헤아림으로써 적을 취하면 족한 것이고 그것으로 다 된 것이다.

▪ 夫惟無慮而易敵者, 必擒於人(부유무려이이적자 필금어인) : 慮는 생각 려. 易敵은 적을 쉽게 생각하는 것, 적을 얕잡아보는 것. 擒은 사로잡을 금. 무릇 오로지 생각 없이 적을 얕잡아 보는 사람은 반드시 적에게 사로잡히는 바가 된다.

해설

앞 절에서 설명한 33개조의 적정판단법을 자세히 살펴보면 그것은 크게 두 가지로 분류될 수 있다. 한 가지는 적의 진퇴동정進退動靜, 즉 적의 의도에 관한 것이다. 다른 한 가지는 적의 치병의 상태에 관한 것이다. 이로부터 손자가 적의 용병과 치병의 정황을 주의 깊게 관찰하여 파악하라고 하는 한편 아군의 용병과 치병의 상태가 주도면밀해야 함을 암시하고 있음을 알 수 있다. 그러므로 병력을 많이 갖고 있다고 해서 능사가 아니다. 적의 의도나 상태를 고려함 없이 자만에 차서 진격하는 것(武進)을 피해야 하고 치병을 완전히 해서 아측의 힘을 최대로 발휘하게 하고(併力), 적을 알아(料敵) 그에 따른 용병을 하여 적을 이기면 족하다는 것이다. 장수가 그러한 치병과 적정에 관한 능력 없이 수만 믿고 적을 가볍게 여기면 적에 의해 사로잡히고 만다는 것이다.

이 절에서 한 가지 오해하지 말아야 할 것은 '병비익다야兵非益多也' 라고 한 것이 소수정예주의를 주장한 것은 아니라는 점이다. 손자는 오자吳子처럼 '이과격중以寡擊衆', 즉 적은 병력으로도 많은 병력을 칠 수 있다고 말하지 않았다. 오히려 그는 〈형〉 편에서 "승리하는 군대는 480배의 힘으로 1의 힘을 상대하는 것과 같이 한다"(勝兵 若以鎰稱銖) 라고 이야기 했고, 〈모공〉 편에서 "적은 병력으로 견고하게 대병력을 상대하는 것은 사로잡히게 될 뿐"(少敵之堅 大敵之擒也)이라고 했다. 여기서 말하는 '병비익다야' 라는 구절은 그러므로 치병이 잘 되어 있으며 적에 따라 용병을 달리할 줄 아는 장군의 군대는 다수지만 치병과 용병의 면에서 결함이 있는 군대보다 우월하다고 본 것이며 단순히 병력 수에만 의존하는 군대에 대한 경고인 것이다. 요즈음의 군사용어로 말하면 치병과 용병의 능력은 병력수의 우열을 뒤집을 수도 있는 중요한 전력승수force multiplier가 된다는 것이다. 그러나 손자는 치병이 잘 이루어진 상황에서는 어디까지나 병력이 많으면 유리하다고 보았다. 이러한 연유로 손자병법을 깊이 탐구하여 용병과 치병의 천재가 된 한신은 한고조漢高祖 유방劉邦이 "그대는 몇 명의 병력을 통솔할 수 있는 능력이 있느냐"는 물음에 대해 다다익선多多益善, 즉 많으면 많을수록 좋다고 한 것이다.

9-5

卒未親附而罰之, 則不服. 不服, 則難用也. 卒已親附而罰不行, 則不可用. 故令之以文, 齊之以武. 是謂必取. 令素行, 以教其民, 則民服. 令不素行, 以教其民, 則民不服. 令素行者, 與衆相得也.

병사들과 아직 친숙해지기도 전에 벌을 주면 복종하지 않게 된다. 복종심이 없으면 쓰기가 어렵다. 병사들이 이미 친숙해졌는데도 벌이 시행되지 않으면 쓸 수 없게 된다. 그러므로 병사들을 교육시키는 데는 덕(文)으로 하고 그들을 통제하는 것은 엄격함(武)으로 한다. 이는 반드시 적을 이길 수 있는 군대라고 부른다. 명령이 잘 행해지고 덕으로써 병사들을 가르치면 병사들은 복종하게 되고 명령이 시행되지 않는데 병사들을 덕으로 타일러 가르치면 병사들이 복종을 하지 않게 된다. 명령이 잘 수행되면 장수와 병사들 양자에게 득이 되는 것이다.

어휘풀이

▪ 卒未親附而罰之, 則不服. 不服, 則難用也(졸미친부이벌지 즉불복 불복 즉난용야) : 附는 붙일 부, 가까울 부. 未는 아닐 미, 못할 미. 親附는 친밀하게 되다. 服은 복종할 복. 難은 어려울 난. 병사들이 아직 (지휘관에게) 친밀하게 느끼지도 않은 상태에서 벌을 주면 복종하지 않게 되고, 복종하지 않게 되면 쓰기 어렵게 된다.

▪ 卒已親附而罰不行, 則不可用(졸이친부이벌불행 즉불가용) : 已는 이미 이. 行은 쓸 행. 병사들이 이미 (지휘관에게) 친밀하게 느끼게 되었는데도 (잘못에 대

해) 벌을 주지 않으면 쓸 수 없게 된다.

▪ 故令之以文, 齊之以武, 是謂必取(고령지이문 제지이무 시위필취) : 令之는 명령하다. 齊는 가지런할 제. 齊之는 고르게 하다, 통제하다. 文은 여기서 합리적인 타이름을 의미하고 武는 강압적인 제재 수단을 의미한다. 전체의 뜻은 '그러므로 명령을 내릴 때는 합리적인 방법으로 하고 통제할 때는 강압적인 수단으로 하니 이것을 일컬어 반드시 승리하는 길이라고 한다(이렇게 하면 반드시 승리한다).'

▪ 令素行, 以教其民, 則民服(영소행 이교기민 즉민복) : 素는 성심 소, 본디 소. 民은 원래 백성을 말하지만 춘추시대에는 병사들도 민으로 불렀다. 여기서는 병사들을 의미한다. 教는 가르칠 교. 전체의 뜻은 '명령이 제대로 시행되고 이로써 병사들을 가르치면 병사들이 복종하게 된다.'

▪ 令不素行, 以教其民, 則民不服(영불소행 이교기민 즉민불복) : 명령이 제대로 시행되지 않는 상태에서 병사들을 가르치면 병사들이 복종하지 않게 된다.

▪ 令素行者, 與衆相得也(영소행자 여중상득야) : 衆은 여기서 집합적으로 병사들을 의미한다. 명령이 제대로 시행되면 병사들과 더불어 서로 이득이 된다.

해설

위에서 손자가 말한 '惟無武進, 足以併力料敵, 取人而已'(유무무진 족이병력료적 취인이이)라는 문장은 사실상 손자의 용병법을 요약한 하나의 짧은 문장인데 그것은 치병과 용병을 겸하여 적에게 승리하면 그뿐이라는 뜻이다. 위에서 말한 적정판단법 33개조가 '요적料敵'을 말한 것인데 이 절은 '병력併力' 즉 치병에 관한 부분이다.

치병의 면에서 아직 부대의 지휘관 및 장교에 대해 친숙하지 않은 상태에서 벌을 주면 불복하는 마음이 생기고 마음으로 복종하지 않으면 실제 작전에서 그들을 쓰기 어렵게 된다. 사기가 죽어 있기 때문이다. 반대로 이미 병사들이 부대의 지휘관 및 장교들에 대해 이미 친밀감을 보일 때에도 그들의 잘못에 대해 벌을 주지 않으면 작전에 쓸 수 없다. 군기가 없기 때문이다. 그러므로 군대의 명령은 합리적이고 교육적인 방법 즉 문文을 써야 하지만 그래도 거기에 불복하고 이탈하는 자에 대해서는 강압적인 방법 즉 무武로 통제하는 것이다. 이렇게 되면 반드시 적을 취하게 된다는 것이다. 명령의 위엄이 서 있는 가운데 병사들을 교육하면 그들은 복종하지만 명령의 위엄이 무너진 상태에서 합리적인 교육을 하게 되면 복종하지 않게 된다. 그러므로 명령계통이 잘 서 있으면 병사들과 지휘관 부대 모두가 서로 이익이 된다는 것이다. 왜냐하면 지휘관의 위엄이 무너진 상태에서 병사들이 명령을 따르지 않으면 전투에서 패배하고 불필요한 희생을 내기 때문이다.

이 절에서 손자가 말하는 올바른 치병의 상태는 상하의 신뢰가 이루어진 가운데 사기와 군기가 병존하는 상태이다. 그러므로 〈계〉 편의 '오사'에서 장수의 자질을 말한 가운데 인仁, 엄嚴을 동시에 제시한 것이다. 이러한 이상적인 치병의 상태는 〈구지〉 편에 '제용약일齊勇若一' 즉 통제된 것과 용기를 발휘하는 것이 마치 하나가 된 것과 같아야 한다고 표현되어 있다. 이것은 병사들 사이에 군기와 사기가 병존해 있어야 한다는 말이다. 역사상 뛰어난 지휘관들은 모두 이러한 군대를 이상으로 삼아왔다. 그러나 양자의 균형은 자칫 무너지기 쉽다. 이 양자의 균형을 말하는 손자의 치병은 모든 지휘관들의 영원한 이상으로 남을 것이다.

| 행군 편 평설 |

〈군쟁〉, 〈구변〉 편이 실제 용병의 대원칙을 담은 총론을 제시한 것이라면 〈행군〉 편부터 손자는 구체적 지형을 염두에 두면서 이에 맞는 작전원칙을 구체적으로 제시한 셈이다.

손자가 이 편 첫부분에서 제시한 4가지 전장 환경에 따른 용병법은 전통시대에는 매우 유용성이 있는 원칙들이었을 것이다. 그러나 장거리 포, 각종의 첨단 센서, 도하장비의 등장으로 인해 그 원칙들은 지나치게 간단해서 실제 작전에는 도움이 되지 못하거나, 무기체계와 변화된 전장환경 등으로 인해 재고되어야 할 것이 있다. 이제 오늘의 관점에서 그의 원칙들을 재음미해보고자 한다.

산지작전에서 손자는 고지의 선점을 통해 유리점을 장악하는 한편 적이 고지를 먼저 점령했을 경우에는 직접 공격하지 말라고 했다. 즉 후자의 경우에는 가능하면 우회공격하라는 것이다. 이것은 오늘날에도 산악작전에서 상식화된 원칙이다. 그러나 산악지형에서는 분권화된 통제에 비중을 둘 것, 착잡한 산악지대의 고지군보다는 도로 주변의 감제고지를 중시할 것, 가능하면 공중기동에 의해 적 후방지역을 장악할 것 등 부수적으로 고려할 요소들이 많다.

우리 국토와 주변지역은 산지가 많기 때문에 손자의 작전원칙을 기초로 하여 좀더 길게 논의해볼 필요가 있겠다. 현대의 전장에서는 강력한 방호력과 기동력, 돌파력을 가진 탱크, 장갑차, 보병전투차량, 전술용 헬리콥터의 등장으로 과거의 고지 선점 위주의 작전이 과연 합당한 것인가라는 의문이 제기되고 있다. 한편에서는 아직도 산악지역에서 고지는 여전히 가치 있는 전술목표라고 보고 있고 다른 한편에서는 공중화력, 포병화력, 적의 집결지를 파악할 수 있는 감시장비의 발달로 인해 이런 수단들의 엄호를 받는다면 도로 주변의 감제고지 등은 화력으로써 제압하면서 극복할 수 있고, 따라서 도보보병 시절의 전투에서 가치를 가졌던 도로와 도로 사이의 산악지대의 높은 고지는 그다지 가치가 없을 것이라는 주장을 펴고 있다. 손자의 산지의 용병원칙은 그러므로 좋은 토론의 출발점이 된다.

2차대전과 한국전쟁 당시까지의 전례는 사실상 산악지역에서의 전투에서 원칙적으로 중요시된 전술목표가 도로망 주변의 감제고지였음을 보여주고 있다. 그러나 도로망이 한정된 지역에서 차량이나 탱크, 장갑차 등을 동반한 공자攻者의 돌파가 지연되면 당분간은 대치상태가 발전하며, 그렇게 되면 쌍방은 도보보병으로 도로가 제한된 산악지역의 험지로 우회하고자 했다. 이렇게 되면 공자와 방자放者 간에 적을 감제할 수 있는 수단을 얻기 위해 험준한 고지 선점을 위한 경쟁이 벌어졌다. 물론 이때에도 산악지대의 정면에 비해 방어측의 병력 밀도가 낮으면 그러한 고지대의 선점은 전술적 가치가 그다지 크지 않을 수도 있다. 왜냐하면 산지에서조차 우회가능 공간이나 전술적 돌파에 용이한 지점은 발견될 수 있기 때문이다. 따라서 일반적으로 말하면 전황이 빠른 속도로 유동하는 상황에서는 산악지대의 높은 고지대 그 자체는 도로 주변의 낮은 감제고지에 비해 전술적 가치가 그다지 없을 수 있지만, 쌍방이 상당기간 교착된 전선을 유지하는 경우에는 도로 주변의 낮은 감제고지뿐만 아니라 도로와 도로 사이의 높은 산악지대의 고지군이 다시 그 중요성을 갖게 된다고 말할 수 있다.

2차대전과 한국전쟁 당시의 전례는 산악지대의 작전에서 비록 공자측이 거의 압도적인 공중우세를 달성하고 있으면서 동시에 탱크, 장갑차와 같은 기동수단을 갖고 있을 경우에 산악지대의 통과가 얼마나 어려운 것이었는가를 보여준다. 노르망디 상륙작전 이후 기동작전의 대명사격이 되었던 패튼Patton 장군의 미 제3군과 패치Patch장군의 미 제7군은 로렌Lorraine산지에서 1944년 9월 말부터 그해 말까지 일일 평균 1~2킬로미터의 진격속도를 보였다. 이탈리아 전역에서 연합군이 1943

년 10월부터 케셀링Kesselring 원수 휘하의 독일군과 대치한 이래 1945년 5월 포Po 강 유역에 이르기까지 산악을 이용하여 견고하게 방어선을 구축한 독일군을 격퇴하는 데 19개월 동안 불과 일일 평균 1킬로미터의 진격속도를 낸 것을 상기해야 한다. 이러한 진격속도는 2차대전 당시 기갑사단의 일일 평균 진격속도가 30~40킬로미터였고 보병사단의 진격속도가 15~25킬로미터였던 것에 비교하면, 산지가 잘 이용된다면 얼마나 방자에게 유리한지를 보여주는 것이다. 이때에는 모두 작전지역의 고지 하나하나의 선점이 작전의 지상목표였다. 소련군은 1943년 여름부터 백러시아, 우크라이나, 폴란드의 저지대에서 독일군에게 반격을 개시해 유럽에 이르기까지 산악이라는 장애물을 극복해야 하는 난점에 직면하지 않고 쾌속의 진격을 할 수 있었다. 그러나 1944년 8월과 9월 루마니아-유고슬라비아 평정작전 중 벨그라드Belgrade 진출시 소련 제4근위기계화 군단은 산악협로에서 독일군에 중전차-대전차포의 공격으로 혹독한 피해를 입고 진격이 저지되어 그 뒤부터는 산악의 애로지대에서 탱크부대를 앞세운 돌파를 회피할 수밖에 없었다. 한국전쟁시 차량화 보병부대로 편성된 미군 사단들은 도로에 매여 있을 수밖에 없었고 산악지역과 고지대를 대부분 적측에 자유로운 기동공간으로 방기함으로써 매번 후방 차단을 당해 혹심한 피해를 경험했다. 공주-대평리 전투, 대전 전투, 운산 전투, 중공군의 1950년 2월 공세 당시의 횡성 철수전 등은 산악지형의 애로지역을 적측에 선점당해 혹심한 피해를 입은 수많은 사례들 중 몇 개의 대표적인 것에 불과하다.

지금까지 논의한 바를 종합한다면 손자가 산악전투에서 고지 선점을 중시한 것은 일반적으로 말해 오늘날에도 의미 있는 원칙이라 할 수 있다. 어느 경우에나 산악에서 도로 주위의 감제고지를 확보하는 것이 중요하며 전선이 교착될 때는 산악의 높은 고지가 모두 전술적으로 중요한 상황으로 발전한다. 산악지역에서 공세작전을 펼 때 전선이 유동적일 경우에는 신속한 작전으로 적을 우회할 수 있는 가능성이 있지만 일단 전선이 교착되면 높은 산악의 고지 하나하나가 불가피하게 탈취해야 할 중요지형으로 변한다. 그러므로 용병가가 전선 교착의 상황이 발생하지 않도록 작전의 템포를 빨리하고 또 작전지역의 적 종심 깊은 곳에 차후 기동에 필요한 요지要地들을 헬리콥터 기동부대에 의해 장악할 수 있다면 착잡한 산악 고지대를 전투 없이 우회하여 점령해버릴 수도 있다. 이것이 손자가 "산악에서는 높은 곳을 점령하고 적이 고지를 선점하면 이를 거슬러 공격하지 말라"(視生處高, 戰隆無登)고 한 것에 대한 부연 설명이다.

하천선 작전에서 손자가 "적이 하천을 반쯤 건넜을 때 공격하라"(敵絕水而來, 勿迎之於水內, 令半濟而擊之)고 한 원칙은 실로 많은 용병가들이 즐겨 사용했던 방법이다. 을지문덕 장군이 612년 평양에서 퇴각하는 수隋의 우중문, 우문술의 30만군을 살수에서 공격할 때도 이 원칙을 적용했고, 강감찬 장군 역시 1018년 12월에 있었던 삼교천 전투에서 이 원칙을 사용하여 거란군에 대승했다. 장병기長兵器라 할지라도 그 사거리가 200미터를 넘지 못하던 시기에 하천선에서 가장 효과적으로 적을 혼란에 빠뜨리는 방법이었다. 그러나 오늘날 장사거리 포격이나 공중 폭격이 가능한 상황이라면 당연히 강 대안對岸의 적이 도하 준비를 할 때부터 이를 방해해야 할 것이다. 시대 변화에 의해 그 효용가치가 크게 떨어진 원칙이다. 물론 아직도 도하작전시 타격에 가장 효과적인 시간은 적이 도하 중에 있을 때인 것은 변함없다.

소택지 작전에서 손자가 이 지역을 가능한 한 회피하라고 한 것은 오늘날에 와서도 기본적인 작전술 원칙으로 남아 있다. 오늘날의 기동수단의 발달에도 불구하고 여전히 소택지에서의 기동은 많은 위험을 동반한다. 1939년 말 소련군이 핀란드 침공작전 초기에 경무장한 핀란드군으로부터 크게 곤욕을 당한 것은 호수가 산재한 지역에 기갑부대를 투입했다가 기동이 저하된 소련군이 소규모 스키부대를 위주로 한 핀란드군 소부대에 의해 부대가 잘게 차단당하고 포위되어 대전차공격을 받았기 때문이다.

손자가 평탄지 작전에서 움직이기 쉬운 곳에 위치하고 후방에 유리한 지형을 둘 수 있도록 하라는 것은 도로의 교차점 등을 장악하여 부대의 이동과 병참의 편의를 확보하라는 뜻이며 주변 지형보다 높은 감제고지를 장악해 적을 조망하는 데 유리점을 갖도록 하려는 것으로, 여전히 평지작전에서 가장 중요시할 원칙이다. 비록 공중 감시 수단이 발달했다고 할지라도 지상의 전투부대는 이 이점을 포기할 수는 없다.

손자가 적의 동태를 통해 그 의도와 상태를 파악하는 방법으로 제시한 33개조의 적 징후판단법은 오늘날 달라진 무기체계와 전투양상에 비추어볼 때는 많은 부분들이 소용없게 되었지만 적정판단법에 내재되어 있는 손자의 사고방식에는 특별한 주의를 기울일 필요가 있다. 그것은 적이 나에게 두드러지게 내보이는 행동들 대부분을 실제 의도를 은폐하고 그 반대의 행동을 보이고자 하는 것으로 의심해야 한다는 것이다. 현대 군사 교리에도 야간 철수를 위해서는 주간에 오히려 일부 부대로 적극적 공격행동을 함으로써 아측의 의도를 속이라고 하고 있는데 손자는 바로 이러한 점을 간파해야 한다는 것이다. 물론 의심할 만한 행동에 대해서는 은밀한 수색정찰 등을 통해 그 진의를 파악하려는 노력이 동반되어야 한다.

한국전쟁 초기에 춘천에서 성공적인 방어를 시행한 후 철수 중이던 국군 제6사단의 7연대 2대대가 1950년 6월 28일 춘천 남쪽의 원창原昌고개에서 저지 진지를 점령하고 있을 때, 백기를 들고 거짓 투항하는 북한군 1개 대대에 속아 기습당한 사례는 적의 행동을 일단 의심하고 경계하는 일이 얼마나 중요한가를 말해준다.

이러한 적 징후판단법에 비한다면 손자가 이 편의 마지막 절에서 언급한 병사들의 교육과 통제에 관한 원칙은 시대의 제약을 뛰어넘어 영속적인 가치를 갖고 있다고 평할 수 있다. 그것은 병사들을 이해하고 설득하며 가르치되 잘못에 대해서는 반드시 벌을 사용해야 한다는 것이다. 흔히 사람을 다루는 데 있어 위압적인 방법을 쓰면 겉으로는 복종하는 체하지만 마음으로는 반발심을 가지고 복종하지 않으며, 반대로 지나치게 인정에 이끌려 잘못에 대해서 나무라지 않으면 그들의 행동이 잘못되었는가를 인식하지 못할 정도로 제멋대로 행동한다. 이러한 결과 군의 명령에 위엄이 떨어지고 군기가 무너져 위급상황에 직면하면 병사들은 사분오열되고 그러한 군대는 대패를 경험하게 된다. 일반 교육에서는 감화를 위주로 하고 잘못에 대해 벌을 아끼는 것이 나을 것이지만 군대의 교육에서는 감화를 위주로 하되 벌을 아껴서는 안 된다. 왜냐하면 벌을 아껴 군기와 통제가 무너지면 전투시에 죽음 앞의 공포에서 병사들은 각자 본능에 따라 흩어지고 그렇게 되면 군대는 몰살을 당하기 때문이다. 아르당 뒤 피크Ardant Du Picq가 말했듯이 벌과, 병사들 상호간의 도덕적 감시, 즉 비겁함에 대해 동료로부터 가해지는 질책을 통해 엄격한 군기를 세워두어야 병사들은 전투에서 인간 공통의 본능인 '죽음 앞의 공포'를 극복할 수 있기 때문이다.

10

지형

10. 지형地形

| 편명과 대의 |

이 편의 편명은 《십일가주손자》 계통의 판본이나 《무경칠서》 계통의 판본에서 모두 '지형地形'이다. 지형은 말 그대로 땅의 형상이며 이 〈지형〉 편은 땅의 형상에 따른 용병원칙을 제시한 것이다. 현대의 손자 해석자들은 이 편을 '전술적 지형론'이라고 성격짓고 있는데, 반드시 지형에 따른 작전원칙만을 논한 것은 아니지만 대체로 보아 타당한 해석이다.

이 편은 크게 세 부분으로 구성되어 있다. 첫 번째 부분에서 손자는 땅의 종류를 그 형태에 따라 '통형通形', '괘형掛形', '지형支形', '애형隘形', '험형險形', '원형遠形'의 여섯 가지로 나누고 이 각각에 따른 용병원칙을 제시했다. 이 여섯 가지의 지형을 후세 사람들은 통상 '육형六形' 또는 '육지형六地形'이라고 불러왔다. 두 번째 부분에서 손자는 한 군대가 장군의 지휘·통제 능력이 없거나 잘못 발휘됨으로써 작전에 실패하거나, 장군-고급장교, 하급장교-병사들 간의 관계가 잘못되어 군대가 제 힘을 제대로 발휘하지 못하고 작전에 실패하는 여섯 가지 경우를 '주병走兵', '이병弛兵', '함병陷兵', '붕병崩兵', '난병亂兵', '배병北兵'으로 나누어 설명하고 있다. 후세 사람들은 이 여섯 가지 경우를 '육패병六敗兵'으로 불러왔다. 이 부분은 언뜻 보면 지형과는 직접 관계가 없어 보이지만 손자가 생각하는 용병, 치병, 지형의 삼위일체적 용병론의 구도 속에서 생각할 때 지형에 관한 작전원칙은 알되 용병, 치병 면에서 잘못될 수 있는 사례로 보아 '육형' 뒤에 붙인 것이다. 이것은 지형을 그것 자체로만 고립적으로 고려하는 것을 우려하는 손자의 의도적인 문장 배치라고 판단된다. 달리 말하면 손자는 지형이 아무리 유리해도 아측의 군대가 용병능력 면에서 능력이 부족하거나 혹은 부대의 내적인 훈련, 통제 상태가 부실한 상태에서는 그 원칙을 따르지 말아야 할 때도 있다고 생각한 것이다. 이러한 것은 〈구변〉 편에서 말한 취지와 동일한 것인데 그러므로 일찍이 송나라의 소식蘇軾이 "이 편은 〈구변〉 편과 서로 그 논지가 통한다"(此篇與九變篇互相發)고 한 것은 손자의 뜻을 제대로 파악한 것이다.

이 편의 마지막 부분에서 손자는 용병법에 대해 고도로 추상화된 종합적 명제를 제시하고 있다. 그것은 용병에 있어 완전한 승리는 〈모공〉 편에서 말한 '지피지기知彼知己' 외에 피아 군의 내적인 상태, 그리고 기후 · 기상 요소 및 미시적 지형과 전장의 지세 및 주변국과의 관계를 포함하는 거시적 전략지리를 완벽히 결합해 사용할 때 비로소 얻을 수 있다는 것이다. 그러므로 "적과 나를 알면 승리를 이루면서 위태롭지 않고 여기에 천天과 지地에 대해 알면 승리하되 그 승리가 완전한 것이 된다"(知彼知己, 勝乃不殆, 知天知地, 勝乃可全)라는 문장은 이 편의 결론이자 손자 용병론의 종합적 결론이라 할 수 있다.

10-1

孫子曰. 地形, 有通者, 有掛者, 有支者, 有隘者, 有險者, 有遠者. 我可以往, 彼可以來, 曰通. 通形者, 先居高陽利糧道以戰, 則利. 可以往, 難以返, 曰掛. 掛形者, 敵無備, 出而勝之. 敵若有備, 出而不勝, 難以返, 不利. 我出而不利, 彼出而不利, 曰支. 支形者, 敵雖利我, 我無出也. 引而去之. 令敵半出而擊之, 利. 隘形者, 我先居之, 必盈之以待敵. 若敵先居之, 盈而勿從. 不盈而從之. 險形者, 我先居之, 必居高陽以待敵. 若敵先居之, 引而去之, 勿從也. 遠形者, 勢均, 難以挑戰, 戰而不利. 凡此六者, 地之道也. 將之至任, 不可不察也.

손자는 다음과 같이 말했다. 지형에는 여섯 가지 종류가 있으니 그것은 '통형通形', '괘형掛形', '지형支形', '애형隘形', '험형險形', '원형遠形'이라고 한다. '통형'이라고 하는 것은 아군이나 적군의 진퇴가 쉬운 지형을 말한다. 통형의 경우 용병법은 아측이 먼저 높고 양지바른 고지를 장악하고 병참선을 유리하게 확보하여 교전을 하게 되면 이롭다. '괘형'이라고 하는 것은 진출하기는 쉽지만 퇴각하기는 어려운 지형을 말한다. 괘형의 경우 용병법은 적이 무방비 상태에 있으면 진출하여 승리를 얻는다. 만약 적이 대비하고 있을 경우 아군이 진출하면 승리하지 못하고 퇴각하기 어렵게 되어 불리하다. '지형'이라는 것은 피아간에 진출하면 불리한 지형을 말한다. 지형의 경우 적이 비록 아측에 유리한 점을 보여주어도 진출해서는 안 되고 적을 유인하면서 퇴각함으로써 적이 반쯤 진출했을 때 공격을 명령하면 유리하다. '애형' 즉 애로지역에서는 아측이 먼저 이를 점령하여 반드시 그 양측에 병력을 배치하여 적을 기다린다. 만약 적이 먼저 이런 지형을 점령하여 그 양측에 많은 병력을 배치해놓았으면 그 애로지역을 사용하지 말고, 그 양측에 적의 병력이 없거나 별로 많지 않게 배치되어 있으면 애로지역을 통과하며 작전을 전개할 수 있다. '험형險形', 즉 고지군高地群이 중첩된 지역에서는 아군이 먼저 이런 지역의 높은 지역을 선점하여 적을 기다린다. 만약 적이 먼저 이런 지형을 점령하고 있으면 병력을 빼내어 이런 지역을 피하고 적을 공격하지 말아야 한다. '원형', 즉 피아가 중앙에 광활하게 펼쳐진 공간을 두고 대치해야 하는 지형에서는 세력이 균형을 이루고 있으면 도전하기 어렵고 나아가 야지전투를 하면 불리하다. 무릇 이 여섯 가지는 땅을 사용하는 방법이니 장수는 직책에 맡겨질 때 살펴 고찰해야만 한다.

어휘풀이

■ 地形, 有通者, 有掛者, 有支者, 有隘者, 有險者, 有遠者(지형 유통자 유괘자 유지자 유애자 유험자 유원자) : '有~, 有~'의 문장 형태는 나열하는 한문 문장이다. 通은 통할 통. 掛는 걸 괘, 내걸 괘. 支는 초목의 가지 지. 哀는 좁을 애. 險은 험할 험. 遠은 멀 원. 지형에는 '통형', '괘형', '지형', '애형', '험형', '원형'이 있다.

■ 我可以往, 彼可以來, 曰通(아가이왕 피가이래 왈통) : 아측도 (쉽게) 갈 수 있고 상대방도 (쉽게) 올 수 있는 지형을 통형이라고 한다. 통형은 사통팔달의 평탄한 지형이다.

■ 通形者, 先居高陽利糧道以戰, 則利(통형자 선거고양이량도이전 즉리) : 陽은 볕 양. 糧은 양식 량. 糧道는 식량 보급선. 통형의 지형에서는 적보다 먼저 높고 양지바른 쪽을 점거하고 보급선을 잘 유지하여 싸우면 유리하다.

■ 可以往, 難以返, 曰掛(가이왕 난이반 왈괘) : 難은 어려울 난. 返은 돌아올 반. 갈 수는 있으나 돌아오기 어려운 지형을 괘형이라고 한다. 괘형은 도로 측면에 급

경사를 이루며 불쑥 튀어나온 것과 같은 지형을 말한다.

▪ 掛形者, 敵無備, 出而勝之(괘형자 적무비 출이승지) : 괘형의 지형에서는 적이 준비되어 있지 않은 경우 출격하면 승리한다.

▪ 敵若有備, 出而不勝, 難以返, 不利(적약유비 출이불승 난이반 불리) : 若은 만약 약. 적이 만약 대비를 갖추고 있으면 출격해도 승리할 수 없으며 이로써 돌아오기 어려우니 불리하다.

▪ 我出而不利, 彼出而不利, 曰支(아출이불리 피출이불리 왈지) : 아측도 출격하면 불리하고 적측도 출격하면 불리한 지형을 지형支形이라고 한다. '支' 자는 '초목의 가지'에서 연유한 듯한데 지형支形은 장애물이 비교적 널리 산재한 지형을 말한다.

▪ 支形者, 敵雖利我, 我無出也. 引而去之. 令敵半出而擊之, 利(지형자 적수리아 아무출야 인이거지 영적반출이격지 리) : 雖는 비록 수. 引은 끌 인. 引而去之는 '병력을 빼내어 퇴각한다'는 뜻. 令은 여기서는 '~하게 하다'의 뜻으로 사용되었다. 擊은 칠 격. 전체의 뜻은 '지형支形의 땅에서는 적이 비록 아측에게 이로운 점을 제공해도 아측은 출격하지 말아야 한다. 병력을 빼내어 퇴각함으로써 적이 반쯤 진출할 때 이를 치면 유리하다.'

▪ 隘形者, 我先居之, 必盈之以待敵(애형자 아선거지 필영지이대적) : 盈은 '찰 영' 자로 덮는다, 채운다는 의미이다. 여기서는 병목을 이루는 애로의 좌우에 병력을 배치한다는 의미이다. 애형의 지형에서는 아측이 먼저 그곳을 점령하고 반드시 애로 좌우의 고지에 병력을 배치한 후 적을 기다린다.

▪ 若敵先居之, 盈而勿從. 不盈而從之(약적선거지 영이물종 불영이종지) : 勿은 아닐 물. 不자와 같이 동사 앞에서 부정을 나타낸다. 從은 좇다의 의미로 여기서는 길을 따라 진출한다는 뜻으로 사용되었다. 만약 적이 이러한 지형을 먼저 점거한 경우, 그 좌우에 병력이 배치되어 있으면 좇지 말고(이 길을 따라 진출하지 말고) 적의 병력이 배치되어 있지 않으면 진출할 수 있다.

▪ 險形者, 我先居之, 必居高陽以待敵(험형자 아선거지 필거고양이대적) : 險은 험할 험. 험형의 땅에서는 아측은 반드시 그러한 곳을 먼저 점령하되 반드시 높고 양지바른 쪽을 점령하여 적을 기다린다(상대한다).

▪ 若敵先居之, 引而去之, 勿從也(약적선거지 인이거지 물종야) : 만약 적이 이러한 지형을 먼저 점령하고 있으면 아측의 병력을 빼내어 퇴각하고 적을 따르지 않는다(적의 의도에 따라 공격하지 않는다).

■ 遠形者, 勢均, 難以挑戰, 戰而不利(원형자 세균 난이도전 전이불리) : 遠은 멀 원. 遠形은 양군의 사이에 광활하게 펼쳐진 공간을 두고 대치하고 있는 지형. 均은 고를 균. 挑는 뛸 도. 원형의 지형에서는 세가 비슷하면 도전하기 어렵고 맞받아 싸우면 불리하다.

■ 凡此六者, 地之道也(범차육자 지지도야) : 무릇 이 여섯 가지는 지형을 이용하는 원칙이다.

■ 將之至任, 不可不察也(장지지임 불가불찰야) : 任은 맡길 임. 至는 이를 지. 장수가 임지에 이를 때 주의 깊게 연구해두지 않을 수 없다.

해설

이 절은 작전술적, 전술적 차원에서의 지형에 대한 고려와 이를 이용하는 용병원칙을 제시한 것이다. 손자는 지형을 여섯 가지 종류로 나누었는데 그것은 (1) 통형通形, (2) 괘형掛形, (3) 지형支形, (4) 애형隘形, (5) 험형險形, (6) 원형遠形이다.

(1) '통형通形'은 적이나 아군에게 진퇴 및 방향 전환이 편리한 사통팔달의 지형으로 이 경우의 작전원칙은 먼저 양지바른 고지를 선점하고 보급로를 확보한 후 전투를 행하면 유리하다.

(2) '괘형掛形'은 진출하는 데는 용이하나 퇴각하기는 어려운 지형이다. 이 괘형은 지형이 아래로 급경사를 이루며 내려가다가 평탄한 지역이 계속되는 곳을 상상하면 된다. 이 경우 전술원칙은 적에 대한 기습이 가능하면 성과를 얻을 수 있으나 그렇지 못하면 승리하기 어렵고 적의 반격을 받았을 때 후퇴작전에서 어려움을 겪는다.

(3) '지형支形'은 아군이 먼저 진출하면 아군이 불리해지고 적이 먼저 진출하면 적이 불리해지는 지형이다. 이 지형은 이동에 제한을 주는 장애물이 곳곳에 산재한 곳을 상상하면 된다. 이 경우 전술원칙은 설사 적이 아군을 유인해도 이에 응하지 말고 적이 반쯤 진출해올 때는 공격하면 이롭다.

(4) '애형隘形' 은 통과는 할 수 있으나 좌우에 장애물이 많은 애로지형이다. 이 애로지역은 아군이 먼저 점령해서 병력을 배치시켜놓고 적을 대비하면 유리하다. 만약 적이 먼저 이러한 곳을 선점한 경우 병력이 배치되어 있으면 통과하지 말고 그렇지 않으면 상황을 판단해 작전을 수행할 수 있다.

(5) '험형險形' 은 굴곡이 많은 지형이다. 이 험형은 산악의 고지가 중첩된 곳을 상상하면 된다. 아군이 먼저 점령할 수 있을 때는 반드시 양지바른 고지를 점령하여 적을 기다리고 만약 적이 그곳을 선점했으면 피하여 물러나야 한다.

(6) '원형遠形' 은 양군이 처해 있는 지세가 비슷하고 양 진영의 중앙에 장애물이 없는 광활한 평탄지대가 펼쳐진 곳으로 적이나 아군이나 도전하기에 거리가 먼 지형이다. 이 경우 양측의 병세가 큰 차이가 나지 않고 비등한 상황에서는 먼저 진출하여 적을 공격하면 불리하다. 원거리를 횡단하느라 체력과 기력이 소모되고 적은 유리한 진지에서 아측을 상대하기 때문이다. 손자는 이 여섯 가지가 지형을 이용하는 원칙이기 때문에 장수로 임명을 받은 사람은 심각히 고찰하지 않을 수 없다고 강조하고 있다.

손자가 여기에 제시한 여섯 가지 지형과 그에 따른 용병원칙을 곰곰이 생각해보면 어떤 일반적 원리를 찾아낼 수 있다. 그것은 먼저 유리한 지형, 즉 감제고지, 애로, 산악고지 등을 선점하고 적을 기다리는 한편으로 퇴로와 보급로 유지에 대해 고려하는 것을 잊지 말아야 한다는 것이다. 적이 먼저 유리한 지형을 선점하여 아측을 유인하고자 하면 그에 응하지 않아야 한다. 요컨대 전투는 항상 아측이 유리한 지점에 있을 때 행해야 하고 적이 불리한 상황에 처했을 때 시작해야 한다. 그러므로 유리한 중요 지형을 사전에 판단해 이를 선점하는 것이 중요하고 유리한 지형을 이용해 승산이 높을 때 작전을 개시하는 것이 중요하다.

여기서 오늘날 한 가지 고려하지 않을 수 없는 질문은 만약 불리한 지형을 극복하지 않으면 작전의 진척이 없고 양군이 교착될 경우 어떻게 해야 하는가라는 문제다. 이에 대한 답변은 아무래도 손자시대의 전쟁양상을 이해한 연후에 이루어질 수 있을 것이다. 결론부터 말하자면 손자시대에 이 문제는 오늘날에서처럼 그렇게 심각하지 않았다는 것이다. 왜냐하면 당시에 토지에 대한 작전병력의 비율, 즉 병력 밀도가 비교적 낮았고 광정면에 걸쳐 양군이 긴 전선을 형성하여 대치하는 경우가 드물었기 때문이다.

1920년대의 러시아의 뛰어난 군사이론가 트리안다필로프Triandaphilov가 말한 바 있지만 1차대전 이전 작전의 양상을 공간에 비유해 말한다면 군대와 군대의 충돌은 점點과 점點의 전쟁이며 그것이 1차대전 이후에는 전장의 공간에 비해 사용할 수 있는 병력이 증대됨으로써 선線과 선線의 전쟁으로 변화한 사실을 염두에 두어야 한다. 사실 고대부터 나폴레옹전쟁 시기, 그리고 그 뒤의 프러시아-오스트리아 전쟁(1866), 프러시아-프랑스 전쟁(1870~71), 러일전쟁(1904~05) 때까지도 전쟁을 벌이는 양군은 작전이 가능한 토지의 일부분만을 점령하여 대치하는 경우가 대부분이었기 때문에 군의 전면에 아측에 불리한 지형이 존재할 경우 이를 우회하여 다른 기동로를 택할 수 있는 가능성이 현재보다 훨씬 높았다. 그러나 1차대전 이후의 전장은 병력밀도가 높아져 많은 경우 전장이 되는 국토의 끝에서부터 끝까지 병력을 연결해 배치할 수 있게 되었다. 그럼으로써 적어도 육상에서의 작전에 국한해서 말할 때 공격자가 진격을 원한다면 불리한 지형임에도 불구하고 희생을 감수하면서 적이 점령한 곳을 전투에 의해 탈취하지 않으면 안 되는 상황이 발생했다. 이 경향은 사거리와 살상력이 증대된 무기체계에 의해 일개 전투원이 적을 관측하고 사격으로 저지할 수 있는 범위가 증대됨에 따라 더욱 심화되었다. 즉 전쟁이 선線의 전쟁이 된 것이며 최근에는 이러한 경향이 가속화되어 현대에는 전선 후방의 상당히 깊은 종심에 이르기까지 전력이 배치되는 면面과 면面의 전쟁 양상으로 변화해가고 있다.

즉 이 〈지형〉 편을 읽을 때 이러한 점을 고려해야 여섯 지형에 대한 손자의 용병원칙을 그 시대의 맥락 속에서 이해할 수 있다. 또 이러한 변화를 알아야 손자가 제시한 지형에 관한 용병원칙을 맹목적으로 따르는 우를 범하지 않을 것이다. 예컨대 손자는 산악지역에서 적이 고지를 선점하면 이를 공격하지 말고 피하라고 했는데, 그의 시대에는 적이 고지를 점령할 때 우회할 수 있는 공간이 많기 때문에 다른 통로를 이용할 수 있는 경우가 많았지만 오늘날에는 이 원칙에 반하여 불가피하게 이를 극복하고 전진해야 할 경우가 많다.

물론 오늘날에도 손자가 제시한 여섯 가지 지형과 그 각각에 대한 용병원칙이 타당성을 완전히 상실한 것은 아니다. 오늘날의 군대 교범들을 한번 훑어보아도 이러한 원칙들이 아직도 많은 부분 그대로 강조되고 있음을 쉽게 발견할 수 있다. 그러나 오늘날에 와서 불리한 지형에서 작전을 해야 할 경우 과거처럼 단지 지형이 불리하다 해서 전투를 회피할 수 없는 경우가 많다. 용병하는 사람은 무기체계의 변화, 병력밀도의 변화, 작전 목적 등에 비추어 불리한 지형이라도 이용해야 한다. 이것은 손자가 〈구변〉 편에서 말하고 있는 취지이기도 하다.

10-2

故兵 有走者, 有弛者, 有陷者, 有崩者, 有亂者, 有北者. 凡此六者, 非天地之災, 將之過也. 夫勢均, 以一擊十, 曰走. 卒强吏弱, 曰弛. 吏强卒弱, 曰陷. 大吏怒而不服, 遇敵懟而自戰, 將不知其能, 曰崩. 將弱不嚴, 敎道不明, 吏卒無常, 陳兵縱橫, 曰亂. 將不能料敵, 以少合衆, 以弱擊强, 兵無選鋒, 曰北. 凡此六者, 敗之道也. 將之至任, 不可不察也.

한편 군대는 여섯 가지의 위태로운 상태가 있을 수 있는데 '주병走兵', '이병弛兵', '함병陷兵', '붕병崩兵', '난병亂兵', '배병北兵'이 그것이다. 무릇 이 여섯 가지는 하늘이 내려 인간이 어찌할 수 없는 재앙이 아니고 장수의 과실에 기인하는 것이다. 피아의 세력이 균등한데도 장군이 하나의 힘으로 적의 열의 힘을 공격하는 군대를 '주병'이라고 한다. 병사들이 드세고 초급장교(吏)가 위축된 군대는 '이병'이라고 한다. 장교가 위압적이고 사병이 위축된 군대를 '함병'이라고 한다. 고급장교(大吏)가 자주 화를 내며 장군의 명령에 불복하고, 적과 마주치면 상부의 명령에 따르지 않고 독자적으로 작전을 하며, 장수는 그 능력을 모르는 군대를 '붕병'이라고 한다. 장수가 위약하고 엄하지 못하여 교육 훈련에 규율이 없고 장교와 병사들이 정해진 규칙에 따르지 않고 병력을 배치함에 있어서 제멋대로인 군대를 '난병'이라고 한다. 장수가 적을 정확히 헤아리지 못하고 열세한 병력으로 우세한 적을 상대하며, 약한 군대로 강한 적을 공격하고 선봉選鋒, 즉 특별히 가려 뽑은 부대를 사용하지 않는 군대를 '배병'이라고 한다. 무릇 이 여섯 가지는 패배에 이르는 길이니 장수가 임명을 받음에 심각하게 숙고해야 한다.

어휘풀이

▪ 故兵 有走者, 有弛者, 有陷者, 有崩者, 有亂者, 有北者(고병 유주자 유이자 유함자 유붕자 유란자 유배자) : 故는 여기서 해석하지 않거나 '또한'으로 새긴다. 走는 달아날 주. 弛는 해이할 이. 陷은 빠질 함. 崩은 무너질 붕. 亂은 어지러울 난. 北는 패배할 배. 전체의 뜻은 '또한 군대에는 주병, 이병, 함병, 붕병, 난병, 배병이 있다.'

▪ 凡此六者, 非天地之災, 將之過也(범차육자 비천지지재 장지과야) : 災는 재앙 재. 過는 허물 과. 무릇 이 여섯 가지는 天地, 즉 자연이 주는 재앙이 아니고 장수의 과실過失에 기인하는 것이다.

▪ 夫勢均, 以一擊十, 曰走(부세균 이일격십 왈주) : 무릇 세가 엇비슷한데 하나의 힘으로 열의 힘을 치는 것을 '주병'이라 한다.

▪ 卒强吏弱, 曰弛(졸강리약 왈이) : 吏는 관리의 뜻으로, 여기서 장교로 새겨진다. 춘추시대에 평시의 관리는 곧 전시의 장교 역할을 했다. 병사들이 강하고(드세고) 초급장교가 약한(통솔력을 잃은) 것을 '이병'이라고 한다.

▪ 吏强卒弱, 曰陷(이강졸약 왈함) : 초급장교가 강하고(위압적이고) 병사들이 약한(기가 죽어 있는) 것을 '함병'이라고 한다.

▪ 大吏怒而不服, 遇敵懟而自戰, 將不知其能, 曰崩(대리노이불복 우적대이자전 장부지기능 왈붕) : 大吏는 고급장교. 遇는 마주칠 우. 懟는 원망할 대. 自戰은 장수의 말을 듣지 않고 임의의 판단으로 전투를 하는 것. 전체의 뜻은 '고급장교가 성내기를 잘하며 장수에게 불복하고 적과 마주칠 때 장수의 계획에 따르지 않고 임의대로 전투에 뛰어들며 장수는 고급장교의 능력을 알지 못하는 것을 '붕병'이라고 한다.'

▪ 將弱不嚴, 教道不明, 吏卒無常, 陳兵縱橫, 曰亂(장약불엄 교도불명 이졸무상 진병종횡 왈란) : 嚴은 엄할 엄. 教道는 교육 훈련. 常은 항상 상. 無常은 위계질서가 없는 것. 縱橫은 가로세로로 무질서한 것. 장수가 엄하지 못하고 교육과 훈련이 명확치 못하며 병사들이나 장교들이 질서가 없고 진을 치면 이리저리 무질서한 것을 '난병'이라고 한다.

▪ 將不能料敵, 以少合衆, 以弱擊强, 兵無選鋒, 曰北(장불능료적 이소합중 이약격강 병무선봉 왈배) : 選은 가릴 선, 뽑을 선. 選鋒은 가려뽑은 정예부대. 주로 전투에 미리 나가 기세를 돋우거나 특별히 어려운 임무를 수행하는 역할을 하는 부

대를 말한다. 전체의 뜻은 '장수가 적을 살필 능력이 없고 적은 병력으로 많은 병력을 치고 약한 병력으로 강한 병력을 치며 군대에 가려뽑은 정예부대가 없는 것을 '배병'이라고 한다.'

▪ 凡此六者, 敗之道也(범차육자 패지도야) : 무릇 이 여섯 가지는 패배에 이르는 길이다.

▪ 將之至任, 不可不察也(장지지임 불가불찰야) : 任은 맡길 임. 장수가 그 직책에 맡겨질 때 주의 깊게 살피지 않으면 안 된다.

해설

이미 〈군쟁〉 편에서 지적한 바와 같이 손자는 실제 용병에서 장수의 용병능력, 치병의 상태, 지형(전장환경)의 활용, 이 3자를 용병의 결정적 요소이자 불가분의 통일체로 보았다. 이 절에서 손자가 군대가 패할 수 있는 여섯 가지 경우, 즉 '육패병六敗兵'을 여섯 가지 지형과 그에 합당한 용병원칙을 제시한 후에 병렬한 것은 바로 그러한 고려가 작용했기 때문이다. 즉 손자의 의도는 지형에 대한 독립적인 고려는 용병에 있어 불완전한 것이며 완전한 용병은 지형에 따른 용병원칙, 용병능력과 치병治兵의 상태를 동시에 고려하는 것이 되어야 함을 보여주려고 한 것이다. 마치 〈구변〉 편의 서두에서 다섯 가지 일반적 용병원칙을 제시한 연후에 다섯 가지 용병의 변칙을 대비시킨 방법과 같다.

이 절은 후세의 주석자들이 기억하기 쉽게 '육패병'으로 이름 붙인 부분으로, 여섯 가지 패배를 자초할 수 있는 군대의 유형을 말하고 있는데, 그것을 달리 생각해본다면 반어법적으로 군대가 이러한 상태에 있지 않으면 승리를 얻을 수 있다고 용병用兵, 치병治兵의 이상적 상태를 제시한 것으로 볼 수 있다.

(1) '주병走兵'은 피아의 세력이 대등한데도 하나의 힘으로 열을 치는 것과 같이 장수가 전략능력이 결핍되어 무모한 용병을 하는 군대를 말한다.

(2) '이병弛兵'은 병사들이 부대의 분위기를 좌지우지하는 한편 장교나 간부들은 이를 제어하지 못하는 군대이다. 즉 군기가 없고 통제가 되지 않은 나사가 풀린 것과 같이 해이해진 군대이다.

(3) '함병陷兵'은 장교나 간부는 지나치게 위압적이고 병사들은 위축되어 있는 군대이다. 즉 사기가 없고 병사들은 주눅이 들어 자발성을 보이지 않는 군대이다.

(4) '붕병崩兵'은 고급장교가 성을 잘 내고 장군의 명령에 복종하지 않으며 적을 만나면 상급지휘관의 작전의도와는 무관하게 스스로 결정하여 전투를 벌이며 장수는 그들 각각의 능력을 알지 못하여 적시에 그 능력을 활용하지 못하는 군대를 말한다. 즉 고급장교와 장군 간에 불신이 쌓인 군대이다. 이 불신은 자신의 상관인 장군의 판단력이 부족하다고 생각하여 고급장교가 자신의 판단대로 움직일 때와 반대로 장군이 정견定見이 없어 예하 지휘관들에게 작전에 대한 통제권을 완전히 위임해 버릴 때 나타날 수 있다.

(5) '난병亂兵'은 장수가 유柔하기만 하여 엄하지 못하고, 부대에 대한 교육에 일관성이 없음으로써 하급간부와 병사들이 마음대로 행동하고 진을 치면 종횡으로 대오가 흐트러지는 군대를 말한다. 즉, 장수가 마음만 좋아 우유부단하고 부대 통솔에 일관성이 없어 흐트러진 군대이다.

(6) '배병北兵'은 장수가 적을 아는 능력이 없고 적은 병력으로 많은 병력과 정면으로 부딪쳐 교전하며 약한 병력으로 강한 적을 치며 부대에는 선발된 정예의 전위부대를 운용하지 않는 군대를 말한다. 즉 작전적 능력을 결한 장군이 지휘하는 군대이다.

손자는 군의 치병이나 장수의 용병능력의 중요성에 대해 여러 곳에서 반복해서 언급하고 있지만, 군대가 승리하기 위해서는 어떠한 상태에 있어야 하는가를 여기에서만큼 자세히 설명한 곳은 없다. 이 절에는 병사와 하급장교, 고급장교와 장수, 장수의 용병능력과 군 전체의 관계가 망라되어 있고 장수의 용병과 부대 내에서의 지휘 통솔이 어떻게 발휘되어야 하는가를 종합적으로 설명하고 있다.

10-3

夫地形者, 兵之助也. 料敵制勝, 計險阨遠近, 上將之道也. 知此而用戰者, 必勝. 不知此而用戰者, 必敗. 故戰道必勝, 主曰無戰, 必戰可也. 戰道不勝, 主曰必戰, 無戰可也. 故進不求名, 退不避罪, 唯民是保, 而利合於主, 國之寶也.

무릇 지형은 용병에 있어 보조적인 도움을 주는 것이다. 적을 알아 승리할 방도를 계획하며 지형의 험하고 평탄함과 지리의 멀고 가까움을 계량하는 것이 최고사령관이 해야 할 일이다. 이를 알고 전쟁을 수행하면 반드시 승리하고 이를 모르고 전쟁을 수행하면 반드시 패한다. 그러므로 싸워서 확실히 승리할 수 있는 가능성이 보이면 군주가 싸우지 말라고 해도 싸울 수 있는 것이며, 싸워서 승리할 가능성이 보이지 않으면 군주가 싸우라고 해도 싸우지 않을 수도 있다. 그러므로 군주로부터 사령관으로 임명되어 전쟁을 수행함에 있어서는 개인적인 명예를 구하지 않으며, 전장에서 물러나와서 죄를 받는 것을 피하지 않고, 오로지 국민을 보호하고 군주에게 이익이 되는 것만을 생각하니, 이런 장수는 국가의 보배이다.

어휘풀이

■ 夫地形者, 兵之助也(부지형자 병지조야) : 助는 도울 조. 兵은 여기서는 용병의 뜻으로 사용되었다. 무릇 지형이라는 것은 용병의 보조적인 것이다.

■ 料敵制勝, 計險阨遠近, 上將之道也(료적제승 계험액원근 상장지도야) : 料는 헤아릴 료. 料敵은 적을 헤아려 아는 것. 制는 지을 제. 制勝은 승리를(승리의 방도를) 만들어내는 것. 計는 셈 계. 阨은 막힐 액. 險阨은 험한 지형과 좁은 목을 이

루는 지형. 上將은 고위 장군, 최고사령관. 적을 살펴 승리의 방도를 마련하고 지형의 험한 것과 장애물, 거리의 멀고 가까움 등을 헤아리는 것이 고위 장군이 해야 할 일이다.

▪ 知此而用戰者, 必勝. 不知此而用戰者, 必敗(지차이용전자 필승 부지차이용전자 필패) : 用戰은 싸움을 하는 것. 이를 알고 싸우는 사람은 반드시 승리하며 이를 모르고 싸움을 하는 사람은 반드시 패한다.

▪ 故戰道必勝, 主曰無戰, 必戰可也. 戰道不勝, 主曰必戰, 無戰可也(고전도필승 주왈무전 필전가야 전도불승 주왈필전 무전가야) : 戰道는 여기서 '싸움의 원칙'이라는 뜻이다. 主는 군주. 그러므로 전쟁의 원칙에 비추어 반드시 승리할 수 있는 상황에서는 군주가 싸우지 말라고 말해도 반드시 싸울 수 있다(싸워야 한다). 전쟁의 원칙에 비추어 승리의 가능성이 없는 상황인데도 군주가 싸우라고 말해도 싸우지 않을 수 있다(싸우지 말아야 한다).

▪ 故進不求名, 退不避罪, 唯民是保, 而利合於主, 國之寶也(고진불구명 퇴불피죄 유민시보 이리합어주 국지보야) : 進는 여기서 전장에 나가는 것을 말함. 避는 피할 피. 唯는 오직 유. 保는 보존할 보. 唯民是保는 '국민이야말로 진정으로 보호해야 사람들이다' 라는 뜻. 寶는 보배 보. 전체의 뜻은 '그러므로 전쟁을 수행함에 있어 이름(명예)을 구하지 않고 물러남에 있어 죄를 받는 것을 피하지 않으며 오직 국민이야말로 진정으로 보호할 사람들이라는 것을 깊이 인식하고 군주에게 진정으로 이익이 되는 일을 행하는 사람이야말로 국가의 보배이다.'

해설

이 절은 지금까지 지형과 용병, 치병에 관해 논한 것을 바탕으로 용병에 있어 전체적 상황 판단의 중요성을 재천명한 것이다. 이미 앞 절의 '육패병六敗兵' 에서 암시한 바와 같이 손자는 지형에 따른 용병원칙을 기계적으로 적용해서는 안 된다고 생각하고 있다. 그러므로 지형은 용병에 있어서 중요하기는 하지만 어디까지나 보조적인 것으로 인식해야 한다는 것이다(地形者, 兵之助也). 따라서 상장上將 즉 최고사령관의 조건은 적을 알아 그에 따라 승리를 이루어내고 지형의 험함과 장애의 정도, 원근 등을 살필 줄 알아야 하는 것이다. 여기서 '상장' 은 〈군쟁〉

편에서 말하는 '상장군'과는 달리 최고사령관을 말한다. 바로 장군이 이 점을 알고 전쟁을 수행하고 전투를 치르면 반드시 승리하고, 이점을 모르고 전쟁을 수행하고 전투를 치르면 항상 패배하게 된다는 것이다.

이 절의 후반부는 전장에서 군주의 명령과 최고사령관의 판단에 괴리가 생길 때에 어떻게 해야 할 것인가에 대한 논의이다. 손자의 주장은 최고사령관으로서 싸움에 승산이 있으면 군주나 국가의 지도자가 싸우지 말라 해도 반드시 싸워야 하며, 싸움에 승산이 없으면 군주나 국가의 지도자가 반드시 싸우라고 해도 싸우지 않을 수 있다는 것이다. 이미 손자는 〈구변〉 편에서 "군주의 명령은 따르지 않을 때도 있다"(君命有不所受)라고 한 것과 같은 논리이다. 그러나 손자는 총사령관이 이렇게 군주나 국가의 지도자의 명령에 따르지 않을 때 발생할 수 있는 상황을 미리 예견하였다. 즉 그것은 항명抗命에 해당하며 군주의 절대권이 확립된 고대에는 목숨이 달려 있는 문제가 될 수도 있었고, 운이 좋아 죽음을 면할 수는 있더라도 죄를 면하기는 어려웠다. 그러므로 승산이 없는데 전투를 하라고 군주가 명령을 내릴 때, 또는 전기戰機로 보아 명백히 승산이 있음에도 불구하고 군주가 전투를 막을 때, 최고사령관은 그 후에 뒤따를 군주의 치죄治罪를 무릅쓰는 한이 있더라도 이러한 명령을 따르지 않을 각오가 되어 있어야 한다는 것이다. 따라서 최고사령관은 전장에 나아가서는 개인적인 명성을 구하지 않고 전쟁 후에 닥칠 죄를 피하지 않으며 단지 국민을 보호하고 군주에 진정한 이익이 될 수 있는 것만을 생각하면서 전장에서 작전에 대한 결심에 도달해야 한다는 것이다. 이러한 장수는 곧 국가의 보배라는 것이다. 이러한 취지에서 손자는 〈작전〉 편에서 승리를 알 수 있는 다섯 가지 조건 중의 하나로 "장수가 유능하고 군주가 장수의 작전을 구체적으로 통어統御하지 않으면 승리한다"(將能而君不御者勝)고 말한 것이다.

이러한 손자의 경구를 진실로 체현한 장수로 가장 먼저 이순신 장군을 꼽아야 할 것이다. 그의 완전한 용병능력, 적과 나의 상태에 대한 명확한 판단에 입각한 작전 결정과 실행, 백의종군과 마지막 전투에서의 장렬한 순국은 손자가 이 절에서 말한 상장上將의 일생 바로 그것이다.

10-4

視卒如嬰兒, 故可與之赴深谿. 視卒如愛子, 故可與之俱死. 厚而不能使, 愛而不能令. 亂而不能治, 譬如驕子, 不可用也.

장수가 병사들을 대함에 있어 어린아이를 돌보는 것과 같이 하니 그들은 장수와 함께 깊은 계곡과 같은 위험한 곳까지 쫓아가며 병사들을 대함에 있어 사랑스런 아들을 대하듯 하니 그들은 장수와 죽음을 함께한다. 병사들을 대함에 있어 지나치게 후하기만 하면 쓸 수 없게 되고, 지나치게 자애롭기만 하면 명령을 내릴 수 없게 된다. 이리하여 위계질서가 무너져 통제할 수 없게 되면 이런 병사들은 교만방자한 자식에 비유할 수 있으니 (전쟁에) 쓸 수 없게 된다.

어휘풀이

▪ 視卒如嬰兒, 故可與之赴深谿(시졸여영아 고가여지부심계) : 視는 볼 시. 嬰은 어릴 영. 兒는 어린아이. 赴는 다다를 부. 谿는 골짜기 계. 전체의 뜻은 '(훌륭한 장수는) 병사들 대하기를 어린아이같이 한다. 그러므로 (이런 장수를 따르는) 병사들과 함께 (위험성이 높은) 깊은 골짜기까지라도 갈 수 있다.'

▪ 視卒如愛子, 故可與之俱死(시졸여애자 고가여지구사) : 愛는 사랑할 애. 愛子는 사랑하는 자식. 俱는 함께 구. 전체의 뜻은 '(훌륭한 장수는) 병사들을 대하기를 사랑하는 자식처럼 한다. 그러므로 (이런 장수를 따르는) 병사들과 함께 죽음을 같이할 수 있다.'

▪ 厚而不能使 愛而不能令(후이불능사 애이불능령) : 厚는 너그러울 후, 친절할 후. 使는 부릴 사. (장수가) 너그럽기만 하면 (병사들을) 부릴 수 없고 사랑하기만 하면 엄한 명령을 내릴 수 없다.

▪ 亂而不能治, 譬如驕子, 不可用也(난이불능치 비여교자 불가용야) : 譬는 비유

할 비. 驕는 교만할 교. 驕子는 교만한 자식. 전체의 뜻은 '(이렇게 되면) 혼란스러워져 다스릴 수 없으니 교만한 자식에 비유할 수 있으며 (전쟁에) 쓸 수 없다.'

해설

이 절에서 손자는 다시 병력의 교육과 통제에 관한 문제에 대해 언급하고 있다. 장수가 병사들을 대하는 것은 우선 어린아이를 대하듯, 사랑하는 아들을 대하듯 해야 한다. 이렇게 하면 병사들은 감화되어 위험한 깊은 계곡에까지 함께 달려가며 죽음도 함께할 마음을 갖게 된다. 반면에 그렇다고 병사들을 지나치게 너그럽게 대하면 필요할 때에 말을 듣지 않고, 사랑이 지나치면 명령에 위엄이 서지 않으며 병사들 사이에 군기가 없으면 통제불능 상태에 빠져, 비유하자면 교만한 아들과 같이 되니 전쟁에 사용할 수 없다는 것이다. 여기서의 논의의 취지는 〈행군〉 편에서 병사들은 사랑과 위엄으로 대하되 군기와 사기가 동시에 살아 있도록 해야 한다고 한 것과 동일하다.

10-5

知吾卒之可以擊, 而不知敵之不可擊, 勝之半也. 知敵之可擊, 而不知吾卒之不可以擊, 勝之半也. 知敵之可擊, 知吾卒之可以擊, 而不知地形之不可以戰, 勝之半也. 故知兵者, 動而不迷, 擧而不窮. 故曰, 知彼知己, 勝乃不殆, 知天知地, 勝乃可全.

나의 병사들을 투입하여 이로써 공격할 만한가를 알고 있지만, 적이 공격해서는 안 될 상태에 있다는 것을 모르고 용병을 하면 이때의 승리의 가능성은 절반밖에 안 된다. 반대로 적의 상태가 공격해도 될 만한 약점이 있다는 것을 파악하고 있지만, 나의 병사들이 공격을 수행할 만한 상태에 있지 못한 것을 모르고 용병을 하면 이때의 승리의 가능성도 역시 절반밖에 되지 않는다. 적의 상태가 우리가 공격해도 될 만한 약점이 있다는 것과 나의 병사들이 적을 공격할 능력을 갖추고 있음을 알고 있다 할지라도, 지형상 공격을 하지 말아야 할 상황이라는 것을 파악하지 못하고 용병을 하면 이때의 승리의 가능성은 아직 절반밖에 되지 않는다고 말할 수 있다. 그러므로 용병의 법을 알고 있는 사람은 움직여도 미혹에 빠지지 않고 군대를 일으켜도 계책에 막힘이 없게 된다. 그러므로 적을 알고 나를 알면 그때의 승리는 위태롭지 않다고 말할 수 있고, 여기에 하늘과 땅의 변화를 알고 용병하면 그 승리가 완전하다고 말할 만하다.

어휘풀이

- 知吾卒之可以擊, 而不知敵之不可擊, 勝之半也(지오졸지가이격 이부지적지불

가격 승지반야) : 半은 절반. 擊은 칠 격. 나의 병사들이 적을 칠 수 있는 상태에 있음을 알되 적이 타격을 가할 만한 상태에 있지 않다는 것을 모르는 것은 승리할 확률이 반이다.

▪ 知敵之可擊, 而不知吾卒之不可以擊, 勝之半也(지적지가격 이부지오졸지불가이격 승지반야) : 적이 칠 만한 상태에 있음을 알되 나의 병사들이 공격할 만한 상태에 있지 못함을 알지 못하면 그것도 승리할 확률은 반이다.

▪ 知敵之可擊, 知吾卒之可以擊, 而不知地形之不可以戰, 勝之半也(지적지가격 지오졸지가이격 이부지지형지불가이전 승지반야) : 적이 칠 만한 상태에 있고 나의 병사들이 공격할 만한 상태에 있음을 알되 지형이 공격해서는 안 되는 지형임을 모르면 그때의 승리할 확률은 반이다.

▪ 故知兵者, 動而不迷, 擧而不窮(고지병자 동이불미 거이불궁) : 迷는 미혹할 미, 길 잘못 들 미. 擧는 들 거. 여기서는 전쟁을 일으킨다는 뜻이다. 窮은 궁할 궁, 다할 궁. 그러므로 용병을 아는 사람은 군대를 움직여도 미혹에 빠지지 않고 전쟁을 일으키면 궁지에 빠지는 일이 없다.

▪ 故曰, 知彼知己, 勝乃不殆, 知天知地, 勝乃可全(고왈 지피지기 승내불태 지천지지 승내가전) : 乃는 어조사로 '뿐만 아니라'의 뜻이 있다. 殆는 위태로울 태. 적을 알고 나를 알면 승리를 이룰 뿐만 아니라 위태롭지 않으며, 하늘과 땅을 알면 승리할 뿐만 아니라 그 승리가 온전한 것이 된다.

해설

이 절에서 손자가 '지피지기, 지천지지知彼知己, 知天知地'라고 정형화한 원칙은 〈군쟁〉 편 이후 강조해온 용병, 치병, 지형(전장환경)의 삼위일체에 대한 종합적 결론이다. 또한 손자 용병의 종합적 결론이라 할 수 있다. 거듭 말하지만 여기에서 '지地'라고 한 것은 단지 '지형地形'이라고 생각해서는 안 된다. 손자가 '知天知地'에서 '地'라고 말할 때 그것은 미시적 지형, 거시적 전략지리와 주변국의 정황 및 전략을 포함한 대국적 국제관계의 흐름을 망라하는 것이다. 손자의 지지知地는 《관자管子》의 〈칠법七法〉 편에서 말하는 '편지천하徧知天下', 즉 '두루 천하를 아는 것'에 해당한다.

| 지형 편 평설 |

〈지형〉 편에서 손자는 자연적으로 구분할 수 있는 여섯 가지 형태의 지형을 구분하고 이에 따른 작전원칙들을 제시했다. 그러나 곧바로 이어서 용병, 치병의 잘못으로 패하는 경우 여섯 가지를 제시함으로써 비록 지형을 알고 이에 적합한 작전원칙들을 잘 알고 있다 할지라도 장군, 고급장교가 용병능력과 치병능력이 없고 또 일반 병사들과 간부들 사이의 관계가 군기와 사기를 동시에 유지할 수 있는 상태가 되지 못하면 패한다는 것을 말하고 있다. 이미 〈군쟁〉 편에서 보인 바와 같이 용병, 치병, 지형의 삼위일체가 갖추어져 있지 않은 경우 그 용병은 불완전하고 위험하다고 보기 때문이다. 그러므로 지형을 사용할 줄 아는 것은 단지 용병의 부분이며 그러한 지식은 잘된 용병의 보조 역할에 머무르는 것이다.

손자가 여섯 가지로 구분한 지형은 앞 편인 〈행군〉 편의 산지, 하천, 늪지, 평지의 작전 환경에 비해서는 보다 국지적인 전술상의 지형을 말한다. 이 여섯 가지 지형에 대한 손자의 설명은 매우 간략하기 때문에 이를 실제 지형으로 머릿속에 구상화하는 데는 어려움이 따른다. 통형通形이나 애형隘形, 험형險形 등은 손자의 설명만을 따르더라도 어떠한 지형인가를 상상하기 어렵지 않지만, 괘형掛形, 지형支形, 원형遠形 등은 손자의 설명을 따라 현실에서 이를 어떠한 지형이라고 구체적으로 말하기가 곤란한 점이 있는 것이 사실이다. 이 때문에 주석자들마다 이러한 지형에 대한 설명과 이에 따른 작전원칙에 대한 설명이 다양할 수밖에 없다. 손자를 연구할 때 답답하게 느끼는 부분이다.

이 중에서 그 지칭하는 바가 뚜렷하고 현재까지도 여러 군대의 교리에서 가장 널리 논의되고 있는 지형은 애형隘形, 즉 애로지형隘路地形이다. 이 애로지형에 대한 손자의 논지를 좀더 숙고해볼 필요가 있다. 손자는 이 애로지형에서는 먼저 그 좌우의 고지를 장악하는 것이 중요하며 만약 적이 먼저 그 좌우고지를 완전히 병력으로 장악했을 경우는 이 애로지역을 통과하지 말고 만약 적이 충분히 이곳을 통제하지 못한 경우에는 이를 통과할 수 있다고 말하고 있다. 손자의 이 용병원칙은 만약 우리가 그 애로지역 외의 지역에서 적합한 통로를 발견할 수 있다면 나무랄 데 없는 원칙이 되겠지만 그렇지 않을 경우에는 이를 극복해야 하는 문제가 뒤따른다.

이러한 경우에 곤란을 무릅쓰고라도 정면돌파를 시도하는 경우가 흔한데, 전사상 그러한 시도가 오히려 손실만을 가중시키는 결과로 끝날 때가 많았다는 것을 보여준다. 6·25전사에서 1950년 7월 14~15일의 공주 전투 당시 미 제24사단 34연대가 북한군 제4사단에게 금강 도하를 허용한 후 유일한 차량 후퇴로상의 애로점인 우금치 고개를 통과하다가 이미 도강 후 우회해와 이곳을 장악하고 있던 적 부대에 걸려 엄청난 손실을 기록한 전례, 1950년 11월 중공군의 제2차 공세시 미 제2사단이 유일한 후퇴로인 군우리-용원리 간 도로상의 애로점인 인천참 남방 고갯길과 그 남방의 갈고개를 통과하면서 이곳을 미리 선점하여 강력히 확보하고 있던 중공군 제113사단 차단부대에 걸려 무려 3,500명이 넘는 손실을 입은 소위 '인디언의 태형'은 유명한 사례들이다.

확실히 시간이 너무나 급박하다면 정면돌파를 시도하는 것이 불가피한 경우도 있겠으나 그렇지 않다면 우선 좌우측의 감제고지상의 적을 제압하면서 통과하는 것이, 더디어 보이지만 오히려 성과가 빠른 방법이 될 것이다. 1950년 7월 단양전투에서 북한군 제8사단의 도하를 허용한 국군 제8사단이 애로지형이라 할 수 있는 죽령도로를 따라 철수할 때 그 측방에는 차량 도로가 없으며 능선상의 소로만이 사용 가능하였던 상황이었는데 북한군 8사단은 보병의 산악행군으로 소백산 줄기인 연화봉(1394고지)으로 진출했다. 그리고 죽령고개를 측방에서 위협해 국군 8사단장 이성가李成佳 대령으로 하여금 7월 12일 죽령이라는 양호

한 애로지형을 포기하고 단양이 실함된 뒤 불과 이틀 만에 소백산 너머 풍기로 후퇴하도록 함으로써 소백산맥선을 쉽게 통과한 것은 좋은 예이다.

그러나 무엇보다도 중요한 것은 손자가 말하듯이 진격로상이나 퇴각로상에 있는 애로지역 좌우의 감제고지의 중요성을 미리 포착하고 이곳을 적보다 먼저 선점하는 것이 최상이라는 것은 두말할 나위없다. 1950년 11월 27일 장진호전투 당시 미 제5해병연대와 미 제7해병연대가 유담리에서 하갈우리로 철수할 때 7해병연대 F중대가 이 두 지역 간의 애로지점인 덕동령과 덕동고지를 미리 점령하여 중공군의 공격으로부터 이를 지켜냄으로써 양개 연대가 큰 손실 없이 하갈우리로 철수할 수 있게 한 것은 좋은 예이다. 한편 1951년 5월 중공군의 5월공세(중공군 제5차공세 2단계) 당시 5월 17일 국군 제3군단이 철수로상의 애로지점인 오마치五馬峙 고개를 미리 확보하지 않은 채 중공군 1개 대대에게 선점당함으로써 3군단 전체가 중공군에게 차단당했던 사례는 실패의 대표적 사례이다. 물론 오늘날에는 6일전쟁 당시 이스라엘군이 미틀라Mitla 통로 돌파시 했던 것처럼 헬리콥터를 이용, 공수부대를 애로지점 후방에 기습적으로 투입함으로써 앞뒤에서 협격할 수 있는 수단이 생겼지만 역시 손자의 원칙은 아직까지도 그 실용성이 입증된다고 하겠다.

손자의 '육형'은 사실상 군대가 전장에서 만나는 무한한 형태의 지형 중 일부분에 해당할 뿐이며 어느 누구도 그 다양한 지형에 적합한 원칙을 모두 망라하여 제시할 수는 없다. 또한 위에서 예로 든 애로지형의 작전 요령에서도 드러났듯이 무기체계의 변화에 의해 지형의 유리, 불리는 항상 재고되어야 한다. 가장 흔히 토론되는 종격실從隔室, 횡격실橫隔室에 대한 작전상의 고려로부터 논의되어야 할 것들은 너무도 많다. 손자의 육형에 관한 논의는 지형에 대한 토론의 출발점이지 종결점이 아니다.

이 편의 논의에서 오히려 시대의 변화와 무관하게 생생한 교훈을 주는 부분은 '육패병六敗兵'에 관한 손자의 경고이다. 이미 본문 해설에서 설명했듯이 이 '육패병'에 관한 논의야말로 군대조직에서 장군, 고급 장교, 하급지휘자, 병사 간의 이상적 관계가 어떠해야 하며 또 각각의 위치에서 어떤 자질과 능력이 요구되는가를 여실히 보여주는 간략하면서도 중요한 절이다. 읽고 또 읽어야 할 부분이며 생각하고 또 생각해 보아야 할 부분이다. 손자는 기본적으로 군대를 염두에 두었지만 모든 인간조직에 타당한 조직론이라 할 수 있을 것이다.

이 편을 읽으면서 숙연해지지 않을 수 없는 부분은 '그러므로 나아가 봉사하되 이름을 구하지 않고, 물러나되 죄를 피하지 않으며, 단지 보호할 것은 국민이고 그 행동은 군주의 이익에 진정으로 합치되게 하니 이런 사람은 국가의 보배이다'라고 한 구절이다. 민주주의 군대의 진정한 군인이 가슴에 담아야 할 도덕률이라 하지 않을 수 없다. 이것이야말로 진정한 군인의 명예이다. 우리에게는 다행스럽게도 이순신 장군이라는 따라야 할 훌륭한 모범이 있다.

손자는 이 〈지형〉 편의 마지막에서 그가 거듭 강조해온 용병, 치병, 지형의 삼위일체에 대한 결론을 제시하고 있다. 적을 알고 나를 아는 것만으로는 불완전하며, 전장환경에 대해 알면 승리하되 완전한 승리를 거둔다는 것이 그의 용병의 궁극적 지향점이다.

11

▼

구지

11. 구지 九地

| 편명과 대의 |

이 편의 편명은 《십일가주손자》 계통의 판본이나 《무경칠서》 계통의 판본에서 모두 '구지九地'이다. 《죽간본 손자》에도 '구지'라는 편명이 뚜렷하게 드러나 있다. '구지'라는 편명은 손자가 여기서 전개한 아홉 가지 전략지리에 따른 용병법으로부터 비롯된 것이다.

서구의 전략, 전술 개념에 익숙한 현대 주석자들은 앞 편인 〈지형〉 편을 '전술적 지형론', 이 〈구지〉 편을 '전략지리론'이라고 구분짓고 있는데 엄격하게 보면 그렇게 볼 수 없는 요소가 있기는 하지만 대체적인 면에서는 동의할 만하다. 우선 작전지역이 자국 내인가, 국경선 부근인가, 적의 영토 깊숙한 곳인가에 따른 지리의 구분법인 산지, 경지, 중지와 그에 따른 용병론은 명확히 전략가들의 고려사항이며, 전략적 요충, 교통의 요지, 다국가 간의 접경지역을 말하는 쟁지, 교지, 구지 역시 전략적인 고려사항이다. 그러나 장애가 많은 곳을 말하는 비지, 퇴로가 제한되어 있는 경우를 말하는 위지, 완전히 포위가 되어 있는 경우를 말하는 사지는 엄격하게 말해 꼭 전략적 상황에만 관련된다고 말할 수는 없다. 이러한 경우는 전술상황에도 관련될 수 있다. 그러나 전반적으로 보면 〈지형〉 편은 국지적인 전술적 지형 위주의 용병법에 관한 서술이며, 이 〈구지〉 편은 대국적인 전략지리 위주의 용병법이라고 할 수 있다. 한 가지 첨언해둘 것은 손자가 '구지'에 대해 말할 때 그것은 지리의 특정한 형태를 지칭하는 것이 아니라 지리를 매개로 하여 피아간에 형성되는 전략적 상황을 말하고 있다는 것이다.

이 〈구지〉 편의 특징은 아홉 가지 전략적 상황에 따른 용병법을 말하면서도 특히 '위객지도爲客之道'라고 부른 원정작전에 관해 중점적으로 서술한 것이다. 손자는 원정을 할 때 적국 깊숙이 들어가 싸우라는 의미의 '중지전략重地戰略'을 택할 것과 결전을 벌일 때에는 세勢를 형성하여 싸움을 하되 병사들이 결사의 심정으로 사력死力을 다해 싸움에 임할 수 있도록 만들라는 것을 강조하고 있다. 달리 말하면 원정작전을 시행하는 측은 일단 전쟁을 결정하면 아군의 안전을 고려해 서서히 진격해 들어가는 전략, 즉 소모전략attrition strategy을 시행하지 말고 기습에 의해 신속히 적국 깊숙이 들어가 결전을 벌여야 한다는 것이다. 만약 적이 국경에서 강력한 병력으로 방어하고 있다면 부차적으로 중요한 지역을 골라 공격함으로써 적을 그곳으로 향하게 하여 허를 만들고, 아군 주력은 신속히 적국 깊숙한 곳으로 들어가 결전을 벌임으로써 전쟁을 신속히 종결시켜야 한다는 것이다. 즉 손자는 기습과 기만을 이용하여 허를 만들고 속도로써 적국 깊숙이 들어가는 기동전략maneuver strategy을 주장하고 있다.

그러나 전쟁은 군사작전으로만 이루어지는 것이 아니기 때문에 '패왕의 용병'을 말함으로써 전쟁 전후의 사전, 사후 조치에 의해 적을 심리적으로 와해시키면서 전쟁을 수행해야 한다는 것을 강조하고 있다.

역대로 이 〈구지〉 편은 손자의 실제 용병론의 정수가 압축되어 있다 하여 많은 용병가들이 깊이 연구하고 중시한 편이다. 〈군쟁〉 편이 실제 용병론의 서론이라면 이 편은 결론이다.

11-1

孫子曰. 用兵之法, 有散地, 有輕地, 有爭地, 有交地, 有衢地, 有重地, 有圮地, 有圍地, 有死地. 諸侯自戰其地者, 爲散地. 入人之地而不深者, 爲輕地. 我得則利, 彼得亦利者, 爲爭地. 我可以往, 彼可以來者, 爲交地. 諸侯之地三屬, 先至而得天下之衆者, 爲衢地. 入人之地深, 背城邑多者, 爲重地. 山林, 險阻, 沮澤, 凡難行之道者, 爲圮地. 所由入者隘, 所從歸者迂, 彼寡可以擊吾之衆者, 爲圍地. 疾戰則存, 不疾戰則亡者, 爲死地. 是故, 散地則無戰. 輕地則無止. 爭地則無攻. 交地則無絶. 衢地則合交. 重地則掠. 圮地則行. 圍地則謀. 死地則戰.

손자는 다음과 같이 말했다. 용병하는 법에 있어서는 '산지散地', '경지輕地', '쟁지爭地', '교지交地', '구지衢地', '중지重地', '비지圮地', '위지圍地', '사지死地'가 있다. 제후가 자신의 땅에서 싸우는 것을 '산지'라고 한다. 적의 땅에 들어갔지만 깊지 않을 때를 '경지'라고 한다. 내가 장악하면 내가 유리하고 적이 장악하면 적이 유리한 땅을 '쟁지'라고 한다. 나도 이를 통해서 적에게 쉽게 접근할 수 있고 적도 이를 통해서 나에게 쉽게 접근해올 수 있는 땅을 '교지'라고 한다. 제후의 땅이 삼중三重으로 만나 먼저 도달하면 천하의 군대를 얻을 수 있는 땅을 '구지'라고 한다. 적의 땅에 깊이 들어가 많은 성읍을 등지고 있는 땅을 '중지'라고 한다. 삼림지역, 험지, 늪지대를 이루는 곳으로서 일반적으로 통행이 어려운 곳을 '비지'라고 한다. 진입하는 곳은 애로를 이루고 있고 그곳에서 돌아나오려면 우회해야 하며 적이 소수의 병력을 가지고도 아군의 많은 병력을 칠 수 있는 곳을 '위지'라고 한다. 신속히 전투를 하면 살아남을 수 있고 그렇지 못하면 죽는 곳을 '사지'라고 한다. 그러므로 산지에서는 적과 맞아 싸우지 말고, 경지에서는 머무르지 말며, 쟁지에서는 공격하지 말고, 교지에서는 부대의 연결이 끊기지 않게 하며, 구지에서는 외교적 수단을 쓰고, 중지에서는 약탈하며, 비지에서는 신속히 통과하고, 위지에서는 모책謀策을 써 적을 따돌리며, 사지에서는 (지체하지 않고) 사력을 다해 싸운다.

어휘풀이

▪ 用兵之法, 有散地, 有輕地, 有爭地, 有交地, 有衢地, 有重地, 有圮地, 有圍地, 有死地(용병지법 유산지 유경지 유쟁지 유교지 유구지 유중지 유비지 유위지 유사지) : 무릇 용병의 방법에는 산지, 경지, 쟁지, 교지, 구지, 중지, 비지, 위지, 사지가 있다. '有~'는 '~이 있다'의 뜻.

▪ 散地(산지) : 散은 흩어질 산. 병사들의 마음이 흩어지는 전략적 위치.

▪ 輕地(경지) : 輕은 가벼울 경. 병사들의 마음이 (고향 생각으로) 가볍게 동요하는 전략적 위치.

▪ 爭地(쟁지) : 爭은 다툴 쟁. 적과 유리한 위치를 점하기 위해 경쟁하는 전략적 위치.

▪ 交地(교지) : 交는 마주칠 교, 서로 주고 받을 교. 피아 쌍방이 서로 쉽게 접근할 수 있는 곳이며 교통의 교차지점.

▪ 衢地(구지) : 衢는 네거리 구. 여러 나라의 국경이 접하는 전략적 요충지.

▪ 重地(중지) : 重은 무거울 중. 병사들의 마음이 심각해지고 차분해지는 전략적 위치.

▪ 圮地(비지) : 圮는 무너질 비. 장애물이 많은 험악한 곳.

▪ 圍地(위지) : 圍는 에워쌀 위. 쉽게 포위가 가능한 곳.

▪ 死地(사지) : 死는 죽을 사. 적에게 사면으로 포위당해 죽을 수 있는 극히 불리한 위치.

▪ 諸侯自戰其地者 爲散地(제후자전기지자 위산지) : 自戰其地者는 스스로가

자기의 땅에서 싸우는 것. '爲~' 은 '~이 된다' 의 뜻. 제후가 자기의 땅에서 싸우게 되는 경우를 산지라고 한다.

■ 入人之地而不深者, 爲輕地(입인지지이불심자 위경지) : 여기서 人之地는 적의 땅(영토). 而는 연결조사로 문맥에 따라 '그리고' 또는 '그러나' 로 해석한다. 深은 깊을 심. 전체의 뜻은 적의 땅에 들어가되 아직 깊숙하지 않은 곳을 경지라고 한다.

■ 我得則利, 彼得亦利者, 爲爭地(아득즉리 피득역리자 위쟁지) : 내가 얻든가 적이 얻든가 어느 한쪽이 얻으면 유리한 곳을 쟁지라고 한다.

■ 我可以往, 彼可以來者, 爲交地(아가이왕 피가이래자 위교지) : 往은 갈 왕. 來는 올 래. 나도 이곳을 통해 (쉽게) 접근할 수 있고 적도 이곳을 통해 (쉽게) 접근해올 수 있는 곳을 교지라고 한다.

■ 諸侯之地三屬, 先至而得天下之衆者, 爲衢地(제후지지삼속 선지이득천하지중자 위구지) : 三屬은 세 개가 속한다는 뜻으로 여기서는 '세 나라가 접경한다' 는 뜻. 先至는 적보다 먼저 도착한다는 뜻. 天下之衆者는 여러 나라의 사람. 전체의 뜻은 '세 나라의 국경이 접하는 곳으로 적보다 먼저 이르면 주변국들의 지원을 확보할 수 있는 곳을 구지라 한다.'

■ 入人之地深, 背城邑多者, 爲重地(입인지지심 배성읍다자 위중지) : 背城邑多는 많은 성과 많은 읍을 (자기의) 뒤에 두게 되는 것을 말한다. 적의 땅에 깊이 들어가 적의 성과 많은 읍을 등뒤에 두게 되는 곳을 중지라고 한다.

■ 山林, 險阻, 沮澤, 凡難行之道者, 爲圮地(삼림 험조 저택 범난행지도자 위비지) : 難行之道는 행군해 가기가 어려운 길. 산림, 험조, 저택 등 무릇 군대가 행군하는 데 장애가 많은 곳을 비지라고 한다.

■ 所由入者隘, 所從歸者迂, 彼寡可以擊吾之衆者, 爲圍地(소유입자애 소종귀자우 피과가이격오지중자 위위지) : 所由入者에서 由는 '지날 유' 자로 '그곳을 통과해 들어가는 곳' 의 뜻. 隘는 애로, 즉 좁은 고개길 같은 곳. 所從歸者에서 從은 '좇을 종' 자로 '그곳을 따라 복귀하는 것' 의 뜻. 彼寡可以擊吾之衆者는 복합문으로 상대방(彼)은 병력이 적으면서(寡) 나의 많은 병력(吾之衆)을 칠 수 있는(可以擊) 곳의 뜻. 전체의 뜻은 '그곳을 통과해 들어갈 때는 애로가 존재하고 그곳으로부터 나올 때는 우회해야 하며 상대방이 적은 병력으로 나의 많은 병력을 칠 수 있는 곳을 위지라고 한다.'

■ 疾戰則存, 不疾戰則亡者, 爲死地(질전즉존 부질전즉망자 위사지) : 疾은 '급

할 질', '빠를 질.' 疾戰은 신속히 전투하는 것. 급히 서둘러 (적을 맞받아) 싸우면 살고 급히 서둘러 (적을 맞받아) 싸우지 않으면 망하는 곳을 사지라고 한다.

▪ 是故(시고) : 그러므로.

▪ 散地則無戰(산지즉무전) : 산지의 경우는 적을 맞받아 싸우지 않는다.

▪ 輕地則無止(경지즉무지) : 경지의 경우는 행군을 멈추지 않는다.

▪ 爭地則無攻(쟁지즉무공) : 쟁지의 경우는 공격하지 않는다.

▪ 交地則無絶(교지즉무절) : 교지의 경우는 부대 상호간의 연결이 끊기지 않게 한다.

▪ 衢地則合交(구지즉합교) : 合交는 함께 친교를 맺는다는 뜻. 전체의 뜻은 '구지의 경우는 (주변국들과) 동맹외교를 맺는다.'

▪ 重地則掠(중지즉략) : 掠은 노략질할 략. 중지의 경우는 적의 농작물 등을 약탈한다.

▪ 圮地則行(비지즉행) : 비지의 경우는 (머뭇거리지 말고) 즉시 지난다(통과한다).

▪ 圍地則謀(위지즉모) : 위지의 경우는 (적을 속이는) 모책을 쓴다. 즉 모책을 써서 위기에서 벗어난다는 의미이다.

▪ 死地則戰(사지즉전) : 사지의 경우는 (시간을 지체하지 말고) 즉각 (적을 맞받아) 싸운다.

해설

손자는 적과 내가 전략상으로 처해 있는 상대적 위치에 따라 그 전략적 지세를 아홉 가지로 구분했다. 산지, 경지, 중지는 전장이 우리 영토 내인가, 국경선 부근인가, 적의 영토 깊은 곳인가에 따른 구분이며 쟁지, 교지, 구지는 각각 전략상으로 중요한 지형, 도로교차점, 국제적 접경지 등 작전적 중요도에 따른 구분이며, 비지, 위지, 사지는 병력이 험한 자연적 지세에 의해 차단되었거나 둘러싸여 적으로부터 쉽게 포위당할 수 있는 전략상 특수 지세에 따른 구분이다. 손자는 이 절에서 이러한 지세의 각각에 대해 설명하고 그에 합당한 작전원칙들을 제시했다. 뒤에서 손자는 이 각각의 지세에 따라 또 한 세트의 용병원칙을 제시하고 있으므로 손자가 여기에 제시한 각 지세에 대한 설명을 용병원칙과 함께 뒤에서 종합적으로 고려하고자 한다.

단 이곳에서는 '산지즉무전散地則無戰' 이라는, 언뜻 보면 이해하기 어려운 구절을 설명하고 넘어갈 필요가 있다. 산지는 자국의 영토에서 전쟁을 치를 경우를 말하는데 즉 전략상 수세적 방어전이다. 이때에 손자는 '무전無戰' 이라고 했는데 이 말을 '싸우지 말라' 로 직역할 수도 있으나 그것은 사리에 합당하지 않은 해석이다. 왜냐하면 이것은 방어를 포기하는 것이며 논리적으로 그러한 전법은 있을 수 없기 때문이다. 여기서 '戰' 자의 정확한 해석이 문제가 된다. 《손자병법》의 전편에서 '戰' 자는 일반적으로 전쟁, 전투, 작전 등 여러 가지 경우를 지칭하지만 여기서는 야지에서 적과 맞부딪치는 결전, 즉 야전野戰을 의미한다. 〈허실〉 편에 "내가 전투를 하고자 하면 적이 설사 성곽을 높이 파고 해자를 깊이 파서 대비해도 그 성곽에서 나와서 나와 야전을 벌이지 않을 수 없으니 내가 그들이 반드시 확보하고자 하는 곳을 공격하기 때문이다"(故我欲戰, 敵雖高壘深溝, 不得不與我戰者, 攻其所必救也)라고 했는데 바로 여기서 '戰' 자는 공성전을 말하는 것이 아니라 야지에서 벌이는 결전의 의미로 사용되었다. '산지즉무전' 의 '戰' 역시 이러한 의미로 보고 '산지즉무전' 은 '자국의 영토에서는 적과 야지결전을 벌이지 말라' 로 해석해야 한다. '산지' 에서의 용병원칙에 대해서는 뒤에서 다시 설명할 것이다.

11-2

所謂古之善用兵者, 能使敵人前後不相及, 衆寡不相恃, 貴賤不相救, 上下不相收, 卒離而不集, 兵合而不齊. 合於利而動, 不合於利而止. 敢問, 敵衆整而將來, 待之若何. 曰, 先奪其所愛, 則聽矣. 兵之情主速. 乘人之不及, 由不虞之道, 攻其所不戒也.

이른바 옛날에 전쟁을 잘하는 사람은 적의 앞에 있는 부대와 뒤에 있는 부대가 서로 미치지 못하게 하고, 대부대와 소부대가 서로 의지하지 못하게 하며, 귀한 사람과 천한 사람이 서로 구하지 못하게 하고, 윗사람과 아랫사람 간에 서로 마음으로 받아들이지 못하게 했으며, 병사들은 흩어져 집결되지 못하게 하고, 병력이 합하여도 통제되지 않게 만들었다. (상황이) 이익에 부합되면 군대를 움직이고 이익에 부합되지 않으면 멈추었다. 감히 묻건대 적의 대병력이 정돈되어 장차 진격하려고 하면 어떻게 해야 하겠는가? 답을 하자면 이런 경우에는 먼저 적이 중요시하는 곳을 탈취하면 된다. 이렇게 하면 적은 아측의 행동에 응하게 되어 있다. 용병을 하는 데 있어 주안점은 속도에 있다. (적보다 빨리 움직임으로써) 적이 나의 속도에 미치지 못하는 것을 이용하여 적이 생각하지 않는 길을 통과해 적이 대비하지 않는 곳을 공격하는 것이다.

어휘풀이

▪ 所謂古之善用兵者(소위고지선용병자) : 所謂는 이른바. 이른바 옛날에 용병을 잘하는 사람은.

▪ 能使敵人前後不相及(능사적인전후불상급) : 能은 능히. 使는 누구로 하여금 ~하게 하다는 의미의 사역동사. 相은 서로 상. 及은 미칠 급. 전체의 뜻은 '능히 적의 앞(의 부대)과 뒤(의 부대)가 서로 연결되지 못하도록 한다.'

▪ 衆寡不相恃(중과불상시) : 이 문구는 앞 문장의 能使敵人에 병렬되는 문구이다. 恃는 믿을 시, 의지할 시. 전체의 뜻은 '대부대(衆)와 소부대(寡)가 서로 의지하지 못하도록 한다.'

▪ 貴賤不相救(귀천불상구) : 이 문구 역시 앞 문장의 能使敵人에 병렬되는 문구이다. 貴賤은 여기서는 직위가 높은 사람과 낮은 사람. 救는 구할 구. 전체의 뜻은 '지위가 높고 낮은 사람들이 (위기에 처했을 때) 서로 구하지 못하게 한다.'

▪ 上下不相收(상하불상수) : 이 문구 역시 앞 문장의 能使敵人에 병렬되는 문구이다. 上下는 상관과 부하. 收는 '거둘 수' 자로 마음으로 받아들인다는 뜻. 전체의 뜻은 '상관과 부하가 마음으로 서로를 받아들이지 못하게 한다.'

▪ 卒離而不集 兵合而不齊(졸리이부집 병합이부제) : 이 문구 역시 앞 문장의 能使敵人에 병렬되는 문구이다. '작은 부대들이 서로 떨어져서 집결하지 못하게 하고 부대가 합하여도 통제된 상태가 되지 못하게 한다.'

▪ 合於利而動, 不合於利而止(합어리이동 불합어리이지) : 合於利는 이익에 합치되는 것. '(상황이) 이익에 부합되면 군대를 움직였으며 이익에 부합되지 않으면 멈추었다.'

▪ 敢問, 敵衆整而將來 待之若何(감문 적중정이장래 대지약하) : 敢問은 '감히 묻습니다' 의 뜻. 整은 가지런할 정, 정돈할 정. 敵衆整은 '적이 대병력이면서, 대오를 질서 있게 정돈하여' 의 뜻. 將來에서 將은 '장차' 의 뜻으로 將來는 '장차 진격해온다면.' 待之는 '막다', '기다리다.' 若何는 방식, 상황, 원인 등을 묻거나 반문하는 것으로서 뜻은 '어찌할 것인가?' 전체의 뜻은 '적이 대병력이면서 대오가 정연한 상태로 진격해 온다면 어떻게 하겠는가?'

▪ 曰, 先奪其所愛, 則聽矣(왈 선탈기소애 즉청의) : 曰은 여기서는 '답해보면 아래와 같다' 의 뜻. 奪은 뺏을 탈. 愛는 여기서는 아끼다, 중시한다는 뜻. 其所愛는 적이 중시하는 곳. 聽은 여기서는 '좇다', '~에 따라 그에 반응한다' 의 뜻. 矣는 문장의 마침에 쓰는 어조사. 전체의 뜻은 '먼저 적이 애지중지하는(중요시하는) 곳을 탈취하면 적은 (그곳의 중요성을 고려하여) 이에 반응하게 될 것이다.'

▪ 兵之情主速(병지정주속) : 兵은 여기서는 '용병' 의 뜻. 情은 '실상 정' 자이나 여기서는 '일반 원칙' 을 말한다. 主는 '주로 하다', '중시한다'. 速은 빠를 속.

전체의 뜻은 '용병의 일반원칙은 속도를 중시하는 것이다.'

▪ 乘人之不及, 由不虞之道, 攻其所不戒也(승인지불급 유불우지도 공기소불계야): 乘은 탈 승, 인할 승. 由는 지날 유, 말미암을 유. 虞는 염려하다, 신경쓴다는 뜻. 戒는 경계할 계. 전체의 뜻은 '(속도를 냄으로써) 적이 미치지 못하는 것을 이용해, 적이 관심을 쓰지 않는 길을 통과해, 적이 경계하지 않는 곳을 공격하는 것이다.'

해설

〈구지〉 편 전체를 읽어보면 병력의 통제 상태를 논하는 이 절의 첫 부분이 문맥상 돌출되었다는 느낌을 지울 수 없다. 이 절의 앞에서는 구지九地의 각각에 대해 설명하고 그에 대한 용병원칙을 각각 제시했고, 이 절 뒤에서 다시 구지에 대해 부연설명하면서 재차 한 세트의 용병원칙들을 제시하고 있기 때문이다. 그러나 이미 언급했듯이 〈군쟁〉 편 이후 손자가 각 편에서 논지를 이끌어가는 방법을 생각하면 그것을 글의 맥을 끊는 돌출부로 볼 수만은 없다. 손자는 용병에서 불가분리不可分離의 3요소가 장수의 용병, 치병, 지형이라는 생각을 갖고 있기 때문에 지세에 따른 용병원칙을 개략적으로 제시하면서도 그것만으로는 불완전하다는 점을 치병, 용병 능력에 대해 주의를 돌림으로써 인식시키고자 한 것 같다. 그러므로 그는 구지에 대해 개괄적으로 설명하고 나서 여기서는 우선 후자의 중요성에 대해 언급한 것이다.

이 절에서 손자가 말하는 것은, 지세地勢에 대한 이해 못지않게 용병에서 중요한 것은 적을 물리적으로 그리고 심리적으로 분리시키는 것이라는 점이다. 적으로 하여금 전후前後, 중과衆寡가 서로 떨어져 지원거리 밖에 있도록 만들고 귀천貴賤, 상하上下가 서로 심적으로 분리되어 구원하고자 하는 마음을 내거나 서로 믿지 못하게 만들고, 병력이 흩어지게 만들고, 설혹 집결되었다고 하더라도 통제가 안 되는 상황으로 만들되(卒離而不集 兵合而不齊), 아측은 이익이 있으면 기동하고 이익이 없으면 기동을 멈춘다는 것을 이전 시대의 용병 전통을 들어 설명하고 있다.

감문敢問 이하의 질문과 답변은 위에서 말한 바 적의 분리分離가 아측의 의도대로 이루어지지 않는 통제된 적의 대병이 진격할 때를 상정한 것이다. 손자 스스로의 답변은 적이 중요시하는 한 지점을 탈취하고 적이 그곳을 탈환하기 위해 기동하면 나는 은밀히 기동하여 적이 방비하지 않은 곳을 친다는 것이다. 그러므로 적이 어느 정도 중요성을 두고 있는 곳에 타격을 가해 적의 힘과 관심을 그곳으로 유인하고 이를 이용하여 은밀히 기동하여 적이 의도하지 못한 곳을 공격하는 것은 치병을 이루고 상당한 정도의 전략적 요지의 중요성을 판별할 줄 아는 적을 상대하는 상위의 용병법이다.

마지막 문장 "용병은 속도를 위주로 하여 적이 그에 대응하지 못하는 것을 이용, 적이 생각지 않는 길을 경유하여 경계하지 않는 곳을 공격하는 것"(兵之情主速. 乘人之不及, 由不虞之道, 攻其所不戒)은 손자의 용병법을 압축해 표현한 것이다. 여기에는 속도, 기만, 기도비닉, 기습의 요소가 다 녹아들어가 있다.

역사상 이러한 용병원리가 가장 잘 드러나 있는 전례는 아마도 1940년 5월 독일군의 프랑스에 대한 침공작전일 것이다. 독일의 전쟁지도부는 프랑스와 영국, 벨기에, 네덜란드의 연합군측에서 1차대전 때처럼 네덜란드, 벨기에 방면으로 독일군이 기동해 오리라고 예상할 것이라는 점을 이용하여 조공인 북부의 B집단군으로 하여금 개전 당일인 5월 10일 네덜란드를 공격하여 영불 연합군의 주력이 그곳으로 쏠리게 만들었다. 주력인 A집단군 예하의 선봉부대인 클라이스트Kleist 기갑집단은 기동이 어렵다고 판단되던 아르덴Ardennes 삼림지역을 은밀히 통과했다. 5월 13일 세당Sedan, 몽세르메Monthermé, 디낭Dinant에서 뫼즈Meuse 강의 독불 국경선을 돌파하고 취약한 프랑스 제2군과 제9군을 격파한 다음, 뫼즈 강 도하 후 불과 11일 만에 솜Somme강 하류의 영국 해협에 면한 아브비유Abbeville 시까지 진출함으로써, 마지노Maginot 요새를 방어하고 있던 프랑스군 잔여 병력과 벨기에와 프랑스-벨기에 국경지대에 밀집되어 있던 프랑스, 영국, 벨기에의 연합군 주력을 양분했다. 이러한 독일군의 전광석화와 같은 진격은 연합국측으로서는 전혀 예상 밖이었고 이 때문에 프랑스군과 영국군 지도부는 혼란에 빠졌다. 연합군 주력은 이미 벨기에 영내로 깊이 들어가 독일 B집단군과 교전중이었기 때문에 독일 A집단군의 첨단부대인 기갑집단을 막을 수 있는 병력을 보낼 수 없었다. 독일군 기갑집단은 라옹Laon에서 드골de Gaulle의 제4 기갑사단, 그리고 아라Arras에서 영국군의 성과 없는 반격을 받았으나 그 이후는 사실상 거의 무인지경을 달리는 것 같았다. 프랑스 침공의 1단계 작전 결과 독일군은 프랑스군을 양분하고 벨기에 지역의 영 · 불 · 벨기에 연합군을 포위망 안에 가둘 수 있었다.

독일군은 연합군이 중시하던 벨기에, 네덜란드를 공격하여 적 주력을 그곳으로 이끌어놓고 주력은 급속도로 그 배후를 찔러 들어가 기습을 달성했다. 이것은 손자의 용병법에서 말하는 그대로를 실현한 것이다.

11-3

凡爲客之道, 深入則專, 主人不克. 掠於饒野, 三軍足食. 謹養而勿勞, 併氣積力, 運兵計謀, 爲不可測. 投之無所往, 死且不北, 死焉不得士人盡力. 兵士甚陷則不懼, 無所往則固, 深入則拘, 不得已則鬪. 是故, 其兵不修而戒, 不求而得, 不約而親, 不令而信. 禁祥去疑, 至死無所之. 吾士無餘財, 非惡貨也. 無餘命, 非惡壽也. 令發之日, 士卒坐者涕霑襟, 偃臥者涕交頤, 投之無所往者, 諸劌之勇也.

무릇 원정군으로서 작전을 하는 방법에 있어서는 적의 영토 깊숙이 들어가야 하는데 이렇게 하면 아군은 마음이 하나가 되어 전일專一해지고 방어하는 측은 우리를 이길 수 없다. 적지의 풍요로운 들을 약탈하여 전군의 식량이 충족되게 한다. 병사들을 잘 먹이고 피로하지 않게 하며 기세를 높이고 힘을 축적하며 병력을 기동시키고 교묘한 계책을 세우되 적이 나의 위치와 의도를 예측하지 못하게 한다. 더 이상 갈 곳이 없는 곳에 병사들을 투입하니 병사들은 죽기를 각오하고 싸우게 되어 패하지 않는다. 죽기를 각오하는데 어찌 장병들이 힘을 다하여 싸우지 않겠는가? 병사들은 극단적인 위험에 빠지면 오히려 두려워하지 않게 되는 법이니, 더 이상 갈 곳이 없으면 결의가 굳어지고 적지에 깊이 들어가면 상황에 의해 구속되어 싸울 수밖에 없게 된다. 그러므로 그러한 군대는 일일이 이래라 저래라 타이르지 않아도 스스로 대비하게 되고, 특별히 요구하지 않아도 승리를 이루며, 미리 약속하지 않아도 서로간에 협조하게 되고, 특별히 명령을 내리지 않아도 서로 신뢰가 생긴다. 미신을 금하고 의심을 갖지 않게 하니 병사들은 죽음에 이르기까지 다른 것들은 생각하지 않는다. (결전에 임하여서는) 우리의 병사들이 더 이상 재물을 갖고자 하는 바람이 없게 되니 그것은 본래 그들이 재물을 싫어해서가 아니다. (결전에 임하여서는) 우리의 병사들이 생명을 돌보지 않게 되니 그것은 본래 그들이 오래 삶을 누리는 것을 싫어해서가 아니다. 출정명령이 처음 내려지는 날에는 병사들 중 앉은 자는 눈물이 옷깃을 적시고 누운 자는 눈물이 턱에서 교차한다. 그러나 더 갈 곳이 없는 결전의 상황에 처하게 되면 병사들은 전제專諸와 같은 담력과 조귀曹劌와 같은 용력을 보이게 된다.

어휘풀이

▪ 凡爲客之道, 深入則專, 主人不克(범위객지도 심입즉전 주인불극) : 客은 '손님' 이라는 뜻이나 여기서는 적국에 원정하는 측을 말한다. 道는 여기서는 용병하는 방법. 主人은 앞의 客에 대비되는 말로 여기서는 공격을 받는 측을 말한다. 克은 '극복하다' 의 뜻으로 여기서는 '방어해내다' 는 뜻. 전체의 뜻은 '무릇 원정군의 용병법에 있어서는 적지 깊이 들어가는 법인데 그렇게 되면 (장병의 마음이) 싸우는 데 전일專一해지고 방어하는 쪽은 (이러한 원정군을) 막아내지 못한다.'

▪ 掠於饒野, 三軍足食(약어요야 삼군족식) : 掠은 약탈하다. 饒는 땅 기름질 요. 足食은 식량을 풍족하게 한다. 전체의 뜻은 '기름진 적의 들판을 약탈하여 전군의 식량을 충분하게 한다.'

▪ 謹養而勿勞(근양이물로) : 謹은 삼갈 근, 근면할 근. 養은 '기를 양' 자로 여기서는 '병사들을 급양한다' 는 뜻. 勿은 '아닐 물' 자로 여기서는 부정을 나타내는 부사. 勞는 피로할 로. 전체의 뜻은 '신경을 써 병사들이 충분히 급양을 하고 피로하지 않게 한다'

▪ 併氣積力(병기적력) : 併은 합할 병, 겸할 병. 積은 쌓을 적. 전체의 뜻은 '기를 합하고 힘을 비축한다.' 즉 사기를 높이고 육체적 힘을 축적한다는 의미이다.

▪ 運兵計謀, 爲不可測(운병계모 위불가측) : 運은 운반할 운, 옮길 운, 운전할 운. 計는 계획하다. 運兵計謀는 병력을 기동시키고 교묘한 계책을 수립하는 것.

測은 추측하다. 爲不可測은 (적이) 예측할 수 없게 만든다. 전체의 뜻은 '병력을 기동시키고 교묘한 계획을 수립함으로써 적이 아측의 행동을 예측할 수 없게 만든다.'

▪ 投之無所往, 死且不北, 死焉不得士人盡力(투지무소왕 사차불배 사언부득사인진력) : 投之는 던지다, 투입하다. 無所往은 갈 곳이 없는 곳, 즉 도망갈 수 없는 곳. 且는 '또'. 死焉에서 焉은 반문의 뜻을 담은 '어찌' 라는 뜻의 어조사인데 뒤에 오는 부정의 문장과 어울려 '어찌 ~하겠는가?' 라는 뜻으로 사용된다. '死'는 '죽으면 죽었지' 또는 '죽기를 각오하는데' 라고 풀어서 해석할 수 있다. 盡은 다하다, 남김없이 발휘하다. 得士人盡力의 문구는 '병사들이 힘을 다하는 것을 얻는다' 는 구문이다. 전체의 뜻은 '(병사들을) 더 이상 갈 곳이 없는 곳에 몰아넣으니 (병사들은 싸우다가) 죽으면 죽었지 패배하지 않는다. 죽기를 각오하는데 어찌 병사들이 힘을 다하여 싸우지 않겠는가?'

▪ 兵士甚陷則不懼 無所往則固(병사심함즉불구 무소왕즉고) : 甚은 심할 심. 陷은 빠질 함, 함정 함. 懼는 두려워할 구. 固는 굳을 고. 전체의 뜻은 '병사들은 심히 위기에 처하면 두려워하지 않게 되고 더 이상 갈 곳이 없으면 결의가 굳어진다.'

▪ 深入則拘, 不得已則鬪(심입즉구 부득이즉투) : 拘는 '구속할 구' 자로 여기서는 '위기의 상황에 구속된다' 는 뜻. 不得已는 여기서 '부득이한 상황에 처하면 어찌할 수 없이' 의 뜻. 전체의 뜻은 '깊이 들어가면 상황에 구속되고 이렇게 부득이한 상황에 처하면 싸우게 된다.'

▪ 是故, 其兵不修而戒, 不求而得, 不約而親, 不令而信(시고 기병불수이계 불구이득 불약이친 불령이신) : 其兵은 여기서는 '그러한 군대.' 修는 '닦을 수', '옳게 할 수' 자인데 여기서는 '특별히 고무하고 훈계하는 것' 을 함축한다. 戒는 경계할 계. 不求而得의 求는 '구할 구' 자로 여기서는 '지휘관이 싸우기를 요구한다' 는 뜻을 내포하고 있다. 得은 '얻을 득' 자로 여기서는 '승리를 얻는다' 는 뜻. 約은 약속하다, 맹약하다. 親은 '친할 친' 자로 여기서는 '서로 전우애를 발휘한다' 는 뜻. 전체의 뜻은 '그러므로 그러한 군대는 내버려두어도 (스스로) 경계하고, 싸우기를 요구하지 않아도 승리를 얻어내며, 미리 맹약하지 않아도 서로 전우애를 발휘하며, 특별히 명령을 내리지 않아도 지휘관을 신뢰한다.'

▪ 禁祥去疑, 至死無所之(금상거의 지사무소지) : 禁은 금할 금. 祥은 어떤 징조에 의해 미래에 좋은 일이나 좋지 않은 일이 발생할 것이라고 믿는 것. 즉 미신. 去는 제거한다는 뜻. 疑는 의혹, 의심. 전체의 뜻은 '요상을 믿는 것을 금하고 의심

을 없앤다.'

▪ 吾士無餘財, 非惡貨也(오사무여재 비오화야) : 餘는 남을 여. 財는 재물 재. 吾士無餘財는 직역하면 '우리 병사들에게는 남은 재물이 없다'가 되나 '재물을 갖고자 하는 바람이 없다'로 의역해야 한다. 惡는 싫어할 오. 貨는 재화. 전체의 뜻은 '(결전에 임해서는) 우리 병사들이 더 이상 재물을 탐내지 않는 것은 그들이 (본래부터) 재물 욕심이 없어서가 아니다.'

▪ 無餘命, 非惡壽也(무여명 비오수야) : 命은 목숨. 壽는 오래 사는 것. 위의 문장과 같은 구조로 되어 있으며 無餘命은 목숨을 부지하고자 하는 생각을 갖지 않는 것. 전체의 뜻은 '(결전에 임해서 우리 병사들이) 살아남는 것을 생각하지 않게 되는 것은 (본래부터) 오래 사는 것을 싫어해서가 아니다.'

▪ 令發之日, 士卒坐者涕霑襟, 偃臥者涕交頤(영발지일 사졸좌자체점금 언와자체교이) : 令發之日은 '명령이 발해지는 날에는'의 뜻. 涕는 눈물 체. 霑은 젖을 점. 襟은 옷깃 금. 偃은 누울 언. 臥는 누울 와. 交는 여기서는 교차할 교. 頤는 턱 이. 전체의 뜻은 '명령이 내려지는 날에는 병사들 중에서 앉은 사람은 눈물이 옷깃을 적시고 누운 사람은 눈물이 뺨에서 교차한다.'

▪ 投之無所往者, 諸劌之勇也(투지무소왕자 제귀지용야) : 諸劌는 전제專諸와 조귀曹劌 두 사람의 이름을 병렬해 언급한 것으로 전제는 오왕吳王 합려闔廬가 공자 시절에 그를 도와 요僚왕을 살해함으로써 합려를 왕위에 오르도록 한 사람이며 조귀 역시 춘추시대 노나라 장공莊公의 부하로서 용사로 이름난 사람으로 당시 노나라를 위협하고 있던 제나라 환공을 협박하여 노나라의 안전을 꾀했다. 전체는 '(병사들을) 더 이상 갈 곳이 없는 상황에 처하게 하니 병사들은 전제, 조귀와 같은 용사들의 용감성을 보인다'는 뜻.

해설

이 절에서 손자는 원정작전 수행법과 결전을 치를 때의 군의 통제법에 대해 설명하고 있다. 이 편의 맨 첫 절에서는 전략적 형세를 아홉 가지로 구분하여 제시한 데 반해, 여기서는 원정작전을 특별히 설명한 것을 두고 고금의 주석자들은 당시 원정을 고려하고 있던 합려 왕의 오나라가 처한 특수상황을 반영한 것이라고 해석하고 있는데 일리가 있다.

한편으로 전쟁을 방어전과 공격전 둘로 나눈다면 그 중 공격전인 원정작전이 수행하기 어렵고 또 원정 없이는 적극적 전쟁 목적 달성이 불가능하기 때문에 특별히 강조한 것일 수도 있다. 첫 문장은 원정작전의 요체는 적지에 깊이 들어가 병사들의 마음을 전일하게 하고, 현지조달을 활용하여 보급상의 문제를 해결하고, 사기와 전투력을 보존하는 가운데 교묘한 기동과 계책으로 적이 아측의 의도와 계획을 예측하지 못하게 한 연후에, 아군을 결전의 장소로 몰아넣어 죽기를 각오한 병사들의 정신력을 발휘하게 만드는 것이라고 설파하고 있다.

이후의 내용은 소위 손자가 주장하는 '중지전략重地戰略'의 논리적 근거를 제시한 것이다. 즉 원정하여 적지에 깊이 들어가면 병사들은 마음이 전일專一해지고 긴장된 정신상태가 유지되며, 살기 위해 필사의 정신과 투지, 용기를 발휘한다는 것이다. 병사들은 아주 심한 위기에 처하면 오히려 아무것도 두려운 것이 없어진다는 것이다. 여기서는 손자의 깊은 인간심리에 대한 통찰력이 엿보인다. 그러한 상태에 빠지면 시키지 않아도 경계하고, 서로 전우애를 발휘하며, 상하의 신뢰가 이루어진다는 것이다. 이것은 그들이 원래 그러한 힘을 가지고 있는 것이 아니라 상황이 죽음을 두려워하지 않는 힘을 발휘하게 만든다는 것이다. 그들은 전장에 가기 전에는 죽음에 대해 두려워하고 절망하는 평범한 인간이지만 더 이상 피할 곳이 없으면 사력을 다해 싸운다.

11-4

故善用兵者, 譬如率然. 率然者, 常山之蛇也. 擊其首, 則尾至. 擊其尾, 則首至. 擊其中, 則首尾俱至. 敢問, 兵可使如率然乎. 曰, 可. 夫吳人與越人, 相惡也. 當其同舟而濟遇風, 其相救也如左右手. 是故, 方馬埋輪, 未足恃也. 齊勇若一, 政之道也. 剛柔皆得, 地之理也. 故善用兵者, 携手若使一人, 不得已也.

그러므로 용병을 잘하는 것은 솔연率然에 비유할 수 있다. 솔연은 상산常山에 사는 뱀인데 이 뱀은 그 머리를 치면 꼬리를 치켜들어 달려들고 그 꼬리를 치면 머리를 치켜들어 달려들며 그 몸뚱이를 치면 머리와 꼬리를 동시에 치켜들어 달려든다. 감히 묻건대 군대를 솔연처럼 만들 수 있겠는가? 나는 그렇다고 말한다. 오나라 사람과 월나라 사람은 오랫동안 서로 싫어하는 사이인데도 같은 배를 타고 강을 건너다가 폭풍을 만나는 상황을 당하면 서로를 구하는 것이 마치 한 사람의 왼손과 오른손같이 한다. 그러므로 출전할 때 말을 매어두고 수레바퀴를 묻음으로써 병사들로 하여금 결사決死의 심정을 만드는 것에 의지하는 것만으로는 족하지 않다. 통제와 용감이 하나가 된 것같이 만드는 것이 군정軍政의 바른 길이다. 때로는 강하게 때로는 유연하게 상황에 맞게 행동하니 이것이 지리를 이용하는 이치이다. 그러므로 용병을 잘하는 사람은 병사들을 다루기를 마치 손을 들어 한 사람을 시키는 것과 같이 하니 그렇게 될 수밖에 없도록 만드는 것이다.

어휘풀이

▪ 故善用兵者, 譬如率然(고선용병자 비여솔연) : 譬는 비유할 비. 譬如는 '~에 비유된다.' 용병을 잘하는 사람은 솔연에 비유될 수 있다.

▪ 率然者, 常山之蛇也(솔연자 상산지사야) : 常山은 중국의 산서성에 있는 산으로 중국 오악五嶽 중의 하나. 후대에는 항산恒山이라고도 불렀다. 蛇는 뱀. 솔연率然이라는 것은 상산에 사는 뱀이다.

▪ 擊其首, 則尾至(격기수 즉미지) : 首는 머리. 尾는 꼬리. 至는 '이를 지' 자지만 여기서는 '나온다, 튀어나온다' 는 의미로 해석된다. 전체는 '(이 뱀은) 머리를 치면 꼬리가 튀어나온다' 는 뜻.

▪ 擊其尾, 則首至(격기미 즉수지) : 그 꼬리를 치면 머리가 튀어나온다.

▪ 擊其中, 則首尾俱至(격기중 즉수미구지): 俱는 함께 구. 그 중간(몸체)을 치면 머리와 꼬리가 함께 튀어나온다.

▪ 敢問, 兵可使如率然乎(감문 병가사여솔연호) : 감히 묻건대 솔연과 같이 부대를 부릴 수 있겠는가?

▪ 曰, 可(왈 가) : 답하건대 가능하다.

▪ 夫吳人與越人, 相惡也(부오인여월인 상오야) : 吳는 중국 춘추시대에 양쯔 강 주변의 국가. 越은 중국 춘추시대 양쯔 강 남쪽의 국가. 두 국가는 장기간 원수 사이였다. 惡는 미워할 오. 전체의 뜻은 '일반적으로 오나라 사람과 월나라 사람은 서로를 미워한다.'

▪ 當其同舟而濟遇風, 其相救也如左右手(당기동주이제우풍 기상구야여좌우수) : 當은 '당하다' 의 뜻으로 '其同舟而濟遇風' 하는 상황 전체를 말한다. 同舟는 '같은 배를 타다.' 濟는 건널 제. 遇는 마주칠 우. 救는 구할 구. 전체의 뜻은 '(오 · 월 두 나라 사람이) 같은 배를 타고 강을 건널 때 큰 바람을 만나는 경우를 당해서는 서로를 구하는 것이 마치 (한 사람의) 왼손과 오른손이 움직이는 것과 같다.'

▪ 是故, 方馬埋輪, 未足恃也(시고 방마매륜 미족시야) : 埋는 묻을 매. 輪은 바퀴 륜. 方馬埋輪은 말의 주둥이를 서로 매어두고 마차의 바퀴를 묻는 것으로 고대에 결전에 앞서 이렇게 함으로써 병사들이 도망갈 궁리를 하지 않고 비장한 각오로 결전에 임하게 되는 것을 말한다. 未는 아닐 미. 恃는 믿다, 의지하다. 전체의 뜻은 '그러므로 말고삐를 묶어두고 전차바퀴를 묻어 전의를 고취시키는 것만으로는 (병사들이 잘 싸우리라고) 믿기에 충분치 않다.'

■ 齊勇若一, 政之道也(제용약일 정지도야) : 齊는 가지런할 제. 즉 통제된 상태. 若은 같을 약. 政은 여기서는 군정軍政을 말한다. 전체의 뜻은 '통제된 것과 용기를 발휘하는 것이 마치 하나된 것과 같은 것이 군정의 바른 길이다.'

■ 剛柔皆得, 地之理也(강유개득 지지리야) : 剛은 굳셀 강. 柔는 부드러울 유. 皆는 다 개. 전체의 뜻은 '때에 따라서는 강하게, 때에 따라서는 유연하게 행동할 수 있는 것이 땅을 이용하는 이치이다.' 이 말은 지형에 따라 때로는 급히 직진하고 때로는 천천히 우회하는 것을 말한다.

■ 故善用兵者, 携手若使一人, 不得已也(고선용병자 휴수약사일인 부득이야) : 携는 이끌 휴. 若은 같을 약. 不得已는 그렇게 될 수밖에 없게 하는 것. 전체의 뜻은 '그러므로 용병을 잘하는 사람은 손을 쓰는 것이(병사들을 부리는 것이) 마치 한 사람을 부리듯이, 부득이하게(부득이 싸울 수밖에 없도록) 한다.'

해설

여기서 손자는 솔연率然이라는 상산常山의 뱀을 비유로 들어 치병의 이상적 상태를 제시하고 있다. 상산에 사는 솔연이라는 뱀은 머리를 치면 꼬리가 되튀고, 꼬리를 치면 머리가 되튀며, 그 중간을 치면 머리와 꼬리가 되튀어 그를 치는 자에게 반응하는데 용병을 잘하는 장수의 각 부대는 우군友軍의 위협에 대해 그렇게 한 몸처럼 상호 구원할 수 있는 상태가 되어야 한다는 것이다. 또 하나의 비유는 같은 배를 타고 가다 풍랑을 만난 오나라 사람과 월나라 사람의 예이다. 오나라와 월나라 사람들은 본래 서로 원수를 보듯 미워하고 지내는 처지였다. 아무리 평상시 서로 미워하기로 이름난 오나라 사람과 월나라 사람이라도 배가 풍랑을 만나면 살기 위해 서로 구하는 것이 마치 한 사람의 오른손과 왼손이 움직이는 것같이 하는데 부대간에 서로를 구하려는 마음은 바로 이러한 상태가 되어야 한다는 것이다.

손자는 이미 이 편의 두 번째 절에서 용병을 잘하는 사람은 적의 장병들이 정신적, 심리적, 물리적으로 서로 구원하지 못하는 상황으로 몰아넣어야 한다고 한 바 있다. 그러므로 이곳에서 '상산솔연常山率然' 과

'오월동주吳越同舟' 의 비유를 들어 부대간의 합심과 상호구원의 태도를 말한 것은 그것의 이면을 말한 것이다.

즉 용병에서 중요한 것은, 적은 분리되고 나는 하나로 단합이 되는 것이다. 미 해병대는 적진에 아군의 부상병을 남겨놓고 후퇴하지 않는 것을 하나의 전통으로 삼고 있는데, 이것은 부대의 강한 응집력을 보여주는 것이며 이러한 심적 상태는 전투시에 강력한 전투력으로 나타났다.

11-5

將軍之事, 靜以幽, 正以治. 能遇士卒之耳目, 使之無知. 易其事革其謀, 使人無識. 易其居迂其途, 使人不得慮. 帥與之期, 如登高而去其梯. 帥與之深入諸侯之地, 而發其機, 若驅羣羊, 驅而往, 驅而來, 莫知所之. 聚三軍之衆, 投之於險, 此謂將軍之事也. 九地之變, 屈伸之利, 人情之理, 不可不察.

장군의 일은 함부로 마음을 드러내지 않는 묵묵함으로써 그윽하게 되어 그 의도하는 바를 들여다볼 수 없게 하고, 병사들을 다루는데 있어서는 공정하고 엄정함으로써 다스려짐에 이르게 한다. 능히 병사들의 눈과 귀를 멀게 하여 그의 의도를 알지 못하게 한다. 수시로 그 계획을 바꾸고 계책을 바꾸어 적이 이를 인식하지 못하게 만들고, 머무르는 곳을 바꾸고 우회로를 택하여 적으로 하여금 아측의 의도에 생각이 미치지 못하게 한다. 병력을 지휘하여 적과 결전을 벌일 때에는 마치 사람을 높은 곳에 올라가게 하고 사다리를 치워버리는 것과 같이 한다. 병력을 지휘하여 적국의 땅 깊은 곳에 들어가 은밀한 결승의 계획을 펼칠 때는 마치 목동이 무리를 이룬 양들을 모는 것과 같이 이리로 몰아갔다가 다시 저리로 몰아가도 양들이 목동의 뜻을 모르듯이, 병사들이 다음에 군이 어디로 향할 것인지를 모르게 한다. (결전에 임박해서는) 전군의 병력을 그 세가 험한 곳에 몰아넣는다. 이와 같은 것은 바로 장군의 일이라고 일컫는다. 장군은 구지九地에 따라 용병법을 변화하는 것, 지형과 상황에 따라 기동 방법을 바꾸어 이익을 얻는 것, 병사들의 심리가 돌아가는 이치에 대해 깊이 숙고해야만 한다.

어휘풀이

■ 將軍之事, 靜以幽, 正以治(장군지사 정이유 정이치) : 靜은 고요할 정. 幽는 그윽할 유. 正은 바를 정. 治는 다스릴 치. 靜以幽나 正以治 두 어구 모두 '靜하매 이로써 幽에 이르고', '正하매 이로써 治에 이른다'의 형태로 구성된 어절이다. 여기서 靜은 함부로 계획을 드러내놓고 이야기하지 않는 묵묵함을 말하고 幽는 그 깊이를 알 수 없을 정도의 진중함을 의미한다. 正은 공정함, 엄정함을 의미하고 治는 병사들이 하나같이 움직이도록 통제된 상태를 의미한다. 전체의 뜻은 '장군은 마음을 경박하게 드러내지 않음으로써 그 속을 들여다볼 수 없게 만들고 공정함과 엄격함으로써 병사들을 명령에 따라 하나같이 움직이게 한다.'

■ 能遇士卒之耳目, 使之無知(능우사졸지이목 사지무지) : 遇는 어리석을 우. 능히 사졸의 눈과 귀를 멀게 하여 (장군의 진정한 의도가 무엇인지를) 모르게 한다.

■ 易其事革其謀, 使人無識(역기사혁기모 사인무식) : 易은 바꿀 역. 革을 고칠 혁. 人은 여기서 적을 말한다. 識은 알 식. 전체의 뜻은 '그 일을 바꾸고 그 계획을 변경함으로써 적으로 하여금 (우리의 의도를) 알아채지 못하게 한다.'

■ 易其居迂其途, 使人不得慮(역기거우기도 사인부득려) : 居는 머무를 거, 앉을 거. 人은 여기서 적을 말한다. 迂는 돌아갈 우. 慮는 생각 려. 不得慮는 '생각이 미치지 못한다'는 뜻. 전체의 뜻은 '머무르는 곳을 바꾸고 길을 돌아감으로써 적이 (나의 의도에) 생각이 미치지 못하게 한다.'

■ 帥與之期, 如登高而去其梯(수여지기 여등고이거기제) : 帥는 '장수 수'자로 '지휘한다'는 뜻. 與之는 '적과 교전하다'의 뜻. 登은 오를 등. 去는 버릴 거. 즉 '치운다'는 뜻. 梯는 사다리 제. 전체의 뜻은 '지휘하여 적과 교전할 때는 마치 높은 곳에 올라가게 하고 그 사다리를 치워버리는 것과 같이 한다.' 즉 결사의 정신을 발휘할 상황에 이르게 한다는 뜻이다.

■ 帥與之, 深入諸侯之地, 而發其機(수여지 심입제후지지 이발기기) : 帥與之는 '병력을 지휘하여'의 뜻으로 새겨진다. 機는 '기틀 기' 자인데 여기서는 '미묘하게 감추어진 계획'의 뜻으로 사용되었다. 發其機는 '모책謀策을 펼치다'의 뜻이다. 전체의 뜻은 '병력을 지휘하여 적의 땅 깊은 곳에 들어가 그 은밀한 계획을 발할(펼칠) 때는.'

■ 若驅羣羊, 驅而往, 驅而來, 莫知所之(약구군양 구이왕 구이래 막지소지) : 驅는 몰 구. 羣은 무리 군. 羊은 양. 莫知所之는 '어디로 향하는지 모른다(모르게 한

다)'의 뜻으로 목동이 그가 원하는 곳으로 양떼를 이리저리 몰아가되 양들은 그가 진정 지향하는 바가 어디인지를 모른다는 의미이다. 전체의 뜻은 '(목동이) 마치 양들을 몰아가는 것처럼 (이리저리로) 몰아갔다가 몰아왔다가 해도 (양들은) 목동이 지향하는 바를 모르는 것과 같이 한다.'

▪ 聚三軍之衆, 投之於險(취삼군지중 투지어험) : 聚는 모을 취. 險은 험할 험. 여기서 險은 〈허실〉 편에 나타나는 '기세험 기절단其勢險 其節短'에서 쓰인 바와 같이 '세가 험하다'는 의미이다. 전체의 뜻은 '(결전에 임박해서는) 전군의 병력을 모아 싸울 수밖에 없는 절대절명의 상황에 투입한다.' 즉 전군을 압도적인 세勢를 형성할 수 있는 곳에 투입하여 결전을 행한다는 의미이다.

▪ 此謂將軍之事也(차위장군지사야) : 이것을 장군의 일이라고 일컫는다.

▪ 九地之變, 屈伸之利, 人情之理, 不可不察也(구지지변 굴신지리 인정지리 불가불찰야) : 屈은 굽힐 굴. 伸은 펼 신. 屈伸은 지형, 상황에 따라 때로는 우회하고 때로는 직진하는 등 행동을 달리하는 것을 말한다. 전체의 뜻은 '구지九地에 따른 용병법의 변화와 (상황과 지형에 따라) 우회하거나 혹은 직진함으로써 이익을 얻는 것, 그리고 인간 심리가 돌아가는 이치, 이 세 가지를 깊이 살피지 않을 수 없다.'

해설

이미 앞 절에서 치병과 지세를 말했으니 손자가 용병 삼위일체의 한 축인 장군의 용병능력을 언급하지 않고 넘어갈 수 있겠는가? 그리하여 손자는 연이어 장군의 용병에 관해 언급한다.

이 절에서 손자가 강조하는 장군의 용병도用兵道는 고요하게 그의 진정한 의도를 자신의 가슴속에만 숨겨두어 심지어 아군의 일반 병사들조차도 그의 진정한 계획과 계산을 모르게 하는 것이다. 또한 필요할 때마다 기동과 계획을 바꾸어(易其事 革其謀), 적으로 하여금 그가 원하는 것이 무엇인지를 모르게 하고 머무르는 곳을 바꾸어 적이 예상하지 않는 기동로를 택하여 우회함으로써 적이 그것을 대비하지 못하게 하는 것이다. 적과 부딪칠 장소와 시간을 예상하고 그곳에 이르러서 병사들을 결전에 임하게 할 때는 마치 높은 곳에 올라가서 사다리를 치워버리는 것과 같이 하고 적국의 깊은 곳에 들어가 최후의 결전을 알리는 명령을 내린다. 그 기동은 마치 목동이 양을 몰듯이 이리저리 기동하여 적이 그 기동하는 진정한 방향을 모르게 하고 결전의 장소에서는 주력을 한 곳에 집결시켜 결사의 장소에 투입하니 이것이 용병을 잘하는 장군이 행해야 할 일이라는 것이다. 그러므로 '상황에 따라 자유자재로 용병의 변화를 시행하는 능력'(九地之變), '지형에 따라 때로는 빠르게 기동하고 때로는 멈추며 병력을 분산하기도 하고 합하기도 하는 능력'(屈伸之利), '병사들의 심리의 변화를 알아 이들을 통솔하는 인간 이해의 능력'(人情之利)은 장군이 모두 깊이 탐구하고 체득해야 할 사항들이라는 것이다.

이 절에서 장군의 용병방법을 말하는 구절에 장군은 자신의 마음속의 계획을 전혀 입 밖에 드러내지 않고 자신의 병력들조차 어디로 향할 것인지를 모르게 하며, 그리하여 장군이 병사들을 기동시키는 것이 마치 목동이 이리저리 양떼를 몰아가듯이 한다는 비유 때문에 현대 중국의 손자 해석자들은 손자가 우민愚民사상을 갖고 있었다고 비판하고 있다. 이러한 비판은 소위 인민전쟁의 시각에서 나온 것인데 타당성이 없다고 할 수 있다. 한국전쟁 당시 중공군은 말단 지휘관이나 병사들에게 공세의 시간이나 계획을 사전에 주지시킴으로써 사실상 그들의 공세기도가 포로나 투항자에 의해 사전에 알려진 경우가 많았기 때문이다. 1950년 10월 25일의 소위 중공군의 제1차 공세시에는 비교적 작전에 은밀을 기할 수 있기는 했지만 그 이후로는 중국의 공세기도가 유엔군측에 잡힌 포로, 귀순자들에 의해 자주 누설되었다. 단지 유엔군 수뇌부가 선입견을 가지고 이들의 진술을 믿지 않으려 하는 경향이 있었기에 11월 말의 중공군의 제2차 공세에 충분히 대비하지 못한 것이다. 그 이후로도 중공군의 공세는 대부분 사전에 감지되었다. 유명한 1951년 10월의 백마고지전투시에도 유엔군측은 귀순한 중공군 초급장교의 진술에 의해 중공군의 공세기도를 미리 알 수 있었다.

물론 현대전쟁에서 불가피하게 전쟁지휘부의 참모들이나 고급 지휘관들은 최고사령관이 구상하는 작전계획에 대해 알게 될 수밖에 없다. 그러나 그러한 공세계획은 가능한 최소한도의 인원이 알도록 제한되어야 한다. 1917년 초 프랑스의 니벨르 공세Nivelle Offensive가 실패로 돌아간 것은 총사령관 니벨르가 무도회에 참가한 귀부인들 앞에서 자신의 공세계획의 성공을 장담함으로써 공세의 기도가 독일군의 귀에 들어갔기 때문이다. 히틀러는 1944년 말 유명한 연합군에 대한 아르덴 반격작전Ardennes Offensive을 계획하면서 예하 고급지휘관들에게 기밀이 노출되면 처형되어도 좋다는 서약서를 받아놓고 작전계획을 토의했고, 예하 부대에는 공세 개시 수일 전까지 철저히 비밀에 붙였다. 비록 이 공세가 결과적으로는 실패로 돌아갔지만 독일군의 공세가 시작되었던 날 연합군은 완전히 기습을 당해 위기를 맞았다. 하물며 공세에 대한 계획을 일찍부터 병사들에게까지 알려줄 필요가 있겠는가? 공세에 대한 계획은 계획 단계에서는 가능한 한 적은 수의 사람들 간에 비밀로 유지되는 것이 최상이며 이것이 예하 부대에 하달되어 실행될 때까지의 시간은 시행에 차질이 없는 한도 내에서는 가능하면 짧을수록 좋다. 손자의 말은 결코 비난받을 것이 못 된다.

11-6

凡爲客之道, 深則專, 淺則散. 去國越境而師者, 絶地也. 四達者, 衢地也. 入深者, 重地也. 入淺者, 輕地也. 背高前隘者, 圍地也. 無所往者, 死地也. 是故, 散地吾將一其志. 輕地吾將使之屬. 爭地吾將趨其後. 交地吾將謹其守. 衢地吾將固其結. 重地吾將繼其食. 圮地吾將進其途. 圍地吾將塞其闕. 死地吾將示之以不活. 故兵之情, 圍則禦, 不得已則鬪, 過則從.

무릇 원정군의 작전에 있어서는 적지 깊이 들어가면 병사들의 마음이 전일專一해지고 얕게 들어가면 병사들의 마음이 흩어진다. 나라를 떠나 국경을 넘어 군대를 움직일 때를 '절지' 라고 한다. 여러 국가로 통하는 길이 사통팔달하는 곳을 '구지' 라고 한다. 적지에 깊이 들어간 경우를 '중지' 라고 한다. 적지에 들어가되 깊이 들어가지 않은 경우를 '경지' 라고 한다. 뒤가 높고 앞에는 애로가 있는 위치를 '위지' 라고 한다. 갈 곳이 없는 막다른 상황에 빠진 경우를 '사지' 라고 한다. 그러므로 '산지' 에서 장수는 병사들의 전의를 하나로 만든다. '경지' 에서 장수는 병사들이 부대에서 이탈하지 않게 그 소속을 명확히 한다. '쟁지' 에서 장수는 부대를 적의 후방으로 우회하게 하는 것에 주력한다. '교지' 에서 장수는 그곳, 즉 교통의 요지를 철통같이 지키는 것에 주력한다. '중지' 에서 장수는 병참선의 유지에 각별히 신경을 쓴다. '비지' 에서 장수는 빨리 그곳을 통과하도록 한다. '위지' 에서 장수는 말굽형의 지형 중 트인 곳을 확보하도록 한다. '사지' 에서 장수는 병사들에게 (결사적으로 싸우지 않으면) 살 길이 없다는 것을 보여준다. 무릇 병사들의 일반적인 경향은 포위당하면 스스로 막는 법이며, 불가피한 상황에 직면하면 싸우고, 상황이

지나치게 위급하면 명령에 절대 순종하게 되는 것이다.

어휘풀이

▪ 凡爲客之道, 深則專, 淺則散(범위객지도 심즉전 천즉산) : 深은 깊을 심. 專은 오로지 전, 온전 전. 淺은 얕을 천. 散은 흩어질 산. 전체의 뜻은 '무릇 원정을 시행하는 군대에 있어서는 적지 깊이 들어가면 (병사들의) 마음이 전일專一하게 되고 얕게 들어가면 마음이 흩어진다.'

▪ 去國越境而師者, 絶地也(거국월경이사자 절지야) : 越은 넘을 월. 境은 경계 경. 국경. 師는 여기서는 '군대를 지휘하여 이끈다'는 뜻의 동사로 사용되었다. 전체의 뜻은 '나라를 떠나 국경을 넘을 때의 상황은 절지絶地이다.'

▪ 四達者, 衢地也(사달자 구지야) : 사방으로 통하는 것은 구지의 상황이다.

▪ 入深者, 重地也(입심자 중지야) : (적지에) 깊이 들어간 것은 중지의 상황이다.

▪ 入淺者, 輕地也(입천자 경지야) : (적지에) 들어가되 얕은 것은 경지의 상황이다.

▪ 背高前隘者, 圍地也(배고전애자 위지야) : 뒤가 높은 고지대로 막히고 전면은 애로를 이루는 곳은 위지의 상황이다.

▪ 無所往者, 死地也(무소왕자 사지야) : 더 이상 나갈 곳이 없는 곳은 사지의 상황이다.

▪ 散地吾將一其志(산지오장일기지) : 一은 여기서 '하나로 만든다'는 뜻의 동사. 志는 의지. 전의. 저항의지. 산지의 상황에서 우리측 장수는 병사들의 마음을 하나로 만들어야 한다.

▪ 輕地吾將使之屬(경지오장사지속) : 屬은 붙일 속. 소속의 뜻. 경지에서 우리측 장수는 병사들이 (이탈하지 못하도록) 제 부대에 소속시킨다.

▪ 爭地吾將趨其後(쟁지오장추기후) : 趨는 달릴 추. 其는 여기서 다투는 땅에 있는 적을 의미한다. 쟁지에서 우리측 장수는 (빠른 속도로 우회하여) 적의 배후를 노린다.

▪ 交地吾將謹其守(교지오장근기수) : 교지는 교통의 요지. 謹은 삼갈 근, 오로

지 근. 교지의 상황에서는 우리측 장수는 그 교통요지를 완전히 장악하여 지킨다.

▪ 衢地吾將固其結(구지오장고기결) : 구지의 상황에서는 우리측 장수는 (인접 동맹국과의) 결속을 굳게 한다.

▪ 重地吾將繼其食(중지오장계기식) : 중지의 상황에서는 우리측 장수는 식량이 끊기지 않도록 병참선 유지에 노력한다.

▪ 圮地吾將進其途(비지오장진기도) : 비지의 상황에서는 우리측 장수는 그 길을 신속히 통과하는 데 주력한다.

▪ 圍地吾將塞其闕(위지오장새기궐) : 塞는 막을 새. 闕은 빌 궐. 위지의 상황에서는 우리측 장수는 비어 있는 퇴각로를 굳게 지켜 확보한다.

▪ 死地吾將示之以不活(사지오장시지이불활) : 示는 보인다. 活은 살 활. 以不活은 '이로써 더 이상 살 수 없는 상황이 되었다는 사실.' 사지의 상황에서는 우리측 장수는 이로써 살 길이 없다는 것을 (병사들에게) 주지시킨다. 즉 목숨을 바쳐 싸워서 적을 이기는 수밖에 없다는 것을 보여주어야 한다는 뜻이다.

▪ 故兵之情, 圍則禦, 不得已則鬪, 過則從(고병지정 위즉어 부득이즉투 과즉종) : 御는 막을 어. 過는 지날 과, 넘을 과. 從은 좇을 종. 병사들의 일반적 심리 경향은 포위당하면 방어하고 부득이한 상황에 처하면 싸우고 위험이 지나치면 명령에 순종하는 것이다. 過則從을 '우회하면 적은 이에 대응하는 법이다' 라고 해석하는 사람이 있으나 이는 이 절의 문맥에서 벗어난 해설이다.

해설

이 절에서 손자는 위객지도爲客之道로 문장을 시작하여 원정작전에 대해 말하고 있지만 실은 앞에서 말한 병사들의 심리, 치병, 용병의 방법들을 고려한 상태에서 구지에 따른 용병법을 제시한 것이다. 이 편의 첫 절에서 지세에 따른 일반적인 용병법과 비교할 때 그 원칙은 유사하나 구지에 따른 심리, 치병, 용병 면에서 가장 중요한 고려사항을 제시한 것이 차이라면 차이라 할 수 있다.

이 절 처음에 언급되는 절지絶地를 어떤 주석자들은 산지散地와 같은 것으로 보기도 하는데 그것은 잘못이다. '절지' 는 땅을 가로지른다는 뜻으로, 손자가 여기서 설명하듯이 국경을 넘어 원정작전을 시작하는 경우를 말한다. 절지를 이 절의 맨 앞에서 설명한 것은 다음에 오는 경지, 중지, 구지, 위지, 사지 등 원정작전의 경우에 처할 수 있는 전략적 상황들을 설명하기 위한 도입에 해당한다. 그러므로 산지와는 구분되어야 한다. 산지散地는 첫 절에서 말한 대로 자국의 땅에서 전쟁을 시행하는 경우이니 그것은 방어전을 의미한다.

여기서 첫 절에서 미루어둔 이 편 맨 첫 절의 용병원칙과 이 절에서 서술한 용병원칙을 동시에 고려하면서 구지九地의 용병원칙에 대해 종합적인 설명을 하고자 한다.

(1) 산지散地

산지는 자국 내에서 방어전을 치르는 경우를 말한다. 이에 따른 용병원칙은 '散地則無戰(산지즉무전)', '散地吾將一其志(산지오장일기지)' 라고 말했다. 이 말은 앞서 말한 바와 같이 적을 맞받아치는 야지에서 회전을 치르는 것을 피하고 지형을 이용한 방어전을 펴되 특히 중요한 것은 병사들의 마음을 하나로 하여 고수固守의 마음을 갖게 하는 데 있다는 것이다.

이 산지에 대한 설명으로는 미진한 감이 있는데 두우杜佑가 그의 《통전通典》에 손무의 글이라고 인용한 산지에 관한 설명문을 고려해보고자 한다. 물론 《통전》에 제시된 구지의 각각에 대한 오왕 합려와 손자 간의 문답식 전술토론은 그것이 손자 당시의 사실을 그대로 전하는 것인지 아니면 후세 연구자들이 손자에 가탁假託하여 쓴 글인지는 아직까지 분명하지 않다. 그러나 산지의 작전원칙에 대한 손자의 짧은 설명에 보충이 될 수 있는 귀중한 글인데 그 내용은 아래와 같다.

> 적이 아측의 수도까지 깊이 들어와 등뒤에 많은 성읍을 두고 사졸은 군

을 집으로 삼으면서 마음을 다해 날래게 싸우는 데 반해, 아측의 병사들은 국내에 있으면서 토지를 보존하는 것을 생각하고 살아남는 것에 대해 걱정하게 되는데 이런 상태에서 진을 치면 그 방어가 견고하지 못하고 이런 상태에서 전투를 벌이면 승리하지 못한다. 마땅히 사람들을 모으고 곡식과 베를 거두어 모아 성곽을 보전하고 험지를 방어하는 한편 날랜 병사들을 보내어 적의 병참선을 차단한다. 이렇게 하면 적이 싸움을 걸어와도 전투를 벌일 수 없으며 병참 보급 차량은 도달하지 못하게 되고 들에는 약탈할 것이 없어진다. 적의 군대 전체가 곤경에 빠지게 되니 이로써 적을 유인하면 공을 세울 수 있다. 만약 전투를 벌이고자 하면 반드시 세勢에 의존해야 한다. 세라는 것은 험한 곳에 의지하여 매복작전을 펴는 것인데 만약 험지가 없으면 어두운 날이나 짙은 안개가 낀 날을 택해 숨어 있다가 적이 예상치 않는 곳으로 출격하며 적의 경계가 이완된 곳을 습격한다.

이 설명은 손자의 '散地無戰'(산지무전)을 분명하게 한 해석으로 고구려의 대전략가 명림답부 이래 을지문덕 장군에 이르기까지 용병전통을 이룬 '청야입보淸野入堡' 전략의 핵심이다.

⑵ 경지輕地

경지는 적국에 원정해 들어가되 아직 깊지 않은 경우이다(入人之地而不深者, 入淺者). 경지에서 손자가 제시하는 용병원칙은 '진격을 멈추지 않는 것'(無止)이고, 장수가 용병하는 데 주의해야 할 것은 '병사들이 소속 부대를 이탈하지 않도록 감독하는 것'(輕地吾將使之屬)이다.

경지에서는 머무르지 말고 장수가 병사들이 소속 부대에 있는지 확인하는 것은 병사들의 마음이 전장에 있지 않고 자신들의 집에 있기 때문이다. 그것은 '深則專, 淺則散(심즉전, 천즉산)'에서 보듯이 적국 깊이 들어가면 병사들은 이제 부대를 이탈하여 고향에 돌아가는 것이 불가능하기 때문에 전장의 문제에 온 신경을 쓰지만 국경에서 멀리 떨어지지 않은 곳에서는 귀향할 생각을 갖기 쉽기 때문이다. 고대에 훈련되지 않은 농민병사들의 경우, 가족의 생계에 대한 우려는 매우 강한 것이었고 장수들은 이러한 병사들이 도중에 탈영하지 않고 전의를 갖게 하는 것이 매우 어려운 일 중의 하나였음을 느끼게 한다. 동원된 농민병사들의 귀향원망歸鄕愿望과 탈영은 심지어 근대 군대를 유지하고 있었던 금세기 초 러일전쟁(1904~05) 당시 러시아군의 심각한 문제였다. 輕地則無止(경지즉무지)의 용병은 손자시대의 특수성을 강하게 반영하고 있다. 아마도 이 문제는 현대 이전의 모든 군대의 큰 두통거리였으며 장군들이 용병상 고려해야 할 큰 문제 중의 하나였을 것이다.

⑶ 쟁지爭地

쟁지는 쌍방 간에 전략적으로 중요한 요충지를 다투는 상황이다. 먼저 획득하면 크게 유리한 지역이다(我得則利, 彼得亦利者). 손자는 이 경우에는 공격하지 말라고 했고(無攻), 오히려 그 후방을 공격하라 했는데(爭地吾將趨其後), 공격하지 말라는 것은 아측이 먼저 선점하면 그곳을 공격할 필요가 없으니 이 경우는 적이 먼저 선점했을 때의 용병원칙을 말한 것이다. 이때 적도 그곳의 중요성을 알고 먼저 수비를 강화할 것이기 때문에 정면공격해서 탈취하려면 대단히 많은 손실을 각오해야 할 것이다. 이 경우에는 우회하여 그곳을 고립시켜서 최소의 피해로 적의 전략적 요지의 가치를 무력화시켜야 한다. 이는 전승全勝을 추구하고 우직지계迂直之計를 말하는 손자다운 용병원칙이라 아니할 수 없다.

⑷ 교지交地

교지는 적이나 아군이나 그곳을 통해 진퇴가 가능한 전략상 교통의 요지이다(我可以往, 彼可以來者). 이 경우 손자가 제시한 용병원칙은 그 교통로가 차단되지 않게 유지하는 것이며(無絶), 장수는 그곳을 지키는 데 특별히 신경을 써야 한다(交地吾將謹其守). 그러한 지역은 아군의 진퇴뿐만 아니라 보급의 생명선이기 때문이다.

⑸ 구지衢地

구지는 여러 나라의 국경이 동시에 접한 곳으로 주변 국가들과 외교를 통해 그곳을 선점하여 인접국의 지원을 받아 적보다 훨씬 강해질 수 있는 전략상의 요지이다(諸侯之地三屬, 先至而得天下之衆者). 이 경우 손자가 제시하는 용병원칙은 인접국과 활발한 전시외교로 최대한의 지원을 얻는 것이다(衢地則合交). 장수는 이 경우 특히 인접국과의 결속을 다지는 데 주력해야 한다(衢地吾將固其結). 전시에 전장에 인접한 국가들의 호응을 얻는 것의 중요성을 따로 설명할 필요가 없을 것이다.

이 구지의 취지를 좀더 확대하여 생각하면 설사 3국의 국경이 동시에 연접한 곳이 아니더라도 연합국들 간의 전쟁을 수행할 때 그곳을 장악하면 적의 상호 연결이 끊기는 곳 역시 구지라 할 수 있다. 1차대전 당시 다르다넬스Dardanelles 해협이 바로 그러한데 독일은 그곳을 통제하고 있는 터키를 동맹국에 끌어들여 전쟁 내내 러시아에 대한 영국의 해상 보급선을 차단하여 전략상의 우세를 확보했다. 2차대전 때 독일은 터키의 중립을 보장함으로써 역시 이곳을 통해 소련이 영국, 미국 등 연합군과 쉽게 연결되는 것을 막을 수 있었다.

⑹ 중지重地

중지는 적지 깊은 곳에 진격해 들어감으로써 많은 성읍이 아군의 후방에 있게 되는 경우이다(入人之地深, 背城邑多者, 入深者). 이때에 병사들은 이미 국경선으로부터 적지 깊숙이 들어와 있기 때문에 경지에서와는 달리 개인적으로 탈영한다고 해도 고향으로 돌아갈 가망성은 없어지고 싸움에 마음이 집중된다(深則專, 淺則散). 그러나 원정군은 자국의 영토로부터 멀리 떨어져 있기 때문에 보급이 두절될 위험이 있다. 이 경우 손자가 제시하는 용병원칙은 약탈에 의해 적으로부터 식량을 얻는 것이다(重地則掠). 장군은 특히 보급이나 식량조달에 문제가 생겨 병사들이 기아에 허덕이지 않도록 최대한의 주의를 기울여야 한다(重地吾將繼其食).

중지에서는 적의 식량을 약탈하여 아군의 보급 부담을 줄인다는 것은 손자가 이미 〈작전〉 편에서 강조한 바이다. 동시에 식량 보급이 끊기지 않도록 주의를 기울여야 한다고 한 것은 중지전략의 취약점이 길어지는 보급선에 있음을 말하고 있는 것이다. 그러므로 중지에서는 본국의 기지로부터 작전선을 따라 무기와 보급품의 조달이 원활히 될 수 있도록 병참선을 유지하고 보호할 필요가 있으며 동시에 적의 식량을 약탈하여 먹음으로써 가능한 한 보급 부담을 줄이도록 노력해야 한다.

(7) 비지圮地

비지는 전반적으로 자연장애물이 많은 지역이다(山林, 險阻, 沮澤, 凡難行之道者). 이러한 곳은 자연 적의 매복과 습격의 위험성이 많은 지역이다. 이 경우 손자가 제시하는 용병원칙은 그러한 곳에 오래 머뭇거리지 말고 신속히 통과하는 것이다(圮地則行). 장군은 특별히 적의 매복과 습격을 경계하며 그곳을 빨리 통과하는 데 주의를 집중해야 한다(圮地吾將進其途).

(8) 위지圍地

위지는 자연적인 지세에 의해 험지를 통과하여 진입해야 하고 포위를 피하기 위해서는 먼거리를 돌아나와야 하는 지역이며, 통상 후방은 험한 지형이고 전방은 애로가 있는 지역이며, 적이 소수의 병력으로 숫자가 많은 아측의 병력에 타격을 가할 수 있는 지형이다(所由入者隘, 所從歸者迂, 彼寡可以擊吾之衆者; 背高前隘). 즉 삼면이 험한 지형으로 둘러싸여 있고 한쪽만이 열려 있는 지형이다. 이 경우 손자가 제시하는 용병원칙은 교묘한 조치에 의해 적을 따돌릴 수 있는 계책을 마련하면서 작전을 수행해야 한다(圍地則謀). 적이 위지를 장악하면 장군은 아군이 포위당할 수 있는 열려 있는 출구를 확보하는 것에 총력을 기울여야 한다(圍地吾將塞其闕).

이 위지는 유일한 퇴로를 갖고 있는 경우를 말하는데 따라서 이러한 곳에서 작전을 시행할 때 지휘관은 당장 위험이 없어 보인다 할지라도 미리 일부의 병력을 배치해두어 퇴로를 확보해야만 한다. 한국전쟁 중 1951년 5월 국군 제3군단이 현리에서 유일한 퇴로인 오마치 고개를 중공군에게 선점당해 대혼란에 빠진 것은 이 면에 있어 교훈을 주는 전례이다.

(9) 사지死地

사지는 사방이 적의 포위망에 완전히 갇혀 더 이상의 활로가 보이지 않는 경우이다(無所往者). 이러한 경우에는 상황이 악화되기 전에 즉시 전투를 결심하고 혼신의 전투를 시행하여 혈로를 개척하지 않으면 살아날 가능성이 없다(疾戰則存, 不疾戰則亡者). 이 경우 손자가 제시하는 용병원칙은 즉각 적을 맞아 과감하게 싸우는 것이다(死地則戰). 이러한 궁지에 빠졌을 때 장수는 머뭇거리며 시간을 끌지 말고 단호하게 그리고 즉각 전투를 결정하되 병사들에게 죽기를 각오하고 싸우지 않으면 살길이 없다는 점을 인식시켜야 한다(疾戰, 死地吾將示之以不活).

사지에 빠졌을 때는 특히 지휘관이 결단을 내려 즉시 과감한 공격으로 적을 기습에 빠뜨려야 위기에서 벗어날 수 있다. 시간이 지체될수록 적이 포위망을 좁혀오므로 시간이 지나면 더욱 절망적인 상황에 빠지게 된다. 결사적인 전의를 고취시키고 즉각 적 포위망의 일각에 대해 공격을 해야만 한다.

이 절의 마지막에 '兵之情, 圍則禦. 不得已則鬪. 過則從' 이라는 구절은 병사들의 본성은 포위당하면 스스로 지키고 부득이한 상황에 다다르면 스스로 싸우고, 궁지에 몰리면 명령에 자연히 따르게 되어 있다는 점을 설파하여 이러한 병사의 심리를 고려하여 용병해야 한다고 덧붙인 것이다.

11-7

是故, 不知諸侯之謀者, 不能預交. 不知山林險阻沮澤之形者, 不能行軍. 不用鄕導者, 不能得地利. 四五者不知一, 非覇王之兵也. 夫覇王之兵, 伐大國, 則其衆不得聚. 威可於敵, 則其交不得合. 是故, 不爭天下之交, 不養天下之權, 信己之私, 威加於敵. 故其城可拔, 其國可隳. 施無法之賞, 懸無政之令, 犯三軍之衆, 若使一人. 犯之以事, 勿告以言. 犯之以利, 勿告以害. 投之亡地然後存. 陷之死地然後生. 夫衆陷於害, 然後能爲勝敗.

그러므로 주변 제후국 군주들의 전략적 의도를 모르면 미리 외교적 협조를 구해둘 수 없다. 산림, 험조, 저택과 같은 지형의 세세한 형태와 이에 따른 용병원칙을 모르는 사람은 군대를 기동시킬 수 없다. 지방의 지리에 밝은 인도자를 이용하지 않는 사람은 땅의 이점을 제대로 이용할 수 없다. 이 네다섯 가지 중에서 하나라도 모르면 패왕覇王의 군대라고 말할 수 없는 것이다. 무릇 패왕의 군대는 대국을 정벌함에 있어서는 적국의 군대가 동원되어 집결할 새도 없이 신속히 들이친다. 위세가 적에게 미쳐 적의 외교적 노력이 효과가 없도록 한다. 그러므로 (전쟁에 임하여) 주변국들을 향해 외교적 지원을 경쟁하지 않고 주변국들 사이에서 권력을 확립하려 노력하지 않고 자기의 힘만을 믿어도 그 위세가 적에게 가해지니, 그 성은 쉽게 탈취할 수 있고 적의 국가는 파멸에 이르게 할 수 있는 것이다. 평시의 법에 규정된 것 이상의 파격적 상을 내리고 평시의 관례에는 없는 엄격한 명령을 내림으로써 전군을 통제하는 것을 마치 한 사람 다루는 것과 같이 한다. 병력을 통솔하는 것은 말로 하는 것이 아니라 행동으로 보여주는 것이며, 이익되는 점을 보여주는 것으로 하는 것이지 해로움을 보여주는 것으로 하는 것이 아니다. 병사들은 아주 위험한 땅에 빠져본 후에야 건재하게 되는 법이며, 사지死地에 빠져본 연후에야 살아날 수 있는 법이다. 무릇 병사들은 아주 해로운 상황에 처해 본 후라야 능히 승리를 이룰 수 있는 것이다.

어휘풀이

■ 不知諸侯之謀者, 不能預交(부지제후지모자 불능예교) : 預는 미리 예. 預交는 미리 사귀어두는 것. 그러므로 주변국의 제후들과 미리 친교를 맺어둘 수 없다.

■ 不知山林險阻沮澤之形者, 不能行軍(부지산림험조저택지형자 불능행군) : 산림, 험조, 저택 등의 지형과 그에 따른 용병법을 모르면 군을 움직일 수가 없다.

■ 不用鄕導者, 不能得地利(불용향도자 불능득지리) : 鄕導는 그 지방의 길 안내인. 향도를 쓰지 않으면 땅이 주는 이점을 제대로 활용할 수 없다.

■ 四五者不知一, 非霸王之兵也(사오자부지일 비패왕지병야) : 霸는 으뜸 패. 霸王은 춘추전국시대의 군주들 중의 맹주가 되는 사람. 이 네다섯 가지 중 하나라도 알지 못하면 패왕의 군대가 될 수 없다.

■ 夫霸王之兵, 伐大國, 則其衆不得聚(부패왕지병 벌대국 즉기중부득취) : 伐은 칠 벌. 무릇 패왕의 군대가 대국을 치면 그 무리(동원된 국민)는 모아질 수 없게 하였다.

■ 威可於敵, 則其交不得合(위가어적 즉기교부득합) : 威는 위세. 於는 여기서 '~에게' 라는 뜻으로 쓰인 조사. 合은 대답할 합, 합할 합. 위세가 적에 미치게 되면 적의 외교적 노력은 통하지 않는다.

■ 是故, 不爭天下之交, 不養天下之權, 信己之私(시고 부쟁천하지교 불양천하지권 신기지사) : 不爭天下之交는 주변국의 외교적 도움을 받기 위해 경쟁하는 것. 不養天下之權은 주변국들 사이에 권위와 힘을 확보하는 것. 信己之私는 자신의 사적인 것, 즉 '개인적인 힘을 믿는다' 는 뜻이다. 私는 '사사로울 사' 자로 공적인 것, 즉 국제적인 공의公義에 대비되는 의미로 쓰였다. 전체는 '그러므로 천하의 외교를 다투어 경쟁하지 않고 천하의 권세를 확보하려고 애쓰지 않으며 나의 사사로움(나 자신의 힘)을 믿어도.'

■ 威加於敵, 故其城可拔, 其國可隳(위가어적 고기성가발 기국가휴) : 拔은 뺏을 발. 隳는 깨뜨릴 휴. 위세가 적에게 미쳐 그 성을 쉽게 빼앗을 수 있고 그 국가를 쉽게 무너뜨릴 수 있다.

■ 施無法之賞, 懸無政之令, 犯三軍之衆, 若使一人(시무법지상 현무정지령 범삼군지중 약사일인) : 施는 베풀 시. 施無法之賞은 '(일반) 법에 없는 상을 베풀고'의 뜻. 懸은 매달 현, 내걸 현. 懸無政之令은 '(정상적인) 군정에는 없는 추상 같은 명령을 내걸어'의 뜻. 犯은 움직일 범. 전체의 뜻은 '(일반) 법에 없는 상을 베풀고 (정상적인) 군정에는 없는 엄격한 명령을 내걸어 전군의 병사들을 움직이는 것이 마치 한 사람을 움직이는 것같이 한다.'

■ 犯之以事, 勿告以言. 犯之以利, 勿告以害(범지이사 물고이언 범지이리 물고이해) : (실제의) 일로써 보여주고 말로만 하지 않는다. 이익되는 일로 움직이지 해가 되는 것을 말하지 않는다.

■ 投之亡地然後存, 陷之死地然後生(투지망지연후존 함지사지연후생) : 亡地는 죽음이 달려 있는 위기의 땅(상황). 然後는 '~한 이후'의 뜻. 陷은 빠질 함. '망지에 던져진 후에야 건재할 수 있고 사지에 빠져본 후에야 살아남을 수 있다'는 뜻.

■ 夫衆陷於害, 然後能爲勝敗(부중함어해 연후능위승패) : 衆은 여기서는 병사들을 말한다. 勝敗는 여기서 승패를 결판내는 싸움에서의 승리. 병사들은 해로운 곳, 즉 위험한 상황에 빠져본 후에야 능히 승패를 결하는 싸움에서 승리를 이루어낼 수 있다.

해설

구지 각각에서의 용병원칙을 말하고 나서 손자는 이 절에서 〈군쟁〉편에서 이미 말한 바를 한 번 더 되풀이하면서 용병에서의 전장환경 파악의 중요함을 재천명하고 있다. 즉 용병은 거시적인 차원에서 적과 주변국가 지도자의 전략의도를 알지 못하면 나중에 전장이 될 곳에서 미리 유리한 형세를 조성하기 위해 외교적 교섭을 할 수 없고, 중간적 차원에서 지세에 대한 파악 능력이 없으면 군의 작전과 기동을 시행할 수 없고, 미시적인 차원에서 구체적인 지형을 안내해주는 사람을 쓰지 않으면 세부적인 작전에서 완전한 이점을 누릴 수 없다는 것이다. 그러므로 손자가 용병에서 땅을 안다는 것은 국제적 역학관계, 거시적 지세, 미시적 지형 모두를 두루 알아야 완전히 안다고 보는 것이다. 마지막에 '四五者不知一, 非霸王之兵也(사오자부지일 비패왕지병야)' 라 한 구절에서 '사오' 가 무엇을 지칭하는가에 대해서는 논란이 있을 수 있지만 전체적으로 보면 국제적 역학관계, 거시적 지세, 미시적 지형 모두를 포괄하는 것임에는 틀림없다. 여기서 '패왕지병霸王之兵' 을 언급한 것은 당시의 모든 군주들이 이상으로 알고 있던 패자霸者의 지위를 언급하여 최상의 국가의 최상의 군대를 말한 것이다.

이 절에서 손자는 地를 아는 것을 세 차원의 땅에 대한 지식을 포괄하는 것으로 보았는데 그것은 실로 전장환경에 대한 포괄적인 고려라고 아니할 수 없다. 이미 전장의 지세와 지형에 대해서는 〈지형〉 편과 이 편의 앞에서 자세히 설명했고 여기서는 한 차원 높은 국제관계에 대한 이해를 강조하고 있는 것이다. 《관자管子》의 〈칠법七法〉 편에 전승의 중요 요소 중 "천하를 두루 아는 것"(徧知天下)을 말한 것과 동일한 맥락이다.

손자는 이 절에서 패왕의 군대가 용병하는 방법을 서술하고 있는데 그 해석이 매우 어렵다. 또 그 때문에 이 절의 해석에 대해서는 역대 주석자들의 다양한 견해가 있어왔다. 그 중 유력한 해석은 두 가지이다. 한 가지는 패왕의 군대는 이미 전쟁 전에 주변국을 동맹에 끌어들여놓고 또 전승에 필요한 모든 조치를 취하고서 정벌에 들어가기 때문에 일단 무력을 사용하여 적을 치고 그 위력을 보여주면 적이 그 병력을 모아 대응하기도 전에 아측의 공격을 받고 적에게 그 위세가 느껴지면 뒤늦게 동맹을 찾으려고 해도 이미 아측에서 사전에 그 가능성을 막아놓았기 때문에 성공할 수 없다는 것이다. 그렇게 되면 패왕은 전쟁 중에 다시 외교적 노력으로 주변국을 끌어들이고자 적과 경쟁하지 않고도 천하에 위세를 보이게 되어 주변국을 강압하게 되는데, 우리의 뜻을 행하도록 할 수 있는 권력을 배양하지 않고 자신의 군대의 위력만으로 적을 상대해도 적국의 성을 쉽게 빼앗을 수 있고 적국을 깨뜨릴 수 있다는 것이다.

다른 한 해석은 다음과 같다. 패왕의 군대는 그 위력이 막강하기 때문에 적대하는 대국에 대해 정벌전을 일으켜 진격해 들어가면 굳이 외교나 강압적인 방법에 의해 주변국을 끌어들이려고 노력하지 않아도 적은 정벌군의 위세에 위축이 되어 병력도 동원할 수 없고 또한 적이 외교적 노력으로 주변의 국가들을 동맹에 끌어들여 지원을 받으려고 해도 패왕의 군대의 위세에 눌려 주변국들은 적국의 그 노력에 응하지 않게 된다. 그렇게 되면 굳이 외교적 노력을 해서 동맹국을 만들려고 노력하거나 권력을 바탕으로 위협에 의해 다른 국가들을 아측의 대열에 끌어들이려고 노력하지 않아도 자신의 힘과 의지대로 적의 성곽을 탈취하고 적국을 깨뜨릴 수 있다는 것이다. 두목杜牧이 이러한 견해를 처음 제시했다.

즉 전자의 해석은 패왕의 군대는 전쟁 전에 이미 필요한 외교적 조치를 해놓았기 때문에 전쟁 중에 외교적 노력이 불필요하고 군사력에 의존하여 기습을 벌이면 된다는 것이고, 후자의 해석은 패왕의 군대는 위세가 강하기 때문에 주변국에 대한 외교적 노력을 기울이지 않아도 충분한 군사력으로 상대국을 위압할 수 있는 상태가 되어야 한다는 해석이다.

나는 전후의 맥락을 고려해야 이 절을 정확히 해석할 수 있다고 본다. 앞 절에서 손자는 제후들의 모책을 모르면 미리 외교를 시행할 수 없다고 했는데, 그것은 뒤집어 말하면 미리 외교적으로 적을 고립시켜야 된다는 것과 아군이 원정을 하여 어느 지점에 이를 때 우리를 지원할 수 있도록 미리 동맹관계를 맺어놓아야 함을 함축하고 있다. 그러므로 패왕의 용병은 미리 외교적으로 적을 고립시켜놓고 군사작전에 들어간다는 것을 암시하고 있는 것이다. 또 일단 군사행동을 일으키면 신속히 적지의 중심에 쇄도해 들어가기 때문에 적은 당황하여 병력을 동원해 대응하거나 주변국의 지원을 받을 노력을 해도 이미 때가 늦을 뿐만 아니라 주변국도 그에 응할 시간이 없게 된다. 물론 이 절의 문장 중에 신속한 용병에 대해 직접 말한 바는 없다. 그러나 '其衆不得聚(기중부득취)' 라는 말 속에 그것이 함축되어 있다. 또 손자가 이미 〈작전〉 편에서 '速勝(속승)' 을 강조한 것, 〈군쟁〉 편에서 '動如雷霆(동여뇌정)' 이라고 한 것, 또 앞에서 '兵之情主速(병지정주속)' 이라고 한 것을 고려하면 그가 여기서 용병의 신속성을 함축하고 있다는 것은 이해하기 어렵지 않다. 이 편의 마지막에 그는 다시 한 번 원정작전의 방법을 요약하면서 "적이 일단 허점을 보이면 그때는 마치 토끼가 달아나듯 빠르게 기동해 들어가니 적이 막을 수 없다"(敵人開戶, 後如脫兎, 敵不及拒)라고 한 것은 바로 그러한 정황을 비유적으로 달리 표현한 것이다.

그러므로 손자가 이 절에서 말하는 것은 미리 사전의 벌교 방법을 통해서 적을 고립시켜놓고, 일단 군사작전을 시작하면 기습을 통해 번개와 같이 적지 깊은 곳으로 쇄도해 들어감으로써 적이 병력을 집결시키거나 동맹국의 지원을 받아 대응할 시간적 여유를 주지 않아야 한다는 것이다. 이렇게 적을 고립과 혼란에 빠지도록 하는 용병이 패왕의 군대의 자격이 있는 군대의 용병이라는 것이다. 그렇게 되면 전쟁을 당해서야 뒤늦게 동맹국을 자기 편에 끌어들이려고 적과 경쟁을 한다든가 주변국에 위협을 가해 아군에 협조하도록 권력을 행사하지 않는다 해도, 쉽게 우리의 의도대로 적의 성곽을 뺏고 적국을 무너뜨릴 수 있다는 것이다.

이렇게 해석해놓고 보면 손자는 전쟁을 전후한 대전략 면에 있어서는 관중管仲의 사상적 영향을 강하게 받았다는 점을 발견하게 된다. 이미 손자에 대한 관중의 영향은 언급한 바 있지만 특히 '패왕의 용병' 에 있어서는 손자가 얼마나 관자의 용병법을 이상으로 삼았는가를 알 수 있다. 《관자管子》의 〈패언覇言〉 편을 인용해보자.

모름지기 영토 확장을 노리는 국가는 반드시 먼저 적의 의도를 무산시켜 버리는 계책을 획득해야 하고, 주변국에 대해 압력을 가할 수 있어야 하고, 타국을 자국의 의도대로 움직일 수 있는 영향력을 발휘할 수 있어야 한다. 모謀 즉 교묘한 계책이 있음으로 적국의 군주를 한 번 기뻐하게 했다가 한 번 노하게 만드는 것이며, 형刑 즉 제재수단을 씀으로써 주변국가를 어떤 때는 온건하게 대하다가 어떤 때는 강하게 대하는 것이며, 권權 즉 교묘한 용병능력을 씀으로써 군대를 어느 때는 진격시키고 어느 때는 후퇴시켜 적으로 하여금 종잡을 수 없게 만드는 것이다. 그러므로 계책을 쓰는 것이 정밀하면 적국의 군주가 원하는 것이 무엇인지 알 수 있고 아측의 조치가 먹혀들어가며, 제재수단을 활용하는 것에 뛰어나면 큰 나라의 땅도 빼앗을 수 있고 강한 국가의 군대도 포위할 수 있다. 용병능력이 뛰어나면 천하의 군대를 굴복시킬 수 있고 주변의 군주들을 조알하게 만들 수 있다. 모름지기 신과 같이 뛰어난 성인은 천하의 형국을 보면 주변국의 계책을 알고 주변국들 중 공격할 곳을 알고 어떤 영토가 누구의 땅이 될 줄을 알고 누구한테 무슨 행동을 가해야 할지를 안다.

한편 개전 후의 실제 용병에 대해서는 손자의 독창적 사고가 두드러지는데 그의 용병법을 읽다 보면 1차대전 후 풀러가 제시한 마비전 개념을 연상하지 않을 수 없다. 독일 전격전이론에 결정적인 영향을 준 영국의 풀러 장군은 1차대전 당시 전차가 적에 대해 미친 강한 심리적 충격에 대한 관찰로부터 전쟁의 결정적 승리는 적군 주력의 '섬멸destruction'에 의해서 얻어지는 것이 아니라 적의 심적 마비에 의한 '와해disintegration' 상태로부터 얻어지는 것이라고 했는데 이 절에서 손자는 사실상 그러한 용병을 말하고 있는 것이다. 그것은 물리적 소모를 노리는 것보다는 우리의 충격 행동이 적의 마음에 미치는 심리적 효과를 노리는 용병법이다. 손자가 가르치는 것 역시 그러한 것이다. 이 절에서 '위가어적威加於敵'이라는 점이 바로 그러한 상황을 말한 것이며

〈군쟁〉 편에 '장군은 적장의 마음을 빼앗을 수 있게 용병을 하고 삼군은 적 병력의 싸우고자 하는 의지를 압도할 수 있게 용병을 한다'(將軍可奪心, 三軍可奪氣)고 말한 것 역시 바로 그러한 용병을 말한 것이다.

이 절의 마지막 부분에서 손자는 결전의 시기에는 병사들이 사력을 발휘하도록 해야 하며 이를 장군의 용병에 합치시켜야 함을 말하고 있다. 병사들에게는 법에 규정된 것 이상의 파격적인 포상을 실시하여 사기를 고양하고 평시의 군정에서 적용하지 않는 엄격하고 추상 같은 명령을 내려 군기를 바로잡아 전군의 병사들을 지휘 · 통제하는 것이 한 사람을 부리듯이 한다. 또한 상이나 벌은 말로만 하지 않고 실제적으로 시행하여 보상과 처벌의 효과를 극명하게 보여주고, 아군에게 이로운 것을 말하여 병사들의 전의와 승리에 대한 확신을 북돋우되 아군에 해가 되거나 불리한 점을 말해 그들의 사기를 위축시켜서는 안 된다. 결전의 시기에는 병사들이 죽음을 두려워하지 않고 자신을 잊은 채 싸울 수 있도록 만들어야 한다. 이것은 일면으로는 적지 깊은 곳에서 위험을 느낄 때 병사들이 보이는 긴장감과 전의를 이용함으로써 달성된다. 다른 일면으로는 작전계획이 훌륭하여 결전을 벌일 때 유리한 상황이 조성되게 만들고, 그로 인해 병사들이 그 세勢를 타고 신명나게 싸움에 뛰어들게 됨으로써 달성된다.

망하는 곳에 빠져보아야 존재할 수 있고 사지에 빠져보아야 살아날 수 있다는 '投之亡地然後存, 陷之死地然後生'은 일종의 역설이다. 그러나 이러한 역설은 전쟁에서 자주 일어난다. 한신이 정형구井陘口전투에서 훈련이 덜 된 군대를 강을 등지고 배수진을 치게 함으로써 그들의 결사적인 전의를 이끌어내고 소수의 정예 부대로 적의 배후를 기습해 승리한 것은 그가 손자의 이 말을 깊이 이해하여 적용한 결과이다.

역사상 유명한 승리는 대부분 결전의 초반에 견제를 담당하는 부대가 처절한 싸움을 벌이는 것을 이용하여 타격을 담당한 부대가 적의 배후를 공격해 들어갈 때 이루어졌다. 칸나이Cannae 전투에서 한니발은 개전 초반에 엷은 중앙의 전열을 통제하며 후퇴하면서 압도적인 로마군의 압박을 결사적으로 막아내다가, 대기하고 있던 좌우익과 기병으로 적을 포위했다. 스탈린그라드 전투에서 소련군은 스탈린그라드 시가의 90퍼센트를 잃으면서 혈전을 벌인 추이코프Chuikov와 예레멘코Yeremenko의 노력이 있었기에 주코프Zhukov 장군은 로코소프스키Rokossovskii 장군과 바투틴Vatutin 장군의 병력으로 독일 제6군을 포위할 수 있었다.

11-8

故爲兵之事, 在於順詳敵之意, 幷敵一向, 千里殺將. 是謂, 巧能成事者也. 是故, 政擧之日, 夷關折符, 無通其使. 厲於廊廟之上, 以誅其事. 敵人開闔, 必亟入之. 先其所愛, 微與之期, 踐墨隨敵, 以決戰事. 是故, 始如處女, 敵人開戶, 後如脫兎, 敵不及拒.

그러므로 용병하는 방법은 적의 의도를 따르면서 상세히 살피고 적과 같은 방향으로 움직이다가 천리를 행군하여 적의 장수를 죽이는 것이니, 이를 일컬어 교묘함으로 능히 일을 성취하는 것이라고 부른다. 그러므로 군대가 동원을 선포하는 날에는 국경의 관문을 막고 통행증을 폐기하며 적의 사자使者를 통과하지 못하게 하는 한편, 조정에서는 장병들을 격려하고 적의 잘못에 대해 엄중히 질책함으로써 그 비위 사실을 널리 공표하는 것이다. 적이 관문을 여닫으며 동요를 보일 때는 전력을 다해 쇄도해 들어간다. 먼저 적이 중요시하는 곳을 장악함으로써 (적의 주의를 그곳으로 돌려놓은 다음) 결전을 취할 날짜를 비밀에 붙인 채 은밀히 적을 따라 움직이다가 드디어 결전을 치르는 것이다. 그러므로 그 행동은 처음에는 마치 처녀가 움직이는 것과 같이 조용하고 서서히 행동하다가, 일단 적이 틈을 보이면 나중에는 마치 달아나는 토끼가 후닥닥 뛰는 것과 같이 급속하게 진출하여 적을 타격하니 적은 나를 맞아 저항할 수 없게 된다.

어휘풀이

■ 故爲兵之事, 在於順詳敵之意, 幷敵一向, 千里殺將(고위병지사 재어순상적지

의 병적일향 천리살장) : 爲는 할 위. 爲兵은 용병을 하는 것. 在는 '~에 있다' 로 새겨진다. 順은 따를 순. 詳은 자세히 살필 상. 意는 의도. 幷은 같을 병. 幷敵一向은 '적과 함께 같은 방향으로 나아간다' 는 뜻. 千里殺將은 천리를 행군해 가서 적장을 죽이는 것. 전체의 뜻은 '그러므로 용병을 하는 방법은 적의 의도가 무엇인가를 자세히 살펴 따라주며 적과 같은 방향으로 함께 나가다가 천리의 먼 곳에서 적의 장수를 죽이는 것이다.'

■ 是謂, 巧能成事者也(시위 교능성사자야) : 巧는 공교할 교. 이를 일컬어 교묘하고도 능히 일을 이룬다고 하는 것이다.

■ 是故, 政擧之日, 夷關折符, 無通其使(시고 정거지일 이관절부 무통기사) : 政擧之日은 군대를 일으키는 날, 즉 동원령을 발하는 날. 夷는 막을 이. 關은 관문 관. 折은 꺾을 절. 符는 고대에 사신 등의 신원을 확인하기 위해 사용하던 신표, 표식. 夷關折符는 관문을 닫아걸고 통행증을 폐기하는 것. 無通其使는 적국의 사신을 통과시키지 않는 것. 그러므로 동원령을 선포하는 날에는 관문을 닫고 통행증을 폐기하며 적의 사신을 통과시키지 않는다.

■ 勵於廊廟之上, 以誅其事(여어랑묘지상 이주기사) : 勵는 다잡을 려. 격려한다는 의미. 廊廟는 정부가 있는 조정. 誅는 벌줄 주, 꾸지람 주. 정부에서는 출정의식을 열어 장병들을 격려하며 적의 (잘못된) 행동을 나무라며 꾸짖는다.

■ 敵人開闔, 必亟入之(적인개합 필극입지) : 開는 열 개. 闔은 닫을 합. 亟은 빠를 극. 적이 국경을 개방했다가 폐쇄하는 등 (전쟁과 평화 사이에 주저하고 있으면) 반드시 신속하게 적국에 들어간다.

■ 先其所愛, 微與之期, 踐墨隨敵, 以決戰事(선기소애 미여지기 천묵수적 이결전사) : 先其所愛는 앞에서 나왔던 '先奪其所愛' 에서 '奪' 자가 생략된 것. 微는 숨길 미. 與之는 '적과 함께 싸운다' 는 뜻이며 與之期는 결전을 치를 시기. 微與之期는 '적과 교전(결전)을 치를 시기를 숨겨두었다가' 의 뜻. 踐은 밟을 천. 墨은 어두울 묵. 踐墨은 '어두움을 밟아가다' 는 뜻인데 의역하면 은밀하게 기동하다는 의미이다. 隨는 따를 수. 隨敵은 위에서 이미 언급한 順詳敵之意나 幷敵一向의 취지와 상통하는 문구로 '은밀히 따라서 기동하다가' 라는 뜻. 전체의 뜻은 '먼저 적이 중시하는 지점을 공격하여 (적의 주의를 그곳으로 돌려놓고) 결전을 벌일 시기를 숨겨놓은 채 은밀하게 기동하면서 적을 좇아가다가 이로써 전쟁의 일을 결판내는 것이다.'

■ 是故, 始如處女, 敵人開戶, 後如脫兎, 敵不及拒(시고 시여처녀 적인개호 후

여탈토 적불급거) : 始는 처음 시. 여기서는 '처음에는' 의 뜻. 處女는 여기서 처녀의 조심스럽고 느리게 걷는 모습을 비유한 것이다. 開戶는 '집의 창을 열다' 는 뜻으로 허점을 보인다는 의미임. 後는 여기서는 '나중에는' 의 뜻. 脫은 벗어날 탈. 兎는 토끼. 如脫兎는 '도망하는 토끼와 같이 (빠른 속도로 급습을) 하니' 의 뜻. 不及은 '~에 이르지 못하다.' 拒는 막을 거, 물리칠 거. 不及拒는 '막는 데 이르지 못한다' . 즉 막지 못한다. 전체의 뜻은 '그러므로 처음에는 처녀와 같이 (차분하고 조용하다가) 나중에는 마치 달아나는 토끼와 같이 쏜살같이 진격하여 공격하니 적이 이를 막지 못한다.'

해설

이 마지막 절은 손자가 다시 한 번 원정작전의 용병법을 간략히 설명함으로써 결론을 대신하고 있다. 용병은 적의 의도가 무엇인지를 잘 살펴 그의 가는 방향으로 따라주면서도 천리에 원정하여 적의 장수를 죽이는 것으로 이것을 '교묘히 일을 이루는 것' 이라고 부른다는 것이다. '順詳敵之意' (순상적지의)라는 말과 '幷敵一向' (병적일향)은 깊이 음미할 필요가 있다. 적의 의도가 무엇인지를 상세히 알아 우선 그것에 응하는 것처럼 하고 또 적의 움직임에 대해서도 같은 방향으로 따라주는 것 같지만 결과적으로는 천리의 깊숙한 곳에 들어가 적의 장수를 죽일 수 있다고 한 것은, 표면적으로는 적의 행동에 따라 대응하는 것처럼 하지만, 적이 그것에 정신이 팔려 있으면 기습적으로 적지 깊숙이 들어가 적의 심장부에 타격을 가한다는 암시이다.

따라서 손자는 일단 군대를 일으키게 되면 우선 국경을 봉쇄하여 적이 내부를 들여다보지 못하도록 하고 조정에서는 병사들을 고무하고 적의 행동의 불법성과 비도덕성을 꾸짖음으로써 전쟁에 있어 자국의 정당성을 널리 선포하고 국민의 마음을 하나로 하라고 말하고 있다. 그러고 나서 적이 틈을 보이게 될 때 적지 깊숙이 들어가 일단 적이 아끼는 전략적 요지를 공격함으로써 적으로 하여금 그곳에 전력을 집중하게 하여 견제해놓는다. 주력 부대들에게는 은밀히 결전의 시간과 장소를 약속해두고 깜깜한 암흑 속에서 이동하는 것과 같이 은밀히 기동하여 형을 드러내지 않다가 우리가 노리는 곳에서 최종적인 결전을 하라는 것이다. 그러므로 최초의 행동은 처녀가 사뿐사뿐 걷듯이 은밀하게 움직이고 적이 허를 보이면 달아나는 토끼가 뛰듯 빠른 속도로 공격해 들어가는 용병을 하니 적은 이를 막을 수 없게 된다고 비유하고 있다.

이 절에서 내가 역대의 주석자들과 해석을 달리하는 곳은 '踐墨隨敵'(천묵수적)의 의미이다. '천묵'을 해석함에 있어 대부분의 주석자들은 '墨'자를 승묵繩墨, 즉 목수가 집을 지을 때 반듯한 줄을 긋기 위해 쓰는 '줄'과 동의어로 보고 그 뜻을 원칙에 따르는 것, 또는 병법의 원칙에 따르는 것이라고 해석해왔다. 그러나 이 해석은 잘못된 것으로 보인다. '墨'은 먹의 까만색, 즉 어둠을 말하는 것으로 보아 '천묵踐墨'은 어두움을 틈타 움직이듯 한다는 의미로 해석해야 하며 이것은 '無形'(무형)의 용병을 말한다. 〈군쟁〉 편에 그 정황을 들여다보기 어려운 것은 어둠을 들여다보는 것과 같다는 '難知如陰(난지여음)'의 은밀한 기동을 말하는 것이다. '隨敵(수적)'은 이미 위에서 말한 바와 같이 '順詳敵之意, 并敵一向(순상적지의, 병적일향)'과 같은 의미로 적의 움직임에 따라 움직여간다는 의미이다. 그러므로 뒤따르는 '以決戰事(이결전사)'의 용병은 '後如脫兎(후여탈토)' 즉 토끼가 도망가듯 재빠르게 기동한다는 의미로 〈군쟁〉 편의 '動如雷霆(동여뇌정)'과 같은 뜻을 담고 있다. 이러한 전격적인 기동전을 시행함으로써 적은 나를 막지 못한다는 것이다.

그러므로 손자가 이 절에서 말하는 용병법은 기도비닉, 기습, 기만, 견제, 속도를 교묘히 결합한 것이다. 나의 형은 드러나지 않게 하고 적이 약점을 보이면 그곳으로 쇄도하여 들어가며, 우선 부차적이지만 적이 중시하는 곳을 공격하여 그곳으로 적의 병력과 관심을 돌려놓고 주력을 내가 원하는 진정한 목표에 은밀하게 투입하여 신속하게 적을 타격한다는 것이다.

| 구지 편 평설 |

〈구지〉 편은 《손자병법》에서 가장 길면서 그 내용에서도 실제 용병법의 요체가 종합되어 있는 편이다. 이 편에서는 아홉 가지 전략적 형세에 따른 용병법뿐만 아니라 원정작전의 수행법이 특별히 강조되어 논의되고 있으며 패왕지병霸王之兵에 관한 의론議論은 그 범위가 대전략의 범위에까지 미치고 있다. 그러므로 〈구지〉 편은 단지 지리에 관한 논의라기보다는 전쟁 전반의 수행방법을 말한 것이다. 손자가 이 편에서 강조한 바는 속도와 기만을 이용하는 기동전을 기반으로 하여 적국 깊은 곳에 들어가 결전을 치러 적의 조직상, 심리상의 와해상태를 조성해내는 용병법이다.

이러한 〈구지〉 편의 중요성은 일찍부터 연구자들의 주목을 받은 것 같다. 《통전通典》에 구지九地 각각의 용병법에 관하여 오왕 합려와 손자 사이의 문답 형태로 그 구체적 설명들이 나타나 있는 것은 손자 자신의 설명이라기보다는 후세 연구자들의 구지九地에 대한 연구결과로 보이는데 〈구지〉 편에 대한 오래 전부터의 관심을 반영한다고 하겠다. 한편 일본의 《속일본기續日本紀》에는 중국에 유학했다가 일본에 《손자병법》을 본격적으로 소개한 기비노마키비吉備眞備가 760년에 조정의 명에 의해 제갈량의 팔진법과 손자의 구지를 가르쳤다고 쓰고 있는데 이 또한 일찍부터 이 〈구지〉 편의 중요성을 인식했다는 한 증거이다. 이 〈구지〉 편을 상세히 살펴보면 기습과 속도, 기동을 중시하는 기동전의 이론의 핵심이 담겨 있는데, 오늘날 서구에서 리처드 심킨Richard Simpkin이나 로버트 레온하르트Robert Leonhard와 같은 기동전 옹호자들이 손자를 역사상 최초의 기동전 이론가라고 부르며 그의 책을 과거의 책이 아니라 오늘의 책이며 미래의 책이라고 격찬하는 이유를 알 만하다.

이미 아홉 가지 전략적 지리에 따른 용병법에 대해서는 본문 해설에서 비교적 상세히 살펴보았기 때문에 여기서는 원정작전의 명제에 대해 서양의 클라우제비츠의 이론과의 비교를 통해 그의 논지의 핵심을 뚜렷이 하고 이를 현대적으로 해석해보고자 한다.

아마도 서양의 전략사상에 있어 원정작전에서의 속도와 시간의 중요성을 강조한 최초의 이론가는 클라우제비츠를 들어야 할 것이다. 그는 흔히 적 전투력 격멸이 적을 굴복시킬 수 있는 궁극적 방법이라고 말했고 또 승리는 유혈의 결전을 통해 얻을 수 있다고 주장했기 때문에 흔히 섬멸전의 대표자로 인식되는 경향이 있다. 확실히 전투의 승패가 그러한 결전에서의 쌍방 손실의 격차에 의해 결정된다고 말한 부분만을 본다면 그렇게 해석할 소지가 있다. 그러나 이는 그의 일면이다. 그는 《전쟁론》 제3장 〈전략〉 부분에서 시간 요소를 힘, 공간과 함께 전략의 주요요소로 들었으며, 제8장 〈전쟁계획〉에서는 전쟁의 적극적인 목적을 달성하기 위해서는 적국 깊은 곳에서 중단하지 말고 연속적으로 공세를 취해야 한다고 주장함으로써 시간의 사용이 전략에서 극히 중요하다는 주장을 하고 있다. 즉 적에게 재정비할 시간적 여유를 주지 않는 것이 전승의 지름길이며, 이렇게 전쟁에서 시간을 유리하게 사용하기 위해서는 힘을 여러 방면으로 분산하지 않고 하나의 주요 공격 방향에 집중하여 사용해야 하고, 또 진격 속도를 늦추어서는 안 된다고 말하고 있다.

이러한 클라우제비츠의 논의는 놀랍게도 손자가 〈구지〉 편과 그 외의 다른 편에서 주장한 것과 유사점이 많다. 우선 두 이론가가 모두 원정작전에서 적국 깊숙이 신속하게 진출할 것을 말하고 있다. 손자는 〈구변〉 편에서 "국경을 일단 넘게 되면 머무르지 말고 진격하라"(絶地無留)고 하였고 이 편에서는 "적국 깊은 곳에 들어가 아측의 온전한 힘으로 결전을 벌임으로써 수세에 처한 적이 대응할 수 없게 만든다"(深入則專, 主人不克)고 하여 중지전략을 주장하고 있다.

두 번째로 지적할 수 있는 두 이론가의 공통점은 원정에 있어 속도의 중요성을 강조한 것이다. 손자는 "용병은 속도를 위주로 한다"(兵之情主速)고 하였고 공격할 때는 마치 달아나는 토끼와 같이 빠르게 함으로써 적이 대응할 수 없는 상황을 만들 수 있어야 한다고 보았다. 클라우제비츠 역시 빠른 속도로 과감히 진격하는 것이 방어측으로 하여금 혼란을 정비하고 자원을 재집결하여 사용할 수 없게 만든다고 하여 중단 없는 진격의 중요성을 말하고 있다.

그러나 이러한 유사성에도 불구하고 차이점이 존재하고 있다. 《손자병법》에서 적지 깊숙한 곳으로 신속히 진출하라고 한 것은 그것이 병사들의 결전의지와 부대의 응집력을 높인다는 심리적인 차원의 강조이다. 즉 "적지 깊이 들어가면 병사들의 마음이 전투에 전일해지고 국경에서 멀리 떨어지지 않은 곳에서는 병사들의 마음이 분산되는 경향이 있다"(深則專, 淺則散)는 것이 손자의 중지전략 주장의 근본 이유이다. 반면에 클라우제비츠에게는 그러한 전쟁수행이 적의 물질적 대응능력의 상당 부분을 탈취해버릴 수 있다는 것이 주장의 근본 이유이다.

손자가 중지전략을 주장한 것은 당시 농민병들의 성격이 그다지 훈련되지 않았던 데에 그 원인의 일단이 있지 않은가라고 생각된다. 국경으로부터 적국측으로 그다지 멀리 들어가지 않았을 때, 즉 경지輕地에서 아측의 장수는 병사들이 부대에 제대로 소속했는가에 주의해야 한다고 한 것은 당시의 병사들 사이에 탈영이 매우 심했다는 것을 반증하는 내용이다. 적지 깊숙이 들어감으로써 더 이상 귀향 가능성이 없도록 하고 그로 인해 병사들이 전투에 전심전력하게 된다는 거듭된 서술은 바로 그러한 손자 당시의 사정을 염두에 둔 것이다.

그러나 손자가 이러한 사정을 고려했다고 하더라도 그의 중지전략의 주장이 단지 이러한 요인 때문에만은 아니다. 이미 〈작전〉 편에서 살펴본 바와 같이 손자는 전승全勝은 속승速勝에 의해 달성된다고 보았는데, 그 속승은 적지 깊숙이 들어가 결전을 벌여 적의 장수를 죽여 승리를 확실히 하지 않으면 달성이 불가능하다. 깊이 들어가지 않으면 적은 시간을 끌며 내지內地의 인적 · 물적 자원을 동원해 장기전을 치를 태세를 갖추게 되고, 그러한 장기전이 지속되면 손자가 우려한 바와 같이 국가 경제가 파탄에 이르고 이를 틈탄 주변국의 침략 위협에 노출될 수 있다.

손자가 〈구지〉 편에서 패왕의 용병을 말한 것은 바로 이러한 이유이다. 패왕의 용병은 대전략의 차원에서 벌교를 시행한 후, 전쟁을 시작하여 전쟁을 수행할 때는 기습적 공세에 의해 적을 혼란에 빠뜨려 조직 · 심리상의 혼란을 야기시키는데, 적은 이러한 혼란의 결과로 동원을 제대로 시행할 수 없게 되고 점령군의 가공할 위세에 눌려 저항의지는 더욱 위축된다. 이렇게 적을 혼란에 빠뜨리는 것은 기습을 달성하기 때문이며, 적국 깊숙이 급속하게 진출해 적의 주력을 격파해 승리를 결정짓는 것은 처음에 우리가 가목표假目標를 공격함으로써 적의 힘과 관심을 그리로 돌려놓고 적의 허를 틈타 진목표眞目標에 쇄도하기 때문이다.

이상에서 논의한 것을 토대로 손자의 원정작전 이론을 종합해보면 그의 이론은 대전략에서 전쟁 전의 외교적 조치로 적의 외교를 무력화시켜놓을 것, 작전전략에서 기만과 기습으로 적의 전쟁 노력에 혼란을 야기시킬 것, 이 양자를 모두 중시했다는 것을 특징으로 지적할 수 있다. 반면에 클라우제비츠의 원정작전 이론의 특징은 일단 원정작전을 시작하면 중단 없는 공세와 과감한 진격으로 공세의 주도권을 계속해서 유지하는 것을 강조했다는 점이라고 말할 수 있겠다. 두 이론가가 모두 속도를 통해 적에게 시간적 여유를 주지 않는 것이 중요하다는 것을 말했고 종국에는 적의 저항의 핵을 결전으로써 신속히 붕괴시키는 것이 필수적이라는 것을 인정했다. 그런데 손자가 적의 조직 · 심리 면에서의 와해disruption를 더욱 강조했다는 점에서는 '적의 마비'를 강조한 풀러의 이론에 더욱 가깝다는 점을 인정할 수 있다.

두 이론가가 승리의 지름길로 제시한 적 주력의 파괴와 심리적 와해는 대부분의 경우 독립되어 움직이는 경우가 드물기 때문에 어느 한 쪽만을 강조하기는 어려운 면이 있다. 심리적 와해는 조직에서의 물리적 힘의 발휘를 급격히 저하시킨다. 반면에 물리력에 대한 결정적 타격은 조직의 구성원들에게 심리적 무력감을 유발한다. 그러므로 전략의 주목표 설정에 있어서는 당연히 효과가 더욱 결정적으로 나타날 대상을 식별해야 한다. 클라우제비츠가 적 주력 외에도 적의 위정자, 수도, 동맹국 중의 중심국가, 여론을 전략적 목표로서 고려해야 할 대상에 포함시킨 것은 바로 그러한 사실을 인식했기 때문이다.

한 가지 손자의 용병이론에서 불분명하다고 여겨지는 것은 원정작전에서 그 타격의 목표가 무엇이 되어야 하는가라는 전략목표에 대한 구분이 모호하다는 점이다. 이 〈구지〉 편에서 손자가 적과의 결전에 앞서 병사들의 힘을 최대한 발휘하게 하라고 했고 또 적국 깊숙이 들어가 적장을 죽인다(千里殺將)고 표현한 것으로 보아 원정의 마지막 단계에서는 적과 일대 결전을 벌이는 것을 전제하고 있는 것은 분명한데 그것이 허虛가 형성되어 방어가 미약한 적국의 심장부 즉 적국의 군주가 있는 수도를 말하는 것인지 아니면 야전에 있는 적국의 주력을 말한 것인지에 대해서는 불분명하다. 이 점에서는 클라우제비츠가 《전쟁론》의 제8장 〈전쟁계획〉에서 적의 주력, 동맹국 중의 중심국가, 여론, 적 지도자, 토지 등으로 전략목표를 나누어 설명한 것이 전략목표의 설정에 있어 한층 명확한 사고를 가능케 한 것이라 말할 수 있다.

12

화공

12. 화공火攻

| 편명과 대의 |

이 편의 편명은《십일가주손자》계통의 판본에서나《무경칠서》계통의 판본에서 모두 '화공火攻'으로 되어 있다.《죽간본 손자》의 편명을 담은 목판에서도 '화공火攻'이라는 편명이 뚜렷하게 나타나 있다. 화공은 말 그대로 불로 공격한다는 뜻인데 이 편의 본문 안에서 간략히 언급되는 수공水攻과 함께 고대의 전법에서 중요한 특수작전의 하나이다. 화기의 발명이 있기까지 불과 물은 현대의 각종 화기에 맞먹는 위력을 발휘했고 손자는 이 점을 고려해 화공을 한편으로 따로 묶어 다루고자 한 것이다. 다만 수공에 관해서는 화공과 관련시켜 간략히 언급하고 있을 뿐이다.

〈화공〉편이《손자병법》의 끝부분에 놓여졌다는 사실을 두고 연구자들 간에 이 편의 비중에 대한 논란이 있었다. 일찍이 송宋나라의 소식蘇軾은 "화공을 손자가 하책으로 여겼다"(火攻于孫子爲下策)고 하였고 명나라의 유인劉寅과 조본학趙本學은 이에 동의하면서 좀더 자세하게 화공은 그 피해 정도가 극심하기 때문에 신중하게 사용해야 하고 그 때문에 손자가 마지막에 기술한 것이라고 했다. 다분히 윤리적인 해석이다. 손자가 "화공으로써 공격작전을 돕는 것은 현명하고, 수공으로써 공격작전을 돕게 되면 강해진다"(以火佐攻者, 明. 以水佐攻者, 强)라고 한 것을 보면 손자는 화공에 대한 그러한 윤리적 가치판단을 하지 않았지만 후세인들이 윤리적 해석을 가한 감이 있다. 손자는 전쟁을 피할 수 있으면 가능한 한 피하면서 목적을 성취하되 전쟁의 수행에 있어서는 적을 속이거나 적국을 약탈하는 등 평시의 도의에 어긋나는 수단을 인정했다. 따라서 화공이 적을 신속히 굴복시키는 한 방법이라면 이것은 꼭 하책下策이라고 할 수 없고 오히려 적 국민 전체의 피해를 경감시킬 수 있는 방법일 수도 있다.

〈화공〉 편은 크게 보아 두 가지 주제를 논하고 있다. 전반부는 화공의 목표, 시행조건, 일반적 공격작전에 활용하는 용병방법을 다루고 있다. 후반부는 화공과는 직접 관계가 없는 것으로 제12편까지 전개한 용병론의 결론에 해당한다. 여기서는 전쟁의 결정과 지도에 있어 주의해야 할 점을 다시 한 번 상기시키고 있다. 즉 전쟁의 결과는 패망에 이를 수도 있기 때문에 전쟁의 결정은 신중하고 냉철하게 이루어져야 하고 그 결과의 유리함을 지키지 못하는 전쟁은 아예 하지 않음과 같다는 것이다. 손자는 전쟁을 치르고도 그 결과가 정치적인 이익으로 연결되지 못하고 전후처리에 많은 곤란을 겪게 되는 경우를 '아직 치러야 할 비용이 남아 있다'는 뜻의 '費留(비유)'라고 표현하고 있다. 이것은 오자가 "전쟁에 승리하기는 쉬워도 그 승리를 지키는 것이 어렵다"(戰勝而守勝難)라고 말한 것과 같은 맥락이다. 말하자면 전쟁의 결정과 지도는 전후의 유불리에 대한 냉철한 판단하에서 이루어져야 한다는 것이다. 이 부분을 화공에 관련한 경고라고 해석하는 주석자들이 있지만 그것은 잘못이다.

이 편에서 손자의 논지는 "이익이 없으면 군대를 움직이지 말고, 소득이 없으면 군대를 쓰지 말며, 위태롭지 않으면 전쟁을 하지 말라"(非利不動, 非得不用, 非危不戰)의 한 문장에 집약되어 있다. 특히 '非危不戰'이라고 한 것은 상대가 아측에 대해 불의의 침략의도를 갖지 않는 한 전쟁을 일으키지 말라고 한 것으로, 전쟁에 관한 그의 근본 입장을 표명한 것이다.

12-1

孫子曰. 凡火攻有五. 一曰火人, 二曰火積, 三曰火輜, 四曰火庫, 五曰火隊. 行火必有因, 煙火必素具. 發火有時, 起火有日. 時者, 天地燥也. 日者, 月在箕壁翼軫也. 凡此四宿者, 風起之日也.

손자는 다음과 같이 말했다. 무릇 화공을 하는 데는 다섯 가지 방법이 있다. 그것은 '화인火人', 즉 사람을 불로 공격하는 법, '화적火積', 즉 집적된 군수품을 불로 공격하는 법, '화치火輜', 즉 적의 수송차량을 불로 공격하는 법, '화고火庫', 즉 적의 창고를 불로 공격하는 법, '화대火隊' 즉 적의 부대를 불로 공격하는 법이다. 불을 놓을 때는 반드시 불이 잘 탈 수 있는 조건이 고려되어야 하고, 불이 왕성하게 타오르게 하기 위해서는 화공의 기구가 갖추어져야만 한다. 따라서 불을 놓는 것은 적당한 시간을 고려해야 하고, 또한 불이 잘 타오르는 날이 있으니 이를 고려해야 한다. 그 시간은 공기가 건조해 있을 때여야 하고, 그 날짜는 달이 기箕, 벽壁, 익翼, 진軫에 있는 날을 말하니 일반적으로 한 달 중에서 이런 날짜가 바람이 일어날 수 있는 가능성이 높은 날이다.

어휘풀이

- 凡火攻有五(범화공유오) : 무릇 화공에는 다섯 가지가 있다.
- 一曰火人, 二曰火積, 三曰火輜, 四曰火庫, 五曰火隊(일왈화인 이왈화적 삼왈화치 사왈화고 오왈화대) : 積은 쌓을 적. 야지에 쌓아놓은 보급품을 말한다. 輜는

짐수레 치. 군에서 쓰는 보급품 이동용 수레나 차량을 뜻하며 현재는 치중輜重이라고 쓴다. 庫는 창고. 隊는 부대를 말한다. 전체의 뜻은 '그 첫째는 적의 주요 인물을 방화하여 죽이는 것이고, 둘째는 적의 야적 보급품을 불로 공격하는 것이며 셋째는 적의 수송차량을 불로 공격하는 것이고 넷째는 적의 군수창고를 불로 공격하는 것이며 다섯째는 적의 부대를 불로 공격하는 것이다.'

▪ 行火必有因 煙火必素具(행화필유인 인화필소구) : 行火는 불을 놓는 것. 因은 말미암을 인. 조건의 뜻이다. 煙은 불기운 인, 연기 연. 煙火는 불길을 오르게 하는 것. 素는 '성심 소' 자로 '잘'의 뜻으로 쓰였다. 具는 갖출 구. 전체의 뜻은 '화공을 행하는 데는 그 조건이 있다. 불길을 오르게 하는 데는 적절한 도구를 갖추어야 한다.'

▪ 發火有時, 起火有日. 時者, 天地燥也. 日者, 月在箕壁翼軫也(발화유시 기화유일 시자 천지조야 일자 월재기벽익진야) : 發火는 불을 놓는 것. 起火는 불이 일어나는 것, 불이 잘 타오르는 것. 燥는 마를 조. 전체의 뜻은 '불을 놓을 때는 적절한 때가 따로 있고 불이 잘 타오르는 것도 특정한 날짜가 따로 있다. 그 시간이라는 것은 하늘과 땅이 모두 건조해 있는 시간을 말하며 그 날짜란 달이 기, 벽, 익, 진의 별자리에 있을 때이다.' 箕, 壁, 翼, 軫은 중국 고대 천문학에서 한 달을 28일로 할 때 그때마다의 성좌의 위치에 각각 이름을 붙인 28수宿 중 특정일을 지칭한다.

▪ 凡此四宿者, 風起之日也(범차사수자 풍기지일야) : 宿는 별자리 수. 무릇 이 네 성수星宿는 바람이 잘 일어나는 날이다.

해설

〈화공〉 편의 이 첫 절에서 손자는 화공의 대상에 따른 화공의 종류를 제시하고 그것을 시행하는 데 유의해야 할 점들을 서술하고 있다. 화공의 대상이 되는 것으로는 사람, 집적되어 있는 보급품, 보급수송부대, 창고, 부대 등이다. 화공을 시행할 때는 어떤 경우에 불이 잘 탈 수 있는가를 잘 살피고 불을 잘 타오르도록 하기 위해서는 적절한 도구를 갖추어야 한다. 불을 지르는 데 시간을 잘 선택해야 하고 불이 잘 타오르는 날짜가 있으니 그것을 잘 살펴야 한다. 시간적으로는 천지가 건조하고 말라 있을 때를 선택해야 하고 날짜는 28수宿의 기箕, 벽壁, 익翼, 진軫의 날을 택하는 것이 좋은데 왜냐하면 천문학상 일반적으로 이러한 날에는 바람이 많이 일어나기 때문이다.

하나의 작전을 시행할 때 손자가 보인 주도면밀함을 들여다볼 수 있는 절이다. 28수는 태음력에 의해 달의 1공전주기상의 매일에 각각 명칭을 붙인 것이다.

12-2

凡火攻必因五火之變而應之. 火發於內, 則早應之於外. 火發而其兵靜者, 待而勿攻. 極其火力, 可從而從之, 不可從而止. 火可發於外, 無待於內, 以時發之. 火發上風, 無攻下風. 晝風久, 夜風止. 凡軍必知五火之變, 以數守之. 故以火佐攻者, 明. 以水佐攻者, 强. 水可以絶, 不可以奪.

무릇 화공은 다섯 가지 변화 양상에 합당하게 사용해야 한다. 불이 적진의 내부에서 일어나면 우리는 일찍 밖에서 이에 호응한다. 적진에 불이 일어났는데도 적의 병력이 혼란되지 않고 침착하면 (적이 이를 이용하는 것일 가능성이 있으므로) 상황을 지켜보며 공격하지 않는다. 그 화력이 대단히 거세어질 때는 상황을 판단하여 공격이 가능하면 공격한다. 우리가 적진 밖에서 불을 놓을 수 있을 경우에는 적진 내부에서의 호응만을 기다리지 말고 불이 잘 붙을 수 있는 시간인가를 판단하여 불을 놓는다. 화공은 적 방향으로 바람이 불 때 사용해야지 우리 쪽으로 바람이 불 때는 사용해서는 안 된다. 주간에 부는 바람은 (그 효과를 예측할 수 있기 때문에) 화공에 이용하고, 야간에 부는 바람은 (불타는 곳 외의 어둠 속에서 지리에 밝지 못해 아군이 오히려 공격당할 위험이 있으므로) 화공에 이용하지 말아야 한다. 무릇 군대는 반드시 화공의 다섯 가지 변화를 바로 알고, 이에 관련된 수를 고려해 지킨다. 그러므로 불로 공격을 돕는 것은 명석하다고 하며 물로 공격을 돕는 것은 단지 강하다고 할 수 있다. 왜냐하면 수공을 쓰면 적의 진출을 지형에 따라 차단할 수는 있지만 화공처럼 이를 이용하여 바로 적의 토지를 확보할 수는 없기 때문이다.

어휘풀이

■ 凡火攻 必因五火之變 而應之(범화공 필인오화지변 이응지) : 五火之變은 다섯 가지 화공의 변화를 말한다. 應之는 '상황에 맞게 조치한다' 는 뜻. 화공을 하는 데는 반드시 다섯 가지 화공의 변화(경우)에 따라서 이에 적절하게 조치를 취한다.

■ 火發於內, 則早應之於外(화발어내 즉조응지어외) : 內는 여기서 적 진영의 내부를 의미한다. 早는 이를 조. 여기서는 '신속히' 라는 뜻으로 사용되었다. 불이 적진 안에서 일어나면 신속히 외부에서 이에 호응한다(호응하여 공격한다).

■ 火發而其兵靜者, 待而勿攻(화발이기병정자 대이물공) : 靜은 고요할 정, 조용할 정. 불이 일어났는데도 적병이 (동요하지 않고) 안정되어 있으면 기다려보고 공격하지 말라(이것은 적이 의도적으로 아측을 유인하기 위한 것일지도 모르기 때문이다).

■ 極其火力, 可從而從之, 不可從而止(극기화력 가종이종지 불가종이지) : 極은 지극할 극, 다할 극. 從, 從之(종지)는 여기서 '공격한다' 는 의미로 사용되었다. 止는 그칠 지. 불이 최고조로 타오르게 되면 (적이 혼란에 빠지는가를 보아) 공격할 만하면 공격하고 그렇지 않으면 중지한다.

■ 火可發於外, 無待於內, 以時發之(화가발어외 무대어내 이시발지) : 發之는 여기서 '불을 놓는다' 는 뜻. 불을 외부에서 놓을 수도 있는 상황이면 적진 안에서 일어나기만을 기다리지 말고 적절한 시기를 보아 화공을 실시한다.

■ 火發上風, 無攻下風(화발상풍 무공하풍) : 上風은 위를 향하는 바람. 下風은 아래로 향하는 바람. 화공은 상풍일 때 실시하고 하풍일 때는 공격하지 말라(그 이유는 하풍일 경우 공격하는 측이 피해를 볼 수 있기 때문이다).

■ 晝風久, 夜風止(주풍구 야풍지) : 晝는 낮 주. 夜는 밤 야. 낮에 부는 바람에는 작전을 시행하고 (오래 작전을 끌 수 있고) 밤 바람에는 (작전을) 멈추어야 한다.

■ 凡軍必知五火之變, 以數守之(범군필지오화지변 이수수지) : 數는 여러 경우. 여기서 '그 각각의 상황을 헤아리고 판단한다' 는 뜻이다. 무릇 군대는 반드시 화공의 다섯 가지 원칙을 알고 각 경우를 헤아려 방비해야 한다.

■ 故以火佐攻者, 明. 以水佐攻者, 强(고이화좌공자 명 이수좌공자 강) : 佐는 도울 좌. 明은 여기서 '현명하다' 는 뜻으로 사용되었다. 그러므로 불로 공격을 보조하는 것은 현명하다 할 수 있고 물로 공격을 보조하면 군대가 강해진다.

▪ 水可以絶, 不可以奪(수가이절 불가이탈) : 絶은 끊을 절. 奪은 뺏을 탈. 물을 사용하면 적군을 끊어놓을 수는 있지만 이로써 (적이 가진 것을) 탈취할 수는 없기 때문이다.

해설

이 절은 소위 '오화지변五火之變' 이라고 하여 화공을 시행할 당시 바람의 정도, 방향, 주변정황 등을 고려해 취해야 할 용병의 원칙을 말하고 있다.

(1) 불이 적 진영이나 요새의 내부에서 일어나면 조기에 외부에서 이에 응하여 작전을 시행한다. 손자는 여기서 적의 진영이나 성에 이미 침투해 있는 첩자에 의해 아측과의 약속하에 불을 지르는 경우를 말하고 있다. 이 경우에는 적이 당황하고 혼란에 빠질 가능성이 높기 때문에 그 시기를 놓치지 말고 공격하라는 의미이다.

(2) 불이 일어났는데도 적의 진영에 동요가 없다면 기다려 상황을 파악해야지 즉각 공격하면 안 된다. 왜냐하면 그것은 아측이 보낸 첩자가 이미 적에게 사로잡혔고 적이 의도적으로 아군을 유인할 목적으로 불을 놓았을 가능성이 높기 때문이다. 이 경우에는 적의 의도를 의심해볼 필요가 있다. 이로 미루어보면 위에 든 '밖에서 즉시 조응하라' 는 원칙은 적이 불에 의해 혼란에 빠질 때 그리 하라는 의미임이 분명하다.

만약 불이 세차게 타오를 때 상황이 이를 이용해 공격할 만하다고 판단되면 공격을 하고 그렇지 않으면 공격하지 말아야 한다. 이 문장은 앞의 문장과 연결되는 상황으로 이해해야 한다. 불이 세차게 타오르는 것은 적이 아군을 유인하기 위해 의도적으로 불을 놓은 것은 아니라는 징표이니 이러한 판단이 확실하다고 생각되면 공격하라는 것이다. 그러나 이 경우에도 만약 불이 타오르는 곳이 아측을 공격하기 쉬운 곳이라든지, 아군이 공격할 수 있는 지점에 많은 적이 몰려 있든지, 아니면 높은 성곽을 넘어야 공격이 가능한 경우 등을 상정할 수 있다. 이런 경우에는 불이 세차게 타오르는 경우에도 공격하지 말아야 한다.

(3) 화공은 적 진영 내부에만 시행될 수 있는 것이 아니고 외부로부터도 시행될 수 있다. 이 문장으로 판단하건대 손자는 화공에 있어서는 적 진영에 아측에 호응하는 사람들을 미리 잠입시키거나 파견해둔 첩자를 시켜 불을 놓게 하는 것을 화공의 통상적인 방법으로 여긴 것 같다. 그러나 어떤 사정에 의해 그러한 조치들이 예정대로 시행되지 않을 수 있다. 이때에는 적진 내부에서의 호응을 기다릴 것 없이 화공에 적합한 시간을 선택하여 불을 놓아야 한다.

(4) 불은 적 방향으로 타들어 올라가는 '상풍上風'에 시행해야 하고 불이 우리 쪽으로 아래로 타들어 내려오는 '하풍下風'의 경우에는 공격하지 말아야 한다. 공격하는 아군이 불에 의해 피해를 입을 수 있기 때문이다. '無攻下風(무공하풍)'이라는 말은 바람이 우리를 향해 내리부는 경우 공격하지 말아야 한다는 의미이다.

(5) 낮에 부는 바람에는 화공을 오랫동안 시행할 수 있고 밤에 부는 바람에는 화공을 그쳐야 한다(晝風久, 夜風止).

'晝風久, 夜風止(주풍구 야풍지)'는 해석상 논란이 많은 부분이다. 이 부분은 《십일가주손자》 계통의 판본에서나 《무경칠서》 계통의 판본에서는 모두 '주풍구, 야풍지'로 되어 있는데 많은 사람들이 이를 '주간에는 바람이 오래 불고 야간에는 바람이 그친다'는 뜻으로 해석하고 있다. 이렇게 해석하면 문맥에 확실히 어긋난다. 또 낮에만 바람이 오래 불고 밤에는 바람이 그친다는 것은 있을 수 없는 일이다. 최근 중국의 양가락楊家駱이 편집한 《손자집교孫子集校》에서는 장분張賁의 설을 좇아 이 부분을 '晝風從, 夜風止(주풍종 야풍지)'로 원문을 바꾸었다. 국내에서는 노병천이 이를 따라 '주풍종 야풍지'로 원문을 바꾸었다. 최초로 기존의 해석에 이의를 가진 장분의 설명에 따르면 예전에는 구久와 종從은 통했기 때문에 '주풍종, 야풍지'로 고쳐 읽어야 한다는 것이다. 이에 근거하여 그는 주간에 바람이 불 때에는 화공을 시행하여 공격하고 야간에 부는 바람에는 화공을 시행하지 말라는 뜻으로 해석했다. 그가 옛날에 '久'와 '從'이 같은 의미로 쓰였다고 한 것은 근거가 박약한 지나친 추론이지만 그 해석에서 '久'(=從)와 '止'를 '바람이 오래 간다, 그친다'로 해석하지 않고 '화공을 오래 한다, 그친다'로 본 것은 탁월한 견해다. 나는 원문은 그대로 두어야 하고 '구', '지'는 주간과 야간의 각각의 상황에 있어서의 화공의 시행원칙이라 해석하는 것이 타당하다고 생각한다. 이러한 관점에서 이 문장을 해석하면 '주간에 바람을 이용하여 시행하는 화공은 작전을 오래 끌 수 있고, 야간에 바람을 이용하여 시행하는 화공은 하지 말라'는 뜻이 된다. 그 이유에 대한 가장 그럴듯한 추론은 주간에는 바람의 방향과 적의 동태를 고려해 공격할 수 있지만, 야간에는 그렇지 못하여 갑자기 바람의 방향이 바뀌어 허둥대다가 손해를 보거나 적의 복병에 의해 걸려들 가능성이 높기 때문이다.

'凡軍必知五火之變, 以數守之(범군필지오화지변 이수수지)'의 문장 역시 해석이 어렵다. 바로 '數'자를 어떻게 해석하느냐에 따라 전체 해석이 달라지기 때문이다. 역대의 일반적 해석은 '수'를 달이 화공에 좋은 성좌에 있을 때인가를 따져본다는 뜻으로 보는 것이었다. 그렇게 해석하면 '以數守之'는 화공에 적합한 기, 벽, 익, 진의 성수를 헤아려 화공에 대비한다는 의미로 해석된다. 그러나 만약 그러한 날들에만 공격한다면 적측에서도 대비함으로써 무형이 되지 않고 기습도 달성하기 곤란하다. 그러므로 여기서 '數'는 경우를 헤아린다는 뜻으로 새겨야 할 것이다. 즉 오화지변의 각각의 정황을 헤아린다는 의미이다. 그러므로 '이수수지'는 오화지변의 화공법을 헤아려 그것을 대비한다는 의미가 된다.

다음 문장 '故以火佐攻者, 明. 以水佐攻者, 强' 은 화공의 이점을 수공과 비교하여 설명한 것이다. 불을 이용하여 공격을 수월하게 하는 것은 현명하다 할 수 있고 물을 이용해 공격을 수월하게 하면 군대가 강해진다는 의미인데 여기서 화공법이 수공에 비해 더욱 효과적임을 말하고 있는 것이다. 그 이유는 수공은 잘 수행하면 적의 진격을 차단하고 저지하거나 또는 일시적으로 적을 곤경에 빠뜨릴 수 있기는 하지만 수공이 가능한 지역이 한정되어 있는 반면, 화공은 장소에 관계 없이 사용하여 적이 장악한 지역과 요새지들을 빼앗을 수 있기 때문이다. 손자는 특수작전으로서 화공과 수공을 용병가가 다 사용할 수 있어야 한다고 인정하지만 화공에 더욱 가치를 둔 것이다.

12-3

夫戰勝攻取, 而不修其功者, 凶. 命曰, 費留. 故曰,明主慮之, 良將修之. 非利不動, 非得不用, 非危不戰. 主不可以怒而興師, 將不可以慍而致戰. 合於利而動, 不合於利而止. 怒可以復喜, 慍可以復悅. 亡國不可以復存, 死者不可以復生. 故曰, 明主愼之, 良將警之. 此安國全軍之道也.

무릇 전쟁을 치러 승리하고서도 그 승리의 결과를 제대로 지키지 못하면 오히려 해로운 결과를 가져온다. 이러한 경우를 이름하여 '비유費留', 즉 '더 투입해야 할 전쟁비용이 남아 있는 것'이라고 한다. 그러므로 명석한 군주는 이를 염려해야 하고 훌륭한 장수는 이를 옳게 다스려야 한다. 이익이 없으면 군대를 움직이지 말고, 이득이 없으면 군대를 사용하지 말 것이며, 국가가 위태롭지 않거든 전쟁을 하지 말아야 한다. 군주는 분함을 못 이겨 군대를 일으켜서는 안 되고 장수는 성을 내어 싸움에 빠져들어서는 안 된다. 철저하게 계산하여 이익이 있으면 움직이고 이익이 없으면 행동을 그쳐야 한다. 한번 성냈다가도 시간이 지나면 다시 기쁜 마음이 될 수도 있지만, 국가가 망하면 다시 존재할 수 없고 죽은 사람은 다시 살아날 수 없기 때문이다. 그러므로 현명한 군주는 전쟁을 신중히 생각해야 하고 훌륭한 장수는 전쟁을 경계해야 한다. 이것이 국가를 안전하게 보전하고 군대를 온전하게 하는 길이다.

어휘풀이

▪ 夫戰勝攻取, 而不修其功者, 凶(부전승공취 이불수기공자 흉) : 攻取는 공격하여 취하는 것. 修는 '닦을 수' 자인데 여기서는 守와 같은 의미로 '온전하게 지킨다'는 뜻이다. 凶은 '흉할 흉' 자로 '나쁘다, 불길하다'의 뜻. 무릇 싸워 이기고 공격하여 탈취하더라도 그 공로를 온전하게 지키지 못하면 나쁘다.

▪ 命曰, 費留(명왈 비유) : 이것을 이름하여 '費留'라고 한다. 즉 치러야 할 비용이 아직 남아 있다는 뜻이다.

▪ 故曰, 明主慮之, 良將修之(고왈 명주려지 양장수지) : 明主는 현명한 군주. 慮는 생각 려, 걱정할 려. 修는 다스릴 수. 그러므로 말하기를 현명한 군주는 (이점을) 숙고해야 하고, 훌륭한 장수는 (이점을) 옳게 다스릴 줄 알아야 한다.

▪ 非利不動, 非得不用, 非危不戰(비리부동 비득불용 비위부전) : 이익이 되지 않으면 움직이지 말고 이득이 없으면 군대를 사용하지 말며 위태롭지 않으면 전쟁을 하지 말라.

▪ 主不可以怒而興師 將不可以慍而致戰(주불가이노이흥사 장불가이온이치전) : 慍은 성낼 온. 致는 이를 치. 興師는 군대를 일으키는 것. 군주는 노여움에 의해 군대를 일으켜서는 안 되고 장수는 성내어 싸움에 돌입해서는 안 된다.

▪ 合於利而動, 不合於利而止(합어리이동 불합어리이지) : 合於는 ~에 합치하다. 이익이 있으면 군대를 움직이되 이익이 없으면 용병을 그쳐라.

▪ 怒可以復喜, 慍可以復悅(노가이부희 온가이부열) : 復는 다시 부. 노여움은 (한번 지나가면) 다시 기쁨이 돌아올 수 있고 성내는 것은 (한번 지나가면) 다시 기쁨이 돌아올 수 있다.

▪ 亡國不可以復存, 死者不可以復生(망국불가이부존 사자불가이부생) : 망한 국가는 다시 존재할 수 없고 죽은 사람은 다시 살아날 수 없다.

▪ 故曰, 明主愼之, 良將警之(고왈 명주신지 양장경지) : 愼은 삼갈 신, 신중히 할 신. 警은 경계할 경. 그러므로 말하기를 현명한 군주는 (전쟁에) 신중하고, 훌륭한 장수는 (전쟁을) 경계한다.

▪ 此安國全軍之道也(차안국전군지도야) : 이것이 국가를 안전하게 유지하고 군대를 온전하게 보전하는 방법이다.

해설

이 절은 〈화공〉 편의 마지막 부분이지만 실은 화공에 관한 이야기만은 아니다. 손자는 오히려 이 절에서 다시 한 번 전쟁의 결과와 전쟁수행의 근본 목적에 대해 용병가의 주의를 돌리려 한 것이다. 어떤 이들은 이 절을 〈화공〉 편의 결론부로 생각하여 잘못된 해석을 내리고 있다. 예컨대 명나라의 왕양명王陽明은 "화공 역시 병법 중의 하나이다. 용병하는 사람은 이를 알지 않을 수 없고 경솔하게 시행해서는 안 된다. 그러므로 이익이 없으면 움직이지 말고, 이득이 없으면 사용하지 말고 위태롭지 않으면 싸우지 말라. 군주는 노한 결과 군대를 일으켜서는 안 되고 장수는 화를 내어 전투에 이르러서는 안 된다. 이것이 국가를 안전하게 하고 군대를 온전히 보존하는 길이다라고 한 것이다"고 써서 이 절을 화공법과 연관지어 해석하고 있다. 명나라의 유인劉寅 역시 "화공이라는 것은 불을 이용하여 적을 공격하는 것이다. 적을 손상시키고 물건에 해를 미치는 것이 이것보다 심한 것이 없다. 군대는 국가가 부득이할 때만 이용해야 할 것이며 화공 역시 부득이할 때만 사용해야 할 것이다. 그러므로 현명한 군주는 신중을 기하고 유능한 장수는 경계해야 한다"고 말하였다. 최근에 타이완의 위여림魏汝霖 역시 이 부분을 화공법에 관련된 것으로 해석하고 있다. 그러나 이러한 해석들은 이 절이 화공이라는 편명 아래에 있다고 하여 무리하게 연결지은 것이다. 이 절은 전쟁 전반에 대한 경고이지 화공에 국한된 경고가 아니다.

그 이유는 우선 이 절 중간에 나타나는 '非危不戰'이라는 어구를 자세히 살펴보면 명백해진다. 이미 적을 공격하기 위해 적의 내부에 아측에 동조하는 사람이 지르는 불을 이용하기도 하고 적 진영 내부에서 불이 일어나기만을 기다리지 말고 외부에서 시의에 따라 화공을 실시할 수 있다고 한 손자가 어찌 "위태롭지 않으면 전투를 하지 말라"라는 말을 하여 왕양명, 유인 등이 생각하는 것처럼 화공을 시행치 말라는 말을 할 수 있을까? 여기서 '戰'을 화공전이라고 해석하면 의미가 통하지 않는다. 더구나 '非危不戰'의 '戰'을 작전으로 이해하면 손자가 〈구지〉 편에서 장황하게 원정작전을 논한 것과 도처에서 은밀하게 기동하여 적지 깊숙이 들어가 기습을 가하라고 한 것들은 이해될 수 없다. 그러므로 '非危不戰'의 '戰'은 전쟁을 가리킨 것이며 이 절 전체가 모두 전쟁의 전반적인 면에 대한 경고를 담고 있는 것이다.

이 절에서 손자가 말하고자 하는 바의 핵심은 전쟁 수행은 철두철미하게 국민의 사생死生과 국가의 이해利害에 기준하여 시작하고 종결지어야 한다는 것이다. 이미 앞에서 손자는 〈작전〉, 〈모공〉 편에서 '전승全勝'을 용병의 이상으로 제시했는데 '전승'은 승전의 결과가 국가의 피폐로 이어지거나 이를 틈탄 주변국의 침략으로 귀결되어서는 안 되는 것이다. 손자는 바로 그러한 전쟁수행, 즉 혈전을 수행하여 목표를 점령했는데도 그 결과를 온전히 국가에 이익되는 방향으로 연결짓지 못할 때 이를 '비유費留', 즉 아직 치러야 할 비용이 남아 있는 상태라고 부른다고 하여 독자에게 경고하고 있다.

즉 손자는 철저하게 수단을 이성적 목적에 종속시키는 전쟁을 강조한 것이다. 그러므로 전쟁의 결과 인적 · 물적 비용이 그 효과를 초과하는 전쟁이라면 아예 전쟁을 아니하는 것이 낫다. 전쟁에 이기더라도 그 점령지의 통치에 엄청난 비용이 든다면 이 또한 전쟁을 잘못 시행한 것이다. 1980년 소련이 아프가니스탄을 점령하고 나서도 9년간 게릴라전에 말려 엄청난 손실을 입고 1989년 물러나온 것은 가장 최근의 대표적인 예이다. 예전에 중국이 자주 변방의 주변민족들을 직접 점령하여 통치하기보다는 조공관계를 통해 그 나라의 통치자는 그대로 인정하되 정치적인 영향력을 발휘하는 간접 통치방식인 기미정책羈縻政策을 시행한 것은 바로 그러한 비용을 지불하지 않으려고 한 고도의 전략이다.

전쟁을 수행하면서 그 궁극적인 결과를 생각해야 한다는 것은 손자 이후 많은 병학가들과 명장들이 거듭 경고한 바이다. 오자吳子가 "전승을 이루기는 쉽지만 그 승리를 지키기는 어렵다"(戰勝易 守勝難)라고 한 것은 바로 전승의 결과를 지키는 것이 중요하다는 의미로 손자의 사상을 이어받은 말이다. 클라우제비츠가 "전략에 있어서 승리, 즉 전술적 성과는 원래 하나의 수단에 지나지 않는다. 따라서 전략에서의 궁극적 목적은 결국 강화로 직접 연결되는 사항이 된다"라고 한 것은 결국 손자가 말하는 것과 같이 전승戰勝의 결과는 궁극적으로는 정치적인 유리함이 되어야 한다는 사상을 말한 것이다.

따라서 전쟁을 고려하는 사람은 이러한 '비유'의 전쟁은 피해야 하고 전쟁을 시작해서 그러한 결과가 예견될 경우, 혹은 확실한 전승의 객관적 조건이 형성되지 않았을 때는 전쟁에 뛰어들어서는 안 된다. 그러므로 현명한 군주와 유능한 장군은 이를 깊이 고려하고 목적이 불분명하고 결과가 불투명한 전쟁이나 작전에 뛰어들어서는 안 된다. 전략에 있어서 이익이 되지 않으면 군대를 움직이지 않고 이득이 없으면 군대를 써서는 안 된다(非利不動, 非得不用). 뿐만 아니라 상대국으로부터 침공위협이 없으면 전쟁을 시행하지 말아야 한다(非危不戰).

손자가 이 절에서 말하는 '비위부전非危不戰'의 한 구절은 특별히 주목할 가치가 있다. 이 '비위부전'의 한 구절로부터 우리는 손자가 침략전쟁을 항상 옹호한 것이 아니라 정의에 입각한 전쟁의 경우에만 침략을 정당화할 수 있다고 생각했다는 것을 분명하게 알 수 있다. 〈계〉 편과 〈작전〉 편에서 손자는 전쟁으로 인해 도래할 수도 있는 심각한 인명 손실과 재산 손실, 국가위기를 말함으로써 간접적으로 가능한 전쟁을 피해야 한다고 암시했고, 〈모공〉 편에서는 이런 시각에서 '싸우지 않고 적을 굴복시키는 것이 최상이다'라는 명제를 제시했는데, 여기서는 직접적으로 정의의 전쟁이 아니면 전쟁을 시행하지 말라고 분명히 표현한 것이다. 그는 국가이익을 추구하는 현실주의적 관점만 제시한 것이 아니라, 평화를 추구하되 정의와 평화가 위협받을 때는 평화를 지키기 위해 전쟁을 수행하라고 한 것이다.

| 화공 편 평설 |

〈화공〉 편은 《손자병법》에서 특수작전에 대해 서술하면서 동시에 〈계〉 편에서 제시한 전쟁의 신중론을 재론하는 독특한 편이다.

화공은 사실상 손자시대 훨씬 이전부터 사용되었을 것이나 그 효과를 극대화하기 위해서는 치밀한 준비가 필요하고 그 효과가 일반 작전의 성과를 뛰어넘는 점이 있기 때문에 특별히 한 편을 할애한 것 같다. 손자는 화공에 필요한 장비가 무엇이라고 나열하지는 않았지만 "불이 왕성하게 타오르게 하기 위해서는 반드시 그 기구가 갖추어져 있어야 한다"(煙火必素具)고 한 것으로 보아 통상 불을 지르는 것 외의 특수한 화공장비를 갖추어야 된다는 것을 말하고 있는 듯하다. 그것이 무엇인지는 알 수 없지만 불을 급속하게 타게 하는 인화성 물질을 사용하는 어떤 기구를 의미하는 것일 수 있다. 그것이 무엇이든 간에 당시 근력이나 활, 창, 칼, 전차, 목재 공성기구 등 간단한 기계적 힘만을 사용하는 전쟁 양상 속에서 하나의 차원이 다른 화학적 힘의 사용임에는 틀림없다. 손자 당시에 화공은 근대 초기의 화약, 대포와 같은 신무기의 효과에 버금가는 효력을 보였을 것이며, 현대의 핵무기, 화학무기, 생물무기, 유도탄 등의 효과에 해당했을 것이다. 손자는 그 무기의 효력이 당대의 일반적 무기체계의 그것을 훨씬 뛰어넘는 전쟁 양상에 특별한 주의를 돌린 것이라 말할 수 있다.

실제적인 면에서 말할 때 손자가 제시한 화공의 방법에서 오늘날 어떤 교훈을 얻는 점은 그다지 많지 않다. 물론 오늘날에도 중공군이 한국전쟁에서 숲을 태워 연기를 피움으로써 유엔군의 공중정찰이나 공격으로부터 은폐를 기도한 예라든가, 미군이 월남전에서 자주 사용했던 것처럼 삼림을 태워 게릴라 작전의 근거지를 없애버리는 방법 등 단순히 불을 활용하는 것만으로도 의외의 효과를 볼 수는 있다. 용병가라면 이러한 점도 염두에 두지 않을 수 없다. 그러나 그 수단을 고려하는 데 손자의 '오화지변' 에서 얻을 것은 별로 없다. 오늘날에는 발달된 과학적 계산과 수단을 활용해야 한다. 다만 손자가 화공에 관해 논한 부분에서 놓치지 말아야 할 점은 이러한 특수무기나 기술의 활용은 항상 적이 이를 역이용할 수 있다는 점을 감안하여 신중히 작전과 결합시키라는 것이다.

〈화공〉 편에서 오늘날 우리에게 보다 큰 교훈을 주는 것은 전쟁의 전반적 문제를 다룬 후반부이다. 여기에서 손자는 이미 〈계〉 편에서 제시한 전쟁의 신중론에 대한 명제를 다시 다루고 있다. 손자가 제시한 명제는 '非利不動, 非得不用, 非危不戰' 의 전략의 대원칙이다. 이미 말한 바와 같이 이 원칙은 전쟁에 대한 현실주의적이면서도 이상주의적 요소를 담고 있다. 이 명제는 손자가 일반적으로 침략주의적 전쟁은 반대하면서도 동시에 전쟁을 수행하려면 철저히 이해득실을 따져 움직여야 한다고 생각했음을 보여준다. 또한 그 이해득실에 대한 계산은 단지 군사작전의 승리 가능성에만 머무르는 것이 아니다. 손자는 대전략가라면 전략을 고려함에 있어 전쟁이 종결된 뒤의 점령정책의 용이함 혹은 곤란함까지 고려에 넣어야 되며 그의 사고는 전쟁의 결과가 국제질서에 가해질 세력판도의 변화에까지 미쳐야 한다고 말하고 있다. 손자가 '비유' 라는 말로 경고하고자 한 바는 바로 이러한 점이다.

전쟁에 앞서 그 결과를 예측하기는 확실히 어렵지만 적이 보일 행동의 개연성은 그 국가의 지도자, 그 국가의 역사적 전통, 내정 상황, 국민성, 국력 등을 종합적으로 판단하는 대전략가의 통찰력에 의해 얻을 수 있다. 또한 전쟁을 시작하는 사람은 그가 승리를 통해 궁극적으로 이루고자 하는 것이 무엇인가를 알고 있어야 한다. 논지는 조금 다르지만 클라우제비츠가 "최초의 일보를 내딛을 때, 최후의 일보를 미리 고려하지 않을 수 없다"고 한 것은 바로 손자의 사고와 일치한 말이다. 전쟁은 일방적으로 어느 지점에서 멈추기가 매우 어려운 상호작용의 일이다. 일단 전쟁에 뛰어들면 상대는 우리가 원하는 선에서 행동을 멈추지 않는다. 전쟁이란 적대감에서 비롯하고 또 전쟁 자체가 적대감을 키우는 것이기 때문에 적은 힘이 있는 한 아측을 질식시킬 때까지 반격을 하고 보복을 해올 수도 있다. 즉 전쟁을 일으키지 않으면 현상유지가 가능하지만 일단 전쟁에 뛰어들면 현상유지가 이루어지리라고 생각해서는 안 된다. 따라서 공격자의 입장에 있는 국가는 이를 감안하여 행동을 결정해야 한다. 손자가 〈모공〉 편에 적이 상대할 만한 적인가 상대하기 어려운 적인가를 아는 것을 승패의 한 요소로 고려한 것은 의미심장한 말이다.

손자가 '비리부동, 비득불용' 이라 한 것과 '비위부전' 이라고 한 것은 서로 어울릴 수 없는 원칙으로 보이기도 하기 때문에 이에 대한 논의가 필요하다. 이 두 가지 원칙은 바로 무단 침략전쟁은 반대하되 일단 적이 불의를 저질렀다고 판단해서 전쟁을 결정하고 전쟁을 수행하는 단계에서는 최대한도로 이익을 고려해야 한다는 것이라고 생각할 때 상호간에 괴리가 발생하지 않는다. 즉 손자는 '정의의 전쟁Just War' 을 말하되 그 정의의 전쟁을 시행하는 가운데 이익을 추구할 수 있다는 것이다. 《육도六韜》에 "전쟁은 상서롭지 못한 것이므로 부득이할 경우만 사용해야 한다"(兵者凶器 不得已而用之)고 한 것이나 《사마법司馬法》에 "사람을 죽임으로써 다수의 사람을 편안하게 할 수 있으면 살인을 하는 것도 가하며 그 국가를 공격함으로써 그 국민을 사랑할 수 있다면 공격도 가능하고 전쟁으로써 전쟁을 종결시킬 수 있다면 전쟁이라도 가능하다"(殺人安人 殺之可也 攻其國愛其民 攻之可也 以戰止戰 雖戰可也)고 한 정전正戰 Just War의 관념을 따르면서도 그 악에 대한 응징 과정에서 영토를 넓히거나 영향력을 확대하는 '패왕의 도' 를 성취할 수 있다는 관중管仲의 사상에 공감하고 있는 것이다.

이렇게 볼 때 국내의 어떤 연구자처럼 "손무는 평화주의자라기보다 오히려 전쟁을 통해 그의 야심을 실현시키고자 한 냉정한 승부사" 라고 하거나 손자를 "사람의 목숨 따위는 출세를 위한 한낱 보조 재료에 불과했던 '불 같은 출세주의자'"라고 보는 것은 그의 사상을 잘못 평가한 것이다. 또한 중국의 일부 학자들이나 일본의 사토우켄시佐藤堅司처럼 손자가 노자老子와 같이 전쟁을 혐오하는 사상을 갖고 있었다고 한 것에도 동의하기 어렵다. 손자는 정전正戰을 중시했지만 그 범위 안에서는 현실적 이익을 중시한 전쟁관을 갖고 있었다.

손자의 현실주의적 정전론은 현대에도 의미를 갖고 있는가? 그렇다. 왜냐하면 근대 이후 20세기 초까지 전쟁을 통한 '국가이익'의 추구에 정당성을 부여한 것이 비서구에 대한 무단한 공격을 자행하게 했으며, 급기야는 1차대전, 2차대전의 참화를 낳았다라고 판단하기 때문이다. 지금까지도 서구의 전쟁사상에 영향을 주고 있는 클라우제비츠는 이러한 국제법의 관념 속에서 '문명화된' 정부가 이성적 판단에 의해 전쟁을 결정하면 그것은 정당하다는 논지를 전개했고 따라서 전쟁 목적의 정당성에 대해서는 논의를 전개하지 않았다. 꼭 그만의 잘못이라고는 말할 수 없지만 20세기 초까지 서구인들은 그런 관념에 빠져 있었고 자국의 이익이라면 어떠한 전쟁에도 뛰어들었다. 두 차례의 세계대전을 치른 후에야 정전 개념에 대한 국제적 합의에 이르렀다. 확실히 1945년 이후로 국가는 19세기 말이나 20세기 초와 같이 공공연하게 국가이익을 내세워 침략을 정당화할 수 없는 상황이 되었다. 오늘날 손자의 '비위부전非危不戰'은 실로 가장 현실적으로 국제간의 전쟁을 방지하는 데 기여할 수 있는 준칙이자 평화를 지향하고자 하는 전향적인 명제로서도 가치가 있다.

반면에 국가는 '영토확장'을 목적으로 전쟁을 일으키지 말아야 하지만 국가의 운명을 국제적 선의善意에만 의존할 수 없다. 1945년 이후의 소규모 분쟁들이 보여주듯이 전쟁이 완전히 근절될 수 없는 것이라면 국가는 이에 대비해야 한다. 평화주의Pacifism가 숭고한 이상이긴 하지만 나치즘의 팽창주의에 무력했던 1939년의 유럽 상황은 우리에게 국가의 자위권 확보가 얼마나 중요한가를 일깨워준다. 노골적인 침략자는 그를 제거하지 않는 한 침공의도를 쉽게 버리지 않는다. 따라서 침략자가 침략을 자행하는 순간부터 응징의 권리는 그 반대편에 있다. 그러므로 나는 '비위부전'의 전제하에서는 '비리부동, 비득불용非利不動 非得不用'이 논리적으로 인정될 수 있다고 본다. 현대의 뛰어난 군사이론가인 심킨이 '자위적 방어주의protective defencism'를 전쟁과 평화 문제에 대한 처방으로 제시한 것은 같은 맥락에서 이해될 수 있다.

그러나 여전히 문제는 남는다. 그것은 정전 개념이 갖고 있는 주관성 때문이다. 극단적으로 다른 세계관을 갖고 있는 종교, 이념에 근거한 국가간의 충돌이 일어날 때 공동의 정전 개념을 받아들이기 어렵기 때문이다. 또한 역사상 많은 국가들은 전쟁에 있어 영토적 욕심에 명분이라는 당의정을 씌우는 일이 허다했기 때문이다. 한편에서 그것은 정전이지만 다른 쪽에서 그것은 침략에 불과한 경우가 너무나 많았다. 국가간의 장벽이 날로 낮아지는 오늘날 정전에 대한 공감대를 넓히는 것이 가능한 전쟁을 피하는 데 있어서 중요하다. 하지만 팔레스타인 해방기구나 이란, 터키, 이라크의 쿠르드Kurd 족의 경우에서 보듯이 역사적으로 부당한 대우를 받고 있다고 생각하는 국가나 사람들이 현재의 현상유지status quo를 받아들이지 못하고 과거의 피해에 대한 보상을 요구하면 어찌할 것인가? 손자의 '비위부전'은 평화를 위한 중요한 명제지만 서로 다른 역사적 시계時計를 갖고 사는 사람들이 이루어내는 역사의 복잡성에 비추어볼 때 불완전할 수밖에 없는 명제이다.

13

▼

용간

13. 용간用間

| 편명과 대의 |

이 편의 편명은 《십일가주손자》 계통의 판본에서나 《무경칠서》 계통의 판본에서 모두 '용간用間'이다. 《죽간본 손자》에서도 '용간'이라는 편명이 뚜렷하게 나타나 있다. '용간'은 직역하면 간첩間諜을 운용한다는 뜻이다. 그런데 이 편에서 손자가 지칭하는 '용간'이 포괄하는 범위는 매우 넓다. 그것은 간첩에 의한 정보획득intelligence collection은 말할 것도 없고 본문에 "치밀한 머리를 가지지 않으면 간첩으로부터 얻는 첩보로부터 진실을 얻어낼 수 없다"(非微妙不能得間之實)라고 한 것에서 알 수 있듯이 그 범위는 정보의 분석 및 평가intelligence analysis and evaluation에 미치고 있으며, 반간反間, 사간死間, 생간生間을 활용하여 역정보를 만들어 그것이 적에게 전달되게 하고 적이 아측에 대해 잘못된 정보를 가졌는지를 확인하는 활동인 기만작전deception operation까지를 포괄하고 있다. 현대 일본의 탁월한 손자 해석가인 사토우켄시佐藤堅司와 현대 중국의 손자 연구가들이 이 편을 '정보전情報戰'이라고 성격지은 것은 타당한 것이다.

〈용간〉 편이 《손자병법》 13편의 전체 체계 내에서 차지하는 비중에 대해서는 역대 연구자들 사이에 큰 이견이 있었다. 당나라의 이정李靖은 "손자는 용간을 가장 하책으로 여겼다"(孫子用間最爲下策)고 했다. 그는 용간이 때로는 성공에 도움을 줄 수 있지만 때로는 간첩에 의지하다가 군대와 국가를 들어엎을 수도 있기 때문이라고 설명하고 있다(或用間以成功 或憑間以傾覆). 역정보에 의해 오히려 해를 입을 수 있음을 경계한 것이다. 명나라의 장거정張居正도 역사상 간첩을 사용해 적정을 아는 일이 불가능한 경우가 많았음을 들어 최상의 지혜를 갖추지 않으면 이를 쓸 수 없으니 최하책으로 여겨야 한다고 이정의 견해에 동조했다.

그러나 대부분의 손자 연구가들은 이 〈용간〉 편이야말로 손자 용병법의 토대가 되는 중요한 편이라고 보았다. 손자 용병법의 핵심은 '지피지기知彼知己' 라 할 수 있는데 적을 알기 위해서는 간첩을 사용하는 것 외에 다른 방법이 없다고 판단했기 때문이다. 일찍이 송나라의 매림梅林은 "〈용간〉 편은 승리를 이루어내는 제1의 묘법妙法이다. 그러므로 손자는 13편을 지으면서 이 편으로 결론을 삼았다"고 하여 〈용간〉 편의 중요성을 강조했다. 이미 〈계〉 편에서 살펴본 것처럼 일본 강호시대 최고의 손자 해석자인 야마가소코우山鹿素行 역시 이 〈용간〉 편이 〈계〉 편과 수미首尾를 이루는 중요한 편이라고 하면서 매림과 같은 해석에 도달했다. 일본 강호시대의 뛰어난 손자 해석자인 도쿠다유쿄德田邕興는 이정이 용간을 하책이라고 한 것을 구체적으로 비판하고 용간이 '인자仁者의 상책' 이라고 극찬했다. 옳은 지적이다. 손자 용병법의 기본 명제가 '지피지기' 라면 용간 외에 적의 깊은 의도와 내부의 사정을 알 수 있는 다른 방법이 있을까?

이 편에서 손자는 우선 인민의 생사와 국가의 존망이 달려 있는 용간의 중요성을 강조하면서 승리를 이루는 것은 전쟁 전에 적을 아는 것, 즉 '선지先知' 에 있음을 밝히고 있다. 이어서 그는 향간鄕間, 내간內間, 반간反間, 사간死間, 생간生間의 다섯 종류의 간첩을 활용하는 방법과 운용에 있어 주의할 점 등을 제시하고 있다. 특히 주목할 것은 '五間俱起, 莫知其道(오간구기 막지기도)', 즉 다양한 역할을 하는 간첩을 동시에 그리고 복합적으로 운용하면 적은 그것이 어떻게 유기적으로 운용되는지를 모르게 된다는 문장이다. 이래야만 유기적으로 정보를 수집할 수 있고, 여러 출처의 첩보를 면밀히 대조하여 진정한 정보를 얻어낼 수 있으며, 역정보를 적에게 흘려 적이 우리에 대해 잘못 인식하게 할 수 있다.

13-1

孫子曰. 凡興師十萬, 出征千里, 百姓之費, 公家之奉, 日費千金. 內外騷動, 怠於道路, 不得操事者, 七十萬家. 相守數年, 以爭一日之勝, 而愛爵祿百金, 不知敵之情者, 不仁之至也, 非人之將也, 非主之佐也, 非勝之主也. 故明君賢將, 所以動而勝人, 成功出於衆者, 先知也. 先知者, 不可取於鬼神, 不可象於事, 不可驗於度, 必取於人, 知敵之情者也.

손자는 다음과 같이 말했다. 무릇 10만의 병력을 일으켜 천리에 걸쳐 출정하는 데는 백성들의 전비 부담과 정부의 재정 조달에 날마다 천금千金의 돈이 소요된다. 조정의 내외가 소란해지고 도로를 보수하는 일 등을 방치해둘 수밖에 없으며 생업을 제대로 유지할 수 없는 집이 70만 호에 이른다. (전쟁이란) 적과 수년간 대치했다가 단 하루 동안의 승리를 다투게 되는 중대한 일인데도 관직 주기를 꺼리고 봉록으로 주는 백금百金을 아까워하여 적의 정황을 모르게 되는 것은 백성들에 대한 사랑이 없음의 극치이니 국민의 진정한 장수가 아니며, 군주에 대한 진정한 보좌가 될 수 없으며, 승리의 주인이 될 수 없다. 그러므로 명석한 군주와 현명한 장수가 군대를 움직여 적을 이기고 여러 사람들보다 뛰어난 공을 이루는 것은 (전쟁에 앞서) 우선 적정을 알기 때문이다. 먼저 적정을 아는 것은 귀신에 의탁해서는 안 되고, 일의 표면에 나타나는 것만을 보고 판단해서는 안 되며 염두판단에 의존하여 추측해서는 안 되고 반드시 사람을 통해서 적정을 아는 것을 말한다.

어휘풀이

▪ 凡興師十萬, 出征千里, 百姓之費, 公家之奉, 日費千金(범흥사십만 출정천리 백성지비 공가지봉 일비천금) : 出征은 원정에 나아감. 百姓之費는 백성들이 부담하는 전쟁비용. 公家之奉에서 公家는 '정치를 담당하는 집안'의 뜻으로 '공가지봉'은 제후국의 조정이 마련하는 비용. 전체의 뜻은 '무릇 십만의 대군을 일으켜 천리의 먼 거리에 원정을 시행하는 데는 백성과 조정이 부담하는 비용이 하루에 천금이라는 막대한 비용이 든다.'

▪ 內外騷動, 怠於道路, 不得操事者, 七十萬家(내외소동 태어도로 부득조사자 칠십만가) : 內外는 조정의 안과 밖. 즉 정부가 있는 곳과 지방. 騷는 소동할 소. 騷動은 대단히 시끄럽고 혼란스러움. 怠는 게으를 태. 怠於道路는 도로의 보수 등을 게을리하는 것으로 전쟁으로 인해 신경을 쓰지 못해 방치되는 것을 의미한다. 操事에서 事는 생업을 말하며 操는 '조종할 조' 자로 '꾸려나간다'는 뜻이다. 操事는 생업을 꾸려가는 것. 전체는 '(십만의 대병력을 동원하는 전쟁이 있게 되면) 조정의 내외가 소란해지고 도로의 보수 등 평상시 이루어져야 할 일이 정지되며 제대로 생업을 꾸리지 못하는 집이 70만 가호에 이르게 된다'는 뜻.

▪ 相守數年, 以爭一日之勝(상수수년 이쟁일일지승) : 守는 '지킬 수' 자이나 여기서는 '대치한다'는 의미로 사용되고 있다. 爭은 다투다. 一日之勝은 하루에 승패가 결정나는 승부. 전체는 '(전쟁이란 이렇게 많은 돈을 들이면서) 적과 서로 수년간 대치하다가 하루에 그 승패가 결정나버리는 것'이라는 뜻.

▪ 而愛爵祿百金, 不知敵之情者, 不仁之至也, 非人之將也, 非主之佐也, 非勝之主也(이애작록백금 부지적지정자 불인지지야 비인지장야 비주지좌야 비승지주야) : 爵祿은 관작에 따라 주는 봉록, 보수. 愛는 아끼다. 여기서는 '아까워하다'라는 뜻. 不仁之至의 至는 '지극'의 뜻으로 不仁의 극치라는 뜻. 전체의 뜻은 '녹봉祿奉으로 주는 백금이 아까워 (간첩을 활용치 않음으로써) 적정을 알지 못하는 것은 어질지 못함의 극치이며, 사람들이 우러르는 장수가 되지 못하고, 군주의 진정한 보좌역이 되지 못하며 승리의 주인이 될 수 없다.'

▪ 故明君賢將, 所以動而勝人, 成功出於衆者, 先知也(고명군현장 소이동이승인 성공출어중자 선지야) : 明君賢將은 명석한 군주와 현명한 장수. 動而勝人에서 人은 적을 말하며 이 문구는 '군대를 움직여 적에게 승리하고'로 새겨진다. 成功은 공을 이루는 것. 出於衆者에서 出於는 '~보다 뛰어나다'는 뜻이며 衆은 '여타의

사람들'을 말한다. 先知는 먼저 아는 것. 어떤 해석자는 이를 적보다 먼저 아는 것이라고 해석하기도 하지만 여기서는 전쟁에 앞서 적을 아는 것으로 해석하는 것이 타당하다. 전체의 뜻은 '그러므로 명석한 군주와 현명한 장수가 군대를 움직이면 항상 적에게 승리하고 그 이루는 공적이 다른 사람들의 공적보다 뛰어나게 되는 것은 바로 (전쟁에 앞서) 먼저 (적을) 알기 때문이다.'

▪ 先知者, 不可取於鬼神, 不可象於事, 不可驗於度, 必取於人, 知敵之情者也(선지자 불가취어귀신 불가상어사 불가험어도 필취어인 지적지정자야) : 取於鬼神에서 取는 '얻는다, 취한다'는 뜻이고 鬼神은 말 그대로 귀신을 말하며 이 문구는 귀신에게 점占을 쳐 적정을 아는 것을 말한다. 象은 형상할 상. 事는 '일'로 여기서는 적이 행하는 일. 象於事는 적이 행하는 일의 외면적 형태로부터 유추하여 아는 것을 말한다. 驗은 '증험할 험', '시험해볼 험' 자이며 度는 '잴 도', '헤아릴 도' 자로서 驗於度는 숫자 등을 헤아려 그것으로부터 추측함으로써 적을 판단한다는 뜻이다. 전체의 뜻은 '전쟁 전에 먼저 적에 대해 아는 것은 귀신에게서 취하거나 적이 내비치는 일로부터 유추하거나 숫자적 판단으로 적을 파악할 수 있는 것이 아니며 반드시 사람으로부터 정보를 얻어내 적의 정황을 아는 것을 말한다.'

해설

〈용간〉 편을 여는 이 첫 절에서 손자는 전쟁에 있어 '선지先知', 즉 '먼저 아는 것'의 중요성을 강조하고 있다. 뛰어난 군주와 현명한 장수가 군대를 움직여 적을 이기고 다른 사람들보다 뛰어난 공을 이루는 것은 바로 '선지', 즉 전쟁 전에 적에 대해 미리 알고 있기 때문이라는 것이다. 그러므로 먼저 적을 아는 것은 전쟁과 군사작전의 필수조건이라는 것이다. 그러나 손자는 직설적으로 이를 말하기보다는 선지의 중요성을 이해하지 못하는 우둔하고 인색한 군주와 장수의 경우를 들어 이야기를 시작하고 있다. 〈작전〉 편에서 전쟁의 피해를 모르고 장기전에 빠져들어가는 군주와 장수의 예를 비판적으로 설명하며 그의 속승速勝의 논리를 풀어가는 것과 같은 방법이다.

전쟁의 심각성과 전비의 막대함을 인식하지 못한 채 용간에 드는 돈을 아껴 사태를 그르치는 군주와 장수는 장수의 자격이 없고, 군주를 보좌할 사람으로서의 자격이 없으며, 승리의 주인이 되지 못한다는 것이다. 이러한 결과 전쟁에 패배하여 국가가 망하거나 손상을 당하고 국민이 죽거나 다치면 그것이야말로 인仁하지 못한 것의 극치라는 것이다. 여기서 손자가 말하는 인의 판단 기준은 공자의 보편주의적인 인의 의미와는 다르다. 바로 국가주의적이고 현실주의적 판단 기준에 따른 평가인 것이다.

손자가 이 절에서 강조하는 것은 일반적인 정보의 중요성이자 확실한 정보의 중요성이다. 여기서 손자가 귀신에 물어 정보를 얻으려고 하지 말라는 것은 점占과 같은 요행에 의존해서는 안 된다는 것을 말한다. 또 전쟁에서 외부로 드러나는 것은 통상 적을 속이고자 하는 것일 수 있기 때문에 그 외부에 나타난 것만으로는 적의 정황을 파악해서는 안 된다. 또 막연한 염두판단으로서는 적정을 알 수 없다.

물론 이 말은 손자가 용병에 있어서 외부로 드러나는 적정을 무시하라고 한 것은 결코 아니다. 이미 〈허실〉 편에서 '책지', '작지', '형지', '각지'의 방법을 통해 적의 의도, 동태, 배치, 위력을 판단할 줄 알아야 한다고 말한 바 있다. 또 〈행군〉 편에서는 적 징후판단법 32가지를 통해 전장에서 여러 가지 징후에 의해 적정을 파악하는 법을 말한 바 있다. 그러므로 여기서 말한 '선지'는 그러한 것 외에 전쟁 전에 적정에 대해 직접 아는 것을 말한다. 《손자병법》 전체를 통해 그의 생각을 추론해보면 용병가는 외부로 드러나는 것은 물론 외부로 드러나지 않는 적정을 파악해야 하는데 그 후자가 바로 '선지'라는 것이다. '선지'란 군대를 움직여 용병하기 전에 미리 적을 아는 것이다. 그러므로 손자가 이 절에서 말한 '先知者, 不可取於鬼神, 不可象於事, 不可驗於度, 必取於人, 知敵之情者也'의 의미를 일반적으로 용병을 하면서 정보를 획득하는 데 반드시 사람을 써서 얻어야 된다는 의미, 즉 인적정보human intelligence에만 가치를 두었다고 해석해서는 안 된다. 단지 전쟁 전에 적의 진정한 의도와 깊은 내부 사정을 아는 '선지'를 위해서는 그렇다는 의미이다. 그러나 전장에서 적을 알기 위해서는 관측, 수색, 위력수색, 징후판단 등 여러 가지 방법을 다 쓸 수 있으며 또 다 써야 한다. 손자가 오늘날에 살았다면 틀림없이 사전에 적정을 파악하기 위해서는 위성, 통신, 전자 정보를 활용하여 적을 알되, 그것에만 의존해서는 안 되고 반드시 간첩에 의해 획득한 인적정보와 결합하여 적의 의도, 능력, 상태를 파악해야 한다고 했을 것이다.

13-2

故用間有五. 有鄕間, 有內間, 有反間, 有死間, 有生間. 五間俱起, 莫知其道. 是謂神紀, 人君之寶也. 鄕間者, 因其鄕人而用之. 內間者, 因其官人而用之. 反間者, 因其敵間而用之. 死間者, 爲誑事於外, 令吾間知之, 而傳於敵間也. 生間者, 反報也.

그러므로 간첩을 사용하는 데는 다섯 가지가 있다. 그것은 '향간鄕間', '내간內間', '반간反間', '사간死間', '생간生間' 이다. 다섯 종류의 간첩이 동시에 활동하니 적은 그 사용하는 방법을 알 수 없다. 이를 일컬어 '신기神紀' 즉 '신과 같은 법' 이라고 하며 이것이 군주의 보배이다. '향간' 이란 고향의 연고를 바탕으로 운용하는 간첩을 말한다. '내간' 이란 적의 관직에 있는 자를 이용하는 것이다. '반간' 이란 적의 간첩을 역이용하는 것이다. '사간' 이란 거짓 정보를 만들어 국경 밖으로 흘려 우리의 간첩이 이를 알게 함으로써 적에게 이를 전하게 하는 것을 말한다. '생간' 이란 돌아와 적정을 보고하게 하는 것을 말한다.

어휘풀이

▪ 故用間有五. 有鄕間, 有內間, 有反間, 有死間, 有生間(고용간유오 유향간 유내간 유반간 유사간 유생간) : 용간법에는 다섯 가지가 있는데 그 다섯은 향간, 내간, 반간, 사간, 생간이다.

▪ 五間俱起, 莫知其道. 是謂神紀, 人君之寶也(오간구기 막지기도 시위신기 인군지보야) : 俱는 모두, 함께, 동반하여. 起는 일어날 기. 여기서는 '활동한다' 는 뜻이다. 莫知其道의 주체는 적이며 莫은 부정의 조사. 道는 여기서 '방법' 의 뜻이

다. 是謂는 '이것을 이름하기를'. 神紀는 그 활용이 교묘하여 보통사람으로는 알 수 없고 신이 행하는 것과 같은 정도의 방법. 人君之寶는 군주의 보배. 전체의 뜻은 '다섯 종류의 간첩이 동시에 활동하고 그 활용하는 방법이 교묘하여 적은 그 방법을 알지 못하니 이것을 신과 같은 방법이라고 일컬으며 백성과 군주의 보배인 것이다.'

■ 鄕間者, 因其鄕人而用之(향간자 인기향인이용지) : 因은 '~에 기인하여', '~에 연고를 두어'. 향간이란 고향의 연고를 이용하여 간첩으로 쓰는 것이다.

■ 內間者, 因其官人而用之(내간자 인기관인이용지) : 내간이란 적의 관료를 간첩으로 쓰는 것이다.

■ 反間者, 因其敵間而用之(반간자 인기적간이용지) : 敵間은 적의 간첩. 반간이란 적의 간첩을 이용하는 것이다.

■ 死間者, 爲誑事於外, 令吾間知之, 而傳於敵間也(사간자 위광사어외 영오간지지 이전어적간야) : 사간이란 조정의 밖에 거짓된 일을 퍼뜨려 우리측 간첩으로 하여금 이것을 진실로 알게 하고 그럼으로써 그 내용이 적의 간첩에게 전해지게 하는 것이다.

■ 生間者, 反報也(생간자 반보야) : 反은 돌아올 반. 報는 보고. 생간이란 (살아) 돌아와 보고하는 것이다.

해설

이 절에서 오간五間 중 '향간鄕間'은 《십일가주손자》 계통의 판본과 《무경칠서》 계통의 판본에서 원문이 모두 '인간因間'으로 되어 있다. 다만 일본의 《고문손자》에서는 '향간'으로 되어 있다. 본래의 원문이 '인간'으로 된 것은 '因其鄕人而用之'에서 '因'자를 취한 것으로 보이는데 뒤에 나오는 '내간'과 '반간'의 설명에도 '인因' 자가 사용되어 구별이 모호하다. 현대에는 이 때문에 많은 주석자들이 의미가 분명한 '향간'을 원문으로 택하고 있다. 여기에 따른다.

이 절에서 손자는 간첩을 '향간', '내간', '반간', '사간', '생간' 다섯 종류로 구분하고 그 각각에 대해 설명하고 있다.

(1) '향간鄕間' 은 고향이 적국일 경우 그로 인해 간첩으로 사용하는 첩자를 말한다.

(2) '내간內間' 은 적의 관리를 간첩으로 이용하는 경우를 말한다.

(3) '반간反間' 은 적의 간첩을 바꾸어 나의 간첩으로 이용하는 경우를 말한다. 오늘날의 이중간첩에 해당한다.

(4) '사간死間' 은 거짓된 일을 만들어 조정의 외부에 흘림으로써 우리의 간첩으로 하여금 그것을 알게 하고 이러한 내용이 적들의 귀에 들어가게 하는 경우를 말한다. 아마도 사간이란 용어는 그 일이 발각될 경우 우리의 간첩이 적에 의해 죽음을 겪는 일이 많았던 데서 연유했을 것이다.

(5) '생간生間' 은 적국으로부터 살아 돌아와 적의 실정을 고하는 경우를 말한다. 손자가 자세히 설명하지는 않았지만 이 생간은 아측에서 적국에 파견한 간첩을 말하는 것으로 보인다.

우리는 이 절에서 손자의 용간법의 치밀함을 엿볼 수 있다. 주목해야 할 것은 간첩을 사용하여 적의 정보를 획득하는 데에 국한하지 않고 적으로 하여금 아측의 실정을 잘못 판단하게 만들어야 한다고 한 것이다. 그것은 사간을 이용해 역정보를 흘린다는 점에서 드러난다. 손자는 병력을 운용하는 용병술에 있어서도 적이 유리하다고 판단하게 되는 정황을 조성해서 적의 주의를 그리로 유도하는 한편, 아측의 진정한 의도를 숨기고 결정적인 순간에 기습적인 방법으로 적의 허虛에 지향하여 결전을 시행하는 것을 용병의 핵심으로 파악하고 있는데 용간술에서도 그 원리는 동일하다. 즉 이利를 이용하여 적으로 하여금 솔깃한 거짓 정보를 입수하여 믿게 함으로써 우리측에 대한 잘못된 정보를 갖게 만든다는 것이다.

이렇게 적의 정보를 입수하고 우리에 대한 거짓 정보가 적에게 제대로 흘러 들어가게 만들며 우리의 거짓 정보가 적에게 영향을 미쳤는가를 확인하기 위해서는 위에서 말한 다섯 종류의 간첩을 교묘하게 활용해야 한다.

13-3

故三軍之事, 莫親於間, 賞莫厚於間, 事莫密於間. 非聖智, 不能用間. 非仁義, 不能使間. 非微妙, 不能得間之實. 微哉, 微哉. 無所不用間也. 間事未發而先聞者, 間與所告者, 皆死.

그러므로 전군의 일 중에서 간첩만큼 친밀하게 대해야 할 것이 없고, 상은 간첩에게 내리는 것보다 후한 것이 없으며, 간첩의 운용만큼 비밀이 요구되는 일이 없다. 사람을 알아보는 고도의 지혜를 갖고 있지 않으면 간첩을 사용할 수 없고, 지극히 곡진한 애정과 의로움을 보여주어 사람을 감복感服하게 할 수 없으면 간첩을 움직이게 할 수 없으며, 지극히 교묘하게 비교 · 평가하지 않으면 간첩에 의해 얻은 첩보 중에서 참된 정보를 간취해낼 수 없다. 미묘하고 미묘한저, 간첩이 사용될 수 없는 일이란 없다. 간첩을 아직 파견하지 않았는데 미리 이런 내용이 흘러나가면 간첩과 함께 이에 관해 들어 말한 사람도 모두 죽여야 한다.

어휘풀이

▪ 故三軍之事, 莫親於間, 賞莫厚於間, 事莫密於間(고삼군지사 막친어간 상막후어간 사막밀어간) : 이 문장에서 於는 모두 '~보다'의 뜻. 親은 친할 친, 가까울 친. 厚는 후할 후. 密은 가만할 밀, 조용할 밀, 비밀스러움. 전체의 뜻은 '전군의 일에서 간첩을 대하는 것보다 친한 것은 없고 상을 내리는 데 있어서는 간첩에게 내리는 것보다 후한 것이 없으며 일을 처리하는 데 있어서는 간첩의 일을 다루는 것보다 은밀한 것은 없다.'

▪ 非聖智, 不能用間. 非仁義, 不能使間. 非微妙, 不能得間之實(비성지 불능용간

비인의 불능사간 비미묘 불능득간지실) : 聖智는 성인聖人의 지혜. 즉 뛰어난 지혜를 말한다. 使는 부리다. 微妙는 미묘함. 전체의 뜻은 '뛰어난 지혜를 갖추지 못하면 간첩을 쓸 수 없고 어질고 의롭지 않으면 간첩을 부릴 수(다룰 수) 없으며 고도로 미묘한 판단능력을 갖추지 않으면 간첩이 제공하는 첩보의 사실 여부를 가려낼 수 없다.'

▪ 微哉, 微哉. 無所不用間也(미재 미재 무소불용간야) : 微는 은미할 미. 哉는 감탄의 어조사. 전체의 뜻은 '미묘하고 미묘하도다, 간첩을 사용하지 못할 곳이 없구나.'

▪ 間事未發而先聞者, 間與所告者, 皆死(간사미발이선문자 간여소고자 개사) : 間事는 간첩의 일. 間事未發而先聞者는 아직 간첩에 관한 일이 시작되기도 전에 미리 이에 관해 들어 아는 자. 告는 고할 고. 間與所告者는 간첩과 그 간첩의 일에 관해 발설한 사람. 皆는 모두. 死는 여기서는 '죽임을 당한다'는 뜻. 즉 죽인다는 의미이다. 전체의 뜻은 '간첩의 활동이 아직 시작되기도 전에 이에 관해 들은 사람이 있으면 간첩과 그가 이 일에 관해 말한 사람 모두를 죽인다.'

해설

이 절은 위에서 언급한 오간을 운용하는 데 주의해야 할 점들을 말한다. 여기에서 강조하는 것은 간첩을 사용하는 데 있어 첫째, 간첩은 친밀히 대해서 신뢰를 얻어야 할 것, 둘째, 간첩에 대해 상을 후하게 내릴 것, 셋째, 간첩을 운용하는 데는 기밀유지를 가장 중시할 것 등이다. 그러므로 간첩을 운용하는 사람은 뛰어난 지혜와 인仁과 의義를 갖추고 간첩이 제공하는 첩보로부터 옥석玉石과 진위眞僞를 가려내는 판단력을 갖추어야 한다는 것이다. 그것은 적으로부터 아측의 간첩을 숨기면서 정보를 획득하도록 계획하는 것에는 고도의 지력이 필요하며, 간첩을 변절하지 않게 하고 임무를 충실히 수행하게 하기 위해서는 간첩에게 인간적인 정과 그가 의로운 일을 하고 있다는 의협심을 불러일으킬 능력이 있어야 하기 때문이다. 또한 간첩이 제공하는 첩보를 교차시켜 대조하고 적의 역정보로부터 아측이 필요로 하는 진실된 정보를 가려내는 것에는 고도의 분별력이 요구되기 때문이다. 이러한 능력을 갖춘다면 적의 온갖 정보를 알아내는 데 간첩이 쓰이지 못할 곳이 없다. 마지막으로 손자는 간첩을 운용하는 데 가장 중요한 기밀 유지를 염려하여 간첩의 활동이 시작되기 전에 간첩이 그 일을 다른 사람에게 발설하면 간첩과 그것을 들은 사람을 동시에 죽여야 한다고 하여 간첩의 운용에서 가장 근본적인 기밀 유지의 중요성을 강조하고 있다.

13-4

凡軍之所欲擊, 城之所欲攻, 人之所欲殺, 必先知, 其守將, 左右, 謁者, 門者, 舍人之姓名, 令吾間必索知之. 必索敵人之間來間我者, 因而利之, 導而舍之. 故反間, 可得而用也. 因是而知之. 故鄕間, 內間, 可得而使也. 因是而知之. 故死間, 爲誑事, 可使告敵. 因是而知之. 故生間, 可使如期. 五間之事, 主必知之, 知之必在於反間. 故反間, 不可不厚也.

무릇 공격하고자 하는 군대와 공격하고자 하는 성, 그리고 죽이고자 하는 사람이 있으면 반드시 먼저 그 장수, 좌우의 측근, 조언자, 성문 감시자, 집사 들의 성명을 알아두고 나의 간첩으로 하여금 이들을 살피게 한다. 한편 적의 간첩으로서 우리측에 와서 간첩활동을 하고 있는 사람을 찾아내어 이들에게 솔깃한 것을 주어 이끌어들이고 안락한 집에 부른다. 그럼으로써 반간을 얻어 이를 이용할 수 있다. 이를 통해 적의 사정을 알게 되고 그럼으로써 향간과 내간을 얻어 이를 이용할 수 있게 되는 것이다. 또한 이를 통해 적의 사정을 더 깊숙이 알게 된다. 그러므로 사간으로 하여금 우리가 만든 허위정보를 알게 하여 적에게 알릴 수 있다. 또 이로 인해 (적이 우리의 허위정보를 받아들였는지를) 알았으므로 생간으로 하여금 기일 내에 돌아와 보고할 수 있게 한다. 오간五間의 능숙한 활용법은 군주가 반드시 알고 있어야 한다. 이러한 활동은 모두 반간을 통해서 이루어질 수 있는 것이므로 반간은 후하게 대접하지 않을 수 없다.

어휘풀이

▪ 凡軍之所欲擊, 城之所欲攻, 人之所欲殺, 必先知, 其守將, 左右, 謁者, 門者, 舍人之姓名, 令吾間必索知之(범군지소욕격 성지소욕공 인지소욕살 필선지 기수장 좌우 알자 문자 사인지성명 영오간필색지지) : 軍之所欲擊은 치고자 하는 적의 군대. 城之所欲攻은 공격하고자 하는 성. 人之所欲殺은 죽이고자 하는 인물. 위의 세 구절은 명사형으로 병렬되어 있는데 '~있으면' 이라는 뜻이 함축되어 있음. 守將은 호위하는 장수. 謁者는 장수의 주위에서 간언하는 사람. 門子는 문을 지키는 사람. 수문장. 舍人은 장수가 기거하는 건물 등을 책임지는 관리. 吾間은 우리측 간첩. 索知之는 샅샅이 찾아 알아내다. 전체의 뜻은 '만약 치고자 하는 군대, 공격하고자 하는 성, 죽이고자 하는 적의 중요 인물이 있으면 반드시 먼저 적의 호위하는 장수, 좌우의 진언자, 수문장, 집사 등의 이름을 알아내고 우리측 간첩을 시켜 위에 말한 사람들에 대해 샅샅이 파악하게 한다.'

▪ 必索敵人之間來間我者, 因而利之, 導而舍之(필색적인지간래간아자 인이리지 도이사지) : 間我者는 아측에 대해 간첩활동을 하는 사람. 敵人之間來間我者는 적의 간첩으로서 우리측에 와서 간첩활동을 하는 사람. 利之는 '이익을 제공하다'. 導는 '꾀다', '설득한다' 는 뜻. 舍之는 '집을 제공한다' 는 뜻으로 '편의와 안락을 제공한다' 는 뜻을 함축하고 있다. 전체의 뜻은 '적의 간첩으로서 아측에 와서 간첩활동을 하는 사람을 반드시 찾아내어 이 사실을 이용해 그에게 이익을 제공하고 설득하여 우리측을 위해 활동하도록 하고 편의와 안락을 제공한다.'

▪ 故反間, 可得而用也(고반간 가득이용야) : 그러므로 반간을 얻어 (우리편으로 설득해) 이용할 수 있다.

▪ 因是而知之(인시이지지) : 因是의 是는 반간을 획득하는 것. 知之는 여기서 '적에 대해 더 깊숙이 알게 된다' 는 뜻.

▪ 故鄕間, 內間, 可得而使也(고향간 내간 가득이사야) : 그러므로 (반간을 활용하여) 향간과 내간도 얻어서 부릴 수 있다.

▪ 因是而知之(인시이지지) : 因是에서 是는 반간, 향간, 내간을 얻어 운용하는 것. 知之는 '적에 대해 (더 깊숙이) 안다' 는 뜻.

▪ 故死間, 爲誑事, 可使告敵(고사간 위광사 가사고적) : 誑은 속일 광. 爲誑事는 거짓된 일을 만드는 것. 거짓된 일을 만들어 이를 사간으로 하여금 적에게 가서 고하게 할 수 있다.

▪ 因是而知之(인시이지지) : 因是에서 是는 여기서 '내간, 향간을 통해 적이 우리의 거짓정보를 어떻게 받아들였는가 하는 사실.'

▪ 故生間, 可使如期(고생간 가사여기) : 如期는 '때에 맞춘다' 는 뜻. 전체의 뜻은 '생간으로 하여금 사간을 통해 적에게 흘린 거짓정보가 적에게 먹혀 들어갔다는 것을 적시에 돌아와 보고하게 할 수 있다.'

▪ 五間之事, 主必知之(오간지사 주필지지) : 도치된 문장이다. 군주는 반드시 오간을 운용하는 방법을 알아야 한다

▪ 知之必在於反間. 故反間, 不可不厚也(지지필재어반간 고반간 불가불후야) : 知之는 적을 아는 것. 在於反間은 반간에 달려 있다. 不可不은 어쩔 수 없이. 여기서는 '반드시' 의 뜻. 厚는 너그러울 후. 여기서는 '후하게 대한다' 는 동사. 전체의 뜻은 '적을 아는 것은 반간에 달려 있으니 반간을 후하게 대우하지 않을 수 없다' .

해설

이 절에서 손자는 반간反間 운용을 중심으로 오간의 활용방법을 서술하고 있다. 문장을 따라 부연해서 해석하면 다음과 같다. 적의 간첩이 아국에서 활동하고 있음을 알게 되면, 그가 무엇을 원하는가를 살펴 이익되는 것을 제공하고 설득하여 우리편으로 만들어 융숭하게 대우한다. 이렇게 반간을 얻게 됨으로써 적의 사정을 알게 되니 그를 통해 적국의 누구를 향간, 내간으로 포섭해 쓸 것인가를 알게 된다. 이로 인하여 적의 사정을 알게 되니 그것을 바탕으로 사간으로 하여금 아측의 거짓 정보를 알게 하고 그것이 적에게 전달되게 할 수 있다. 이로 인하여 적국과 아국을 넘나드는 아국의 생간이 적시에 돌아와 적의 사정을 보고하게 할 수 있다. 군주는 반드시 다섯 가지 간첩이 행하는 일을 알아야 하는데 적의 사정을 아는 것은 반간으로 말미암은 것이기 때문에 반간에 대한 대우는 특히 후하지 않을 수 없다.

이 절에서 해석하기 어려운 부분은 연속해서 세 번 나오는 '因是而知之' 라는 구절이다. '是' 가 무엇을 의미하는가에 따라 역대의 손자 주석

자들 사이에 이견이 있어왔다. 당나라의 두목은 '是'를 반간을 얻을 때 그를 움직이는 데 있어 이利를 제공하는 것에 근거하여 '因是而知之'를 향간과 내간도 반간과 같은 방법으로 이利를 주어 우리 편으로 끌어들여 쓸 수 있다는 식으로 해석하고 있다. 이렇게 해석하면 그 뒤의 생간의 경우에도 마찬가지로 해석해야 하는데 마지막에 반간을 특별히 후대해야 한다는 구절과 문맥상 통하지 않는다. 다른 하나의 해석법은 진호, 매요신, 장예, 장거정, 하진익 등 대부분의 주석자들이 하는 것처럼 '是'는 반간으로 해석하고 세 번의 '因是而知之'는 '반간으로 인하여 적의 내부를 안다'라고 해석하는 것이다. 그런데 이렇게 해석하면 반간이 계속해서 적국과 아국을 오가며 적에 관한 정보를 전해주고 또 사간이 전하는 허위정보가 제대로 적에게 먹혀들었는지에 대해서도 반간이 아국에 전해주는 셈이 되는데 그러면 생간이 적시에 돌아와 보고한다는 것은 무의미하게 된다. 또 그렇게 반간이 적의 의심을 받지 않고 적국과 아국을 오갈 수 있다면 사간이란 애초부터 불필요한 것이다.

나의 해석법은 첫 번째의 '因是而知之'의 '是'는 반간으로 해석하고 두 번째와 세 번째에 나오는 '因是而知之'의 '是'는 각각 앞의 문장 전체를 받는 것으로 보는 것이다. 이 해석법에 따르면 '因是而知之' 이하의 세 문장은 (1) 반간의 도움으로 향간, 내간을 얻고 (2) 향간, 내간, 국내에 있는 반간의 도움을 받아 적의 내부사정을 자세히 알아, 이를 바탕으로 적이 믿을 만한 허위사실을 만들어내고 사간으로 하여금 그 허위사실을 적에게 고하게 한 뒤 (3) 향간, 내간을 통해 우리의 역정보가 과연 적에게 어떻게 받아들여졌는가를 알고 생간으로 하여금 적시에 돌아와 우리에게 그것을 보고하게 한다는 뜻이 된다. 이 해석의 타당성 여부는 독자의 판단에 맡긴다.

13-5

昔殷之興也, 伊摯在夏. 周之興也, 呂牙在殷. 故惟明君賢將, 能以上智爲間者, 必成大功. 此兵之要, 三軍之所恃而動也.

이전에 은殷나라가 흥한 것은 이지伊摯 즉 이윤伊尹이 하夏나라에 있어 (은나라를 세운 탕왕湯王을 위해 활동한 결과이고) 주周나라가 흥한 것은 여아呂牙 즉 강태공姜太公이 은殷나라에 있어 (주나라를 세운 무왕武王을 위해 활동한 결과이다). 그러므로 오로지 명석한 군주와 현명한 장수만이 뛰어난 지혜로 간첩을 써서 대업을 성취할 수 있는 것이다. 이것은 용병의 요체이니 전군이 이에 의지하여 움직이는 것이다.

어휘풀이

▪ 昔殷之興也, 伊摯在夏(석은지흥야 이지재하) : 昔은 옛 석. 殷은 중국 고대에 하나라를 멸망시키고 세운 나라로 대략 기원전 16세기부터 12세기까지 존재한 것으로 알려져 있다. 초기에 이 은나라의 이름은 상商이었고 도읍을 은殷으로 옮긴 후 국명이 은이 되었다. 伊摯는 은나라의 혁명이 일어날 때 은의 탕湯왕을 도와 하의 폭군 걸桀왕을 타도하는 데 도움을 준 인물. 이윤伊尹이라고도 불리는데 그것은 후에 그가 탕왕의 재상이 되었기 때문이다. 전체의 뜻은 '옛날 은나라가 흥한 것은 이지가 하나라에서 은나라를 위해 활동한 덕분이다.'

▪ 周之興也, 呂牙在殷(주지흥야 여아재은) : 周는 무왕武王이 은나라의 폭군 주紂왕을 쓰러뜨리고 세운 중국 고대 왕조. 기원전 12세기부터 존재하여 기원전 221년까지 계속되었다. 呂牙는 강태공姜太公으로 알려져 있으며 성이 강姜씨고 관명이 태공이다. 본명은 여아呂牙, 자아子牙, 여상呂尙으로 알려져 있다. 주 무왕을 도와 군사軍師로서 은나라를 무너뜨리고 역성혁명을 실현한 인물. 전체의 뜻은 '주나라가 흥할 때는 여아가 은나라에서 주무왕을 위해 활동한 덕분이다.'

■ 故惟明君賢將, 能以上智爲間者, 必成大功(고유명군현장 능이상지위간자 필성대공) : 惟는 오직 유. 上智는 뛰어난 지혜. 爲間者는 간첩을 운용하는 자. 成大功은 '큰 공적을 이룬다'는 뜻. 전체는 '오로지 명석한 군주와 현명한 장수만이 능히 뛰어난 지혜로 간첩을 운용하여 반드시 큰 업적을 세운다.'

■ 此兵之要, 三軍之所恃而動也(차병지요 삼군지소시이동야) : 此는 이것. 兵之要는 용병의 요체. 三軍은 여기서 군대의 일반적 호칭. 군 전체. 恃는 의지할 시. 전체의 뜻은 '이것은 용병의 요체이니 전군을 이끄는 장수는 이에 의지하여 군대를 움직인다.'

해설

〈용간〉 편의 마지막 절에서 손자는 용간의 역사적 예를 들어 용병에서의 용간의 중요성을 강조하고 있다. 옛날 은나라가 하나라를 멸망시키고 흥할 때 하에는 후에 탕왕을 도와 폭군 걸을 무너뜨리고 역성혁명을 이룬 이지 즉 이윤이 있었고, 주나라가 은나라를 멸망시키고 주왕실을 세워 흥할 때 은나라에는 후에 무왕을 도와 은의 폭군 주를 무너뜨린 여아, 즉 강태공이 있었다. 이러한 역사의 예에서 보듯이 오로지 명철한 군주와 현명한 장수만이 능히 최상의 지혜로 간첩을 사용하여 큰 공을 이룰 수 있다. 이것이 용병의 요체이니 삼군을 거느린 사람은 이에 의지하여 군을 움직여야 한다는 것이다.

이 절에서 손자가 역사적 용간의 예로서 이윤과 강태공을 든 것에 대해 매요신, 하정석, 장예 등은 불만을 표시했다는 것을 적어둘 만하다. 이들은 이윤, 강태공과 같은 사람은 하늘의 뜻을 받아들여 역성혁명을 이룬 성인聖人인데 간첩의 반열에 둘 수는 없다고 말하고 있다. 유가儒家다운 해석이며 이들의 의견에는 일리가 있다. 사실 이윤이나 강태공은 그들이 탕왕이나 무왕을 만나게 될 때 간첩은 아니었기 때문에 반간이라고 볼 수는 없다. 그러나 이 사람들은 본래 간첩은 아니었다 할지라도 하나라와 은나라의 사정을 잘 알고 있었고, 그 때문에 탕왕과 무왕에게 하나라와 은나라를 무너뜨릴 정보와 계책을 조언해줄 수 있었다. 또 탕왕과 무왕과 같은 이는 사람을 알아볼 능력이 있었기에 지혜로운 이윤과 강태공의 마음을 움직여 구왕조에 대해 변절을 결심하게 하였고 도탄에 빠진 민民을 구하는 역성혁명易姓革命의 과정에서 그들을 중용할 수 있었다. 손자가 말하는 바는 바로 이런 면이지 그들이 반간反間이었음을 보이고자 한 것은 아니었을 것이다.

| 용간 편 평설 |

이미 많은 연구자들이 지적했듯이 〈용간〉 편은 〈계〉 편과 함께 《손자병법》의 수미首尾를 이루고 있다. 적에 대한 정보 획득은 용병의 전제가 되는 것이다. 적에 대한 정보 없이 움직이는 군대는 권투선수가 마치 눈가리개를 두르고 눈을 뜬 상대 선수에게 달려드는 것과 같다. 그가 비록 중량급 선수이고 상대가 경량급 선수라 할지라도 게임의 결과는 명약관화하다. 클라우제비츠나 몰트케Helmuth von Moltke는 전쟁에서 많은 것은 베일에 쌓여 있고 전쟁은 불확실성의 연속이라 하였는데, 적에 대한 정보를 획득하면 그 베일과 불확실성의 상당 부분이 감소되는 것이니 정보의 유무에 의해 나는 광명 속에서 움직이고 적은 암흑 속에서 움직이게 할 수 있다. 그럼에도 불구하고 서구 제1의 군사사상가인 클라우제비츠가 정보 자체를 경시하고 기껏해야 제2의 가치밖에 없다고 폄하한 것은 논리적이고도 명석한 분석과 체계로 이름난 《전쟁론》의 하나의 오점이다.

오늘날에 있어서 상황은 클라우제비츠가 상상하지 못할 정도로 정보의 중요성이 중시되고 또 그 수집과 활용의 수단은 정교해졌다. 20세기에 들어와 각국의 정부나 군대는 전쟁시나 평시를 막론하고 막대한 인원과 장비, 자금을 쏟아 부으면서 치열한 정보전을 전개하고 있고 각종의 첨단 장비들을 사용하고 있다. 이제 정보는 군사뿐만 아니라 외교, 경제, 산업, 기술의 모든 분야에서 치열한 경쟁의 대상이 되고 있다. 군사작전만 하더라도 레이더, 소나sonar, 전자장비, 항공기, 인공위성, 컴퓨터에 이르기까지 정보획득을 위한 온갖 종류의 물질적 수단이 동원되고 있다. 이러한 기계적 장비들은 많은 부분 손자시대의 '간인間人'의 역할을 대체하고 있다. 미래에 있어서 이런 수단의 중요성을 부인할 사람은 아무도 없을 것이다. 그러나 그 대부분은 적의 능력 · 상태를 아는 데까지는 유용하나 적의 깊은 의도를 알아내는 데는 부족하다. 때로는 이러한 장비들이 적의 상태조차 완벽히 파악하지 못하여 작전에 차질을 준다. 항공정찰능력을 과신한 맥아더가 1950년 10월과 11월, 중공군의 개입 규모를 잘못 판단하여 북진작전을 계속하다가 중공군의 덫에 걸린 것이라든지, 월남전에서 미국이 당시 세계 최고의 전장감시 장비를 갖고도 월맹군과 베트콩의 정확한 규모와 근거지 파악에도 실패한 경우가 허다했던 것이 실례이다. 역시 과학적 정보수집 수단의 발전에도 불구하고 여전히 인적 정보의 중요성은 무시할 수 없다. 손자가 적에 대한 정보수집과 판단에 있어 "외적으로 드러나는 것으로만 판단하지 말고 추측으로 검증하려 하지 말며 반드시 사람으로부터 취해야 한다"(不可象於事, 不可驗於度, 必取於人)고 한 말은 영원한 경구로 남을 것이다.

이미 언급했듯이, 용간론에 있어서 손자의 탁월함은 다양한 정보원을 상호 교차하여 검증함으로써 그 정보의 신뢰성을 면밀히 파악해야 한다고 언명한 점에 있다. 또 용간은 단지 적에 대한 정보를 얻는 것에만 머물러서는 안 되고 적으로 하여금 나에 관해 잘못된 인식을 갖도록 하는 기만의 중요성을 강조한 것에 있다. 모든 국가와 군대가 이러한 방법에 익숙해 있다면 그것은 누가 더 교묘하게 정보전을 벌이는가, 그리고 누가 적보다 먼저 정보를 얻어내느냐의 경쟁이 남는다. 손자가 뛰어난 지혜를 가진 사람만이 용간을 제대로 시행하여 적을 알 수 있다고 한 것은 바로 이러한 상황을 말하는 것이 아니겠는가?

| 맺음말 |

손자병법과 현대

이 책에서 일관되게 관심을 둔 하나의 과제는 《손자병법》을 어떻게 현대적으로 해석할 것인가라는 문제였다. 여기서 현대적이라는 말은 두가지의 의미를 포함한다. 첫째는 그의 용병상의 주요 개념들이 무엇을 말하는가 하는 문제이다. 그것은 당시의 개념적 용어를 현대에 이해하기 쉽게 해석하는 것이다. 둘째는 그의 논지가 오늘날에 얼마만큼이나 통용될 수 있는가라는 문제이다. 그것은 손자가 활동하던 시대적 제약을 고려하는 동시에 오늘날의 조건에서 그의 이론의 함의와 제한성을 인식하는 것이다. 이렇게 이해해야만 그의 병법과 현대의 다른 이론들과의 진정한 개념적 비교가 가능하기 때문이다. 본문에서도 손자의 용어를 사용하기는 하되 가능하면 현재 통용되는 전쟁술어로 바꾸어 해석한 것은 고어적 표현이 주는 뉘앙스가 그의 사상마저 과거에 가두어버리는 경향을 막기 위해서였다. 이러한 해석이 《손자병법》에 대한 기존의 무비판적 신비화의 경향이나 곡해의 태도를 어느 정도 불식시켰다고 생각하지만 이 결론적인 글에서 좀더 적극적으로 현대에 있어서의 《손자병법》의 해석 방향을 생각해볼 필요가 있다.

《손자병법》은 우선 전쟁과 전략문제에 관해 20세기에 와서 많은 전략이론가들이 도달한 인식과 일치하고 있다는 점에 주목할 필요가 있다. 근대 서양의 군사이론가들은 심각한 1, 2차대전을 겪고 나서야 손자가 갖고 있던 폭넓은 전략 개념에 도달한 것 같다. 잘 알려져 있다시피 18, 19세기 그리고 20세기 초까지도 서양의 전략사상가들은 전쟁과 평화를 이분법적으로 나누어 군사와 외교 두 영역을 엄격하게 구분했다. 통상 전쟁은 국제법상 선전포고에서 시작되어 강화조약으로 끝나는 것이라고 규정되었으며 전략사상가들도 이러한 구분을 암암리에 받아들여 전략은 전쟁에서의 승리로 그 역할이 끝이 난다고 생각했다. 클라우제비츠는 전략을 "전쟁에서 전투를 사용하는 기술"이라고 정의함으로써 전략의 범위를 전쟁 개시 이후의 군사력의 활용에 국한시켰고 20세기 초까지도 이러한 경향은 계속되었다. 1차대전을 겪고 나서야 서구에서는 전략의 범위가 군사력의 사용에만 머물 수 없으며 국가의 전 영역에 걸치는 국력의 효과적 사용이라는 개념이 되어야 한다는 것을 느끼기 시작했다. 이미 살폈듯이 리델 하트는 이 영역을 통상적인 의미의 전략Strategy과 구분하여 대전략Grand Strategy이라고 불렀으며 미국에서는 이것을 흔히 국가전략National Strategy이라고 불렀다. 20세기 후반에 이르러 냉전의 경험은 또 각국의 전략사상가들로 하여금 국익을 위한 군사력의 사용이 단지 전시에만 국한될 수 없음을 인정하게 했다. 현재 전세계의 모든 국가에서 국가전략은 "전평시를 막론하고 국가목표를 달성하기 위해 국가의 제반 힘을 사용하는 과학과 술"이라는 개념으로 정의되고 있다. 손자는 '용병'이라는 말을 사용했는데 이것은 '벌모', '벌교', '벌병' 즉 적의 전략, 외교, 군사력을 모두 대상으로 포괄하는 것이며 이것은 싸움이 있건 없건 간에 적국과의 경쟁 속에서 국가의 존립과 이익을 달성하는 방법을 아우르는 것이었다. 현대의 전략가들은 이제 클라우제비츠의 전략 개념으로부터 비로소 손자의 전략 개념 영역으로 관심을 돌린 것이다. 현대 서구의 전략이론가들이 손자를 지극히 현대적이라고 부르는 것은 바로 이 때문이다. 손자의 '부전이굴인지병不戰而屈人之兵' 사상은 두 번의 세계대전의 참혹한 경험과 핵무기의 공포로부터 서양이 비로소 진지하게 눈을 돌리고 있는 전략의 이상理想이다.

다음으로 손자가 현대 각국에서의 전략논의에 비추어주는 빛은 국가의 행위기준에 관한 것이다. 서구에서는 오랫동안 심리학, 인류학, 정치철학 등 여러 학문 분야에서 전쟁의 원인에 대한 탐구와 그 방지책의 발견을 위해 씨름해왔는데 아직까지 전쟁원인의 설명에서도 다양한 이론이 제시되고 있는 형편이며 전쟁방지를 위한 설득력 있는 해법도 내어놓지 못했다. 국제정치학자들도 크게 두 학파로 나뉘어 현실주의자들은 전쟁불가피론을, 이상주의자들은 전쟁방지론을 주장해왔다. 전자는 국가의 행동 기준으로 '국가이익'의 개념을 선호하고, 후자는 국가간 협력과 국제적 규제에 의한 '세계평화'를 지향하고 있다. 확실히 현대에 와서 평화주의자들의 도덕적 호소와 평화이념의 확산 노력에 의해 어떤 국가의 정치가들도 평화유지라는 슬로건을 내걸지 않은 채 침략전쟁을 공공연하게 주장하기 힘들게 되었지만 그럼에도 전쟁은 끊이지 않고 있다. 대외적 선언으로서는 아무리 그럴듯하게 '평화지향'을 정책 목표로 포장하고 있다 할지라도 특정 국가가 내부적으로는 한 지역, 혹은 세계적인 범위에서 팽창적인 '국가이익'을 실현하려고 할 때 주변국가들은 자신의 정체성과 생존을 보호하기 위해서라도 이를 보장할 정도의 군사력을 보유하지 않을 수 없다. 특히 국제정치상의 한 강국이 외적으로는 평화를 내걸면서 소위 스스로 '국가이익'이라는 것에 대해 어떤 제동도 걸려고 하지 않는 한, 국제사회에서 근본적인 평화는 달성하기 어렵다. 그러므로 실질적으로 평화를 보존하는 것은 국가가 자신들의 생존권을 보장할 정도의 군사력을 보유하는 안전장치를 유지하는 한편, 국제여론이 특정 국가가 자국의 '국가이익'의 한계를 지나치게 확대하지 않도록 이상주의적 가치에 따를 것을 촉구하지 않을 수 없다. 손자가 '비위부전非危不戰'과 '비리부동非利不動', '비득불용非得不用'을 동시에 제시한 것은 현대의 평화문제에 대한 중요한 명제가 될 수 있다.

이러한 논리의 연장선상에 생각할 때 손자의 '전승全勝'은 현대의 전략가들이 심각하게 고려해야 할 개념이다. 이 '전승'의 개념은 단지 최소의 희생으로 전쟁에서 승리하는 방법에만 국한시켜 이해해서는 안 된다. 그것은 손자가 "싸우지 않고 적을 굴복시키는 것이 최선이다"라고 하였듯이 전쟁 이외의 제 수단에 의해 전쟁을 피하는 것을 포함하고 있다. 특히 핵시대에 있어 이 전승의 개념은 인류의 생존을 위해 지극히 절박한 과제이기도 하다. 핵무기의 보유가 실제적으로 전쟁을 억제하는 역할을 하느냐 아니면 핵에 의한 억제전략이 인류의 생존을 매우 위험한 도구에 의지하고 있는 것이냐 하는 문제는 쉽게 결론이 나지 않을 논쟁거리이긴 하다. 핵 억제가 기본적으로 적에 대한 보복공격을 전제하고 있다는 것을 감안할 때, 핵전쟁에서 승전한 국가가 살아남는다 해도 핵전쟁 이후의 세계는 현재 우리가 살고 있는 세계보다 지극히 가혹한 환경이 되리라는 것을 부정할 사람은 없다. 진정으로 손자의 '전승'을 고려한다면 기존 핵 보유국들이 비보유국으로의 핵확산을 막고 핵을 과점寡占함으로써 '국가이익'을 보장해보려고 하는 시도는 매우 위험한 게임이라는 것을 인식하게 될 것이다. 지금까지 핵기술의 확산은 비교적 통제범위에 들어 있었지만, 앞으로 핵 관련 지식과 기술의 확산은 막기 힘들 것이며 그로써 핵 사용의 위험은 증대될 것임을 인식해야 한다. 각국이 기존의 배타적인 '국가이익'에 대해 재고할 때만 '핵무기' 폐기가 가능할 것이며, 장기적이고도 인류문명 전체의 시각에서 배타적 국가이익을 포기할 때만 평화의 가능성은 열릴 것이다. 진정한 의미의 '전승'은 너도 살고 나도 사는 것이다.

그렇다면 군사전략의 차원에서 손자의 용병은 오늘날 어떻게 받아들일 수 있을 것인가? 우선 손자의 '속승速勝'은 이상으로 추구되어야 하고 평시의 전력구조와 전투력은 그러한 방향의 작전이 가능토록 준비되어야 한다. 그러나 '지구持久'의 이점이 명백하거나 거기에 승리의 유일한 희망이 있을 경우에는 지구전을 택해야 한다. '속승'을 택할 것이냐 '지구'를 택할 것이냐에 대해서는 주변국과의 관계, 적과 나 양측의 현재적 군사력 및 잠재적 국력 사용에 있어서의 이해득실利害得失을 면밀히 비교해 결정할 수밖에 없다. 《손자병법》을 읽을 때 시대적 맥락을 고려해야 할 바는 바로 이 문제에 관련되어 있다.

손자의 일반적 용병이론은 역사상 많은 사람들이 실제로 뚜렷이 의식했든 직감적으로 깨달았든 간에 널리 활용되어온 것이다. 그가 '지피지기知彼知己' 라고 정식화하여 정보를 모든 군사작전의 기초로서 중시한 것, 다양한 방법으로 적은 아측을 파악하지 못하게 하는 '형인이아무형形人而我無形' 의 개념, 적의 물리력, 정신력, 심리적 안정상태를 혼란과 불안정 상태에 빠뜨리는 '기정奇正' 의 개념, 이러한 노력에 의해 적의 허점에 아측의 집중된 힘을 가해 예상치 않은 방향으로 기습적으로 타격하되 그 타격은 빠른 속도로 이루어져야 한다는 '공기무비攻其無備', '출기불의出其不意', '우직지계迂直之計', '허실虛實', '질전疾戰' 의 개념 등은 사실상 알렉산더, 한니발, 한신, 을지문덕, 칭기즈 칸, 프리드리히, 나폴레옹, 만슈타인, 롬멜, 맥아더 등이 되풀이해 활용한 용병의 원리이다. 추가해야 할 것은 새로운 용병개념이 아니라 해당 시대의 인적, 물적 자원을 활용하여 새로운 전장환경에 맞는 새로운 수단과 방법을 찾는 것이다.

서양 용병이론에서 흔히 간과된 손자의 용병이론은 이해利害에 의한 '유인誘引' 의 개념과 '피실격허避實擊虛' 의 개념이 아닌가 여겨진다. 전자는 눈앞의 이익을 보면 달려드는 인간의 보편적 심리를 이용하는 것으로 널리 작전술 차원에서도 활용되어야 할 것이며, 후자는 서양에서 리델 하트에 의해 재차 발견되었듯이 최소한의 피해로 승리를 달성하기 위해 적극적으로 추구되어야 할 용병원칙이다. 물론 전쟁에서 때로 적과 정면으로 상대해야 할 때도 있다. 그러나 항상 적의 허虛를 발견하고 허虛를 조성하기를 추구한다면 대단한 성과를 기대할 수 있다. 이러한 사고가 습관화되면 그것은 상황 파악과 작전 구상에서 자연스럽게 발현될 것이다.

확실히 손자의 이론은 치병 면에서도 '제용약일齊勇若一' 이라는 중요한 기본원칙을 제시한 것은 사실이지만, 제도 운용이라는 점에서 그의 이론은 구체성을 결여하고 있다. 또한 무기에 관한 논의는 거의 없는 상태이다. 그것은 비교적 단순한 수단에 의해 전쟁을 치르던 손자시대에는 군대의 편성과 장비가 단순했기 때문이다. 오늘날 전쟁을 수행하는 사람이 손자이론에 보완해야 할 점이 있다면 바로 이러한 면이라는 것은 두말할 나위 없다.

기술과 전술의 측면에서 《손자병법》에서 많은 것을 기대하는 것은 손자가 병법을 쓴 의도를 잘못 이해하는 것이다. 그는 주로 '상장上將의 도道'를 말하고 있는 것이지 싸움의 구체적 기술을 말하는 것은 아니다. 이 점에서 전략과 작전술에 관심을 갖는 사람에게 《손자병법》은 더욱 유용한 책이다. 물론 이 말은 전술의 영역에서 손자의 병법이 아무런 도움을 주지 않는다는 것을 의미하지는 않는다. 왜냐하면 사실은 전략, 작전술, 전술의 분야가 실상은 다른 논리와 시야를 가질 때도 있지만 상당 부분에서는 같은 원리를 따르고 있기 때문이다. 예컨대 1차대전 당시 흔히 후티어전술Hutier tactics이라고 알려진 독일의 '폭풍부대전술storm troop tactics'은 분대, 소대 단위로 기동하면서 일부 부대는 적의 강점을 견제하고 있는 동안 폭풍부대는 강점을 회피하고 약점을 노려 침투 기동함으로써 참호지대를 돌파한 전술인데, 이러한 전술적 착상이 2차대전 당시에는 독일의 대부대 작전술로 발전되었다. 손자의 '피실격허避實擊虛'는 전술의 영역에서나 전략의 영역에서 동일하게 적용될 수 있다. 그러나 무엇보다도 전술은 한 전쟁이 시행되는 당시의 각종 무기의 제약을 강하게 받는다. 전술가는 무엇보다도 해당 시대의 무기에 익숙해야 하고 이를 전투가 벌어지는 지형에서 가장 효과적으로 사용할 줄 알아야 한다. 또한 전투에서는 때때로 용감성에 의한 임무의 완전한 수행 여부가 성공을 좌우한다. 《사마법》에 "전략에서는 무엇보다도 책략이 중요하고, 진법, 즉 작전계획에서는 무엇보다도 교묘한 것이 중요하고, 전투에서는 무엇보다도 용감성이 중요하다"(戰謀也, 鬪勇

也, 陣巧也)라고 한 것은 전술의 영역에서는 용감성에 의한 투지가 중요하다는 점을 강조하고 있다. 전투에서 투지를 발휘하지 못하면 결국 좋은 작전계획이나 전쟁계획도 수포로 돌아가고 만다. 《손자병법》을 읽는 초급장교들이 주목해야 할 부분이다.

현대에 《손자병법》을 읽는 사람들이 또 한 가지 염두에 두어야 할 것은 그것이 기본적으로 민병에 기초한 군대를 배경으로 쓰여졌다는 점이다. 비교적 장기간 훈련을 받는 군인들이 상비군으로서 군의 핵심을 이루고 있는 현대 군대에 있어서 이들의 단련되고 통제된 힘을 이용하는 것은 민병에 의존하는 것에 비해 훨씬 유리한 조건을 형성한다. 손자가 병사들을 사지死地에 빠뜨려 병사들로 하여금 궁지에 몰린 상태에서 투지를 발휘하도록 해야 한다고 한 것은 매우 통제력이 미약한 동원병력을 다루어야 하는 당시의 지휘관들을 고려한 것으로 판단된다. 현대 군대에 있어 그렇게 사지死地에 빠뜨리는 용병은 오히려 참혹한 파멸을 불러올 수도 있다. 2차대전의 스탈린그라드 전투를 염두에 둘 필요가 있다. 그러므로 '투지망지연후존, 함지사지연후생投之亡地然後存 陷之死地然後生'은 오늘날 문자 그대로 이해될 수 없다. 그러나 아무리 평상시 훌륭한 무기와 훈련된 군대라 할지라도 결정적인 위기를 겪어낼 수 있는 인내력이 없으면 승리를 이루어낼 수 없다는 점을 나폴레옹을 비롯한 역사상의 여러 장군들과 클라우제비츠, 조미니를 비롯한 여러 전략이론가들이 이구동성으로 경고하고 있음을 무시해서는 안 될 것이다.

이러한 점들을 염두에 둔다면 《손자병법》은 결코 과거의 책이 아니다. 최근에 리처드 심킨이 《손자병법》을 미래를 위한 책이라고 평한 말은 대단히 정확한 지적이라고 생각된다. 그가 염두에 둔 것은 클라우제비츠 식의 섬멸전이 아닌 '부전이굴인지병不戰而屈人之兵'의 용병이고, 적의 강점에 타격을 가하는 것이 아니라 약점에 타격을 가하는 용병이며, 숫적으로 압도하는 것이 아니라 기만과 기습, 속도로 적의 균형을 무너뜨리는 용병이었다. 진정으로 《손자병법》이 미래의 책이 되기 위해서는 손자의 개념들을 현대적인 사고로 이해하고, 그의 개념을 이용하되 무비판적이서는 안 되며, 그로부터 한 걸음 나아가는 사고를 하는 데 있다.

해설

1. 불멸의 세계적 군사고전《손자병법》

《손자병법》은 과거 2,500년 동안 동양 최고의 군사고전으로 깊고도 광범위한 영향력을 발휘해왔으며 20세기에 들어와서는 세계 각국의 군사사가와 군사전문가들이 그 진가를 인정하는 세계적인 군사고전이다.

이 책은 지금으로부터 대략 2,500년 전 춘추시대 말 오나라의 군사軍師이자 장군이었던 손무孫武에 의해 씌어졌다는 것이 정설이다. 이 책의 가치에 대한 평가는 일찍부터 이루어졌다. 춘추시대(기원전 771~453년)를 뒤이은 전국시대(기원전 453~221년) 초기부터 유명한 장군들과 군사이론가들은 이 병법서를 즐겨 공부했고 자주 인용했다. 전국시대 초기의 명장인 오기吳起(약 기원전 440~381년)의 행적과 어록을 바탕으로 지어진《오자병법》또한 유명해져서 이 두 병서는 '손오병법孫吳兵法'이라고 병칭되는 것이 보통이었는데《오자병법》의 곳곳에는《손자병법》의 문구와 핵심사상이 포함되어 있어 학자들은 오기가 일찍이 손자로부터 영향을 받았다고 말하고 있다.《오자병법》외에 사서에서 가장 일찍《손자병법》에 대해 언급한 기록은 전국시대 중기 위혜왕魏惠王 당시 왕과 대자산가 백규白圭의 문답에서 나타난다. 위혜왕이 백규에게 어떻게 그렇게 막대한 재산을 모을 수 있었는가 묻자, 백규는 "신은 생산을 다룸에 있어 이윤伊尹과 여망呂望(강태공)의 모책謀策과 손자, 오자의 병법, 상앙商鞅의 법法을 사용했습니다"라고 답변했다. 이미 전국시대 중기에《손자병법》이

《오자병법》과 함께 널리 이용되고 있다는 것을 보여주는 기록이다. 전국시대 말기에 씌어진 책이라고 보는 《울료자尉繚子》의 〈제담制談〉 편에서 울료는 "10만의 군대를 지휘하여 천하에 그를 당할 자가 없었던 사람은 누구인가? 환공桓公이었다. 7만의 군대를 지휘하여 천하에 그를 당할 자가 없었던 사람은 누구인가? 오기吳起였다. 3만의 군대를 지휘하여 천하에 그를 당할 자가 없었던 사람은 누구인가? 손무자孫武子였다"라고 하여 손자의 용병능력을 오자, 환공과 함께 높이 평가하고 있다. 전국시대 말 진왕秦王 정政(후에 진시황제)에게 봉사한 한비韓非(약 기원전 280~233)는 그의 책 《한비자韓非子》 〈오두五蠹〉 편에서 "나라 안에 병법을 말하는 사람은 많다. 손자와 오자의 병서를 몸에 간직하고 있는 자가 집집마다 있으면서도 군대는 더욱 취약해진다. 전쟁을 말하는 자는 많으나 몸소 갑옷을 입는 자는 적기 때문이다"라고 쓰고 있는데 《손자병법》이 이미 널리 민간에 유포되어 읽히고 있었다는 것을 말해준다.

전국시대 말부터 진한시대를 거치면서 역사상 이름을 날린 명장들은 모두 《손자병법》을 깊이 연구하고 이를 활용했다. 《사기》와 《한서》에는 한신韓信, 경포黥布, 이좌거李左車, 조충국趙忠國 등 뛰어난 명장들이 《손자》를 인용한 기록들이 수없이 나타나 있다. 한나라 몰락 이후 많은 군사영웅을 배출했던 삼국시대 역시 이러한 사정은 매한가지였다. 조조曹操는 역사상 최초로 《손자병법》 13편의 주석서를 냈다. 제갈량의 《장원將苑》과 〈편의십육책便宜十六策〉의 글을 보면 그가 얼마나 《손자병법》의 사상에 깊이 심취하고 있었는가를 확인할 수 있다. 뿐만 아니라 오나라의 손권孫權 역시 무장이 될 사람이 읽을 책으로서 《손자》를 제일로 쳤다. 삼국시대의 명장치고 손자를 공부하지 않은 사람이 없었다.

이러한 명성으로 인해 《손자병법》은 당송唐宋대를 거치면서 병경兵經, 즉 '용병의 경전'으로서의 지위를 누렸다. 한편 조조 이후로 《손자병법》에 대한 주석서와 《손자병법》을 핵심으로 하는 병학서들이 쏟아져나왔다. 당송대 이후 중국의 병학가, 장군들치고 《손자병법》을 공부하지 않는 사람은 없었다. 특히 손자를 깊이 연구하고 이를 실전에 활용한 사람으로 유명한 인물로는 당나라의 당태종唐太宗, 이정李靖, 송나라의 악비岳飛, 명나라의 척계광戚繼光을 들 수 있다.

중국 바깥에서 가장 먼저 《손자병법》을 받아들여 용병에 활용한 국가는 고구려였다. 《삼국사기》의 기록을 살펴보면 고구려는 이미 1세기부터 조정의 전략회의에서 《손자병법》을 인용하여 전략을 논하고 있다. 고구려 대무신왕 시대에 을두지乙豆智는 왕 11년(서기 28년) 한의 요동 태수가 고구려를 공격해왔을 때 왕에게 "작은 군대를 가지고 강하게만 대규모의 적을 상대하면 적에 의해 사로잡힌다"(小敵之强 大敵之禽也)라고 《손자병법》〈모공謀攻〉 편의 '소적지견 대적지금야(小敵之堅 大敵之擒也)'의 문장을 변형된 형태로 인용하며 적을 정면으로 방어하는 대신 모책을 쓰는 전략을 건의해 한군을 격퇴했다. 이것이 고구려에서 《손자병법》이 읽히고 있었다는 것을 명백하게 보여주는 최초의 예이다. 이후로도 고구려는 중국의 대규모 원정군을 상대할 때는 청야전술淸野戰術에 입각한 손자의 산지전략散地戰略을 활용했는데 신대왕 시대의 명림답부明臨答夫와 영양왕 당시의 을지문덕乙支文德은 모두 을두지 이래 모공 중심의 전략을 효과적으로 구사한 전략가이자 명장이다.

고구려보다는 시기는 늦지만 백제, 신라에서도 역시 《손자병법》이 널리 활용되었다는 것이 《삼국사기》의 전쟁기사를 분석해보면 어렵지 않게 확인할 수 있다. 신라는 실성왕 7년(408년) 왜에 대한 조정의 전략토의에서 왕의 동생 서불한 미사품未斯品은 "적을 나의 의도대로 움직일 것이며 적의 의도에 말려들어가지 않는다"(致人而不致於人)라는 《손자병법》〈허실〉 편의 유명한 구절을 인용하고 있는데, 이것은 신라에서 《손자병법》이 용병에 이용되고 있다는 확실한 기록이다. 백제의 경우는 여러 정황으로 보아 신라보다 먼저 《손자병법》을 중국으로부터 입수했을 가능성이 있는데, 역사적 기록으로는 의자왕 당시 성충成忠과 상영常永

같은 사람들의 전략 건의를 보면 《손자병법》의 전략 개념들이 당과 신라군에 대한 전략 수립의 근거로서 활발히 논의되고 있음을 확인할 수 있다.

삼국시대 이후 고려와 조선시대를 거치면서 《손자병법》은 병학의 기본서적이 되었고 조정의 전략토의에서 활발히 논의되었다. 《고려사》와 《조선왕조실록》 및 개인기록 등 사료상으로 볼 때 고려의 유금필, 김방경, 최영 장군과 조선의 유성룡, 이순신, 곽재우 장군 등이 손자병법의 깊은 이해자이자 실전에 이를 활용한 장군들이다.

일본에 《손자병법》이 전해진 것은 백제 멸망 후인 663년 일본에 망명한 백제 용병가들에 의해서였다. 일본 최고의 사서인 《일본서기日本書紀》의 제 27권 《천지기天智紀》에는 백촌강白村江 전투에서 백제의 부흥을 돕기 위해 출동한 일본의 해군이 당의 해군에게 대패한 후 663년에 일본으로 망명한 4인의 백제 달솔達率 관등의 곡나진수谷那晋首, 목소귀자木素貴子, 억례복유憶禮福留, 답발춘초答炑春初의 이름이 나오는데 모두 병법을 익힌 사람으로 기록되고 있고 일본은 이들에게 671년에 관직을 주어 등용하고 있다. 일본학자들은 이들의 병법지식이 《일본서기》 제3권에 나타나는 신무천황神武天皇의 형기성兄磯城 정벌 기사에 반영되었다고 보고 있다. 이 기사에는 《손자병법》의 '출기불의出奇不意' 라는 구절이 나타나는데 이들 백제 병법가들에 의해 일본에 손자병법이 전수된 결과로 보는 것이다.

그 후 일본에서는 길비진비吉備眞備(693~775)라는 사람이 중국에 유학하여 《손자병법》과 그 외의 군사서를 깊이 배우고 돌아와 손자병법과 제갈량의 팔진법八陣法을 가르침으로써 본격적인 손자 연구에 들어갔다. 전국시대에 이르기까지 일본에서 《손자병법》은 몇몇 장군의 가문에서만 비장秘藏되어 전수되었으나 강호시대에 들어와서는 수많은 주석서들이 나오고 여러 병학파들이 학단을 이루어 광범위하게 연구했다. 19세기 말까지만 해도 일본에서는 수십 종의 손자주석서가 나왔고 강호시대와

명치시대에 이르기까지 일본 병학은 손자병법이 좌우했다고 해도 과언이 아니다. 이때의 일본 병학가들은 손자에 대해 깊이 심취하고 높이 평가했으며《손자병법》을 '천서天書', 즉 하늘이 내려준 책이라고 극찬했다.

동양 삼국이 서구 열강의 근대적 군사력 앞에 무력감을 느낀 이후로는 용병의 분야에서《손자병법》도 이전의 독보적인 권위를 누릴 수는 없었다. 그러나 여전히《손자병법》은 많은 군인과 일반 독자들에게 과거의 명성을 발휘했다. 일본에서는 일찍이 막부시대 말기부터 네덜란드어판 클라우제비츠의《전쟁론》이 번역, 소개되기는 했지만 그의《전쟁론》과 독일식 용병사상이 풍미하게 된 것은 독일 육군 참모총장 몰트케Helmuth von Moltke가 병학을 전수시켜주기 위해 1885년도에 일본에 파견한 독일의 총참모본부 장교 매켈Klemens Wilhelm Jakob Mackel 소령에 의해서였다. 이 사람의 영향으로 일본에서는 급속히 클라우제비츠의《전쟁론》과 몰트케의 용병론이 군사사상의 핵심을 이루었다. 모든 군사제도, 전술 역시 독일식으로 바뀌었다.《손자병법》의 권위가 퇴색한 듯했지만 여전히 전통 군사학의 영향에 의해 이를 용병에 활용한 사람은 많았다. 러일전쟁의 대표적인 명장이라 하는 노기 마레스케乃木希典와 도고 헤이하치로東鄉平八郎 등이 항상《손자병법》을 옆에 두고 읽은 사람이라는 것은 널리 알려져 있다. 20세기 초 일본은 클라우제비츠와 손자에 대한 비교 연구를 했으며, 1920년대에 일본 군대가 심혈을 기울여 만든 대부대 지휘관을 위한 전략지도서《통수강령統帥綱領》은 클라우제비츠, 몰트케, 손자의 영향을 받은 책이라 할 수 있다.

동아시아에 대한 서구 열강의 제국주의적 팽창이 계속될 때 중국과 한국에서도《손자병법》은 군사이론서로는 그 권위를 많이 잃었다. 물론 과거의 위광 때문에 사람들은 이 책을 소중히 다루었다. 그렇지만 군대의 모든 제도가 서구화되고 그와 함께 서구의 용병이론을 수입해 이를 소화하기에 급급한 상황에서《손자병법》은 군사교육의 주류에서 밀려난 듯했다. 많은 사람들이 손자가 중요하다는 것을 인정하기는 했고 또 아직도 이것의 자자구구를 불멸의 진리로 믿고 있는 사람들이 있었지만 실제적 용병이론으로서는 특별히 주목받지 못했다. 몇몇 예외를 제외하고 일반적으로 말한다면 《손자병법》은 비교적 최근에 이르기까지 군사이론서라기보다는 수신서로 읽히는 경향이 있었다.

이러한 상황에서 《손자병법》을 용병에 활용한 사람은 모택동毛澤東과 중국의 유격전 지도자들이다. 모택동은 물론 공산주의자로서 전반적으로는 마르크스-레닌주의 혁명이론을 사상의 근간으로 삼았지만, 군사적인 면에서는 레닌처럼 클라우제비츠의 《전쟁론》에 심취했고 조미니의 《전쟁술》 등도 읽었으며 중국의 고전으로부터 많은 영향을 받았는데 특히 《손자병법》을 중요시했다. 그의 논문 '논지구전論持久戰'에서 그는 《손자병법》의 '지피지기 백전불태知彼知己 百戰不殆'라는 문구를 가리켜 과학적 진리라고 말하고 있다. 그의 지구전론이나 '16자전법十六字戰法'을 비롯한 유격전론의 원리는 《손자병법》과 중국 고전에서 깊이 영향을 받은 것이라고 이해된다. 모택동이 《손자병법》을 중시한 것은 사실이지만 문화혁명 이후 그가 공자사상을 비판하면서 모든 전통 학문을 배척한 것은 중요한 《손자병법》을 포함해 전통시대의 군사고전에 대한 탐구가 공개적으로 이루지지 못하게 한 요인이 되었다. 그러나 모택동 사후 중국에서는 수없이 많은 손자 연구서들이 나오고 있으며 오늘날 중국의 그러한 분위기는 《손자병법》의 르네상스라 부를 만한 것이다.

한국에서는 일제의 강점 이래 독립운동을 하던 사람들에 의해 《손자병법》은 계속해서 읽혔지만 실제로 이를 구현해볼 군대는 없었다. 해방 후 미군정의 영향 아래 군대를 창설하고 미군의 지원 아래 6·25전쟁을 치르면서 군사제도나 전술교리 등은 대부분 미군으로부터 영향을 받은 것이다. 이러한 가운데 간간이 군사학교에서 《손자병법》을 가르친 적이 있으나 간헐적으로 이루어지거나 중단되기 일쑤였다. 최근에는 각급 군사학교에서 《손자병법》에 대한 교육과 연구의 열의가 높아지고 있는 것은 용병이론으로서의 《손자병법》의 재발견이라 할 수 있다.

동양에서 서세동점西勢東漸이 이루어지고 있을 동안 서양에서는 《손자병법》이 소개되기 시작했다. 서양에서 처음으로 《손자병법》이 소개된 것은 중국에서 활동하던 예수회 교단의 프랑스 신부 아미오J. J. M. Amiot에 의해서였다. 중국 북경에서 오랫동안 체류하며 선교생활을 했던 그는 1772년 파리에 있는 셰 디도레네Chez Didot l'aîné 출판사에서 베르탱M. Bertin이라는 사람의 주선으로 처음으로 잡지에 《손자병법》의 프랑스어 번역문을 실었다. 이 번역은 초역抄譯에 가까운 것이었지만 즉각 많은 사람들로부터 좋은 평판을 얻었다. 한 익명의 서평자는 이 번역에 대해 "크세노폰Xenophon, 폴리비우스Polybius, 삭세Saxe의 관심을 끌었던 모든 요소들을 포괄하고 있으며 만약 이 '뛰어난 논문'이 미래의 우리 군을 지휘하고자 하는 사람들뿐 아니라 평범한 장교들에게 읽힌다면 우리 왕국에 큰 공헌을 할 것이다"라고 극찬했다.

최근 중국 사람들이 쓴 책을 보면 이 《손자병법》의 번역이 1772년에 나왔다는 사실과 나폴레옹이 군사서적 독서광이었다는 사실을 연결지어 나폴레옹이 손자를 읽었다고 단언하는 언급이 나타나고 있는데 이것은 추측일 뿐 사료상의 구체적 근거를 갖고 있는 것이 못 된다. 중국 사람들의 묘한 자기우월적 추측이 우리 나라에서도 영향을 주어 나폴레옹이 손자를 읽고 이를 용병에 이용했다는 것이 사실인 양 무비판적으로 소개되기도 했다. 이러한 점을 확인하지도 않고 유포시키는 것은 무책임한 짓이다.

프랑스 다음으로 《손자병법》의 번역본이 나온 국가는 러시아였다. 러시아는 19세기 중반에 최초의 번역본이 나왔다. 1860년에 스레즈네브스키Sreznevskii라는 한 중국학자가 '중국 장군 손자의 부하 장군들에 대한 지침'이라는 제목하에 《손자병법》의 러시아 번역문을 당시의 저명한 러시아 군사잡지인 《군사저널*Voennyi Sbonik*》에 기고했다. 한편 1889년에 다른 한 중국학 교수인 푸티아타Putiata는 '아시아 관련 지리, 지형, 통계학 자료편람'에 '고대 중국 장군들의 지침에 나타난 전쟁술의 원칙'이라는 제목으로 손자를 소개한 적이 있다. 러시아에서 《손자병법》의 현대어역이 다시 나온 것은 1950년이다. 이 해에 유명한 소련의 중국학자인 콘라드N. Konrad는 풍부한 평과 주를 단 주석서를 발간했다. 얼마 후 시도렌코Sidorenko는 새로운 주석서를 냈는데 이 주석본은 당시 소련의 유명한 군사이론가의 한 사람인 라신J.A.Rasin 준장이 독일어로 중역함으로써 동유럽의 소련 위성국가 군대 내에서 연구자료가 되었다.

프랑스에서 최초의 서구어 《손자병법》 번역이 나온 뒤 유럽에서 다시 《손자병법》에 대한 관심이 고조된 것은 그로부터 약 100년이 더 지난 1900년경이었다. 1905년에 일본에서 일본어를 학습하고 있었던 한 영국군 장교인 칼스롭E.F.Calthrop 대위에 의해 처음으로 《손자병법》이 영국에 소개되었다. 칼스롭이 사용한 일본어판 《손자병법》은 결함이 많았으며 번역의 질도 매우 낮은 것이었다. 이 칼스롭의 《손자병법》 영문 번역을 본 당시 대영박물관 동양 서적 및 문서부의 부관리인이자 중국학자였던 라이오넬 길즈Lionel Giles는 이 번역이 너무나 형편없다고 보고 그 자신의 번역서를 1910년에 출판했다. 이 전문가의 번역은 그 후 영미권에서 널리 읽혔다.

독일에서는 1910년에 브루노 나바라Bruno Navara라는 사람에 의해 《중국 군사고전가에 의한 전쟁서Das Buch vom Kriege der Militärklassiker der Chinesen》라는 제목으로 처음 번역되었다. 또 독일에서는 1937년 일본인 미주요 아시야Mizuyo Ashiya가 《지식과 군대*Wissen und Wehr*》라는 잡지에 손자에 대한 논문을 기고했다. 그러나 독일에서 부루노 나바라의 번역본이나 미주요 아시야의 논문도 군인들의 주의를 별로 끌지 못했던 것 같다. 물론 독일 장교단에게는 클라우제비츠, 몰트케, 슐리펜, 젝트 등 유수한 용병사상가들의 오랜 전통이 자리하고 있었던 것이다.

한편 미국에서는 2차대전 이전까지 독자적인 《손자병법》 주석서를 갖지 못했다. 아마도 중국학의 수준이 유럽에 비해 깊지 못했기 때문일 텐데 그들은 영국인 길즈의 번역본을 읽었다. 기동전으로 저명한 패튼Patton 장군이 웨스트 포인트(미 육군사관학교) 사관생도 시절에 길즈의 번역본으로 《손자병법》을 읽었다는 것이 최근의 연구에 의해 밝혀졌다. 이 길즈의 번역서는 1944년 웨스트 포인트 사관학교에서 역사상 주요 군사고전을 편집한 '전략의 뿌리Roots of Strategy'라는 총서 중에 길즈의 《손자병법》 번역본을 포함시킴으로써 널리 군인들에게 보급되는 기회를 갖게 되었다. 2차대전 후 미국에서는 중국 전문가인 그리피스Samuel B.Griffith 장군이 1967년에 손자의 원문을 새로이 번역하고 여기에 손자의 시대와 전쟁 양상 그리고 주요한 중국 주석자들의 손자 주석을 함께 묶어 《Sun Tsu : The Art of War》라는 제목으로 출판했는데, 이 책은 번역이 뛰어나 영미권에서 표준적인 《손자병법》의 번역본으로 읽혔다. 그리피스의 번역본 후로도 미국에서는 여러 사람이 《손자병법》을 번역했으며 최근에는 소이어Ralph D. Sawyer에 의해 《무경칠서》 전체와 《손빈병법》까지 번역되었다. 최근 하와이대학교 동양철학 교수인 엠즈Roger T.Ames는 《손자병법》의 원문과 영문번역을 병기倂記한 주석서 《Sun Tsu : The Art of Warfare》를 1993년에 냈는데 그는 1972년 중국의 은작산 한묘의 발굴에서 나온 《죽간본 손자》에 대해서도 상세한 해설을 달고 있다.

이러한 서구 유럽 각국에서의 《손자병법》 번역본에도 불구하고 2차대전이 끝날 때까지 《손자병법》이 유럽 군대의 군사사상이나 군사교리에 미친 영향은 미미했던 것으로 보인다. 주요 군사사상가, 군사이론가, 장군들의 회고록에는 손자에 대한 언급은 별로 발견되지 않는다.

2차대전 이후 유럽과 미국 군사학계에 《손자병법》에 대한 큰 관심을 불러일으키는 데 크게 기여한 사람은 바로 저명한 영국의 군사이론가인 리델 하트Basil Liddell Hart이다. 리델 하트는 무엇보다도 그의 《전략 : 간접접근 방법Strategy : The Indirect Approach》라는 책으로 전략이론가로서 세계적인 명성을 얻었는데 그가 손자의 이론에 대해 극찬함으로써 서구의 전략이론가들은《손자병법》에 특히 주목했다. 리델 하트는 1927년에 중국 상해에 오래 체류하고 있던 그의 지인 존 던컨John Duncan 경으로부터 이 책을 소개받고 읽은 후 그가 생각하고 있던 간접접근전략의 이론과 대단히 흡사한 점들을 발견했다고 한다. 이로부터 그는《손자병법》을 애독하고 이 책의 진가를 널리 이야기하기 시작했다. 그는 특히 클라우제비츠의 섬멸전적 사상을 통렬히 비판했는데 손자를 역사상 가장 뛰어난 군사사상가로 극찬했다. 그는 1967년에 나온 그리피스 장군의 손자번역서에 서문을 씀으로써 이 책의 권위를 더욱 높여주었다.

리델 하트의 영향 못지않게 미국에서 손자병법에 대한 관심을 불러일으킨 계기는 월남전에서의 패전이다. 미국인들은 물론 이미 1950~53년 한국전쟁에서 중공군과 접전을 치르면서 이들이 서구의 전통적인 용병법과는 다른 매우 교묘한 전략, 전술을 사용한다는 것을 느끼기는 했었다. 하지만 이 전쟁의 결과에서 쌍방의 승패가 불명확했기 때문에 중공군의 군사사상의 기원에 대해서는 그다지 깊이 파고들지 않았다. 그러나 월남에서의 패배는 미국의 군대 내에 치욕감을 불러일으키기에 충분했다. 이로부터 그들은 월남전에서 패배의 요인 중의 하나가 자신들의 지나친 군사력 위주의 전략에 있었음을 인식했다. 1982년에는 출판된 미국의 핵심 군사교범인《야전교범 100-5 작전Operation》에서는 손자병법을 직접 인용하고 있으며 현재 미국의 지휘참모대학에서는《손자병법》을 학생장교들에게 연구시키고 있다. 또한 미국 해병대에서는 최근 클라우제비츠와 손자의 사상을 결합해 해병대 기동전 이론의 원천으로 삼고 있다.

최근에는 서구에서 점차《손자병법》을 클라우제비츠 군사사상의 대안으로 클라우제비츠의《전쟁론》보다 높게 평가하는 군사이론가, 군사사가들이 많아지고 있다. 현대기동전 이론의 대가인 영국의 심킨Richard Simpkin, 미국 해군대학원의 전략교수 헨델Michael Handel, 세계적으로 저명한 군사사가인 헤브루 대학의 반 크레펠트Martin van Creveld, 미국의 기동전 옹호자인 레온하르트Robert Leonhard 중령 등이 그러한 사람들이다. 심킨과 레온하르트 같은 사람은 《손자병법》이 강점 대신 적의 약점을 타격하라고 하고 작전에서 속도와 기습을 중시하며 적에 대한 물리적 타격보다는 심리적 와해를 지향하라고 주장하는 데서 손자를 역사상 최초의 기동전 이론가로 보고 있다. 심킨은 그의 책, 《기동전*Race to the Swift*》에서 《손자병법》을 마한이 쓴 《해군전략*Naval Strategy*》과 함께 "오늘과 미래를 위해 가장 유용한 책"이라고 말하고 있다. 반 크레펠트Martin van Creveld 역시 리델 하트와 같이 클라우제비츠의 섬멸전 사상을 비판하는 입장에 서 있는데, 현대에 와서는 나폴레옹 전쟁 당시와 19세기 초기에 적합했던 클라우제비츠의 전략 개념은 지나치게 협소하고 따라서 현재 인류의 파멸을 막을 수 있는 이론이 되지 못한다고 비판했다. 그는 손자의 용병 개념이 현재의 전략 개념으로 더욱 적합하다고 본다. 그는 《전쟁의 변혁*Transformation of War*》이라는 책에서 손자를 "아마도 역사상 군사문제에 관해 쓴 사람들 중 가장 위대한 작가"라고 평가하고 있다. 헨델Michael Handel은 클라우제비츠를 깊이 연구한 전략이론가인데 그는 최근 《전쟁의 달인들 : 클라우제비츠, 손자, 조미니*Masters of War: Clausewitz, Sun Tsu, Jomini*》라는 책에서 클라우제비츠의 《전쟁론》과 《손자병법》 사이에 많은 유사성이 있음을 비교연구의 방법에 의해 보여주고 있다. 그는 손자를 극찬하는 다른 서구의 이론가와는 달리 전쟁에서의 정보획득의 어려움을 지적하며 이 부분에 대한 손자의 이론이 현실성이 적다는 비판을 가하고 있기는 하지만 손자를 클라우제비츠와 나란히 현대에도 가장 중요시해야 할 역사상 위대한 두 전쟁이론가로 꼽고 있다. 이제야 서양에서 진정으로 손자병법의 진가를 평가하고 있는 것이다. 1990년대에 와서 손자병법은 이제 일부 동양고전에 대한 취향을 가진 사람들에 의해 논의되는 것이 아니라 현대전략에 관한 주요 논의의 중심에 자리잡기 시작했다.

역사상 《손자병법》은 용병서로서 주로 무장들에 의해 읽히기는 했지만 많은 문인, 학자들도 이 책의 사상과 문체에 대해 찬사를 아끼지 않았다. 중국 최초의 문학 비평서《문심조룡文心雕龍》을 쓴 유협劉勰(465~522)은 《손자병법》에 대해 "손무의 병경兵經은 그 문장이 아름다운 구슬과도 같다. 어찌 병법을 연마한다 해서 문학에 뛰어나지 못한다고 말할 수 있으랴!"라고 쓰고 있다. 이후로도 문인, 철학자들 역시 이 책을 높이 평가했다. 당나라의 유명한 시인 두목杜牧은 《손자병법》의 주석서를 썼으며, 송나라의 유명한 동파東坡 소식蘇軾 역시 〈손무론孫武論〉을 써 그의 사상과 문장을 높이 평가했다. 왕양명王陽明은 《손자병법》의 비석批釋을 남겼다. 조선시대에 사상가이자 문장가로 유명한 허균許筠은 "춘추 전국시대 이래로 병사兵事를 말한 사람은 손무 한 사람에 지나지 않는데 후세에 용병을 잘했던 사람이라도 그의 도량을 벗어나지 못했으니 비록 왕자의 스승은 아니었지만 아! 역시 뛰어난 사람이었다. 그 문장을 풀고 잠그고 열고 닫고 하는 곳이 있어서 마디마디 정감이 생동한다. 선진시대의 제자백가의 글 중에 한비韓非와 손자孫子가 최고의 작가로서 간절하고 분명하게 하는 점에 있어서는 다른 사람들이 미칠 바가 아니다"라고 썼다. 조선 후기 문화적, 군사적 중흥조인 정조대왕 역시 《손자병법》은 문체가 매우 좋아서 당송팔대가唐宋八大家보다 낫다고 평하고 있다.

《손자병법》은 문장의 심미적인 면에서도 많은 사람들의 호평을 받았지만 현대에 와서는 특히 기업경영과 관리, 리더십의 면에서도 세계적으로 그 가치를 인정받고 이용되고 있다. 손자병법을 기업경영에 활용해 보고자 하는 노력은 제2차 세계대전 후 일본에서 구군대 장교 출신으로서 기업에 진출한 사람들에 의해 시도되었는데 일본의 손자주석자들은 이 방면에 관심을 기울여 재미를 보았다. 이러한 경향은 한국, 중국에서도 풍미했다. 일본 경제가 비약적으로 발전하여 미국의 경쟁상대가 되자 미국에서도 손자병법을 기업경영과 리더십에 이용해보려는 시도를 했다. 이러한 종류의 책은 이미 수십 여종 이상 출판되었다. 이에 관해서는 리처드 론스테드Richard H. Ronstad라는 사람이 인터넷에 올린 사이트(www.ccnet.com/~suntzu75) 내에 영미권의 《손자병법》 참고문헌 목록에 제시되어 있다. 현재 인터넷 서점으로서는 세계 최고의 명성을 누리고 있는 아마존(www.amazon.com)의 군사관계 일반도서 목록 중에 《손자병법》의 번역서들 중 여러 권이 목록의 상위에 올라 있는 것을 보면 손자병법에 대한 미국 내 일반 독자들의 관심도를 알 수 있다.

《손자병법》의 이러한 긴 생명력은 무엇보다도 이 책이 용병의 근본적 원리와 주요 요소들에 대해 고도로 추상화된 이론을 제시했기 때문으로 보인다. 절제되고 추상화된 표현 때문에 때로는 후세의 많은 연구자들에게 수많은 논쟁점을 제공했지만, 바로 그 때문에 시대가 변해도 시대적 제약을 넘어서서 끊임없이 전쟁문제에 대해 참신한 지침을 주고 있다. 《손자병법》은 '용병의 경전兵經' 이며 손자는 '용병의 성인兵聖' 이라고 불리울 만하다.

2. 현존 《손자병법》 13편과 손무

현존 《손자병법》 13편은 춘추시대 말 손무孫武의 저작으로 알려져 있다. 손무의 관한 역사상 가장 이른 기록은 사마천司馬遷(약 기원전 145~87)이 《사기史記》에 쓴 손무의 열전孫武列傳이다. 이 손무의 열전은 매우 간략하기는 하지만 제나라에서 망명한 손무가 오나라 왕 합려闔廬에게 발탁되는 과정과 그의 재능 및 업적을 인상적으로 그리고 있다. 분량이 길지 않기 때문에 사마천의 생동감 있는 글을 그대로 인용해본다(사마천의 《사기》〈손자오기열전〉 중 손무의 열전에서 발췌했으며 번역은 김영수의 《사기열전》 Ⅱ(동서문화사,1975)의 번역을 기본으로 손질했다).

손무는 제나라 사람이다. 병법에 뛰어났으므로 오왕吳王 합려闔廬의 초빙을 받았다. 그때 합려가 말했다.

"그대가 지은 13편의 병서는 다 읽어보았소. 어디 한번 실제로 군대를 훈련시켜 보일 수 있겠소?"

"좋습니다."

"여자라도 상관이 없을지?"

"상관없습니다."

그래서 합려는 궁중의 미녀 180명을 불러내었다. 손자는 그들을 두 편으로 나누고 오왕의 총희寵姬 두 사람을 각각 대장으로 삼았다. 그리고 전원에게 창을 들린 다음 명령을 하달했다.

"너희들은 자기의 가슴과 좌우의 손과 등을 알고 있는가?"

"예!"

"'앞쪽'이라고 명령을 하면 가슴을, '왼쪽'이라고 명령하면 왼손을, '오른쪽'이라고 명령하면 오른손을, '뒤로' 하면 등을 보아야 한다."

"예!"

이렇게 구령을 정한 다음, 손자는 부월을 갖추어두고, 몇 번씩 되풀이해 가며 군령을 설명했다. 그런데 막상 북을 치며 "오른쪽" 하고 호령하자 여자들은 웃어대기만 할 뿐 움직이지 않았다. 손자는,

"군령이 분명하지가 못하고, 명령 전달이 충분치 못한 것은 장수된 사람의 죄다." 하고 다시 세 번 군령을 들려주고 다섯 번 설명을 한 다음, 큰 북을 울리고 "오른쪽" 하고 호령했다. 그러나 여자들은 여전히 웃어대기만 했다. 그러자 손자는 이렇게 말했다.

"군령이 분명치 못하고, 전달이 불충분한 것은 장수의 죄이지만, 이미 군령이 분명히 전달되어 있는데도 병졸들이 규정대로 움직이지 않는 것은 곧 대장된 자의 죄다."

그러고는 군령대로 두 대장을 참수하려 했다. 위에서 관병하던 오왕은 자신의 총희 두 사람이 손자의 손에 참수斬首되려는 것에 놀란 나머지 황급히

전령을 보내 제지했다.

"과인은 이미 장군의 용병이 뛰어난 줄을 잘 알았소. 과인에게 그 두 여자가 없다면 밥을 먹어도 맛을 알 수 없을 정도이니 부디 용서해주기를 바라오."

그러나 손자는,

"신은 이미 임금의 명을 받아 장수가 되었습니다. 장수가 군에 있을 때에는 임금의 명령을 받들지 않을 수도 있습니다." 하고, 마침내는 두 대장의 목을 베고 임금이 그 다음으로 사랑하는 여자를 뽑아 새로 대장으로 세웠다. 그러고는 다시 북을 울리고 호령을 내렸다. 그러자 여자들은, 왼쪽이라고 하면 왼쪽으로, 오른쪽이라고 하면 오른쪽으로, 앞으로 하면 앞으로, 뒤로 하면 뒤로, 꿇어앉는 것도 일어나는 것도 모두 구령대로 따랐다. 웃기는커녕 소리조차 내지 않았다. 손자는 비로소 오왕에게 전령을 보내어

"부대는 이미 갖춰져 있습니다. 내려오셔서 시험해보십시오. 왕의 명령만 계시면, 군사들은 물이든 불 속이든 즐겨 뛰어들 것입니다"라고 보고했다. 그러나 왕은 이렇게 말했다.

"장군은 훈련을 끝내고 숙사에서 쉬도록 하오. 과인은 내려가보기를 원치 않소."

이때 손자가 이렇게 탄식했다.

"왕은 다만 병법에 대한 의론만 좋아할 뿐, 병법을 실제로 사용하지는 못하겠군."

그리하여 합려는 손자가 용병에 뛰어난 것을 인정했고, 마침내는 그를 장군으로 등용했다. 그 뒤 오吳나라가 서쪽으로 초楚나라를 무찔러 서울인 영郢을 점령하고 북쪽으로는 제齊나라와 진晉나라를 위협해 그 이름을 천하에 알리게 된 데는 손자의 힘이 컸다."

사마천은 손무의 전기에 바로 연결하여 손무가 죽고 100여 년이 지나 손무의 후손인 손빈孫臏이 제齊나라에서 활약한 내용을 쓰고 있으며 그

뒤에는 오기吳起의 열전을 쓰고 붙였다.

사마천의 《사기》 다음으로 《손자병법》의 면모에 관해 알 수 있는 책은 《한서》漢書 〈예문지藝文志〉인데 여기서는 한나라 당시에 《오손자병법吳孫子兵法》 82편과 《도圖》 9권, 《제손자병법齊孫子兵法》 89편과 《도圖》 4권이 있었다고 적고 있다. 오손자란 손무가 오吳나라에서 활약한 데서 붙여진 이름이며 제손자란 손빈이 제齊나라에서 활약한 데서 붙여진 이름으로 두 사람의 손자를 구별하기 위한 명명법이었다. 여기서는 뚜렷하게 두 사람의 손자의 저작이 존재하고 있었음을 말하고 있는데, 《오손자병법》 82편이 있다는 《한서》 〈예문지〉의 기록으로 인하여 《사기》 〈손무열전〉에서 오왕 합려가 읽었다고 말하는 병법 13편과의 관계에 대해 후세 학자들 사이에 많은 논란을 불러일으켰다. 후세인들은 이 기록에 의해 한나라 이후에 통상 《손자병법》으로 전하는 손자의 병법 13편 말고도 손자가 지은 다른 편들이 있었으리라고 추측했다. 그도 그럴 만했던 것이 당唐 시대에 지어진 두우杜佑의 《통전通典》에 현존 《손자병법》 13편에 없는 내용이면서 손무가 말했다고 하는 내용이 10여 편이나 나타나기 때문이다.

《한서》 〈예문지〉 다음으로 중국에서 당시 통용되던 서적에 관한 서지목록을 정리한 책은 《수서隋書》 〈경적지經籍志〉인데 여기서는 《한서》 〈예문지〉에 보이던 제손자, 즉 손빈의 책은 나타나지 않으며, 다만 "2권으로 된 《손자병법》이 있다. 이것은 오나라 장군 손무의 저서로 위魏나라 무제武帝(조조曹操)가 주를 단 것이다. 또한 양梁 나라에서 발간된 것으로 두 권으로 된 손자가 있다. 또한 《손자팔진도孫子八陣圖》라는 책이 있었는데 지금은 망실되었다. 《오손자화변팔진도吳孫子化變八陣圖》 2권, 《손자병법잡점孫子兵法雜占》 4권, 양梁나라의 《손자전투육갑병법孫子戰鬪六甲兵法》 1권이 있었는데 모두 망실되었다"라고 적고 있다. 이로써 당唐 시대에 와서는 손빈의 저술이 더 이상 전해지지 않았음을 알 수 있는데 바로 이 사실 때문에 최근까지 현존 《손자병법》 13편의 저자에 대한 논란이 분분하게 되었다.

이 《수서》〈경적지〉 이전 시대의 저술에서는 모두 《손자병법》 13편이 손무孫武의 저술이라고 인식되고 있었던 데 반해 《한서》〈예문지〉에 나타나 있던 제손자, 즉 손빈의 저술이 망실되고 전하지 않게 됨으로써 손무라는 사람은 역사상 존재하지 않았으며 《손자병법》의 저자가 손빈일 것이라고 추측하는 사람들이 생겨났다. 바로 송宋나라의 엽적葉適과 진진손陳振孫 같은 사람들이 그러한 견해를 제시했다. 이들은 그들의 견해의 근거를 춘추시대의 사서인 《춘추좌씨전春秋左氏傳》에 손무의 이름이 한 번도 언급되지 않았다는 사실에 두고 있다. 엽적은 《습학기언習學記言》이라는 책에서 "《춘추좌씨전》에는 손무라는 이름이 나타나지 않는다. ……오나라가 비록 오랑캐의 나라라 할지라도 손무가 대장이 되고 나서도 경卿이 되지 않았으므로 《좌전》에 기록되지 않았다고들 말하는데 이것이 가능이나 하겠는가? 그러므로 양저穰苴 니 손무孫武라고 부르는 사람들은 말하기 좋아하는 사람들이 거짓으로 꾸며내어 지칭한 것이지 사실을 기록한 것은 아니다"라고 말했다. 엽적은 《춘추좌씨전》에 기록된 것은 믿되 사마천의 《사기》의 기록은 완전히 부정한 것이다. 사실 《춘추좌씨전》에는 손무의 이름이 보이지 않는다. 그러나 후세 사람들이 손무의 실존에 대해 부인하는 사람들에 대해 공박하듯이 《춘추좌씨전》에서도 열국이 노나라에 그들의 사적事蹟을 보고해오면 역사에 올리고, 그렇지 않으면 올리지 않는다고 말하고 있으므로 엽적의 말 또한 확실한 근거를 가진 것이 못 된다. 물론 사마천의 《사기》를 신뢰하는 사람들은 손무의 역사적 실존이나 《손자병법》 13편의 저자가 손무라는 사실에 대해 별로 의심하지 않았지만 엽적이나 진진손 이후로 《손자병법》의 저자에 관한 논란이 끊이지 않았다.

청나라 때에 와서는 고증학의 여파로 인해 손무의 존재를 의심하는 사람들이 더욱 많아졌다. 전조망全祖望은 손무는 역사상 존재하지 않았으며 그에 관한 이야기나 그의 병법 13편은 모두 전국시대 종횡가縱橫家들의 위서僞書라고 했다. 한편 청나라 말 중화민국 초의 양계초梁啓超나 현대의 전목錢穆 같은 저명한 역사학자들도 현존《손자병법》13편의 문체나 관직명 등을 볼 때 춘추시대 작품이라 볼 수 없는 점이 많다고 하여 전국시대 손빈의 저작일 가능성이 짙다고 보았다. 황운미黃云眉 같은 사람은 "손무라는 사람이 역사상 실존했는가에 대해서는 뚜렷하게 말할 수 없지만 현존하는 병법 13편이 손무의 저작이 아니라는 사실에 대해서만은 의심할 여지가 없다"고 했다. 이들이 이렇게 주장하는 근거는 모두《손자병법》의 내용 중에 춘추시대에는 볼 수 없는 전국시대의 어휘, 시대적 정황이 반영되어 있다는 것이었다. 그 중 특히《손자병법》에 나타나는 장군將軍이라는 용어가 춘추시대에는 없었다는 점이 지적되었고 그 외에 〈용간〉편의 '문자門子', '알자謁者' 등의 관명도 전국시대의 관직명이지 춘추시대의 관직명이 아니라는 것이다. 한편 일본의 무내의웅武內義雄이라는 학자도 비슷한 논지로 현존《손자병법》13편이 손무의 저작이 아니며 전국시대 손빈의 저작일 것이라고 했다. 이러한 학자들이 제시한 견해들은 그 후 일본이나 서구의 손자주석자들에게도 영향을 미쳐 한동안 손무의 역사적 실재를 부정하고 현존 《손자병법》을 전국시대 손빈의 저작이라고 보게 만들었다.

역사상 손무가 존재하지 않았으며 현존《손자병법》13편이 손빈의 저작이라고 주장하는 사람들에 대한 반박도 만만치 않았다. 일찍이 명나라의 송렴宋濂이 엽적과 진진손 등의 손무부재설을 염두에 두고 지적했듯이《춘추좌씨전》에는 열국에서 노나라에 그 나라의 사적을 알려오면 이를 역사에 올리고 그렇지 않으면 쓰지 않는다고 했다. 송렴은 그러므로 춘추시대의 모든 사적이《춘추좌씨전》에 기록되었다고 볼 수는 없다고 했다. 또한 청말의 고증학자로부터 현대의 여러 손자 연구가들은 여러 기록들로 볼 때 손무는 역사상 실재했으며 결코 후대의 조작이 아니라고 주장했다. 청나라 때 필이순畢以珣이라는 학자는 손자서록孫子敍錄이라는 글에서《사기》의 기사에 대한 신빙성을 두면서 사기외에 전국, 진한시대의 제서적에서 모두《손자병법》이 내용상으로나 문구 그대로 인용되고 있음을 밝혀 사기의 기록이 조작된 것이라고 볼 수 없다고 했다. 그는《월절서越絶書》에 "무문巫門 밖에 그 무덤이 있는데 오왕의 객경客卿인 손무의 무덤이다. 현으로부터 10리 떨어져 있다"는 기록을 들어 손자가 실존 인물임을 지적하고 있으며 손무가 단지 오왕의 객경이었기 때문에《춘추좌씨전》에 오자서에 관해서는 쓰면서도 손무의 이름은 나타나지 않았다고 해석하고 있다. 그 외에도 그는《전국책戰國策》,《오자吳子》,《울료자尉繚子》,《갈관자鶡冠子》,《여씨춘추呂氏春秋》,《회남자淮南子》,《잠부론潛夫論》,《오월춘추吳越春秋》 등 여러 서적에《손자병법》이 인용되었음을 들어 엽적과 진진손 등이《좌전》의 기록에 손무가 나타나지 않는다는 것을 들어 사기의 기사를 의심하는 것에 반론을 폈다.

현대의 연구가들 역시 필이순의 논지에 유사하지만 좀더 세밀하게 역사상 손무부재설孫武不在說과《손자병법》13편의 손빈저작설孫臏著作說에 대해 반론을 폈다. 그 중 중화민국의 유중평劉仲平의 논문《손자병법일서적작자孫子兵法一書的作者》이 설득력이 있다. 그는 우선 엽적, 진진손, 양계초, 전목 등이 손무의 역사적 실재를 의심하는 것에 대해 반박하고 있다. 우선 명 시대의 송렴이 지적한 대로《춘추좌씨전》에는 열국에서 노나라에 알려온 사실만을 기재한 것을 사서에 올렸으니 손무의 행적이《춘추좌씨전》에 나타나지 않는다 해서 손무의 역사적 부재를 증명하는 것은 되지 못한다고 했다. 그는《춘추좌씨전》을 보면 노魯나라, 위衛나라, 제齊나라, 진晉나라 등 북방국가들의 사적은 비교적 자세하지만 오吳나라나 초楚나라에 관한 기사는 언급한 빈도가 매우 낮다는 것을 지적하고 있다. 또한 손무는 오나라에서 활동한 기간이 길지 않았으며 지위도 오자서보다는 낮았기 때문에 언급되지 않을 수도 있다고 했다. 특히 그는 현존《손자병법》13편의 손빈저작설에 대해서는 매서운 반박을 가하고 있다. 그는 크게 몇 가지 점을 논박의 근거로 들었다.

첫째, 전국시대나 전국시대의《국어》,《순자》,《한비자》 등《손자병법》

과《오자병법》을 병칭한 서적들은 모두 '손오병법孫吳兵法' 이라고 칭했는데 만약 이때의 손자가 손빈을 지칭한 것이고《오자병법》이 오기를 지칭하는 것이라면 그것은 당연히 '오손병법吳孫兵法' 이라고 칭했을 것인데 그렇지 않았다는 것이다. 그는 구체적으로 오기가 위나라 장수가 되어 명성을 얻기 시작한 것은 기원전 387년부터이고 손빈이 제나라의 전기에 발탁된 것이 기원전 353년이고 마릉馬陵 전투로 명성을 얻기 시작한 것은 기원전 341년이니 명백히 오기의 활동 시기가 손빈보다 앞선다고 지적하고 있다.

둘째, 만약 손빈이 현존《손자병법》13편의 작자라면 왜 하필 손빈이 활동하던 당시에는 이미 멸망해버린 오나라와 월나라의 관계가《손자병법》에서 특별히 언급될 필요가 있겠느냐는 것이다.《손자병법》13편에 나타나는 월나라에 관한 언급이나, '오월동주吳越同舟' 등은 사실상 그의 이론 전개와는 직접적으로는 무관한 것으로, 이것은 명백히 손무가 당시 대치 상태에 있던 오나라와 월나라의 관계를 사실적으로 언급한 것이라는 점이다. 이 점은 이미 1930년대에 중화민국의 이욕일李浴日에 의해서도 지적되었다.

위중평은 이 외에도 구체적인 근거는 없지만 현존《손자병법》13편이 문체나 내용 면에서 춘추시대의 작품이라고 볼 수 없다고 양계초가 지적한 후로 후세인들이 이에 근거하여 전국시대 손빈저작설의 근거로 드는 어구에 대해서도 해명하고자 했다. 그러한 어휘로 위중평은 주主, 인의仁義, 오행五行 등을 들고 있는데 그것들이 전국시대에만 씌었다고 볼 수 없는 이유를 언급하고 있다. 오행에 대해서는 이미 주나라의 역사서인《서경書經》의〈홍범구주洪範九疇〉에 나타난다고 지적하고 있고 '주主' 자 또한 춘추 당시에 제후맹주諸侯盟主의 의미로 쓰인 것이라고 했다. 그러나 이 부분에 대해서는 확실한 논박을 하지 못한 것 같다.

이러한 손무의 역사적 실재나《손자병법》의 저자에 관한 논쟁에 못지않게 손무의 저작설을 믿는 사람들 사이에도 논란이 많았던 문제는 현존

《손자병법》 13편이 과연 손무에 의해 직접 씌어진 것인가 아니면 후세인의 손에 의해 많은 정리를 거친 것인가라는 문제였다. 이미 우리가 살펴본 바와 같이 《한서》 〈예문지〉에 제 《손자병법》 82편이 존재했다는 기록이 남아 있기 때문에 이에 대한 의문이 제기될 수밖에 없었다.

많은 사람들은 《사기》의 기록과 《한서》의 기록의 차이를 절충적으로 설명하고자 했다. 《손자병법》은 관자나 장자 등 다른 전국시대의 작품처럼 손무 자신의 직접적 저작은 13편이며, 그의 행적이나 후세의 연구자들의 해석이 나머지 편들을 구성했을 것이라고 추정하고 있다. 한편 당나라의 두목이 "《손자병법》은 본래 수십만 언이었으나 위무제魏武帝가 번쇄한 것을 털어내고 정수를 뽑아 이 책을 이루었다"라는 글을 남김으로써 한동안은 《손자병법》이 위무제 즉 조조의 저작이 아닐까라는 의심을 갖는 사람들도 있었다. 두목은 《통전》을 쓴 두우의 손자인데 《통전》에 문답체로 된 손무의 유문遺文이 남아 있었으니 그가 그렇게 해석하는 것도 무리는 아니었다. 그러나 두목의 '수십만 언'이라는 표현은 《한서》에 나타난 오손자 82편이 있었다는 기록을 바탕으로 그렇게 말한 것이리라.

손무의 역사상의 실재와 손무와 손빈과의 관계, 현존 《손자병법》 13편의 저자에 관한 장기간에 걸친 이러한 논쟁은, 1972년 중국에서 고고학 발굴 중 서한시대의 한 분묘에서 《손자병법》과 《손빈병법》이 동시에 출토됨으로써 손무와 손빈 두 사람이 역사적으로 실재했으며 각각 병법을 남겼다는 사마천의 〈손무열전〉의 기록이 근거가 있었다는 사실이 확실해졌다. 이에 관해서는 뒤에서 자세히 언급하고자 한다.

현재 우리가 흔히 대하는 《손자병법》의 원문은 송나라 때 길천보吉天保가 당시까지 전해오던 손자주석서 중 잘된 것 10편을 뽑아 만든 《십가손자회주十家孫子會註》와 송나라 신종황제 때인 1080년에 무학박사武學博士 하거비何去非가 당시까지 통용되던 병법서 중 7권을 추려 《무경칠서》로 정할 때 그 첫 권으로 들어간 《손자孫子》 두 판본의 원문을 근간으로 하고 있다. 《손자십가회주》는 손자십가주孫子十家註로도 불렸는데 삼국시대의 조조曹操, 양梁나라의 맹씨孟氏, 당나라의 이전李筌, 두목杜牧, 진호陳皞, 가림賈林, 송나라의 매요신梅堯臣, 왕석王晳, 하연석何延錫, 장예張預의 주석을 하나의 원문아래 모은 것이다. 흔히 이 책은 통상 두우杜佑가 《통전通典》에 수많은 손자의 구절에 단 설명까지를 포함하여 '십일가주손자十一家註孫子'로 불리우기도 했다. 《무경칠서》는 《손자》, 《오자吳子》, 《사마법司馬法, 《이위공문대李衛公問對》, 《울료자》, 《육도六韜》, 《삼략三略》을 말하는데 이 중 《손자》는 주가 없이 원문만 있다. 이 두 계통의 《손자병법》 원문은 몇 군데에서 내용 해석에 차이가 있을 수 있는 어구의 차이가 있으며, 40여 군데에서 어조사나 문장표현에 약간의 차이가 나타나지만 내용상으로는 별 차이가 없는 부분이다.

조조의 주석서인 《위무제주손자魏武帝註孫子》도 현재 보존되어 전하는데 이 책의 원문은 《십일가주손자》와 대동소이하지만 글자에 차이가 나는 곳이 있다. 두우는 《통전》의 〈병전兵典〉에서 손자의 원문을 대부분 제시했는데 《통전》은 비교적 이른 시기의 손자 원문이어서 역시 연구자들에게 중요한 참고가 된다. 그 외에 당나라 때 씌어진 《북당초서北堂抄書》에는 손자의 원문이 부분부분 남아 있을 뿐이지만 연구에 활용되며, 송나라 때 황제를 위해 만든 《태평어람太平御覽》 등의 책이 참고의 역할을 한다. 일본에서 오랫동안 비장되어 전해오다가 도쿠가와 막부 말에 공개된 손자 고본古本은 《고문손자古文孫子》라고 이름붙여졌는데 이 또한 원문 연구에 참고되는 책이다.

3. 손무의 행적과 일생

앞에서 인용한 사마천의 〈손자열전〉에서 보듯이 사마천이 활동하던 한나라 때에도 손무의 출생, 가계, 성장과정, 말년에 대해서는 참고할 자료가 거의 없었던 것 같다. 《손자병법》에 관한 전국시대의 언급은 있지만 손자의 행적에 관한 전국시대의 자료들은 없다. 우리는 이미 언급한 《사기》의 〈손자열전〉 외에 《사기》 〈오태백세가吳太伯世家〉, 〈오자서열전伍子胥列傳〉을 통해 그의 행적을 알 수 있을 뿐이다. 동한시대에 씌어진 《오월춘추》라는 책에는 《사기》의 열전과 거의 유사한 손무의 발탁과정에 관한 이야기와 《사기》의 열전보다는 좀더 상세한 손무의 행적이 나오는데 비록 《오월춘추》는 기존의 역사적 서적들을 근거하여 씌어진 반 역사, 반 소설에 가깝기 때문에 이를 그대로 믿을 수는 없지만 참고하여 손무의 행적을 살펴보고자 한다.

손자는 사마천의 《사기》에 따르면 제나라 출신인데 그가 언제 어떠한 연유로 오나라에 오게 되었는가에 대해서는 불분명하다. 《오월춘추》에는 손무가 오나라 사람으로 기술되어 있으나 이는 잘못이거나, 그가 활동한 곳이 오나라였기 때문에 오나라 사람으로 쓴 것이리라 짐작된다. 《오월춘추》에 의하면 손무를 오왕 합려에게 천거한 사람은 오자서伍子胥(?~기원전 484)였다. 그는 초楚나라 출신으로 그의 아버지 오사伍奢와 형 오상伍尚이 초평왕楚平王에게 무고하게 살해당한 뒤 오나라로 피신해와 초나라에 대한 복수를 꿈꾸고 있었다. 오자서는 오나라에 망명할 때 장군이었던 공자 광光, 즉 합려에 의해서 오왕 요僚에게 천거되었다. 그는 객경客卿으로서 능력을 인정받던 중 합려가 자신의 삼촌인 요왕을 죽이고 왕위를 얻겠다는 야심을 품고 있음을 알고 그의 쿠데타에 협조함으로써 왕위에 오르도록 했는데 이로써 그는 합려의 큰 신임을 얻게 되었다. 왕위에 오른 합려는 그를 행인行人, 즉 오늘날의 외무장관으로 임명하고 깊이 국사를 의논했다. 《오월춘추》에 따르면 오자서는 어느 날 제나라에서 망명해온 손무라는 사람을 만나게 되었는데 처음 만나 이야기해본 즉시 그가 놀라운 재능을 가진 사람임을 알게 되었다. 그리하여 그는 합려 왕 3년(기원전 512년) 손무를 오왕에게 천거했다. 합려가 손자의 재능을 시험한 내용은 위에 인용한 《사기》의 〈손무열전〉에 나타난 그대로이다.

《오월춘추》에도 대략 같은 내용의 이야기가 나온다.

당시의 오나라는 신흥국으로서 당대의 최강대국인 초나라와 대립했는데, 오자서는 그의 가문의 복수를 마음에 두고 초나라의 오나라에 대한 거만하고 위압적인 태도에 대한 합려의 위구심을 고려하여 안으로는 부국강병책과 밖으로는 초나라에 대한 강경 외교정책을 제시했다. 이로써 팽창을 꿈꾸는 신흥국의 군주 합려와 부친과 형의 복수를 꿈꾸는 뛰어난 정략가인 오자서와 병법의 진수를 터득한 용병가인 손무의 결합이 이루어진 것이다.

손자가 오왕에 의해 발탁된 시기에 오나라와 초나라는 전쟁 중에 있었다. 오왕 합려는 즉위 3년(기원전 512년)에 군사를 일으켜 다시 초나라로 진격했다. 이 원정에서 오는 초나라의 서舒를 함락시키고 이미 이전의 전역에서 초나라에 투항했던 두 공자를 사로잡았다. 이때 오왕 합려는 초나라의 수도 영郢 까지 진격하고자 했으나 손자가 "백성들의 고달픔이 너무도 커서, 아직 그 시기가 아닙니다. 좀더 기다리십시오"라고 진언하자 회군했는데, 이것이 손자가 처음 전쟁에서 군사軍師로 활약한 때이다. 그 후 오나라 군대는 오왕 4년(기원전 511년)에 초나라를 다시 공격해 육六과 잠潛 두 고을을 빼앗고, 오왕 5년에는 월나라를 공격하여 승리를 거두었으며, 오왕 6년에는 초평왕의 아들인 초소왕楚昭王의 두 공자가 오나라를 침공해옴으로 오왕 합려는 오자서에게 군대를 주어 이를 격파하고 초나라 땅 거소居巢를 점령했다. 오왕 9년에 오왕 합려는 오자서와 손무를 불러 예전에 두 사람이 초의 수도 영에 진격하려 할 때 만류했는데 지금은 가능하겠는가를 물었다. 이에 손자는 초나라로부터 위협을 받고 있는 당唐나라와 채蔡나라를 외교로 끌어들인 후 공격하면 가능할 것이라고 조언했다. 이 해에 오나라의 군대는 당나라와 채나라의 군대와 함께 초나라의 수도 영에 진격하여 이를 점령했다. 초소왕은 진晉으로 도망하여 구원을 요청했다.

이 때 이후로는 사기에 손무에 대한 구체적인 언급이 나타나지 않는다. 오왕 3년과 9년의 원정에서만 손무의 이름이 언급되는데 그 기간 동안 손무가 줄곧 원정의 계획을 수립하고 군사적 조언을 제공했다는 것을 상상하기는 어렵지 않다. 초소왕이 진나라에 도망한 후 그의 대부 신포서申包胥의 노력에 의해 진나라가 구원을 약속하자 전쟁은 오와 초-진의 전쟁으로 발전했다. 《사기》 〈오태백세가〉에는 "합려 왕 11년(기원전 504년)에 왕이 태자 부차夫差에게 병사를 거느리고 초나라를 공격하게 하여 파番 땅을 빼앗자 초나라는 오나라가 대거 공격해 올 것이 두려워 약鄀으로 천도했는데, 이때에 오나라는 오자서와 손무의 계책으로 서쪽으로 초나라를 무찌르고 북쪽으로는 제齊나라와 진晉나라를 위협했으며 남쪽으로는 월越나라를 굴복시켰다"라고 쓰고 있다. 이것이 《사기》에서 보이는 손무에 관한 마지막 언급이다. 이 문장의 마지막에 오나라가 월나라를 굴복시켰다는 것은 합려왕 5년에 오나라가 월나라를 굴복시킨 것인지 아니면 합려왕 사후 그의 아들인 부차夫差왕 3년(기원전 494년)에 오나라 군대가 월나라 군대를 부초산夫椒山에서 깨뜨리고 압승한 것을 말한 것인지에 대해 학자들 사이에 해석이 엇갈리는데 이것은 전자를 말한 것이리라. 왜냐하면 이 기사에 뒤이어 "오왕 15년에 공자가 노魯나라의 재상의 직무를 대행했다"라는 기사가 나오는데 이것은 기원전 500년의 일이기 때문이다. 오왕 11년(기원전 504년) 이후로는 《사기》에 더 이상 손무의 이름이 나타나지 않는다. 《오월춘추》에도 이 시기 이후 손무의 행적에 관한 기록은 보이지 않는다.

우리는 위에 나타난 8년이라는 비교적 짧은 기간 동안 〈오태백세가〉와 〈오자서열전〉에서 나타나는 두어 구절의 손무의 전략적 조언에서조차 그의 전략가로서의 탁월성을 확인할 수 있다. 기원전 512년 오의 초에 대한 공세에서 손자가 오왕 합려의 무리한 진격을 말린 것에서 민심을 고려하고 국가의 경제를 염려하여 장기원정의 폐해를 고려한 그의 전략적 고려를 읽을 수 있다. 《손자병법》 〈형形〉 편에 "국민들에게 바른 정치를 베풀고 법을 제대로 실행해야 한다"(修道而保法)라고 하고, 〈모공謀攻〉

편에 "군주와 국민이 뜻을 같이하면 이긴다"(上下同欲者勝)라고 쓴 그대로이다. 한편 기원전 506년에 있었던 초에 대한 원정에서 채나라와 당나라에 대한 외교적 수단으로 원정전략을 보완하는 등 그가 《손자병법》〈모공〉 편에서 밝힌 벌교伐交의 이론을 유감없이 전쟁의 현실에서 발휘한 점을 포착할 수 있다.

손무의 출생과 가계, 말년에 관해서는 여러 사람들이 궁금증을 가졌을 것이나 《사기》의 〈손무열전〉 외에는 기록이 남지 않아 오랫동안 베일에 쌓여 있었다. 이러한 가운데 송나라 때 씌어진 《신당서新唐書》의 〈재상세계표宰相世系表〉와 역시 송나라 때 등명세鄧名世가 쓴 《고금성씨서변증古今姓氏書辨證》이라는 책에 나타난 손무의 계보에 의해 관심이 고조되었다. 우선 《신당서》의 〈재상세계표〉 중 손자에 관한 부분을 그대로 인용해본다.

손孫씨는 희姬성으로부터 나왔다 …… 제齊나라의 전완田完은 자字가 경중敬仲으로 그의 4세손 환桓의 아들이 무우無宇였다. 무우에게는 두명의 아들이 있었는데 이름이 항恒과 서書였다. 서書는 자字가 자점子占이고 제나라의 대부大夫로서 거莒 에 대한 공격작전을 담당하여 공을 세웠다. 이러한 공로로 제齊 경공景公은 손孫이라는 성姓을 하사하고 낙안樂安에 식읍을 내려주었다. 그에게서 빙凭 이 태어났는데 그는 자字가 기종起宗이고 제나라의 경卿 벼슬을 지냈다. 빙은 무武를 낳았는데 자字가 장경長卿으로 전田씨, 포鮑씨 등 4대 가문이 서로 권력쟁탈을 하는 난리를 당해 오吳나라로 망명했고 그곳에서 장군이 되었다. (《신당서》 권73하)

이 기록에 의하면 손무는 전완의 후손으로 할아버지가 진서陳書, 즉 손서孫書이고 그의 아버지는 손빙이며 손무는 제나라의 내란을 피해 오나라와 와서 합려에게 발탁되어 장군으로 활약했다는 것이다. 등명세가 쓴 《고금성씨서변증》에는 내용이 유사하나 진陳 무우無宇의 아들 이름이 상常과 서書라고 한 것이 다르며 손무의 아버지 이름이 빙凭 자 대신 빙憑으로 되어 있다. 후세에 손무의 자字가 장경長卿으로 알려지고 그가 제나라에서 난리를 피해 오나라로 망명해왔다는 것은 이 두 기록에 근거한 것이다. 중국의 저명한 손자 연구가 곽화약郭化若이 이 기록을 따르고 있으며 최근에 중국에서 발행된 심도있는 손자연구서인 《병성손무兵聖孫武》라는 책에서도 이러한 견해를 취하고 있다. 이러한 기록을 믿는 사람들은 손자의 고향이 그의 할아버지 손서孫書가 식읍으로 받은 곳인 낙안, 즉 지금의 산동성山東省 혜민惠民 부근일 것이라고 추정하고 있다.

그런데 이 두 기록에 나타나는 손씨 가계는 사기의 전완田完 이후의 가계와는 다른 점이 많아서 이러한 기록을 믿을 수 없다고 반론을 가하는 사람이 많다. 이에 대해 좀더 숙고해볼 필요가 있다. 우선 《사기》, 《신당서》, 《고금성씨서변증》에서 말하는 계보를 도표화해 이를 비교해보자.

(1) 《사기》 〈전완田完열전〉

전완田完 –□–□– 전수무田須無 – 전무우田無宇 ┬ 전개田開
(田文子) (田桓子) (田武子)
└ 전기田乞 – 전상田常 – 전반田盤
(田僖子) (田成子) (田襄子)

(2) 《신당서》 〈재상세계표〉

전완田完 –□–□–□– 진무우陳無宇 ┬ 진항陳恒

└진서陳書(손서孫書) - 손빙孫凭 - 손무孫武

(3) 《고금성씨서변증》

전완田完 -□-□-□- 진무우陳無宇 ┌ 진상陳常
└ 진서陳書(손서孫書) - 손빙孫憑 - 손무孫武

위에 정리한 표에서 보는 바와 같이 사기의 〈전완열전〉과 《신당서》〈재상세계표〉, 《고금성씨서변증》 에서 전완(또는 진완)에서부터 전무우(또는 진무우)까지의 계보는 같다. 사기에서는 전田씨 성을 그대로 따른 데 반해 〈재상세계표〉나 《고금성씨서변증》에서는 전씨 대신 진씨라고 쓴 것뿐이다. 사마천은 〈전완열전〉에서 진완이 진나라 공자였다가 제나라에 망명하여 대부大夫가 되면서 진陳과 전田이 음과 뜻이 같아 성을 전田으로 바꾸었다고 설명하고 있는데 이미 《춘추좌씨전》에서는 성이 대부분 진陳으로 기록되어 있다. 사마천이 전완의 후예의 성씨를 모두 전田으로 기록한 것은 진완이 성을 전田으로 바꾸었다는 것으로부터 일관되게 전田씨 성을 붙인 것이다. 그러므로 전무우田無宇와 진무우陳無宇는 동일인이다.

위의 세 자료에서 모두 일치해 기록한 무우無宇라는 인물과 그의 아버지 수무須無는 제나라의 정치에서 중요한 위치를 차지하고 있는데 두 사람은《신당서》〈재상세계표〉와《고금성씨서변증》에 나온 손무의 가계표의 신빙성을 판별하기 위해 그 사적을 검토해볼 필요가 있다. 무우無宇는 시호가 진환자陳桓子로 사기의 제태공세가에 의하면 그의 아버지 진문자陳文子 수무須無는 제경공齊景公 3년(기원전 545년)에 전田씨, 포鮑씨, 고高씨, 난欒 씨의 네 호족들을 이끌고 당시에 전횡을 일삼던 재상 경봉慶封을 죽이고 쿠데타를 일으켜 연합정권을 세운 인물이다. 《춘추좌씨전》 양공襄公 22년(기원전 551년)과 양공 27년(기원전 546년)에도 그의 사적이 나타난다. 그의 아들 진환자陳桓子 무우無宇의 사적은《춘추좌씨전》양공襄公 6년(기원전 567년)에 나타나며《사기》의〈제태공세가〉에 의하면 그의 아버지 진문자陳文子 수무須無와 함께 기원전 545년의 쿠데타에서 일정한 역할을 한 것 같다.《신당서》와《고금성씨서변증》에서 언급하지는 않은 손무의 4대조인 진수무는 사서에 언제 죽었는지는 알 수 없으나 적어도 기원전 545년까지는 생존해 있었던 것은 사실이다.

《신당서》에 의하면 손무가 진수무의 4대 손이 되므로 만약 손무가 이때에 세상에 태어나 있었다면 대략 세대간 최소 간격을 20살로 계산할 때 진수무의 기원전 545년의 나이는 대략 80살에 가까워야 할 것이다. 아무리 빨라도 이때 이전에는 손무는 태어날 수 없었을 것이다. 진수무의 아들 진무우는 이미 그의 사적이 기원전 561년에 나타나므로 기원전 545년의 쿠데타에서는 상당한 정도의 나이에 이르렀을 것이다.《신당서》의 기록에 따르면 손무의 할아버지가 되는 진서陳書, 즉 손서孫書는 그의 사적이《춘추좌씨전》의 소공昭公 11년(기원전 531년)과 소공 19년(기원전 523년)에 나타난다.《춘추좌씨전》소공19년의 기록에서 그의 이름은 손서孫書로 기록되어 있는데 거莒에 대한 공격작전의 공로를 세웠다고 하는 점은《신당서》의 기술과 같다. 다만 여기에는 제 경공이 그에게 이 전공에 대해 손씨 성을 하사하고 낙안樂安에 식읍을 주었다는 기록은 없다. 만약 손서孫書가《신당서》의 기술대로 무우의 후손이라면 장년의 일이었을 것이다. 그런데《신당서》의 전완에서 손무까지의 가계표는 손서의 형이라고 하는 진항陳恒에 관해서는 큰 의문을 일으킨다. 진항은 시호가 진성자陳成子로서 제나라의 정치에서 또 한 번의 쿠데타를 일으켜 당시의 임금 임壬을 죽이고 새로운 임금인 간공簡公을 세워 정치를 좌우한 인물인데 이 사실은《춘추좌씨전》애공哀公 14년(기원전 481년)의 기사에 나타난다. 그의 행적은 애공哀公 17년(기원전 478년)의 제나라와 오나라와의 전쟁기사에 또 한 번 나타나는데, 이때 그는 그의 동생 진서陳書와 죽기를 결의하고 싸움으로써 목적을 성취하겠다는 대화를 나누고 있다.

만약 《신당서》의 손무 계보를 따른다면 기원전 531년과 523년 활동했던 진서陳書 즉 손서孫書가 기원전 478년에도 살아서 활동하고 있는 것이 되는데 이것은 믿기 힘들다. 왜냐하면 기원전 478년은 손서의 활동이 처음 나타나는 531년과는 무려 53년의 차이가 나고 기원전 523년과는 무려 45년의 시간 간격이 있기 때문이다. 물론 기원전 531년에 손서의 나이가 20대였다면 기원전 478년에는 대략 70대를 훨씬 넘긴 노인이 전쟁에 참가한 것이 되는데 이것은 있을 법하지 않은 일이다. 만약 손서가 기원전 523년에 20대의 청년이었다면 기원전 478년에는 대략 65살이 넘은 나이에 전쟁에 참가한 것이 되는데 그렇다고 가정한다면 손무는 기원전 523년에는 태어나지도 않았을 것이다. 그런데 손무는 11년 후인 기원전 512년에 합려왕에게 발탁되고 있는 것이다. 결론적으로 말하면 《신당서》의 〈재상세계표〉에 손무의 큰할아버지가 진성자 진항이고 할아버지가 진서 즉 손서라고 한 것은 믿을 수 없다. 그러므로 이 〈재상세계표〉를 믿기 힘들다. 무언가 손무를 진완의 후예이자 역사상에 나타나는 손서孫書의 사적과 연결시키려는 의도가 있지 않았는가 생각된다. 아니면 기원전 523년에 활동했던 손서孫書와 기원전 478년에 활동한 진완(즉 전완)의 후예인 진서陳書와는 다른 인물로 보아야 한다.

한편 《고금성씨서변증》에서는 《신당서》 〈재상세계표〉와 기본적으로는 유사하면서 진서陳書의 형이 진상陳常으로 되어 있는데 그는 사마천의 전완 후예의 계보에 전상田常으로 기술한 인물을 말하는 것 같다. 《춘추좌씨전》에는 이러한 이름이 나오지 않고 진항陳恒으로 나와 있기 때문에 결국 진상은 이미 언급한 진성자陳成子 진항陳恒, 즉 사마천이 전상田常으로 쓴 사람과 동일인으로 그는 기원전 481년과 기원전 478년에 활동했던 사람이다. 이미 《신당서》 〈재상세계표〉를 검토하는 과정에서 보았듯이 《사기》의 손자의 활동시기에 비추어본다면 《고금성씨서변증》의 손무의 가계 역시 신뢰할 만한 것이 못 된다.

이에 반해서 사마천의 진완 후예의 가계는 연대적 모순이 없어 믿을 만하다. 사마천은 전상이 전기田乞 즉 진기陳乞의 아들이라 했는데 진기는 《춘추좌씨전》에 나오는 진희자陳僖子 진기와 동일인이며 그는 《춘추좌씨전》 애공哀公 4년(기원전 481년)과 애공 6년(기원전 479년)에 행적이 나타난다. 그의 형 진무자陳武子 개開는 《춘추좌씨전》 소공昭公 26년(기원전 516년)에 활동했던 행적이 나타난다. 이 사람의 활동 연대는 진무우陳無宇와 약 30년의 차이가 난다. 한편 진서陳書와 그의 아들 진항陳恒의 주 활동 연대는 《춘추좌씨전》에 나타난 기록에서 약 10년의 차이가 나는데 부자관계의 차이로서 가장 자연스럽다.

이같은 고찰을 통해 볼 때 우리는 사마천의 기록을 신뢰할 수밖에 없다. 그는 손무의 출자出自에 대해서는 함구하고 있는데 역시 그의 시대에 이를 밝힐 만한 기록이 없었던 것이다. 기원전 523년에 활동했던 손서孫書가 손무의 할아버지일는지는 모르지만 그는 진완의 가계와는 관계가 없는 인물이라고 할 수밖에 없다. 그렇다면 손자가 언제 태어났으며 그가 합려에게 발탁된 기원전 512년에는 나이가 몇 살쯤 되었는가는 추정하기 어렵게 된다.

손무의 말년과 그가 어디서 생을 마감하고 어디에 묻혔는가에 대해서도 역시 확실한 증거는 없다. 합려 당시의 오나라의 사적에 관해 광범위하게 기록하고 있는 책인 《월절서越絶書》의 기록에 손무의 묘가 오나라의 옛 도성의 무문巫門 10리 밖에 있다는 기록이 있다. 그런데 어떤 과정을 거쳐 손무의 후손이 제나라로 가서 손빈이 제나라에서 태어났는가는 궁금할 따름이다.

손무의 말년에 대해서도 후세에 와서 추측이 무성했던 것 같다. 그 대표적인 설명을 명나라 때 여소어余邵魚가 지은 《동주열국지東周列國志》에서 찾을 수 있다. 《동주열국지》는 역사사실을 근거로 해 쓴 역사소설인데 손무의 말년에 관한 부분을 인용해본다.

…… 합려가 초나라를 공략하고 전승의 공을 논할 때 손무를 최고로 쳤다. 손무는 관직에 있기를 희망하지 않고 고사하면서 산에 돌아가기를 청했다. 왕은 오자서를 보내 머물러달라고 말해보도록 했다. 오자서가 손무를 만나자 손무는 조용히 사적으로 말하기를, "선생은 천도를 아시오? 더위가 가면 추위가 오기 마련이며 봄이 돌아온 것 같지만 곧 가을이 옵니다. 왕은 지금 그 강성함만 믿고 네 방면의 국경에 걱정할 것이 없음을 믿고 있으니 교만하고 즐기는 마음이 반드시 생길 것이오. 무릇 공을 이루고 은퇴하지 않으면 장차 후환이 있을 것이오. 나는 다만 나만 안전하고자 하는 것이 아니라 동시에 선생도 안전을 고려하기를 권하고 싶소." 그러나 오자서는 그럴 리 없다고 했다. 손무는 말이 끝나자 표연히 떠났다. 왕은 하얀 피륙 여러 수레 분을 하사했는데 손무는 길을 지나면서 백성 중의 가난한 사람들에게 모두 나누어주어버렸다. 그 후로는 그가 어디에서 삶을 마쳤는지 알 수 없다.

《동주열국지》는 춘추전국에 관한 여러 사적을 기초로 씌어져 역사적 근거를 가진 작품이라고는 하지만 위에 묘사한 손무의 은퇴 장면에 대해서는 그 사실성을 쉽게 믿기 어렵다. 왜냐하면 그것이 시기적으로 손자 사후 1,800년도 더 지난 명나라 때 작품이며 기본적으로 역사소설이기 때문이다. 만약 여소어가 그만이 가질 수 있는 손자에 관한 자료가 있다면 그 이전에 손자에 관해 연구한 사람들은 어찌하여 그러한 자료를 한 번도 언급하지 않았단 말인가? 그러나 추측으로는 대단히 그럴듯하다. 손무는 그의 병법에서 비위부전非危不戰이라고 하여 무단 침략 전쟁을 반대했는데 오왕 합려는 초의 수도를 점령한 후 확실히 주변국에 대한 침략전쟁을 일삼았다. 손자는 그의 병법에서 패왕의 도를 군주의 이상이라고 했지만 그가 말한 패왕은 주변 제후국으로부터의 권위와 신뢰를 바탕으로 평화를 유지하고 외부 침략에 공동 대처하는 그러한 존재였다. 그러므로 합려의 행동이 그가 생각하는 군주의 상이 아님을 알게 되었다는 것은 있을 법한 일이다. 그러나 이 역시 추측일 뿐이다.

4. 손자 시대의 군대와 전쟁

《손자병법》의 올바른 이해를 위해서는 춘추 말기의 시대적 변동을 염두에 두지 않으면 안 된다. 물론 《손자병법》은 어느 병학서보다 추상성이 강하기 때문에 그 이론은 시대적 제약을 비교적 덜 받는다. 그러나 《손자병법》 역시 시대의 산물이다. 손자의 이론을 시대적 변동에 대한 고려 없이 만고불변의 진리로 어느 시대, 어느 상황에서나 다 적용 가능한 것으로 믿는 것은 우매한 일이다. 영국의 저명한 군사사가이자 국제정치학자인 마이클 하워드Michael Howard는 전쟁사를 공부할 때는 "넓고, 깊게, 그리고 특히 맥락 속에서 읽으라"고 했는데 시대적 맥락 속에서 손자를 이해해야 한다는 것은 올바른 《손자병법》의 독법에도 타당할 것이다. 뿐만 아니라 손자의 시대상을 이해하는 것은 《손자병법》의 형성 시기를 밝히는 문제에 있어서도 중요하다. 이미 살펴보았듯이 많은 사람들이 시대적으로 보아 《손자병법》이 전국시대의 작품일 것이라고 생각해왔는데 그 타당성을 검토하기 위해서도 이 작업은 중요하다. 우리는 춘추시대의 역사를 추적하는 것이 목적이 아니기 때문에 이 시대의 변동 전체를 서술할 생각은 없다. 다만 《손자병법》의 바른 이해를 위해 춘추말의 국제관계, 군대, 전쟁 양상에 초점을 맞추어 그 특징을 포착하고자 한다.

(가) 춘추시대 말의 국제질서

손자가 활동한 춘추시대 말의 국제질서를 설명하기 위해서는 우선 주

周왕실의 봉건제도 확립에 대한 이야기부터 전개해야 할 것이다. 주나라의 봉건제도는 주의 무왕武王과 문왕文王이 여상呂尙(강태공)의 도움을 받아 은殷나라를 멸망시키고 왕조를 세운 후 지방을 통치하기 위해 확립한 제도이다. 주왕실은 새로운 국가를 세우면서 넓은 지역을 직접 통치하지 않고 왕실의 친척이나 역성혁명에 협조한 유력자에게 봉토를 주고 대신 충성을 약속받는 관행을 확립했는데 이것이 주나라의 봉건제도이다. 후에 서양에서 나타난 봉건제도는 국왕과 가신 간에 혈연관계는 없었으며 봉토를 매개로 하여 보호와 충성을 약속하는 쌍무적雙務的 관계였는데 반해 주왕실의 봉건제도는 상당 수의 제후국들이 일가一家로 구성되어 혈연관계가 중요한 요소가 되었다. 이렇게 생긴 주왕실의 봉건국은 무왕·성왕 때는 70여 개 국이 있었으며 춘추시대가 시작되는 기원전 771년 무렵에는 100여 개 나라가 존재했다. 춘추시대는 일반적으로 공자의 역사로부터 이름을 얻은 것인데 기원전 771년 주왕실이 흉작, 천재지변으로 말미암은 혼란을 틈타 일어난 내란, 북방민족의 침입에 의해 서주西周(기원전 1122~771년)시대가 끝나고 주평왕周平王이 도읍을 낙읍洛邑으로 옮겨 왕실을 재건한 후 약화됨으로써 제후국들이 반독립적 활동을 하게 된 시대를 말한다.

춘추시대의 중국의 국제질서는 대소의 국가들이 난립하는, 오늘날 국제정치적 용어로 말한다면, 전형적인 다국가체제multi-polar system였다. 이 당시의 국력은 통상 각 국가가 보유한 전차의 대수로 표현되었는데 200여 국가들 중 큰 나라는 천여 대 이상의 전차를 보유하여 천승지국千乘之國이라고 불리고, 작은 나라는 100여 대의 전차를 보유하여 백승지국百乘之國으로 불렸다. 춘추의 중기부터는 국가간의 관계는 국력과 군사력을 바탕으로 하여 강대국이 존왕양이尊王攘夷의 기치를 내걸고 주변국의 제후들을 회맹하여 그 영향력을 주변국가들에게 발휘함으로써 세력균형을 유지하고, 국가 간 분쟁을 해결하며, 이민족의 외침에 공동으로 대처하는 '패자覇者의 정치'가 보편화되었다. 이때 맹주가 된 제후를 패주覇主라고 불렀다. 역사상 유명한 사람으로는 기원전 658년 초楚나라가 정鄭나라를 침입했을 때 이를 막기 위해 관중의 보필을 받아 맹주가 된 제齊의 환공桓公, 기원전 633년 재차 북진한 초에 대항하여 회맹에 성공한 진晉의 문공文公이 유명하다. 초기에는 남중국에서 일어난 이민족의 침입자였지만 점차 국력을 강화하고 중국의 국제질서에 편입된 후, 제후국들에게 위세를 과시한 초楚의 장왕莊王이 기원전 597년에 맹주가 됨으로써 점차 힘의 논리가 제후국 간의 관계를 결정했다.

공자는 후일 이러한 패자에 의한 국제질서를 비판하여 패도覇道라 하면서 주왕실 중심의 봉건질서로 돌아가야 한다고 주장했지만 당시의 제후들의 이상은 국력을 신장시켜 패자가 되는 것이었다. 공자나 맹자에 의해 패자라는 용어는 무력 위주의 철권정치를 상징하는 나쁜 뉘앙스를 갖게 되었지만 그들은 무력에만 의존한 사람들은 아니었다. 이들 패자는 힘도 가지고 있어야 했지만 사실상 대국들의 합의를 이끌어내야 맹주의 지위에 오를 수 있었는데, 그러므로 춘추시대 중국의 국제질서는 통상 '춘추 12패'라고 불리운 12개의 대국과 수많은 중소국 간의 교묘한 외교와 군사력의 균형으로 질서가 유지된 것이다. 물론 중소국가들도 이러한 질서 속에서 일정한 역할을 했으나 이들 국가의 존망은 통상 큰 국가들의 행동에 의해 좌우될 수밖에 없었다.

이러한 제후국들 간의 관계에서 초기에는 종실을 중심으로 한 혈연적 유대관계가 유지되었다. 소제후국들은 어느 정도 이러한 친족관념에 호소하고 신중한 처신을 함으로써 국가의 존립을 유지할 수 있었다. 그러나 점차 이러한 중소국들의 외교적 노력도 강국의 침략행동을 막지는 못했다. 춘추시대 말기에는 국가의 수가 초기의 200여 국에서 10여개 국으로 숫자가 줄어들었다. 그간 전쟁이 많았고 약소국들은 강대국에 의해 하나하나 합병된 것이다. 시대가 아래로 내려올수록 봉건 관념의 붕괴 속도와 반비례하여 점차 냉혹한 힘의 논리가 국제질서를 지배해간 것이다.

손자와 그 동시대인인 공자가 활동한 시기인 기원전 6세기 말에는 이미 양쯔강 이남의 강국으로 제후국들에게 위세를 과시하는 국가가 된 초楚와 더불어 남쪽에서 일어난 신흥 이민족 국가인 오吳와 월越이 출현함으로써 중국 국제정치상에 일대 파란이 일었다. 일찍이 초나라는 주왕실과 대등함을 의미하는 왕의 호칭을 썼으며 후에 급성장한 오와 월의 군주들도 자신들을 왕으로 호칭했다. 아마도 춘추시대에 뒤이어 전국시대에 여러 제후국들이 다투어 왕을 칭하게 된 것은 초에 이어 오, 월 등이 주왕실과 대등한 왕호를 쓴 데서 영향을 받았을 것이다. 이러한 강력한 남방의 왕국들이 중국 국제정치의 중요한 행위자가 되면서 이미 약화될 대로 약화된 '존왕양이'의 이념적 명분은 춘추 말에는 약화되었고 전국시대에 이르러서는 더 이상 큰 국가가 자신들의 행동을 합리화하는데 그 명분으로 이용할 필요조차 없게 되었다. 이제 국가의 행동에서 봉건적 이상은 약화되고 실질적 힘이 좌우하는 그러한 시대가 되었다.

손자시대의 국제질서는 그러므로 기본적으로는 약화된 봉건적 관념이 미미하게나마 유지되는 가운데 현실적 힘이 국가 간의 관계를 규율하는 다국가체제하의 현실정치real politics가 통용되는 전환기의 그것이었다. 물론 봉건적 이념의 잔재는 주왕실의 제후국에는 비교적 강하게 남아 있을 수 있었다. 그러나 오, 월 등의 왕국에서 그것은 군주의 행동을 규제하는 영향력으로서는 미미한 것이었다. 《손자병법》에서 패왕의 용병을 이상으로 삼은 것은 제나라 태생인 손무가 제환공과 관중의 시대를 염두에 두고 꿈꾸고 있던 이상적인 국제정치 질서일 수도 있다. 그러나 그것은 오왕 합려나 그의 아들 부차에게는 그다지 중요한 것이 아니었을 것이다. 만약 손무가 기원전 504년에 스스로 은퇴한 것이 사실이라면 그것은 그와 합려와의 이러한 국제정치 질서에 대한 견해 차이로 인해 초의 위협을 제거한 오왕 합려가 더욱 팽창 일변도의 정책을 취하고자 했을 때 손무가 결별하고 등을 돌린 이유일지도 모른다.

(나) 춘추시대 말의 군대

춘추시대의 각군의 군대는 모두 병농일치제를 채택하고 있었다. 경제적 생산능력이 제한된 시기에는 평상시에 생업에 종사하다가 전쟁이 일어나면 동원되는 것은 극히 자연스럽고 또 경제적인 것이었다. 따로 전문적인 직업군대를 두는 것은 대단히 많은 비용이 들기 때문이었다. 전시라면 비록 여름철이라 할지라도 동원될 수는 있었으나 평시에는 농민들은 농번기에는 영농을 하고 농한기나 겨울철을 이용하여 일정한 정도의 군사훈련을 받았다. 이러한 병농일치제하의 군대조직은 평시의 지방행정조직을 전쟁을 위해 동원한 것이나 다름없었다. 그러므로 지방관리인 리吏는 전시에는 장교가 되는 셈이다. 농민병들은 일반적으로 특별한 명칭이 없으며 중衆으로 불리었다. 《손자병법》에서 통상 이들을 민民이라고 쓰거나 장교를 리吏라고 부른 것은 당시에는 직업적인 병사와 장교가 없었기 때문이다.

그러나 국가가 아무리 병농일치제를 택하고 있다 할지라도 인접국의 불의의 기습을 대비하거나 공격전에 용기가 필요한 선봉대의 역할을 담당하고 평상시 제후나 왕실의 호위를 위해서도 소규모의 상비적인 군을 갖지 않을 수는 없었다. 최초에는 제후의 도읍 주변에 거주하는 귀족의 자제들이 이러한 역할을 했는데 흔히 '호분虎賁' 혹은 '호사虎士', '호분지사虎賁之士'라고 불리운 사람들이 그들이다. 이들은 생산활동에서 면제되어 무예를 익힐 수 있는 사람들이었다. 춘추시대 말에 각 제후국에는 이러한 사람들이 수천 명이 있었는데 장비나 훈련 면에서 전시에만 동원되는 농민병보다는 뛰어난 정예 병사들임에 틀림없다. 그러나 춘추 말에 모든 국가가 귀족집단으로부터만 정예병을 공급받는 것은 아니었다. 《좌전》 소공昭公 23년(기원전 519년) 기사에서 보이는 바와 같이 오나라가 죄인 3,000명을 선봉대로 이용한 것은 바로 죄인들에게 그들의 죄를 사한다는 조건으로 전쟁에서 그들의 용맹성을 기대한 것이다. 이들은 호분지사와는 출신상 다르지만 선봉의 역할을 한 것이라 할 수 있다.

'호분지사'나 오나라의 죄수들로 구성된 특수병과 같은 존재는 전시에는 중요한 역할을 담당했을 테지만 숫적으로 소수였고 대규모 전쟁에 있어 군대의 주력은 동원된 농민병들이었다. 이들 농민병들은 통상 '사士'와 '도徒'로 구분되었는데 '사'는 하급귀족이나 관리 출신으로 전차부대의 핵심요원이었고, '도'는 농민병 출신의 보병이었다. '사'는 확실히 '도'로 동원된 자들보다는 신분상 우월했고, 평시에도 어느 정도의 훈련을 쌓은 사람들이었다고 생각되는데, 이들이 상비병이지는 않았던 것 같다. 다른 농민병들은 평시에는 농한기에만, 주로 겨울철에 군사훈련에 동원되었는데 이 때문에 이들의 훈련 정도는 그리 높지 않았다.

춘추시대에 걸쳐서 전쟁의 주된 양상은 전차전이었고 보병이 부수적인 역할을 담당했다. 춘추의 말기에는 보병인 '도'의 역할이 중시되고 숫자도 많아진다. 그러나 여전히 전투력의 핵심은 전차대였고 보병은 부수적인 병종이었다. 대부분의 국가는 전차 1승乘을 하나의 전투 단위로 삼았는데 서주西周 초기에는 전차 1승에는 전차 운전병인 사 1인, 운전병의 좌측에서 창으로 적을 찌르는 사 1인, 우측에서 활을 이용하는 사 1인, 이렇게 총 3명의 '사'가 타고 전차의 주위에 '도'가 22명 편성되어 하나의 전차대를 형성했다. 이를 1량兩이라고 불렀다. 그러나 점차 전차 1승 당 인원이 늘어 관중管仲이 활동하던 시기인 기원전 7세기 중엽에는 1개의 전차대의 기본 편성은 50인이 되었다가, 춘추 말에는 75인이 기준이 되었다. 여기에 1대의 보급용 전차를 이용하여 치중과 급양을 담당하는 25명의 1대가 합쳐져 약 100명이 전투전차 1승에 배속되어 하나의 전투 단위가 되었다. 이것이 부대 단위로서의 '졸卒'이다. 여기에서 보듯이 춘추 초기에는 모든 병력이 전차를 중심으로 편성되었는데 후기에 와서는 전차부대와는 별도로 보병, 즉 '도'로만 편성된 25명 단위의 2개 부대가 전차대의 좌우에 배치되었고 전문적으로 수송과 급양을 담당하는 부대가 따로 생긴 것이다. 이것은 춘추 말에 와서 점차 동원할 수 있는 보병의 숫자가 많아지면서 이들이 전투에서 담당하는 역할도 증대된 것을 의미한다. 물론 지형에 따라 보병부대만이 사용된 예가 춘추 전기의 기록에도 발견된다.

각 국가가 얼마나 많은 병력을 동원할 수 있는가는 통상 '군軍'의 숫자로 표시되거나 좀더 구체적으로는 동원 가능한 전차의 대수로 표시되는 것이 일반적이었다. 주 시대에는 제후국들은 왕사王師, 즉 왕의 군대보다 많은 병력을 가져서는 안 되고 격이 낮은 국가는 대국에 비해 더 적은 병력을 보유해야 한다는 원칙이 '왕육군, 대국삼군, 차국이군, 소국일군王六軍, 大國三軍, 次國二軍, 小國一軍'이라는 원칙으로 표현되었다. 《주례》에 의하면 1군은 약 12,500명으로 편성되었는데 이로써 보면 주왕실을 제외하고는 춘추 초기에 대국의 경우는 대략 수만 명의 병력을 동원할 수 있었다고 판단된다. 춘추시대 중기에 와서 이러한 원칙은 이미 무너지기 시작했다. 기원전 588년 12월에 진晉이 6군을 만든 것이 그 한 예이다(《좌전》 성공成公 3년 12월조). 바로 제후국들 중 강국이 주왕실을 능가하는 대군을 거느리기 시작한 것이다. 이보다 구체적으로 한 국가의 병력 규모를 알 수 있는 것은 그 국가가 동원할 수 있는 전차의 대수이다. 《관자管子》에는 '만승지국萬乘之國', '천승지국千乘之國', '백승지국百乘之國'이라 하여 그 국가의 국력을 표현했는데 《좌전左傳》을 통해서 보면 춘추 말에 대국은 수천 승의 전차를, 소국은 수백 승의 전차를 동원한 예가 자주 나타난다. 《좌전》 소공 3년(기원전 539년)의 기록에 의하면 당시 강국인 진晉나라는 4,000 승의 전차를 보유하고 있었고, 초楚나라는 4개 현에서만 전차 1,000승을 동원할 수 있었던 것으로 보아 초나라의 동원 가능한 전차 수는 대략 진나라의 4,000승을 웃도는 것이라 할 수 있다. 이에 기준하여 계산할 때 이미 춘추 말기에 강국은 수십 만의 병력을 동원할 수 있었음을 알 수 있다.

춘추시대의 군대는 초기부터 상당히 세분화된 조직을 갖고 있었다. 《주례》에 의하면 군대의 가장 작은 단위는 병사 다섯 명으로 구성된 오伍

였고 다섯 개의 오가 1량(兩:25인)을 이루며, 4량이 1졸(卒: 100인)을, 5졸이 1려(旅: 500인)를, 5려가 1사(師: 2,500인)를, 5사가 1군(軍:12,500인)을 이루고 있었다. 이러한 《주례》의 오진법적 편제법은 여러 나라에서 그 기본은 같이하면서도 국가별로 편차를 보였다. 이러한 편제는 춘추시대의 군대가 고도의 융통성를 발휘할 수 있는 세부적 조직을 갖고 있었음을 보여주고 있다. 이렇게 군대가 세부적으로 분할되어 편제되면 자연히 이를 통제할 수 있는 수단이 전제되어야 한다. 춘추시대에는 금金, 고鼓, 기旗, 휘麾를 조합하여 신호를 정함으로써 명령을 전달하는 수단으로 사용했는데 이 금고기휘의 사용법은 그 기원이 춘추시대보다 훨씬 앞선 것이다. 손자가 병법에서 말하는 분수分數, 형명形名은 바로 이러한 조직과 명령-통신 계통을 말하는 것이다.

전차전이 주가 되고 여러 개의 군이 작전을 하는 경우에는 당연히 군을 포진하는 법이 사용되었다. 춘추시대 초기에 전장에서의 군의 배치는 제후국의 군대들이 삼군을 갖고 있었기 때문에 좌군左軍(혹은 상군上軍), 중군中軍, 우군右軍(혹은 하군下軍)이 나란히 배치되는 삼진법三陣法이 많이 사용되었다. 후에는 제후국들이 삼군 외에 새로운 군을 신편하게 되자 때로는 중군을 중심으로 상, 하, 좌, 우군이 배치되거나 상황에 따라 이들의 배치를 다르게 하는 방법인 오진법五陣法이 사용되었다. 이 당시의 군軍 단위 이하의 구체적인 전투 양상에 관한 기록은 많지 않은데 전체 작전은 동원되는 군의 규모에 따라 삼진법이나 오진법을 사용했던 것으로 보인다. 평상시에 군대는 이러한 진법 훈련을 했던 것으로 보이는데 손자가 합려 왕에게 발탁되는 이야기는 바로 초보적인 진법 훈련에 관한 것이다.

(다) 춘추시대 말의 전쟁 양상

춘추시대 말기는 전쟁을 대하는 태도나 전쟁 양상에서 볼 때 하나의 전환기에 속한다. 군주들이 점차 주왕실의 봉건적인 이념 틀에 구속받기보다는 국력신장을 통해 군사적인 힘을 바탕으로 한 헤게모니를 추구하게 되자 군대는 효율성을 추구하게 되고 전쟁에서 승리를 위해서라면 전통적으로 비난받는 행동도 거리낌없이 시도했다. 춘추 전기만 하더라도 주의 제후국들은 많은 경우 일가의식一家意識이 있어서 전장에서 상대를 극도로 몰아붙이지 않는다든가 아니면 상대 제후국이 상중喪中에 있을 때는 공격하지 않는다는 예절, 일종의 기사도적인 태도가 있었다. 그러나 춘추시대 말기에 오면 그러한 신사적인 관례는 점차 전장에서의 승패의 논리와 군대의 효율성의 논리에 자리를 내주게 되었다. 교묘한 용병에 의해 적을 굴복시킬 수 있는 재능있는 사람들은 그가 그 나라의 귀족이 아니더라도 객경客卿 혹은 대부大夫로서 제후들에 의해 발탁되었다. 국가가 '존왕양이'의 명분이나 주왕실에 대한 신례臣禮 등의 봉건적인 질서에서 벗어나 힘에 의해 상대국의 굴복을 꾀하고 이를 위해서 전쟁에서 고도의 용병술과 효율성을 극단적으로 추구해간 전국시대에 비하면 아직도 춘추시대 말기에는 주의 봉건제적 요소가 남아 있는 시대였다. 그러나 전쟁 양상에 있어서도 상당한 정도로 전국시대적 시대정신을 그 안에 품고 있는 시대였다.

먼저 전쟁에 임하는 사람들의 태도를 보자. 형성 시기는 전국시대로 인정되지만 현존하는 사마법은 주나라 당시의 사마司馬들의 전쟁에 관한 금언들을 모아놓은 책이라고 알려져 있기 때문에 서주시대나 춘추 전기의 용병 사상들이 담겨 있는 것으로 인정되는데 이를 통해 춘추 초기의 전쟁에 대한 관념을 살펴보자. 그 중에서 전쟁에 대한 보다 오래된 태도는 "패주하는 적군을 추격하더라도 100보를 넘지 않았으며, 퇴각하는 적군을 쫓아가더라도 3사(90리)를 넘지 않는다"라든가 "적의 왕실에 초상이 났을 때 이를 이용해 침공하지 말라", "적국이 천재지변으로 어려움을 당했을 때 이 기회를 이용하여 침공하지 말라"와 같은 문구에서 나타난다. 이것들은 모두 일종의 제후국들 간의 예로 간주되었는데 오래된 관례였다. 그러나 춘추시대 말에 관한 《좌전》의 기록을 보면 이러한 관례가 깨어지고 있음을 곳곳에서 볼 수 있다. 《좌전》 양공襄公 13년(기원전 560년) 9월의 기사를 들어보자.

9월 경진庚辰일에 초공왕楚共王이 죽었다. 오나라가 초나라를 침범했다. 양유기養由基가 명을 받고 달려갔고, 자경子庚이 군대를 거느리고 뒤를 따랐다. 양유기가 말하기를, '오나라는 우리의 초상난 것을 틈타고 있다. 우리가 제대로 군대를 동원하지 못할 것으로 생각해 반드시 우리를 업신여겨서 경계를 소홀히 할 것이다. 세 겹으로 복병伏兵하여 나를 기다려달라. 내가 오나라 군대를 유인하겠다'고 하니, 자경이 이 말에 따랐다. 용포庸浦에서 싸워서 초나라 군대를 크게 쳐부수고, 공자 당黨을 사로잡았다.

위의 기사에서 보듯이 오나라는 상중의 적을 공격할 뿐 아니라 초나라는 복병으로 적을 공격하고 있다. 《좌전》 양공 14년(기원전 559년) 기사에는 진秦나라가 진晉나라와 전쟁을 할 때는 경수를 건너는 진晉군을 죽이기 위해 진秦나라 사람들은 경수에 독毒을 풀어 진나라 군사를 죽였다는 사실이 나오고 있다. 승리를 위해서는 점차 맹약도 쉽게 버렸다. 《좌전》 성공 15년(기원전 576년) 6월 기사에는 전통주의자와 현실주의자의 갈등이 엿보인다.

여름 6월에 송공공宋共公이 졸했다. 초나라가 군대를 북으로 보내 정鄭나라와 위衛나라를 치려고 했다. 정나라에서는 자낭子囊이 말하기를, "진晉나라와 맹약한 지 얼마 안 되었는데, 이를 배반해도 좋을까?" 하니, 자반子反이 말하기를, "적을 이길 수 있다면 나가는 것이다. 맹약이 무엇이란 말인가" 라고 했다. 이때 신숙시申叔時는 은퇴해 있었는데, 이 말을 듣고 말하기를, "자반은 반드시 재앙을 면치 못할 것이다. 신의로 예를 지키고 예로 몸을 보호하는 것이다. 신의도 예도 없으면서 재앙을 면하려 한들 면할 수 있겠는가?" 라고 했다.

이 기사는 전통주의자인 신숙시와 현실주의자인 자반의 전쟁에 대한 태도가 갈등을 겪는 시기의 것인데 시간이 갈수록 점차 자반과 같은 태도가 주류를 이루게 되었다.

승리하기 위한 노력은 곧 용병술의 발전으로 이어졌다. 춘추 초기에는 양군이 전투를 개시할 때 쌍방이 전열을 정리한 후에 인사를 교환하고 전투를 시작하는 것이 일반적이었다. 이러한 경우에 기습은 어려웠다. 더구나 전차전은 상당히 넓은 평탄한 전장을 필요로 했고 따라서 쌍방이 그러한 지형에서 전투를 치르고자 하는 암묵적인 약속이 있어야만 전투가 이루어질 수 있었다. 이런 경우 기습은 사실상 어려운 것이었다. 그러나 춘추 말에는 점차 기습을 하는 예가 많아진다. 또한 춘추시대 말기의 기록에는 복병伏兵의 사용 예가 빈번히 발견된다. 《좌전》을 통해서 보면 소공 30년(기원전 511년)에는 수공水攻 전술이 처음으로 언급되는데, 그 이후로는 여러 번 나타난다. 《좌전》 양공 11년(기원전 562년) 가을 7월조에는 척후斥候를 사용한 예가 처음 나타나는데, 이것들은 모두 기원전 6세기에 용병술이 다양해지고 정교화되는 예이다.

《손자병법》은 이러한 시대적 변환기에 씌어졌다. 종래의 봉건제적 질서가 희미하게나마 유지되는 가운데 현실주의적 권력정치가 예법 존중의 기존 관념과 부딪치고 있었다. 전쟁은 잦았으며 군대는 날로 규모가 확대되었고, 전쟁을 잘 시행하기 위해서는 군을 지휘하는 사람의 재능과 군비 충실이 요구되었다. 전장에서는 전차전이 중심을 이루고 있었지만 보병 위주의 전투가 점점 중요한 역할을 했고, 기습과 매복이 중요시되었다. 손자는 이러한 시대변화를 뚜렷하게 통찰한 사람이었으며 이를 고도로 추상화된 용병원리로 정립할 수 있는 재능을 갖고 있었다. 뿐만 아니라 그의 병법에서는 강태공이 즐겨 썼다고 하는 모책에 대한 강조와 관중의 패자의 외교 방법과 유사한 사상들이 발견되는데, 그는 국제정치의 무대에서 상대국을 다루는 방법에 관해 이들 사상의 연구로부터 많은 시사를 받았던 것으로 보인다. 그는 이러한 대전략적 사고와 새로이 변화된 시대조건하에서의 작전술을 성공적으로 통합한 이론 체계를 구축할 수 있는 천재였다. 후일 명나라의 모원의茅元儀가 "손자 이전의 서적으로서 손자가 보지 않고 남겨둔 책이 없으며, 손자 이후의 사람으로서 그를 언급하지 않고 넘어갈 수 있는 사람은 없다"(前孫子者 孫子不遺 後孫子者不能遺孫子)고 한 것은 그의 업적에 대해 정곡을 찌른 평가이다.

5. 《손자병법》 및 《손빈병법》의 고고학적 발굴과 그 의의

1972년 4월 중국의 산동성山東省 임기현臨沂縣 은작산銀雀山에서는 후일 세인의 지대한 관심을 불러일으킨 고고학적 발굴이 이루어졌다. 산동성 임기현의 금작산金雀山과 은작산銀雀山은 오래된 분묘가 많은데 오래 전부터 한나라 때의 분묘라고 알려져왔다. 중국의 한 고고학 발굴팀은 나란히 있는 두 개의 분묘를 발굴하는 도중 뜻밖의 귀중한 소득을 얻었다. 두 고분 중 하나(은작산 1호분)는 남자 귀족의 묘임이 확인되었는데 여기서 한나라 시대의 죽간竹簡이 쏟아져나온 것이다. 무엇보다도 세상을 깜짝 놀라게 한 것은 손무의 병법과 손빈의 병법이 동시에 출토된 것이다. 《손빈병법》은 한나라 때 이후 사라졌다가 처음으로 세상에 그 실체를 드러낸 것이고 손무의 병법도 가장 오래된 고본古本이 출토된 셈이다. 이 1호분에서는 이 외에도 《육도六韜》, 《울료자》, 《관자管子》, 《안자晏子》, 《묵자墨子》 등의 고본이 출토되었다. 또한 출토품 중에는 《상구경相狗經》, 《음양역서陰陽易書》, 《풍각재이잡점風角災異雜占》과 아직까지 세상에 알려지지 않은 병서들이 끼어 있었다. 한편 후일 1호분 묘주의 부인 것으로 밝혀진 은작산 2호분 발굴에서는 《원광원년역보元光元年曆譜》라는 기원전 134년의 역서가 죽간(32매)의 형태로 출토되었다.

중국 정부는 이 발굴의 중요성을 인식하고 곧 전문가들로 구성된 은작산한묘죽간정리소조銀雀山漢墓竹簡整理小組를 구성하여 과학적인 처리를 거쳐 죽간을 정리하고 해독하는 작업에 들어갔다. 출토된 죽간은 발굴 당시 너무나 오래되어 낱낱의 죽간 편들을 묶었던 끈이 삭아 없어진 상태로 순서가 흐트러지고 묘실로 흘러들어온 흙에 의해 원형이 많이 손상되었으며 그 일부는 해독 불가능했다. 소조의 2년여에 걸친 정리와 해독작업 결과, 1차로 《손무병법孫武兵法》이 1974년 2월에 《문물文物》 74-2호에, 《손빈병법孫臏兵法》이 다음해 《문물文物》 75-1호에 발표되었다. 문물 출판사는 1974년에 손무의 병법을 책의 형태로 발표했고, 1976년에 은작산한묘죽간 《손자병법석문孫子兵法釋文》을 따로 출판했다.

발표된 내용은 놀라운 것이었다. 우선 손무의 병법과 손빈의 병법은 전혀 다른 서체와 문체로 씌어져, 두 책이 완연히 별개의 병학서적임이 확인되었다. 손무의 병법은 죽간 200매에서 3,160여 글자를 확인할 수 있었는데 기존에 알려진 13편 중 지형 편을 제외한 12편이 모두 드러났다. 죽간과는 별도로 편명을 적은 1매의 목판이 발견되었는데 편명의 순서는 대체로 당시에 현존하던 《손자병법》 판본과 유사했지만 그 배열의 순서에는 약간의 차이가 있었다. 그러나 정리된 12편의 내용이나 문장의 순서는 이미 전해오던 《손자병법》과 거의 일치했다. 다만 개개의 글자나 어조사는 전한前漢시대의 고어가 사용되었음이 확인되었다. 아쉬운 것은 중간중간에 훼손으로 인한 결락 부분이 많은 것이었다. 기존의 《손자병법》 13편이 6,100여 자로 된 것에 비해 죽간의 해독으로 그 5분의 2의 분량만을 해독할 수 있었던 것이다. 그러나 기존 13편 외에 5편의 글을 발견하는 수확을 거두었다. 손빈의 병법은 약 440여 매의 죽간에서 약 11,000자를 해독할 수 있었다. 《손빈병법》도 결락된 부분이 많았는데 정리소조가 발표 당시에 확인한 편수는 30편에 이른다.

은작산 한묘에서 출토된 《손무병법》과 《손빈병법》의 죽간본뿐만 아니라 여기서 나온 다른 죽간본 서적들의 성립연대를 밝히기 위해서는 우선

이 분묘가 언제 형성되었느냐를 아는 것이 중요하다. 연구자들은 당시에 죽간과 묶었던 끈에 달려 있었던 반량전半兩錢과 삼주전三珠錢을 근거로 연대의 상하한을 산출해냈다. 《한서》〈무제기〉에 의하면 삼주전은 건원建元 원년(기원전 140년)부터 주조되기 시작하여 건원 5년(기원전 136년)에 중단되었고 그 유통기간이 짧았다. 따라서 1호분의 축조 시기의 상한은 기원전 140년이 된다. 한편 이 고분에서 무제 원수元狩 6년(기원전 118년)부터 주조되기 시작한 오수전五銖錢이 발견되지 않은 점을 들어 이 고분의 축조 시기의 하한은 기원전 118년이라고 추정된다. 한편 연구자들은 2호분에서 발견된 《원광원년역보》가 묘주의 사망 연대와 관련있을 것으로 보아 대체로 그해, 즉 기원전 134년이 2호분의 성묘 연대이고 1호분의 성묘 연대도 그와 큰 차이가 없을 것으로 추정했다.

분묘의 부장품인 죽간이 씌어진 시기는 당연히 분묘의 연대보다 앞선다. 중국의 한 학자는 여러 죽간본을 검토한 후 대부분의 죽간에서 한고조 유방(劉邦: 재위 기원전 206~195년)의 이름인 '방邦' 자가 기휘되어 대신 '국國' 자로 표기되고 있음을 발견했다. 다만 하나의 예외는 《손빈병법》에 단 한 번 '방邦' 자가 그대로 씌었다. 후자를 필사자의 실수로 보아 출토된 죽간본들이 대체로 한고조 유방이 제위에 있었던 기원전 206년부터 195년 사이에 씌어진 것으로 추정했다. 다른 한 학자는 한나라 때 기휘의 관례는 엄격한 것이 아님을 들어 그보다는 오히려 최근의 고고학적 발굴에 의해 나타나는 문헌과 문체를 비교함으로써 죽간본들의 필사는 대략 문제文帝의 제위 기간(기원전 179~157년)에서 무제武帝 즉위년(기원전 141년) 사이에 이루어진 것이라고 추정했다. 확실한 것은 좀더 연구가 진행되기를 기다려야겠지만 발굴된 손무의 병법과 손빈의 병법 죽간본이 필사된 연대는 서한 초기의 것임에는 틀림없다. 지금으로부터 약 2,100여 년 이전의 것이다.

중국 정부는 죽간본의 해독과 연구를 계속하고 있으며 학자들도 개별적으로 기왕 발표된 죽간본에 대한 주석서를 발간하고 있다. 이러한 과

정 중 연구자들은 두 사람의 병법서를 구분하기 위해 손무의 저작은 《손자병법》으로 손빈의 저작은 《손빈병법》으로 구분하여 부르고 있는데 타당한 호칭법이리고 생각한다.

죽간본 《손자병법》과 《손빈병법》의 발견은 손자의 해석과 연구에 큰 파장을 불러일으켰다. 그 중 가장 센세이셔널한 것은 손무의 실존이 확실해진 것이다. 이로써 사마천의 《사기》의 〈손무열전〉이 신뢰성을 확실히 얻게 된 것이다. 동시에 기존의 손무와 손빈의 동일인설, 조조에 의한 《손자병법》 위작설 등이 근거 없는 억측이었음이 증명된 것이다.

그러나 죽간본 《손자병법》의 발견이 《손자병법》의 저자와 형성 과정에 대한 모든 의문점을 다 해소한 것은 아니다. 죽간본의 발견 이후에도 학자들 사이에 해결해야 할 많은 문제점이 남아 있다. 첫째로, 아직도 많은 사람들이 《손자병법》이 손무 자신이 직접 쓴 것인가에 대해서 의혹을 가지고 있다. 죽간이 서한 시대 초기에 필사된 것이어서 사마천이 《사기》를 집필한 시기인 기원전 104년과 손자가 활동한 시기라고 기록한 기원전 500년 무렵과는 대략 400년 정도의 차이가 있기 때문에 죽간본이 곧 손자의 원본으로부터 필사된 것이라고 생각할 수는 없기 때문이다. 중국의 대표적 손자 연구가인 곽화약은 문체상, 용어상, 시대배경상 손자의 성립은 손자 사후 전국시대에 여러 사람의 손을 거쳐 이루어졌을 가능성이 높다고 보고 있다.

두번째로 야기될 수 있는 문제는 새로이 발견된 《손자병법》의 죽간본과 지금까지 문헌의 형태로 전승된 《십일가주손자》나 《무경칠서》의 《손자》 중 어느 쪽을 신뢰해야 하는가이다. 물론 시기적으로 훨씬 앞선 죽간본 쪽이 《손자병법》의 원형에 더욱 가까울 가능성이 농후하기는 하다. 그러나 반드시 그렇다고 확언할 수는 없다. 왜냐하면 《십일가주손자》에는 조조의 주석이 포함되어 있어 최소한 원문은 대략 서기 200년 이전까지 거슬러올라갈 수 있으며 조조가 사용한 원문도 일정한 전승 경로를 통해 그 이전의 시대로부터 내려왔을 가능성이 있기 때문이다. 또 하나 우리가 죽간병법을 쉽게 채용할 수 없는 이유는 기존에 문헌으로 전하던 《손자병법》 분량의 약 60퍼센트에 해당하는 죽간본 《손자병법》의 결락 부분 때문이다. 따라서 1970년대 이후 진지한 손자 연구가들은 문헌으로 전승된 기존의 판본들과 죽간본의 면밀한 대조를 통해 손무의 진의에 근접한 《손자병법》의 원문을 확정하려는 작업을 계속하고 있다.

죽간본 《손자》는 문헌으로 전해오는 《손자병법》의 성립 과정에 대해 많은 시사점을 던져주고 있다. 우선 죽간본 《손자》에서 쓰이던 글자가 문헌으로 전하는 《손자병법》에서는 뜻은 같으나 달라진 형태로 표현되었다는 것을 발견할 수 있다. 또한 어조사의 사용이나 몇 개의 구절에서 기존의 문헌으로 전하는 《손자병법》 판본들 간에는 차이가 난다. 그러나 죽간본 《손자》나 기존 문헌 《손자병법》 사이에는 내용상 결정적인 차이가 없음을 확인할 수 있다. 이로써 추론해보면 《손자병법》은 초기부터 내용은 하나였으나 시대마다 이를 필사해 이용하는 사람들이 약간씩 변개變改를 가해왔음을 알 수 있다. 특히 이러한 현상이 책임있는 사람들에 의해 원문을 고정시키려고 하기 전에는 그 변개가 매우 자의적이었음을 짐작할 수 있다.

이러한 점에서 보면 문헌 《손자병법》에 나타나는 몇 가지 용어들, 예컨대 '장군將軍'이나 '패왕霸王' 등의 용어는 전국시대에 와서 고쳐졌을 가능성을 배제할 수 없다. 《춘추좌씨전》을 확인해보면 '패왕霸王'이라는 용어는 사용되지 않았으며 '패주霸主'라고 불리었고, '상장上將', '중장中將', '하장下將'이라는 용어는 사용되었으나 '상장군上將軍', '중장군中將軍', '하장군下將軍' 등의 용어는 발견되지 않는다. 이러한 용어들은 후세에 바뀌었을 가능성이 높다.

그러나 이런 용어문제를 제외한다면 내용상으로 볼 때 《손자병법》은 확실히 춘추시대 말의 작품임을 확인할 수 있다. 우선 《손자병법》에는 기병을 의미하는 '기騎'자가 쓰이지 않고 있다. 《손자병법》에는 전차와 '도徒' 즉 보병만이 군대를 이루고 있는 것이 나타나 있다. 반면에 《오자병법》이나 새로이 발견된 《손빈병법》과 전국시대의 작품인 《육도》에는 기병騎兵이 등장하는데 이것은 《손자병법》이 전국시대에 씌어진 것으로 볼 수 없는 분명한 근거이다. 또 한 가지는 《손자병법》에는 장교를 표현하는 데 리吏라는 글자가 사용되고 병사들을 지칭할 때는 민民이나 중衆을 사용하고 있는데 이것은 직업적인 장교집단과 직업적 군인이 나타난 전국시대와는 다른 양상이다. 이 역시 내용상으로 《손자병법》이 춘추시대에 씌었음을 보여주는 증거다.

종합적으로 볼 때 그 동안 전승된 《손자병법》은 본래 손무가 썼는데 이것이 여러 사람의 손을 거치면서 부분적으로는 그 시대에 통용되던 용어나 표현법으로 바뀌었다고 말할 수 있다.

두목은 조조가 그가 활동하는 시기에 손무의 저작이라고 흘러다니는 수십만 언의 편들 중에서 믿을 수 없는 것을 털어버리고 이 책을 완성했다고 했는데 그것은 이미 사마천 시대부터 손자의 직접 저작이라고 인정된 현존 13편을 여타의 의심스러운 편들로부터 구분한 것을 말한 것이다. 조조가 주석한 《손자병법》은 그 자신의 명성과 더불어 더 이상 원문이 마음대로 고쳐지는 것을 막는 데 기여했다. 송나라 때 《십일가주손자》와 무경칠서본 《손자》가 발간된 것은 더욱 확실하게 《손자병법》의 흔들리지 않는 원문을 확정하는 데 기여했다. 이러한 작업 덕분에 우리는 오늘 역사상 가장 뛰어난 용병서인 《손자병법》을 볼 수 있게 된 것이다.

참고문헌

1. 《손자병법》 원문*

宋本《十一家註孫子》

이 책은 송나라 때 길천보吉天保가 당시까지의 저명한 손자주석 10가(삼국시대의 조조曹操, 양梁나라의 맹씨孟氏, 당나라의 이전李筌, 두목杜牧, 진호陳皥, 가림賈林, 송나라의 매요신梅堯臣, 왕석王晳, 하연석何延錫, 장예張預)를 단일한 원문 아래 집주集註한 것으로 《위무제주손자》의 원문을 기본으로 삼았던 것 같으나 《위무제주손자》의 원문과는 약간의 차이가 있다. 본래 명칭은 《십가손자회주十家孫子會註》였으나 두우杜佑의 손자 해설을 주석으로 간주하여 그를 포함해, 통상 《십일가주손자十一家註孫子》라고 불리었다. 이 책의 영인본은 《중국병서집성》 제 7권에 수록되어 있다.

《武經七書本 孫子》

이 책은 송나라 신종황제神宗皇帝 3년(1080년)에 황제의 명을 받들어, 당시의 무학박사였던 하거비何去非가 당시까지 전해오는 군사고전 중에서 7권을 뽑아 무경武經으로 확정지은 것으로 《손자孫子》가 첫 책이며 《오자吳子》, 《사마법司馬法》, 《육도六韜》, 《삼략三略》, 《울료자尉繚子》, 《이위공문대李衛公問對》가 포함되어 있다. 송본 《십일가주손자》와 함께 손자 원문의 양대 표준을 이룬다.

《竹簡本 孫子》

이 책은 1972년 산동성山東省 은작산銀雀山 한묘漢墓의 고고학 발굴 당시 출토된 전한시대 죽간 형태의 《손자병법》을 정리한 것이다. 내용의 상당한 부분이 인멸되거나 상실된 상태이다. 현재까지 약 3,000자가 해독되었다. 문헌으로 전하는 《손자병법》 13편 분량의 절반 미만이다. 그러나 가장 오래된 손자의 원문으로, 많은 연구가들의 연구대상이 되고 있다.

---

* 《손자병법》의 원문은 여러 판본이 있지만 주된 것만을 든다.

《魏武帝註孫子》

이 책은 조조曹操가 손자의 원문에 주석을 단 것으로 그 원문은 송본《십일가주손자》의 원문과 약간의 차이를 보인다.

《孫子十家註》

이 책은 1800년에 청나라의 유명한 고증학자 손성연孫星衍이 편찬한 것으로 송본《십일가주손자》의 체제를 따르되 그의 고증에 의해 원문에 대해 부분적인 수정을 가했다.

《古文 孫子》

이 책은 일본 도쿠가와 막부 말기에 그 동안 비장되어 오던 고본古本《손자》를 공개한 것으로 중국의 송본《십일가주손자》나 무경칠서본《손자》와는 원문에 약간의 차이가 있다.

《通典 孫子》

두우杜佑는 통전通典을 지으면서 그 일부인 병전兵典에서《손자병법》의 원문을 많은 곳에 인용했다. 인용된 손자 원문은 송본《십일가주손자》나 무경칠서본《손자》와 차이가 나는 곳이 많다. 통전은 당나라 시기의 작품이기 때문에 사실상 송본《십일가주손자》나 무경칠서본《손자》보다 이른 시기의 책으로, 손자의 원문 비교에 널리 참조된다.

이 외에《북당초서北堂抄書》,《태평어람太平御覽》,《예문류취藝文類聚》,《군서치요群書治要》 등의 책에 손자 원문이 나타나 있는데 손자 원문 연구에 참조된다.

2. 역대사서, 군사고전, 백과전서

《春秋左氏傳》	《史記》	《漢書》
《三國志》	《隋書》	《吳子》
《司馬法》	《六韜》	《三略》
《尉繚子》	《李衛公問對》	《孫臏兵法(竹簡本)》
《管子》	《論語》	《老子》
《孟子》	《荀子》	《韓非子》
《國語》	《戰國策》	《吳越春秋》

《越絶書》　《呂氏春秋》　《潛夫論》
諸葛亮,《將苑》
諸葛亮,〈便宜十六策〉
李筌,《太白陰經》
杜佑,《通典》
馬端臨,《文獻通考》
曾公亮,《武經總要》
茅元儀,《武備志》
《三十六計》　《百戰奇略》

《三國史記》　《高麗史》　《朝鮮王朝實錄》
世祖,《兵說》
世祖,《將說》
世祖,《兵法大旨》
李舜臣,《亂中日記》
柳成龍,〈戰守機宜十條〉

《日本書紀》　《續日本紀》

劉魯民 外 主編,《中國兵書集成》50권 (北京: 解放軍出版社, 1987~).
중국 고대 병서의 집대성으로 총 50권이다. 그 중 많은 부분에 손자 원문, 주석서들이 들어 있다.

謝祥皓, 劉申寧 輯,《孫子集成》(濟南: 齊魯書社, 1993).
이 책은 손자병법에 관한 원문, 주석서, 연구서 들을 모은 것으로 총 23권으로 되어 있다.

3. 손자병법 주석서

가. 중국*

曹操,《魏武帝註孫子》

* 주석서는 주요한 것만 포함시켰다.

吉天保 輯, (宋本)《十一家註孫子》(조조曹操, 맹씨孟氏, 이전李筌, 두목杜牧, 진호陳皞, 매요신梅堯臣, 왕석王晳, 가림賈林, 하연석何延錫, 장예張預, 두우杜佑의 십일가주석 합본)
施子美, 《孫子講義》
劉寅, 《孫武子直解》
趙本學, 《孫子書校解引類》
王世楨, 《孫子批釋》
李 贄, 《孫子參同》
夏振翼, 《孫子體註》
朱墉, 《孫子彙解》
支偉成, 《孫子兵法史證》(上海 : 津東圖書局, 1934, 영인본 재간, 中國書店, 1988).
李浴日, 《孫子兵法之綜合研究》(上海 : 商務印書館, 1937).
陳啓天, 《孫子兵法校釋》(北京 : 中華書局, 1952).
蔣方震, 劉邦驥 共著, 《孫子淺說》(불명)
郭化若, 《孫子今譯》(北京 : 中華書局, 1961).
魏汝霖, 《孫子兵法大全》(台北 : 黎明出版公司, 1970, 재판 1979).
魏汝霖, 《孫子今註今釋》(台北 : 台灣商務印書館, 1972).
王建東, 《孫子兵法思想體系精解》(台北 : 불명, 1976).
中國人民解放軍軍事科學院 戰爭理論研究部, 《孫子兵法新注》(北京 : 中華書局, 1977).
吳如嵩, 《孫子兵法淺說》(北京 : 戰士出版社, 1983).
郭化若, 《孫子譯注》(上海 : 上海古蹟出版社, 1984).
陶漢章, 《孫子兵法概論》(北京 : 解放軍出版社, 1985).
龍齊, 《孫子兵法探析》(陝西 : 陝西人民出版社, 1986).
黃葵, 《孫子導讀》(巴蜀書社, 1988).
周亨祥, 《孫子全譯》(貴陽 : 貴州人民出版社, 1990).
吳九龍 主編, 《孫子校釋》(北京 : 軍事科學出版社, 1990).
朱軍, 《孫子兵法釋義》(北京 : 海潮出版社, 1992).
李零, 《孫子兵法註譯》(成都 : 巴蜀書社, 1992).
吳仁傑, 《新譯 孫子讀本》(台北 : 三民書局, 1996).
唐滿先, 《孫子兵法今譯》(南昌 : 江西人民出版社, 1996).

나. 한국*

趙義純, 《孫子髓》(1860년 평양에서 출판).
남만성, 《손자병법》(서울 : 현암사, 1951).
백남훈, 《손자병법론》(서울 : 삼협문화사, 1953).
김규승, 《손자병법상해》(서울 : 신교출판사, 1954).
김달진, 《국역 손오병서》(서울 : 청우출판사, 1958).
김달진, 신현중 공역, 《손자병법》(서울 : 청우출판사, 1959).
채항석, 김한재 공역, 《손자병법》(서울 : 토픽출판사, 1963).
안동일, 《손자병법》(서울 : 송인문화사, 1969).
정린영, 《손자》(서울 : 한양출판사, 1971).
김학주, 《손자》(서울 : 대양서적, 1971).
김상일, 《손자병법》(서울 : 하서출판사, 1972).
우현민, 《손자병법》(서울 : 서문당, 1972).
차준회, 《손자병법》(서울 : 휘문출판사, 1972).
이종학, 《손자병법》(서울 : 박영사, 1974).
노태준, 《신역 손자병법》(서울 : 홍신문화사, 1975).
채희순, 《손자병법》(서울 : 동서문화사, 1977).
강무학, 《손자병법》(서울 : 집문당, 1978).
윤영춘, 《손자 · 한비자》(서울 : 휘문서적, 1979).
박일봉, 《손자병법》(서울 : 육문사, 1982).
이영희, 《손자병법》(서울 : 대우출판공사, 1984).
최영환, 《백전백승 손자병법》(서울 : 경화사, 1985).
최광석, 《손자병법》(서울 : 중앙교육출판공사, 1986).
최일영, 《신강 병법손자》(서울 : 국방대학원, 1989), 내부본.
노병천, 《도해손자병법》(서울 : 가나출판사, 1990).
이민수, 《손자병법》(서울 : 혜원출판사, 1995).
김병관, 〈손자병법 지상강의〉 I, II, III, IV, 《군사평론》 제333~336호(1998).

* 같은 책이 출판사를 옮겨 여러 차례 출판된 경우는 처음 출판된 것만 실었으며 기업활용을 위한 책은 제외시켰다.

다. 일본*

林羅山, 《孫子諺解》
北條氏長, 《孫子外傳》
山鹿素行, 《孫子諺義》
新井白石, 《孫武兵法擇》
荻生徂徠, 《孫子國字解》
德田邕興, 《孫子死活抄》
佐藤一齋, 《孫子副詮》
伊藤鳳山, 《孫子詳解》
吉田松陰, 《孫子評註》
恩田仰岳, 《孫子纂註》
高橋省三, 《孫子正解》
阿多俊介, 《孫子の新研究》(六合館, 1930)
北村佳逸, 《孫子解說》(立命館出版部, 1934)
尾川敬二, 《孫子論講》(菊地屋書店, 1934)
櫻井忠溫, 《孫子》(章華社, 1935)
北村佳逸, 《兵法孫子》(立命館出版部, 1942)
岡村誠之, 《孫子の研究》(弘道館, 1952).
安藤亮, 《孫子の兵法》(日本文藝社, 1962).
金谷治, 《孫子》(中央公論社, 1966).
山井湧, 《孫子 · 吳子》(集英社, 1975).

라. 영미권

Giles, Lionel.(tr.), *Sun Tzu Wu: The Art of War*, reprinted by The Military Service Publishing Company(U.S.)(Harrisburg. Pennsylvania : The Military Service Publishing Company, 1944).

Griffith, Samuel B.(tr.), *Sun-Tzu: The Art of War*(London : Oxford University Press, 1963).

Clavell, James(tr.), *Sun-Tzu: The Art of War*(New York : Bantam Doubleday Dell,

* 주석서들 중 상당 부분은 참고하지 못했지만 연구자를 위해 佐藤堅司, 山井湧의 참고문헌에 의거해 주요한 주석서들을 제시했다.

1983).
Cleary, Thomans(tr.), *Sun-Tzu : The Art of War*(Boston, Ma. : Shambhala, 1988).
Ames, Roger T(tr.), *Sun-Tsu : The Art of Warfare*(New York : Ballantine Books,1993).
Sawyer, Ralph.(tr.), *Seven Military Classics of Ancient China*(Boulder, Colorado : Westview, 1993).

3. 손자 비평, 연구 저서, 논문

김기동 · 부무길 공저, 《손자의 병법과 사상연구》(서울 : 운암사, 1996).
김승일, 〈손자병법의 현대적 고찰〉, 국방대학원 석사논문(1985).
노병천, 《손자병법 통달을 위하여》(서울 : 21세기군사연구소, 1995).
송화섭, 〈전략적 경영과 손자병법과의 비교연구: 전략수립시 구성요소를 중심으로〉, 국방대학원 석사논문(1991).
은종현, 〈현대경영전략론과 손자병법의 성격 비교연구〉, 서울대학교 석사논문(1981).
이종학, 〈손무의 손자병법〉, 《공군평론》 제97호(1996),
이중희, 〈클라우제비츠의 전쟁론과 손자병법의 성격 비교연구〉, 대구대학교(1977).
지종상, 〈손자병법의 맥리〉, 〈군사평론〉 제307호(1993), 35~77쪽.
陶漢章, 《孫子兵法概論》(北京 : 解放軍出版社, 1985).
茅元儀, 《兵訣評(孫子)》
謝祥皓 外 編, 《兵聖孫武》(北京 : 軍事科學出版社, 1992).
蘇 洵, 《權書》〈孫武〉
蘇 軾, 《孫武論》
楊家駱, 〈孫子兵法考〉, 魏汝霖, 《孫子兵法大全》(台北 : 黎明出版公司, 1970, 재판1979)에 수록.
陽炳安, 《孫子集校》(香港 : 中華書局, 1973).
楊善群, 《孫子評傳》(南京 : 南京大學出版部, 1996).
王建東 編著, 《孫子兵法思想體系精解》(台北 : 1976).
于汝波 主編, 《孫子文獻提要》(北京 : 軍事科學出版社, 1994).

魏汝霖,《孫子兵法大全》(台北 : 黎明出版公司, 1970, 재판 1979).
劉仲平, "孫子兵法一書的作者", 魏汝霖,《孫子兵法大全》(台北 : 黎明出版公司, 1970, 재판 1979)에 수록.
陸達節,《孫子考》(重京 : 軍事圖書社, 1940).
李零,《古本孫子研究》(北京 : 北京大學出版部, 1995).
李浴日,《孫子兵法之綜合研究》(台北 : 1937, 河洛圖書出版社 영인본, 1976).
李浴日,《孫子新研究》(上海 : 上海書店, 1947).
鄭友賢, "孫子遺説", 孫星衍 輯,《孫子十家註》에 수록.
曹操, "孫子序"
趙國華, 劉項, 劉國建 主編,《孫子兵法辭典》(武漢 : 湖北人民出版社, 1994).
佐久間象山,〈兵要〉
佐藤堅司,《孫子の思想史的研究》(東京 : 原書房, 1973).
周興,《孫武本傳》(齊南 : 山東人民出版社, 1997).
畢以珣, "孫子敍綠", 孫星衍 輯,《孫子十家註》에 수록.
Handel, Michael I., *Masters of War: Sun Tzu, Clausewitz and Jonimi* (London : Frank Cass, 1992).
Kuan Feng, "*A Study of Sun Tsu's Philosophical Thought on the Military*", *Chinese Studies in Philosophy*, Vol. II, no. 3(Spring 1971), pp. 116~157.
O'Dowd E. & Waldron, A.,"Sun Tzu for Strategists", *Comparative Strategy*, Vol. 10(1991), pp. 25~36.
Rand, Christopher C., "Chinese Militrary Thought and Philosophical Taoism", *Monunenta Serica*, Vol. XXXIV (1979~1980), pp. 171~218.

4. 일반 연구서와 논문

가. 동양서

구일본군, 강창구 역,《통수강령統帥綱領》(서울 : 병학사, 1979).
국방군사연구소,《한국전쟁》(상중하) (서울 : 국방군사연구소, 1995~97).
국방부 전사편찬위원회 역,《무경칠서》(서울 : 국방부 전사편찬위원회, 1987).
김기동,《중국병법의 지혜》(서울 : 서광사, 1993).

김영곤, 《동양고대군사사상》(서울 : 육군본부 군사연구실, 1987).
김충영, 《전쟁영웅들의 이야기 : 전투사료분석 중심으로》(서울 : 두남, 1997).
김희상, 《중동전쟁》(서울 : 일신사, 1977).
나폴레옹, 원태재 역, 《나폴레옹의 전쟁 금언》(서울 : 책세상, 1998).
모택동, 김정계 · 허창무 공역, 《모택동의 군사전략》(대구 : 중문출판사, 1994).
백기인, 《중국군사사상사》(서울 : 국방군사연구소, 1996).
백기인, 《중국군사제도사》(서울 : 국방군사연구소, 1998).
손빈, 이병호 역, 《손빈병법》(서울 : 홍익출판사, 1996).
여소어, 김구용 역, 《동주열국지》(서울 : 민음사, 재판, 1995).
오기, 김경현 역, 《오자병법》(서울 : 홍익출판사, 1998).
왕력, 이홍진 역, 《중국고대문화상식》(서울 : 형설출판사, 1994).
이상우 · 하영선 공편, 《현대국제정치학》(서울 : 나남출판, 1992).
이재훈, 《소련군사정책, 1917～1991》(서울 : 국방군사연구소, 1997).
이종학 편저, 《군사전략론: 이론과 실제》(서울 : 박영사, 1987).
이종학, 《군사이론과 군사교육의 연구》(경주 : 서라벌군사연구소, 1997).
이춘식, 《중국고대사의 전개》(서울 : 신서원, 1986).
일본육전사보급회 편, 양창식 · 박완식 공역, 《전리란 무엇인가》(서울 : 능성출판사, 1977).
일본자위대, 《야외령野外令》.
조명제, 《기책병서》(서울 : 익문사, 1976).
진순신, 이용찬 옮김, 《중국고적발굴기》(서울 : 대원사, 1990).
차준회 편저, 《고대전쟁론》(서울 : 대왕사, 1973).
풍우란, 정인재 역, 《중국철학사》(서울 : 형설출판사, 1989).
하대덕, 《군사전략론 : 전략이론의 과학화와 체계화》(서울 : 을지서적, 1998).
허진웅, 홍희 역, 《중국고대사회 : 문자와 인류학의 투시》(서울 : 동문선, 1991).
홍학지, 홍인표 역, 《중국이 본 한국전쟁》(서울 : 고려원, 1992).
廖明正, 胡興茂 編著, 《毛澤東軍事思想擇要淺釋》(西安 : 三秦出版社, 1993).
毛澤東, 《毛澤東選集》 4권. (北京 : 人民出版社, 2판, 1991).
石岡久夫, 《日本兵法史》(上, 下) (東京 : 雄山閣, 1972).
吳九龍 外 著, 《十大考古奇迹》(上海 : 上海古蹟出版社, 1989).
王普豊 編, 황병무 역, 《현대국방론(중국)》(서울 : 국방대학원, 1997).

劉展 主編,《中國古代軍制史》(北京: 軍事科學出版社, 1992).
李英 主編,《中國戰爭通鑑》(上, 下) (北京: 國際文化出版公社, 1995).
張云勛 編著,《中國古代軍事哲學發展史簡編》(北京 : 中國廣播電視出版社, 1992).
諸葛亮, 何兆吉, 任眞 譯註,《諸葛亮兵法》(江西 南昌: 江西人民出版社, 1996).
趙曄, 張覺 譯註,《吳越春秋全譯》(貴陽: 貴州人民出版社, 1993).
中華人民共和國 軍事科學院軍事歷史研究部 編著,《中國人民志願軍 抗美援朝戰史》(北京: 軍事科學出版社, 1990).
陳高春 主編,《中國古代軍事文化大辭典》(北京: 長征出版社, 1992).
淺野祐吾,《軍事思想史入門: 近代西洋 中國》(東京: 原書房, 1979).
彭世乾, 김순규 편역,《몽골군의 전략 · 전술》(서울: 국방군사연구소, 1997).
黃永堂 譯註,《國語全譯》(貴陽: 貴州人民出版社, 1995).

나. 서양서

Alger, John I., *The Quest for Victory*(Westport, Connecticut : Greenwood Press, 1982).
Allen, Matthew, *Military Helicopter Doctrines of the Major Powers, 1945-1992* (Westport, Connecticut : Greenwood Press, 1993).
Ardant du Picq, tr. by Col. J. N. Greely and Major R. C. Cotton, *Battle Studies: Ancient and Modern Battle*(Harrisburg :The Military Service Publishing Company, 1920, reprinted in Military Classics, 1946).
Baylis, J. and Garnett J., *Makers of Nuclear Strategy*(New York : St. Martin's Press, 1991).
Beaufre, André, tr. by R. H. Barry, *Introduction to Strategy* (New York : Frederick A. Praeger, 1965).
Bellamy, Chris, *The Future of Land Warfare*(New York : St. Martin's Press, 1987).
Bermudez, Joseph S. Jr., *North Korean Special Forces*(Alexandria, Virginia. Jane's Publishing Company, 1988).
Bond, Brian, *Liddell Hart: A Study of his Military Thought*(London : Cassell, 1976).
———, *War and Society in Europe, 1870-1970*(London : Fontana Paperbacks, 1984).
Brodie, Bernard, *Strategy in the Missile Age*(first ed., 1959, Princeton, New Jersey :

Princeton University Press, 1965).
Chandler, David, *The Campaigns of Napoleon*(London : Scribner, 1966).
Clausewitz, Carl von., eds. by Michael Howard & Peter Paret, *On War* (Princeton, New Jersey : Princeton University Press, 1996).
Contamine, Philippe, tr. by Michael Jones, *War in the Middle Ages*(Oxford : Blackwell, 1984).
Corum, James S., *The Roots of Blitzkrieg: Hans von Seeckt and German Military Reform* (Lawrence, Kansas: Kansas University Press, 1992).
Craig, Gordon A., *The Politics of the Prussian Army, 1640-1945*(Oxford:Clalendon Press, 1955, repinted with corrections by Oxford University Press, 1964).
Creveld, Martin van, *Supplying War*(Cambridge: Cambridge University Press, 1977).
————, *Technology and War*(New York: The Free Press, 1989).
————, *The Transformation of War*(New York: The Free Press, 1991).
Dupuy, Trevor N., *The Evolution of Weapons and Warfare*(Indianapolis, Indiana : The Bobbs-Merrill Co., 1980).
Eccles, Henry E., *Military Concepts and Philosophy*(Rutgers, New Jersey : Rutgers University Press, 1965).
Engels, Donald W., *Alenxander the Great and the Logistics of the Macedonian Army*(London, 1977).
English, John A., *On Infantry*(New York : Praeger, 1981).
Erickson, John, *The Road to Berlin*(London : Weidenfeld & Nicholson, 1983).
————, *The Road to Stalingrad*(London : Weidenfeld & Nicholson, 1975).
Fuller, J.F.C. *Armored Warfare*(Harrisburg, P. : The Military Service Publishing Company, 1943).
————, *Memoirs of an Unconventional Soldier*(London : Ivor Nicholson and Watson Ltd., 1936).
————, *The Conduct of War, 1979-1961*(West Port, Connecticut : Green-wood Press, 1961).
————, *The Decisive Battles of the Western World and the influence on history, 3 vols.*(London : Eyre & Spottiswoode, 1954~56).

Gat, Azar, *The Development of Military Thought: The Nineteenth Century*(Oxford: Clarendon Press, 1992).

Gilpin, Robert, *War and Change in World Politics*(Cambridge : Cambridge University Press, 1981).

Glantz, David M.(ed.), tr. by Harold S. Orenstein, *The Evolution of Soviet Operational Art, 1927-1991 : The Documentary Basis, Vol. II Operational Art, 1965-1991*(London : Frank Cass, 1995).

Guderian, Heinz, tr. by Constantine Fitzgibbon, *Panzer Leader*(New York: E. P. Dutton & Co., 1952).

Gudmundsson, Bruce I., *Stormtroop Tactics: Innovation in the German Army, 1914-1918*(Westport, Connecticut, 1989).

Harkavy, Robert E. & Newman, Stephanie (eds.), *The Lessons of Recent Wars In the Third World, Vol. I. Approaches and Case Studies*(Lexington, Ma.: Lexington Books, 1985).

Herwig, Holger H., *The First World War: Germany and Austria-Hungary, 1914-1918* (London: Arnold, 1997).

Howard, Michael(ed.), *Theory and Practice of War*(Bloomington, Indiana : Frederick A. Praeger, Inc., 1966, reprinted by Indiana University Press, 1975).

————, *Clausewitz*(Oxford : Oxford University Press, 1983).

————, *Liberal Conscience of War*(Oxford : Oxford University Press, 1989).

Hsu, Cho-yun(許倬雲), *Ancient China in Transition: An Analysis of Social Mobility, 722-222 B.C.*(Stanford, California : Stanford University Press, 1965).

Jomini, Antoine, edited by Charles Messenger, *The Art of War*(London : Greenhill Books, 1996).

Jones, Archer, *Elements of Military Strategy : An Historical Approach*(Westport, Connecticut: Praeger, 1996).

Keegan, John, *The Face of Battle : Study of Agincourt, Waterloo and the Somme*(London, Jonathan Cape, 1976).

————, *The Second World War*(New York : Penguin Books, 1989).

Kennedy, Paul(ed.), *Grand Strategies in War and Peace*(New Haven : Yale University Press, 1991).

Kennedy, Paul, "*Grand Strategies and Less-than-Grand Strategies: A Twentieth-Century Critique,*" in L. Freedman, P. Hayes and R. O'Neill(eds.), *War, Strategy and International Politics: Essays in Honour of Sir Michael Howard*(Oxford : Clarendon Press, 1992).

Kiernan, F.A., J.K. Fairbank(eds.), *Chinese Way of Warfare*(Cambridge, Ma. : Harvard University Press, 1974).

Knorr, Klaus, *The War Potential of Nations*(Westport, Connecticut : Greenwood Press, 1956).

Kuzyakov, Victor, tr. by Donals Danemanis, *Marxism-Leninism on War and Army* (Moscow : Progress Publishers, 1972).

Lancel, Serge, tr. by Antonia Nevill, *Hannibal*(Oxford : Blackwell, 1998).

Leebaert, Derek (ed.), *Soviet Military Thinking*(London: George Allen & Unwin, 1981).

Leonhard, Robert R., *The Art of Maneuver: Maeuver-Warfare Theory and AirLand Battle* (Novato, California, 1991).

Liddell Hart, Basil, *Strategy: the Indirect Approach*(New York : Frederick A. Praeger, 1954).

Lieven, D. C. B., *Russia and the Origins of the First World War*(London : Macmillan, 1983).

Lupfer, T.T., *The Dynamics of Doctrine*(Fort Leavenworth, Kansas : Combat Studies Ins., 1981).

Luttwak, Edward N., *Strategy: The Logic of War and Peace*(Cambridge, Ma. : Harvard University Press, 1987).

Mason, R.A., *War in the Third Dimension: Essays in Contemporary Air Power* (London : Brassy' s,. 1986).

Mason, Tony, *Air Power: A Centinnial Appraisal*(London : Brassy' s, 1994).

May, Ernest R., *Knowing One's Enemies: Intelligence Assessment Before the Two World Wars* (Princeton, New Jersey : Princeton University Press, 1986).

Menning, Bruce W., *Bayonets Before Bullets: The Imperial Russian Army, 1861-1914* (Bloomington & Indiana : Indiana University Press, 1992).

Millett, Allan R. & Murray, Williamson(eds.), *Military Effectiveness,* 3 vols.(Boston : Unwin Hayman, 1988).

Moltke, Helmuth von, ed. by Daniel J. Hughes, tr. by Daniel J. Hughes and Harry Bell, *Moltke on the Art of War: Selected Writings*(Novato, California : Presidio, 1993).

Montgomery, Bernard L., *El Elamein to the River Sangro*(London : Hutchinson & Co., 1945).

————, *Normandy to the Baltic*(London : Hutchinson & Co., 1946).

Murray, W., Knox, M. and Berstein V.(eds.), *The making of strategy: Rulers, states, and war*(Cambridge : Cambridge University Press, 1994).

Newton, Steen H., *German Battle Tactics on the Russian Front, 1941-1945*(Atglen, PA : Schiffer Publishing Co., 1994).

Nish, Ian, *The Origins of the Russo-Japanese War* (London: Longman, 1985).

Oetting, Dirk W. 박정이 옮김, 《임무형전술의 어제와 오늘》(서울 : 백암, 1997).

Paret, Peter(ed.), *Makers of Modern Strategy from Machiavelli to the Nuclear Age* (Oxford : Clarendon Press, 1986).

Rommel, Erwin, ed. by Basil Liddell Hart, 황규만 역, 《롬멜전사록》(서울 : 일조각, 1975).

Rothenberg, Gunther E., *The Art of Warfare in the Age of Napoleon*(Bloomington, Indiana : Indiana University Press, 1980, first ed. 1978).

Savkin, V. Ye., tr. in English by The United States Air Force, *The Basic Principles of Operational Art and Tactics*(Moscow, 1972).

Shtemenko, S. M., tr. by Robert Daglish, *The Soviet General Staff At War, Books 1-2* (Moscow : Progress Publishers, 1985).

Shulsky, Abram N., *Silent Warfare* 2nd ed.(Washington : Brassey's, 1993).

Sidorenko, A. A. translated in English by The United States Air Force, *The Offensive* (Moscow, 1970).

Simpkin, Richard, *Deep Battle: The Brainchild of Marshal Tukhachevskii*(London : Blassy's, 1987).

————, *Race to the Swift*(London : Brassey's, 1985).

Sokolovskii, V. D., tr. by Herbert S. Dinerstein et. als., *Soviet Military Strategy* (Englewood, New Jersy : Prentice-Hall, 1963).

Stone, Norman, *The Eastern Front, 1914-1917*(London : Hodder and Stoughton, 1975).

Strachan, Hew, *European Armies and the Conduct of War*(London : George Allen & Unwin, 1983).

Thompson, Julian, *The Lifeblood of War: Logistics in Armed Conflict*(London : Brassy's, 1991).

Triandafillov, V. K. tr. by William A. Burhans, *Nature of the Operations of Modern Armies*(London: Frank Cass, 1994).

Vasquez, John A., *The War Puzzle*(Cambridge : Cambridge University Press, 1993).

Watson B.W. et als., *Military Lessons of the Gulf War*(London: Greenhill Books, 1991).

Wheeler-Bennett, J.W., *The Nemesis of Power: The German Army in Politics, 1918-1945*(New York : The Viking Press, 1964).

Zhang, Shu-guang, *Mao's Military Romanticism: China and the Korean War, 1950-1953*(Lawrence, Kansas : Kansas University Press, 1995).

Zhilin P.A., (ed.), *Russkaia voennaia mysl': konetz XIX -nachalo XX v.*(Moskva : Nauka, 1982).

I. N. 로디오노프 편, 박종철 역, 《러시아의 군사학》(서울 : 육군사관학교 화랑대 연구소, 1996).

F. W. 폰 멜렌틴, 민평식 역, 《기갑전투》(서울 : 병학사, 1986).

존 J. 미어샤이머, 주은식 역, 《리델하트 사상이 현대사에 미친 영향》(서울 : 홍문당, 1998).

예브게니 바자노프, 나딸리아 바자노바, 김광린 역, 《소련의 자료로 본 한국전쟁의 전말》(서울 : 열림, 1997).

윌리암 C. 웨스트모어랜드, 최종기 역, 《왜 월남은 패망했는가》(서울 : 광명출판사, 1976).

존 키건, 유병진 옮김, 《세계전쟁사》(서울 : 까치, 1996)

앨빈 토플러, 이규행 감역, 《전쟁과 반전쟁》(서울 : 한국경제신문사, 1994).

폴 케네디, 박일수, 전남석, 황건 공역, 《강대국의 흥망》(서울 : 한국경제신문사, 1989).

찾아보기

해석하고 쓴 이 / **김광수**

1955년 전북 정읍에서 출생하여 1980년 육군사관학교를 졸업했다. 서울대학교 인문대학 서양사학과에서 석사학위를 받았으며 영국 글라스고 대학 박사과정에서 러시아군사사를 수학했다.
현재 육군 중령으로 육군사관학교 전쟁사학 주임교수로 재직 중이다. 저서로는 《한국전쟁사》(공저), 《세계전쟁사 부도》(공저)가 있으며, 〈제정러시아군 범죄통계와 병사들의 태도, 1905~1914〉, 〈정도전의 진법에 대한 고찰〉 등의 논문을 발표했다.

손자병법

초판 1쇄 발행 1999년 4월 20일
개정 1판 1쇄 발행 2020년 11월 9일

지은이 손자
옮긴이 김광수

펴낸이 김현태
펴낸곳 책세상
등록 1975년 5월 21일 제1-517호
주소 서울시 마포구 잔다리로 62-1, 3층(04031)
전화 02-704-1250(영업), 02-3273-1334(편집)
팩스 02-719-1258
이메일 editor@chaeksesang.com
광고·제휴 문의 creator@chaeksesang.com
홈페이지 chaeksesang.com
페이스북 /chaeksesang **트위터** @chaeksesang
인스타그램 @chaeksesang **네이버포스트** bkworldpub

ISBN 979-11-5931-551-0 04390
979-11-5931-273-1 (세트)

이 도서의 국립중앙도서관 출판예정도서목록(CIP)은 서지정보유통지원시스템 홈페이지(http://seoji.nl.go.kr)와 국가자료종합목록 구축시스템(http://kolis-net.nl.go.kr)에서 이용하실 수 있습니다.(CIP제어번호: CIP2020044555)

·잘못되거나 파손된 책은 구입하신 서점에서 교환해드립니다.
·책값은 뒤표지에 있습니다.